图1.1 管板与管箱侧法兰无法密封

法兰衬环　　法兰衬环密封面边缘　　　　　　　　法兰　　法兰凸台

螺柱　　　　　　　　垫片外环　管板倒角　　　　　　管板　　　　螺柱

图1.2 管板与壳体侧法兰无法密封

注：图片引自第1章参考文献[2]。

拼焊处光滑无齿纹

拼焊处光滑无齿纹

 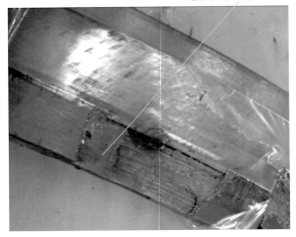

（a）第二次试验用垫片 （b）第三次试验用垫片

图1.3 齿形垫拼接焊缝结构突变

图1.6 废热锅炉本体大法兰泄漏

注：图片引自第1章参考文献[4]。

压痕

压痕

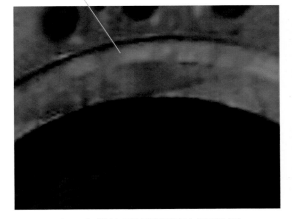 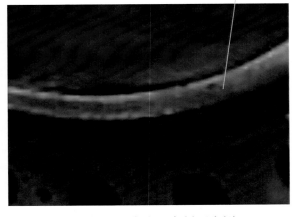

（a）上部的压痕靠近密封面外侧 （b）下部的压痕靠近密封面内侧

图1.16 垫片外径偏小导致安装不正

图1.21　管板左侧3.5条垫片波纹痕

图1.22　管板右侧4.5条垫片波纹痕

挤出外层

挤出多层

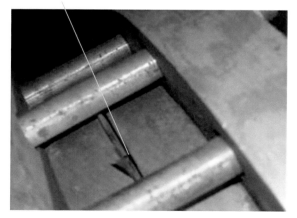

（a）法兰密封　　　　　　　　　　　　　（b）人孔密封

图1.24　缠绕垫被压垮挤出

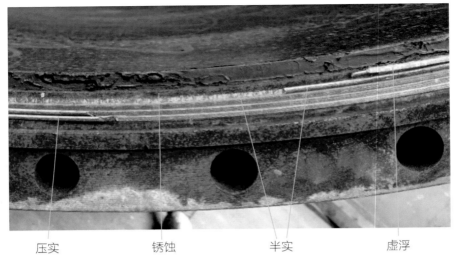

压实　　　　　锈蚀　　　　　半实　　　　　虚浮

图3.8　波齿垫片应用状况

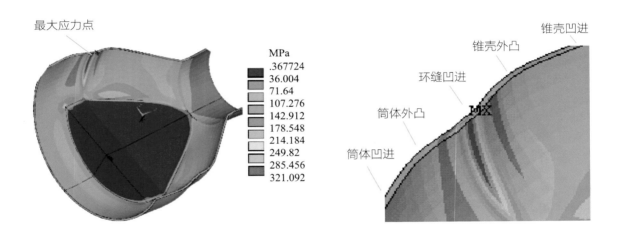

图4.16　正锥模型计算结果

图4.17　正锥大端局部变形结果

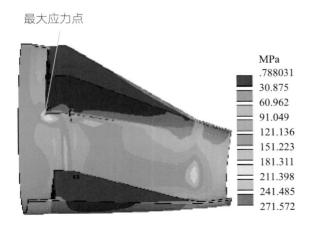

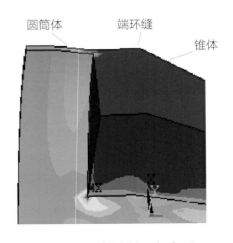

图4.19　斜锥模型计算结果

图4.20　斜锥大端局部变形

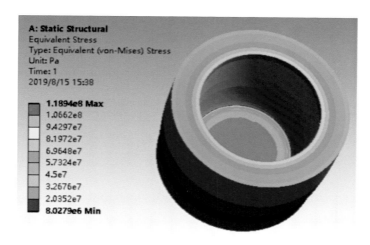

图5.8　端口不带螺柱孔的模型应力

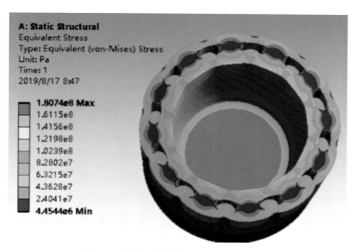

图5.9　端口带螺柱孔的模型应力

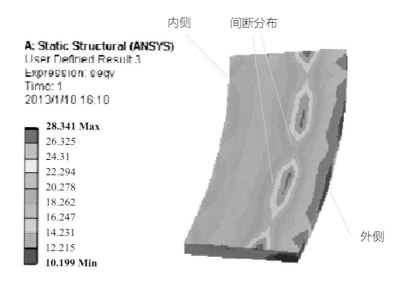

图5.10　管程垫片应力分布

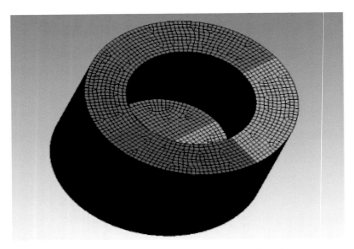

图8.12　端口是光面实体的网格模型

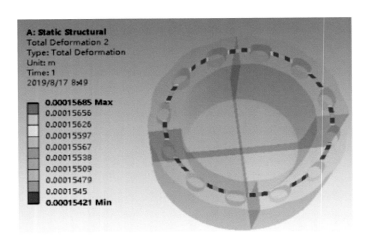

图8.13　端口带螺柱孔的模型位移

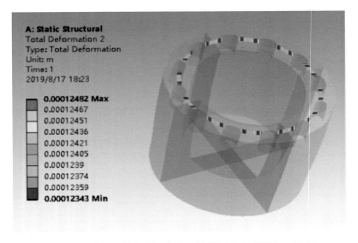

图8.14　端口带螺柱孔和平板隔膜的模型一位移

图8.15 端口带螺柱孔和平板隔膜的模型二位移

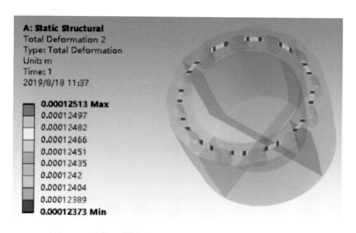

图8.16 端口带螺柱孔和球面隔膜的模型位移

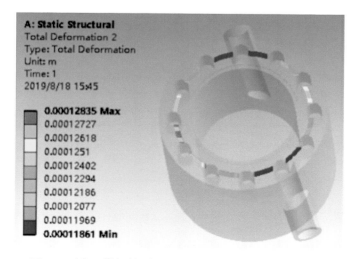

图8.17 端口带螺柱孔、球面隔膜和接管的模型位移

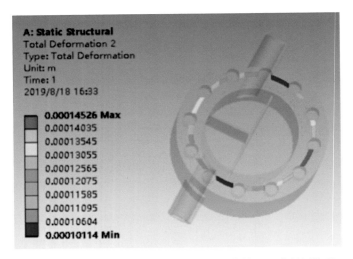

图8.18 端口带螺柱孔、球面隔膜、接管和隔板的模型

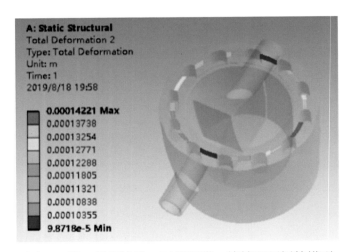

图8.19 端口带螺柱孔、平板隔膜、接管和隔板的模型

热交换器
密封技术与失效影响因素

Sealing Technology and Failure Factor
of Heat Exchanger

陈孙艺　著

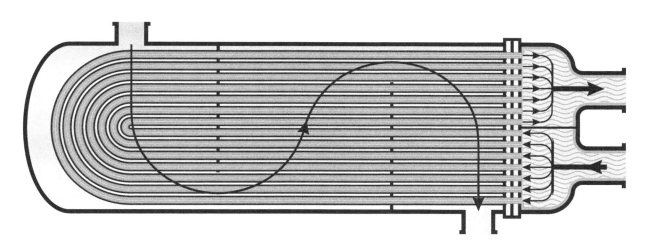

化学工业出版社

·北京·

内容简介

《热交换器密封技术与失效影响因素》研究了管壳式热交换器主体密封的失效及泄漏问题，综述了与管壳式热交换器主体密封相关的质量技术，特别是按常规设计的密封失效影响因素及技术对策。本书从密封失效的表现及基本影响因素、密封失效的技术因素、新型垫片的结构功能因素、工程建设及设备管理因素四个方面对相关技术问题进行归类，展开讨论了金属平垫片综合安全系数、平垫的几何尺寸、设备法兰及接管连接外密封、设计制造工序的质量技术、垫片结构质量关联的密封、换热工况参数的优化设计、热交换器的组装和维护对密封的影响等问题，结合实例和插图加以说明，拓展读者对上述密封问题的了解，加深读者对密封技术的认识，为解决工程中的密封问题提供指引。

本书可作为能源、石油化工、煤化工、化工等领域承压设备工程技术人员进行继续工程教育及从事热交换器（换热器）、承压设备密封研究、失效分析、改进设计、制造质量保证和检修维护等工程实践的参考书，也可用于相关专业研究生教学。

图书在版编目（CIP）数据

热交换器密封技术与失效影响因素 / 陈孙艺著． —
北京：化学工业出版社，2021.7（2024.3重印）
 ISBN 978-7-122-39080-6

Ⅰ．①热…　Ⅱ．①陈…　Ⅲ．①换热器-密封-影响因
素　Ⅳ．①TK172

中国版本图书馆 CIP 数据核字（2021）第 083782 号

责任编辑：李玉晖　　　　　　　　　　文字编辑：林　丹　陈立璞
责任校对：边　涛　　　　　　　　　　装帧设计：李子姮

出版发行：化学工业出版社（北京市东城区青年湖南街 13 号　邮政编码 100011）
印　　装：北京科印技术咨询服务有限公司数码印刷分部
787mm×1092mm　1/16　印张 19¼　彩插 4　字数 390 千字　2024 年 3 月北京第 1 版第 3 次印刷

购书咨询：010-64518888　　　　　　售后服务：010-64518899
网　　址：http://www.cip.com.cn

凡购买本书，如有缺损质量问题，本社销售中心负责调换。

定　　价：98.00 元　　　　　　　　　　　　　　版权所有　违者必究

　　承压设备领域中分别以石油化工各种典型设备结构功能及其设计、密封配件及材料、失效分析理论及案例等为主题的手册或者汇编已不鲜见。密封技术对装置运行安全和环境保护有重要影响，是各种炼油和化工装置管理的重要内容。针对管壳（列管）式热交换器这一种设备，围绕其主体密封质量技术及失效这一专题进行讨论，进而对这一专题贯穿工程管理、设计、制造、运行、维护等相关过程进行综合述评的书很少见，由企业员工特别是设备制造厂技术人员总结编写的迄今未见。我们有必要努力填补这块空白，目的是构建一个新的视角平台，通过与业内同行、业外热心者的交流，加深对这一密封质量技术的了解，纠正传统认识上的误解，消除关联专业之间的盲点，增进关联企业相互的理解，提升项目合作者的信心，共享技术经济发展成果。

　　为了达成上述愿望，首先需要确定这一专题的研究范围和技术方法，分析工程项目现象和质量技术本质。热交换器大家族中即便是管壳式热交换器也有多种形式，其密封结构及工艺要求也各不相同，面对诸多新的专业背景，需要聚焦研究的实物对象。按照 GB/T 151—2014 标准的名称，这里的分析对象称为热交换器，而不称换热器，但讨论的内容会超出该标准的范围，既涉及管壳式热交换器，也包括管壳式冷却（凝）器和固定管板式废热锅炉（蒸汽发生器）。发夹式热交换器属于管型热交换器中管壳式热交换器的一种，也是讨论对象之一。本书涉及的对象虽然不包括螺纹锁紧环密封热交换器、核电蒸汽发生器和高温急冷热交换器等具有独特结构或者技术个性的设备，但是在条件近似时，其中与普通热交换器相通的有关技术也会引为知识背景。鉴于密封技术因素的复杂多样性，工程项目建设中有关密封的设备管理技术也被适当强调以供读者借鉴。

　　本书的主要目的不是面向未来创造管壳式热交换器的密封新技术，而是面对过去、针对当下专业技术的不足，补充一些经验知识，融炼一种综合技能，从失效现象逐步追溯到问题的根源，获得对常见泄漏现象的进一步认识。通过读者的努力和本书的帮助，对每一次泄漏失效现象清晰地描述出一条包括如下七个环节紧密相扣的认知路径：该密封的目的，为实现目的的结构材料选择，结构材料是否具备相应的功能，功能依托的技术原理及影响因素是否明确，相关技术的背景及其应用条件是否合适，是否有运行参数的偏离或意外因素的影响，如何改进等。

通过七个环节的规程性分析过程，可以一定程度上避免直接追求失效原因的功利性心理所带来的先入之见；按部就班的分析过程是一种隐形的逻辑判断，较功利心理的反向求证性推理在思路开拓上更广，在因素本质上更深一点，在步骤关系上更可靠一点。因此明确研究的技术方法：第一，对相关现状有一个全面的了解和扎实的认识，基于已有的学科教材和专业技术标准的基础性内容，也为了有别于传统著作的专题性内容，坚持紧贴工程实践，筛选一些主观或客观上存在而又容易被忽视的问题进行探讨；第二，综述新的专题资料，在已有技术及产品的基础上进一步探讨其工程应用中的力学本质，找到技术原理的物理模型，通过数学模型的方式来表达因素关系，努力探讨其定性及定量关系；第三，分析热交换器千差万别的现场泄漏问题，从背景不一的案例中挖掘其特殊性进行深入剖析，或者努力从背景相似甚至相同的现象中找到普遍性和技术对策；第四，在此基础上进行密封技术规律性的探讨，所获成果定位于对原有密封技术知识体系的补充和完善。

本书按 4 篇 12 章的结构展开，部分内容作为工程问题的焦点，曾经由笔者提交国内、外期刊公开发表，现在经过重新梳理，与新的成果组织到一起，紧密了各焦点问题之间、新旧内容之间的联系，体现全书的完整性。

第 1 篇专题是热交换器主体密封的失效及基本影响因素，分为 3 章。第 1 章简介了热交换器的各种密封失效及泄漏现象，案例图片来源广泛，主要涉及石化装置现场。第 2 章是环形平垫的安全系数及其许用压力，笔者认识到垫片安全系数包括强度安全系数和密封安全系数两方面，试图从密封安全系数这一空白里取得创新。第 3 章是环形平垫的几何尺寸，强调了垫片结构尺寸在高压法兰螺柱密封设计中的主导性，讨论了垫片 11 个已被应用的宽度概念，16 个实际存在、偶见应用但缺少分析研究的宽度概念，指出了 7 方面影响垫片有效密封宽度的因素，包括螺柱面积、载荷工况、垫片质量、垫片结构、密封面结构、系统误差和人为操作，通过计算分析了典型的垫片基本密封宽度、垫片接触宽度对其有效密封宽度的影响，综述若干案例经验讨论了修正垫片有效密封宽度计算公式的必要性，并提出了具体建议。

第 2 篇专题是热交换器主体密封失效的技术因素，分为 2 章。其中，第 4 章是热交换器设备法兰密封、管板周边的密封、人孔密封、接管密封等外密封；第 5 章通过热交换器的 7 个设计案例和 5 个制造案例展示了一些工序质量对主体密封的影响。

第 3 篇专题是热交换器新型密封垫的质量检验及结构功能因素，分为 4 章。其中，第 6 章是密封垫质量技术对密封的影响，包括复合石墨波齿金属垫的质量状况和复合石墨波齿金属垫质量保证技术对策。第 7 章是双层金属垫的密封功能分析，包括双层金属垫的结构及功能、双层金属垫自紧密封作用的内压下限分析、双层金属垫自紧密封作用的内压上限分析、双层金属垫自紧密封的图解分析等内容。在双层金属垫的"内压自紧密封"功能分析中，建立力学模型推导了双层金属垫自由张口位移计算式，即双层金属垫简化模型的数学解析模型，发现了双层金属垫张口位移与内压、垫片宽度三者的定性定量本质关系，并推导了其能够起到自紧作用的最低操作内压以及能够维持自紧作用的最高操作内压，由此发现其适用压力范围及最佳内压，为正确认识双层金属垫提供了帮助，为有效发挥这一新产品的作用提供了指引。第 8 章是金属隔膜密封垫片，包括金属隔膜密封的结构及其适用性、高压作用下热交换器管箱球面隔膜密封结构设计分析、高温作用下热交换器管箱球面隔膜密封结构设计分析、热交换器管箱球面隔膜密封焊缝受力分析、管箱密封金属隔膜的应力分析、球面隔膜密封式热交换器管箱中隔板的设计、热交换器管箱球面隔膜密封关键结构的制造技术；开发了适用于高参数动态工况状态下热交换器管箱球面隔膜密封技术，包括合理的管箱结构及隔膜密封选择、功能设计技术路线，以计算内压和各种温度作用下管箱端口需补偿的径向位移作为需要通过球形面提供的补偿量来设计球膜拱形高度和球膜球面半径。研究发现，球面隔膜具有四大功效：缩减传统环形平垫两侧的泄漏通道为一侧通道，动态工况变形位移弹性补偿，转移隔膜中间区域的压力载荷集合到周边，周边密封焊可靠且容易拆卸。平面隔膜只是球面隔膜的一种特例，只具有球面隔膜的部分功能。第 9 章简要地介绍了已有的径向密封现象及最新的一些研究成果，以期引起业内对这一新的专题技术关注。

第 4 篇专题是热交换器密封的工程技术管理因素，分为 3 章。其中，第 10 章是热交换器密封的技术基础与工程管理，包括密封技术管理、工期及质量管理、沟通协调管理和值得研究的专题；第 11 章是换热工况参数的优化设计；第 12 章是热交换器的组装和维护对密封的影响，包括热交换器的组装及螺柱上紧技术、热交换器存放及吊运的维护、热交换器的检修和改造。

在各专题的经验总结或技术综述中，笔者注重同行方方面面的成果，特别是实践中所反映的理论，挑明理论和实践的交融痕迹。本书直接或间接、有意或无意提出了很多值得高校院所尤其是研究生们去探讨的课题。密封技术的进步颇具意义，本书对于技术人员从不同的视角了解当前的密封技术是非常值得的，当然这不是热交换器密封技术当前问题的全部。

笔者衷心感谢中国工程院院士、研究员，中国机械工业集团有限公司副总经理、总工程师，国家压力容器与管道安全工程技术研究中心主任陈学东先生，以及我的班主任、全国压力容器学会第五届至第八届委员会理事委员、华南理工大学教授、化工机械与安全工程研究所原所长江楠女士的指导和提携。

笔者从事石油化工设备设计、制造及失效分析 38 年，愿穷尽毕生精力努力研究热交换器密封技术。对本书中存在的不足之处，恳请读者指正。

董事 副总经理 总工程师
茂名重力石化装备股份公司
2022 年 3 月

目录

第2篇　热交换器主体密封失效的技术因素

第3篇　热交换器新型密封垫的质量检验及结构功能因素

第1篇
热交换器主体密封的失效
及基本影响因素

  热交换器在能源动力、石油化工、食品医药及其他许多工业部门中应用广泛，在生产中占有重要地位。管壳式热交换器又称列管式热交换器，主要由圆形壳体、平行管束、管箱、浮头盖、外头盖和支座等部分组成；在管壳换热器内进行换热的两种流体，一种是在换热管内流动的介质，其行程称为管程，另一种是在换热管外流动的介质，其行程称为壳程。相对于热交换器高能耗、低效率的工程问题，其密封失效是更紧迫的安全环保问题。本书第1章分类列举了热交换器管程外漏或壳程外漏的现象以及垫片产品质量、垫片安装中存在的一些典型问题。

  工程建设的设计先行于制造又基于制造，在热交换器的诸多密封失效现象及其影响因素中，在设计工作中应该认识其中最危险的失效，以及引起这些失效的基本的、普遍的因素和个别的、特殊的因素。设备向环境的泄漏是最紧迫的失效形式，垫片是密封不可或缺的零件，与垫片有关的质量技术无疑是关键的。环形金属平垫是最常用的密封垫片，垫片密封安全系数就是第一个关键技术。为了防治压力容器及其部件的失效，传统的结构强度设计中引入了安全系数的概念，类似的概念拓展到结构刚度或结构稳定性设计。法兰螺柱通常不是单纯地受拉力作用，在使用过程中还受弯曲、扭转以及冲击的作用，预紧时也容易形成过载，所以其材料的安全系数要取大一些。以碳素钢屈服强度对应的安全系数为例，在 GB 150.1—2011 标准中容器的安全系数为 1.5，当螺柱规格≤M22 时安全系数为 2.7。螺柱不与换热介质接触，对介质密封所起作用虽然是关键的但也是间接的；垫片作为关键和最直接的密封元件，与法兰、螺柱的设计都紧密相关，本来就应该比螺柱具有更高的可靠性。可是，人们在长期工程实践中逐渐提高螺柱安全系数的同时，并没有意识到垫片的设计是否也需要考虑一个安全系数。需要反思的是，对一个垫片安全系数缺失的密封系统而言，只提高其中螺柱的安全系数，这对密封系统有多大的意义？把两者的密封作用分开来看，各自起自己的作用，都需要可靠性。退一步说，即便把垫片密封安全系数视为一个伪概念，究竟如何判断应用于某一工况的垫片在密封性能方面的可靠性呢？对这些问题的探讨就是第 2 章的内容。

分析认为，垫片宽度是第二个需要推敲的关键技术。工程中的密封是否泄漏有可能是"一条线"起决定作用的，介质挡在这条线内就被封住了，介质越过这条线，泄漏就发生了。现实中，从线密封到面密封都是可行的。垫片宽度当然不是越窄越好，但也不是越宽越好，否则会造成密封成本的增加。密封技术的发展就是要获得合适的有效密封宽度，争取恰当的有效密封宽度，追求最佳的有效密封宽度。

垫片宽度这一概念很容易让人联想出其几何形状，遗憾的是垫片宽度作为基本的规格参数、传统的标准指标、常见的实物印象，已造成大多数人默认垫片的常见宽度是理所当然的，是可以通用的，是不需要、不值得再琢磨的。与此同时，现实中宽窄不一的垫片在线运行，也容易使人忽视其差异性。垫片所在密封系统应用初期适用的技术条件是否已经发生显著的变化，是否需要重新加以关注，除非有泄漏事故发生，已经难以引起关注。

虽然不敢说只有垫片密封安全系数和宽度这两个关键技术落实了，才能判断别的对策是否有效，但是垫片密封安全系数和垫片宽度始终是重要的，只不过要强调的是密封系统中的每一个影响因素在不同的案例中其轻重程度是变化的，这就是第 3 章讨论的内容。

第1章
管壳式热交换器的密封失效现象

文献[1]报道，对 67 台发生泄漏的热交换器进行原因调查与分析，结果表明工艺介质腐蚀、循环水腐蚀、设计缺陷、制造缺陷及密封泄漏是导致炼化装置换热器泄漏的重要因素。管板和换热管的连接接头泄漏是管程和壳程之间常见的泄漏形式，该接头简称为管头；或管接头。本书中称管接头的管程一侧为正面，壳程的一侧为背面。

1.1 管程外漏或壳程外漏

热交换器外漏会造成直接经济损失，对环境保护造成不良影响，有的甚至引发生产事故，危及社会财产和人身安全。其主要因素之一涉及设备法兰的设计。目前的设备法兰设计已普遍采用软件计算校核，虽然没有达到结构与密封性能相当优化的程度，但也已不是按设备图册中的高一档参数选型；其强度和刚度具有的富余程度依从各位设计者、各项目而有区别，存在个性化差异。本节的讨论正是基于这种正常设计背景下建造的热交换器而言的。

1.1.1 设备法兰与管板之间的外漏

常见壳体侧法兰和管箱侧法兰夹持的固定管板发生外漏时，由于这一对法兰副密封系统设计时两个法兰很可能是对称的，同一根螺柱的左右两段传递的密封载荷也相等，很大程度上壳程和管程同时外漏。由于工况参数和介质特性不同，难以从泄漏量大小判断其泄漏的先后，但是两者肯定存在主次之分。进一步细分的话，外漏的一侧还存在垫片的两面是哪一面先泄漏的问题。由于垫片的两面都处于工况参数和介质特性相同的一侧，影响其某一面泄漏先后的主要因素就是结构因素。只有对管板两侧和垫片两面的泄漏表现有深入细致的观测分析，才能更准确地判断引起泄漏的主要因素。

（1）管程参数较壳程参数高，更容易外漏。热交换器管程工况大多比壳程工况恶劣，管程外漏也就多于壳程外漏，具体到法兰强制夹持的固定管板两侧类似这样细微的失效差异常被忽略。如果只发生管程外漏，而壳程不外漏，则是最明显的差异，更容易找到引起泄漏的主要因素。插页图 1.1 中的浮头式热交换器在耐压试验时管箱侧法兰和固定管板的密封面发生渗漏，通过重新加工密封面、更换齿形石墨复合垫片、规范化紧固螺柱等处理对策，才满足密封要求。

（2）可明确判断壳程外漏。对某 DN2500 过滤器制造后期先后三次耐压试验均发现在壳体长颈对焊法兰与管板密封面间出现泄漏，文献[2]对此进行了分析，主要原因是该法兰在内壁和密封面设计了耐腐蚀衬环，虽然衬环和法兰基层之间密封良好，但是内压作用下法兰偏转时衬环和法兰基层之间的间隙变化对密封面平整度有不良影响，如插页图 1.2 所示；其次，大直径的齿形垫金属圆环拼接处齿形槽加工出现不均匀和不连续情况，拼接焊缝处缺失齿形，只是光滑面，这些结构突变影响垫片的密封性能，如插页图 1.3 所示。

（3）管程和壳程密封垫片都发生外漏。图 1.4 中的 U 形管束热交换器管程和壳程都设计了保温层，固定管板处泄漏的原因不清楚，只好在管板两侧与法兰配合处通过焊接达到密封的目的。

（a）整体   （b）局部

图 1.4　换热器管板与两侧法兰因密封失效而焊接

（4）管程和壳程 Ω 密封环都发生外漏。Ω 环密封结构不适用于容易浓缩产生应力腐蚀开裂或者产生缝隙腐蚀的介质。Ω 环由奥氏体不锈钢锻件加工而成，在组焊装到设备上之后无法对密封焊缝进行固溶热处理。Ω 环密封结构也不适用于有极度或高度危害介质的场合，原因是换热器停车后密封结构中残存的危害介质无法排除干净，在切割 Ω 环时容易发生事故。需要先用钢锯在 Ω 环顶部和底部锯出小口，排除危害介质，才能用气割方法切开 Ω 环[3]，如图 1.5 所示。

（5）废热锅炉本体法兰焊唇密封泄漏。文献[4]介绍了某石化 POX 装置超高压废热锅炉自开工投用后本体大法兰多次泄漏，如插页图 1.6 所示。分析确认其密封失效与唇形焊环装配偏差大、焊缝存在缺陷和大法兰螺栓预紧力不足有关。

(a) 密封环组对焊接   (b) 密封环损伤拆卸

图 1.5　管板与法兰的 Ω 密封环密封

（6）壳程膨胀节发生外漏。文献[5]介绍了壳体结构 D_i 2900mm×20mm、长度约为 6000mm 的大型冷凝器上的膨胀节更新改造过程。该冷凝器膨胀节发生了微量的渗漏，由于波形夹持在加强环中，漏点的具体位置难以确定，如图 1.7 所示。

(a) 薄壁膨胀节泄漏   (b) 地面积水

图 1.7　壳程膨胀节发生外漏

1.1.2　管箱端盖处的外漏

一般来说，同样工况参数和介质特性的密封结构中，与对称结构的一对法兰副密封系统相比，端盖和法兰的密封系统相对容易失效。这是因为结构对称性影响其载荷的对称性，法兰与端盖在内压作用下的力学行为有所不同，同样垫片在非对称结构中的力学行为也不相同，通常要比对称结构受力更苛刻一些。如果管箱端盖处发生泄漏，则垫片上与端盖配合的那一面首先泄漏的可能性更大一些。

1.1.3 螺塞的外漏

有的热交换器壳体、膨胀节波峰上设计有排污、排气或者其他用途的螺塞或者丝堵，一般其密封还是采用垫片密封而不采用锥形螺纹密封。如果组装螺塞垫片的铆工缺少钳工知识和技能，未能正确装配，也会出现图1.8所示螺塞肩部密封面损伤和图1.9所示螺塞密封垫片被压坏的现象。

图1.8　螺塞肩部密封面损伤

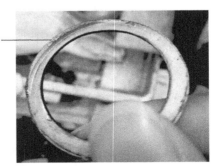

图1.9　螺塞密封垫片被压坏

1.2 垫片相关问题

1.2.1 垫片及紧固件质量问题

法兰螺柱密封系统的可靠性首先涉及各个元件之间很多具有明显交互作用的因素，也涉及单个元件中各个结构尺寸之间微妙的相互影响。仅就垫片结构尺寸而言，宽度、直径和厚度三个基本因素对密封性能的影响是最基本的。前人基于常用材料普通金属垫片的压缩回弹性能对这些基本因素或者基于波纹垫、波齿垫和齿形垫对其波齿形状尺寸都有过一些专题研究，但是由于试验验证条件的限制，研究的垫片直径都不大，一般未超过DN500。文献[6，7]指出，由于缺乏理论和试验研究，致使一些生产厂家盲目生产的产品性能达不到要求，并且性能也不够稳定，给用户的安全生产带来严重隐患；经有限元分析和试验后认为，可根据密封需要或法兰连接系统紧密性要求以及螺柱预紧力大小确定波齿复合垫片的具体结构，以实现密封度要求。笔者认为，这种个性化研究的垫片成本高，可能适用于特定个案，探讨垫片普遍存在的问题更具意义。

法兰螺柱密封系统的可靠性其次涉及开停车非正常运行工况的动态作用。实践中，不同规格尺寸的多种波齿垫片失效案例为以工程视角对这些基本因素的研究提供了机会。通过失效案例的宏观和表象分析，找出前人没有考虑到的客观因素和防治对策，既可弥补理论研究的不足，也可加深对垫片设计中的相关结构概念认识。

（1）垫片骨架是否按标准制造。波齿垫片制造中其骨架的制造应采用钢板按垫片直径下料，这才是正确的制造工艺；产品标准允许骨架在一定的条件下存在对接接口，但应该是从钢板上裁出的与产品尺寸相匹配的弧形毛坯的对接接口。如果采用长直钢带弯曲后驳接起来制造毛坯的加工工艺，这是不符合标准规范的行为，产品质量特别是其密封性能将受到损伤。

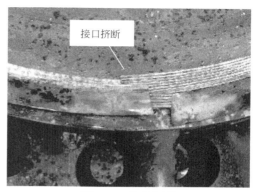
图1.10　垫片断裂

除了上述文献[2]所报道的插页图1.3展示的缺陷外，图1.10中齿形垫片的断裂引起了密封泄漏，经检测确定也是骨架不规范制造工艺的结果。为了针对性地保证垫片质量，以取得改善的效果，如果标准规定在成品骨架驳接处的骨架外圆处用颜色标记，就能便于检测。

（2）金属板包石棉垫在耐压试验时断裂。热交换器的耐压试验先后包括管头试压、管程试压和壳程试压，在这一过程中设备法兰并非都使用产品垫片密封，而是经常使用价格相对低一点的金属板包石棉垫。一般地说，由于操作空间的关系，设备法兰上半部的螺柱紧固操作比较方便；由于利用人体自重作用到杠杆力臂上，法兰下半部的螺柱紧固载荷也不小，这两种情况下垫片都容易受到超额的压紧力作用而被压溃，甚至断裂，如图1.11所示。

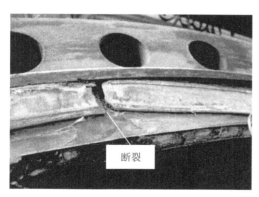
（a）顶部垫片断裂

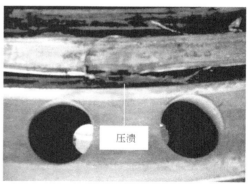
（b）底部垫片压溃

图1.11　铁包石棉垫紧固损伤

（3）螺柱螺母的质量问题。图1.12是某批高强螺柱在装配时先后出现三次断裂现象的情况。通过现场调查、化学成分检测、力学性能检测、宏观断口检测、金相观察及螺柱制造工艺调查等方法对其断裂原因进行综合分析。结果表明，热处理工艺执行不彻底是造成前两次螺柱断裂的主要原因；而零件尺寸错误与安装不当致使螺柱承受较高弯矩是导致第三次螺柱脆断的条件性因素。螺柱重新固溶热处理后改善了效果。

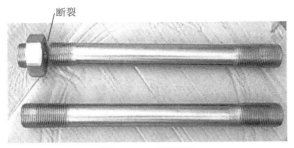

图 1.12　螺柱断裂

　　图 1.13 为在上紧法兰时发生的前后两批高强度不锈钢螺母开裂现象。在对螺母材料化学成分、力学性能及其结构尺寸进行检测的基础上，再从宏观外貌、断口低倍观察、金相组织进行分析，结合生产工艺调查和受力计算等方法对其断裂原因进行分析。结果表明，两批螺母开裂的主要原因均是用于锻造螺母毛坯的棒料直径不合适，锻造比偏小，难以细化晶粒；其次是原材料 Ti 含量偏低影响了热处理的弥散化效果，降低了力学性能。从图 1.13 右侧的螺母可知其压紧法兰的端面由于旋转摩擦损伤严重，是在上紧时超载操作所致。

图 1.13　螺母开裂

1.2.2　垫片安装问题

　　设备法兰外漏也涉及垫片是否正确安装。垫片安装问题如下：

　　(1) 垫片的包装未拆除。如图 1.14 所示拆卸法兰后发现塑料包裹带仍包裹在垫片上，牢固地粘在密封面上。垫片的塑料包裹带尚未拆除就被安装了，塑料薄膜没有垫片材料特性，其不均匀的螺旋缠绕方式造成垫片厚度的不一致，包裹还会限制膨胀石墨密封性能的发挥，总地对密封性能造成不良影响。

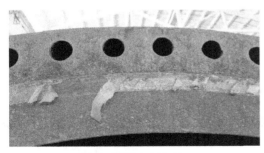

(a) 包裹带粘在密封面上

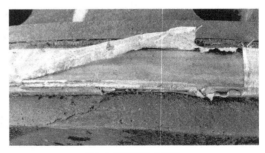

(b) 包裹带紧包住垫片

图 1.14　垫片安装前未拆卸包裹带

　　(2) 金属平垫片外径偏小致使垫片与法兰密封面难以对中。如图 1.15 所示约 DN800 的法兰密封面上的垫片压痕很清晰。由于垫片外径偏小，导致平垫安装时偏向上部，具体偏离见插页图1.16。

图 1.15　平垫片安装不正

（3）金属平垫片外径偏大致使垫片被挤压变形。由于设备密封副上垫片的外圆尺寸超出上偏差，法兰密封面凹台的内圆尺寸超出下偏差，两者的径向配合尺寸超差。图1.17展示了某 DN1500 垫片被压紧的过程中因其上部外径处被密封面凹台顶住而只能往内径处位移变形。分析垫片安装不正的原因，很可能是后来的一个配对件（法兰、盖板或管板）在组装中挪动了垫片造成的。例如本来放置在前一个法兰正中位置的垫片，装配管束时因其自重下沉，最后略为提升管束时，管板初步压紧垫片的摩擦力把垫片也提升了。相关联的，垫片安装不正的原因之二就与凹凸台密封面的径向配合间隙太大有关。

（4）石墨金属齿形复合垫片局部粘胶及安装不对中。现场检查从设备法兰上卸下的齿形垫片，发现垫片安装前在密封面上加贴了若干段用于定位的双面胶带，以及疑似存在与图1.18所示浮头法兰的齿形垫安装不正现象。通过对图1.18中垫片的检测，原垫片宽度13.5mm，发现垫片压痕明显，垫片底下弧段外圆侧有约4mm的宽度没有被密封面压紧，接触宽度减少了，有效密封宽度也随之减少。分析确认垫片安装时在自重或密封面挤压作用下向下移动了约2mm，而密封面反而向上移动了约2mm，这些移位数值就是垫片外圆与凹台密封面之间的径向间隙，也正是凹凸两个密封面之间的径向间隙。

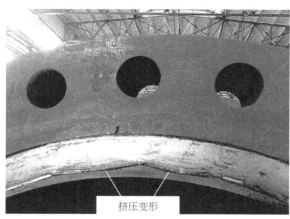

挤压变形

图 1.17　垫片被压变形

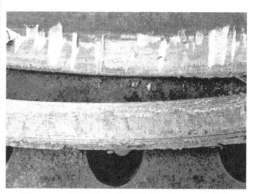

图 1.18　管箱法兰密封垫粘贴了双面胶带

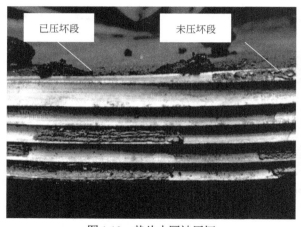

图1.19 垫片内圆被压坏

（5）石墨金属波齿复合垫片内径偏小致使垫片被管束压坏。图1.19展示了某DN2100的热交换器在套装管束时把波齿垫下部的内圆压坏一段现象。同时，这也说明另一点，即垫片安装时偏向了上部。

（6）热交换器卧式组装时的垫片偏心问题。某丁烯装置再沸器是立式热交换器，运行中仪器检测到微小渗漏，维护至检修后发现是再沸器卧式组装时垫片组装偏心，存在问题较为明显。图1.20管板左右两侧的放大图分别如插页图1.21、图1.22所示。两个放大图显示垫片的有效压紧宽度明显不一致，甚至一段垫片外圆置于密封面之外，如图1.23所示。

图1.20 立式管束卧式放置

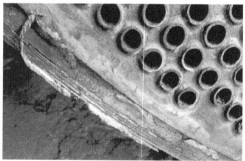

图1.23 管板左下方垫片外圆置于密封面外

垫片与密封面之间无法准确按设计要求的位置尺寸装配是主要原因，而造成垫片错位的原因，一方面是大尺寸垫片在自重作用下移位；另一方面是密封面在压紧垫片的过程中压紧力分布不均匀，垫片沿着某个方向被推移。即便对于大尺寸水平密封面的垫片安装，后面盖上的密封面与前面的密封面不那么平行，每一轮施加给螺柱的紧固力太大或者每一件螺柱的紧固力不均匀，也都会使垫片受到挤压产生偏移。

（7）金属缠绕垫片在安装过程损伤。文献[8]报道在首次组装型号为 BIU 1500-8.3/2.07-1142-7/19-2 的热交换器浮动管板两侧的缠绕垫时，均损坏了垫片以致热交换器试压时泄漏；经采取在金属缠绕垫内环上和管箱法兰上分别配钻 4 个均布的定位孔来组装缠绕垫的方法，才实现有效密封。该方法对其他结构形式大直径垫片的正确安装也有借鉴作用。

插页图1.24展示了缠绕垫被压垮后从较宽的间隙中挤出来的现象。

（8）设备密封副上的螺柱与法兰螺柱孔未对中。这会造成法兰周向的密封载荷不均匀，见图1.25。

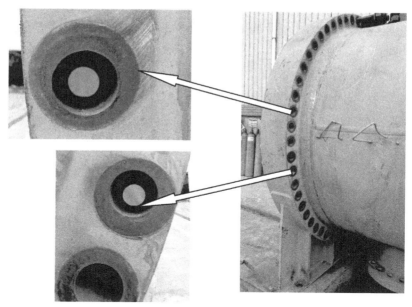

图 1.25　螺栓与螺栓孔不对中

（9）安装螺柱载荷不到位。文献[9]引用文献[10]的实际经验表明 75%～80%的螺柱法兰接头泄漏失效不是出于垫片，更多的是与实际安装螺柱载荷不到位相关。笔者发现，读者因类似报道而容易误解泄漏主要是安装的问题。一般认为安装垫片是简单易行的劳动，而深层次的密封设计问题，难以被意识到，也难以被深入认识，即便与垫片设计有关，也很容易推测是因为垫片的宽度太窄了，而缺乏深入的分析。

1.2.3　垫片选材问题

接管法兰用八角垫腐蚀断裂。有的高温高压工况热交换器接管法兰选用八角垫密封，垫片材料在敏感杂质作用下腐蚀断裂，如图 1.26 所示。

这些案例同时说明，垫片宽度窄的概念包含两方面内容。一是绝对的窄，初始设计的宽度不够，校核计算又通过了，但是没有考虑大直径密封面不平度的偏差及其他因素，垫片实际的有效密封宽度可能会很小；二是相对的窄，垫片只是占用了密封

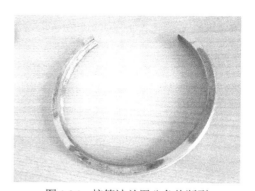

图 1.26　接管法兰用八角垫断裂

面上很小的部分面积，无论是垫片的内径侧或外径侧，过大的空间都使得原来设计的凹凸台密封面没有从径向对垫片起到保护作用，凹凸面趋于变成平面密封面，使垫片安装中容易偏离中心，垫片内、外侧得不到应有的保护。

1.2.4　运行载荷对垫片的损伤

图 1.27　端盖垫片外环开裂[11]

热交换器运行中各种载荷对垫片的损伤形式多样。某气体公司工艺气锅炉气体出口处盲法兰垫片为带内外环的不锈钢缠绕式垫片，垫片外环材料为 316L，服役约 5 个月后外环断裂，断裂位于最下端螺栓与外环接触处的位置并且断口垂直于外环周向[11]。宏观检查发现外环与每个螺栓接触地方都有被挤压的可见变形，各螺栓处的挤压变形不均匀，其中断裂处的变形最大，约 1.5mm 深。分析表明压力和温度波动的交替载荷引起高应力水平使垫片产生了疲劳裂纹，导致了垫片的失效开裂，见图 1.27。

参考文献

[1] 崔轲龙，马红杰. 炼化装置换热器泄漏原因调查与分析[J]. 全面腐蚀控制，2019，33（12）：27-30.

[2] 吴林涛，邓自亮，席建立. 大直径衬环法兰的密封泄漏分析[J]. 压力容器，2017，34（10）：57-62.

[3] 黄军锋，杨俊岭. Ω 环式密封高温临氢换热器的设计[J]. 石油化工设备技术，2015，36（4）：16-18，22.

[4] 陈平平，胡德豪，马学琪，等. Shell 沥青气化超高压废热锅炉本体大法兰泄漏原因分析及解决措施[J]. 石油化工设备技术，2020，41（6）：41-46.

[5] 陈孙艺. 大型冷凝器膨胀节更新改造和质量控制[C]//第十五届全国膨胀节学术会议论文集——膨胀节技术进展. 合肥：合肥工业大学出版社，2018.

[6] 陈庆，于洋，甘树坤，等. 柔性石墨金属波齿复合垫片金属骨架结构及其力学性能研究[J]. 润滑与密封，2008，33（11）：87-89.

[7] 陈庆，牛峻峰，刘兴德. 柔性石墨波齿复合垫片结构性能试验研究[J]. 润滑与密封，2009，34（6）：93-94，99.

[8] 王凤超. 圆柱销在大口径金属缠绕垫安装中的应用[J]. 化工设备与管道，2014，51（1）：45-14.

[9] 蔡暖姝，蔡仁良，应道宴. 螺栓法兰接头安全密封技术（五）——安装[J]. 化工设备与管道，2013，50（5）：1-7.

[10] ESA. Sealing Technology-BAT guidance notes[Z]. ESA，Tegfryn UK，2005.

[11] 庞林峰，汪辉. 某盲法兰垫片断裂失效分析[J]. 化工与医药工程，2018，39（3）：49-54.

第2章
环形平垫的安全系数及其许用压力

环形平垫不是承压设备密封垫片的标准名称。把从金属板上取出环形毛坯精加工而成的平板垫片作为基本形状，这种基本形状以及由此稍为扩展而结构近似的垫片指的就是环形平垫。因此，环形平垫只是业内口头上的俗称，在不引起误解时也常把垫片简称为垫。如图 2.1 所示法兰螺柱强制压紧垫片密封是石油化工装备中量大面广的密封形式。随着设备大型化和工况复杂化，仍然按照传统的理念设计密封，工程中出现因垫片原因导致设备法兰密封失效的现象不足为怪。

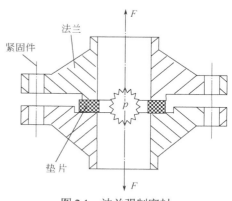

图 2.1　法兰强制密封

文献[1]通过不同工况时的许用可靠度对内压容器垫片密封的螺柱静强度安全系数进行了理论分析，没有涉及垫片的安全系数。文献[2]对波齿复合垫片金属骨架结构参数进行了可靠性分析，其结果对其他垫片结构没有适用性。文献[3, 4]分别从面上对高压法兰螺柱密封失效的设计因素和制造因素进行了分析，没有深入分析垫片的问题。文献[5, 6]分别对复合石墨波齿金属垫的质量问题及其技术对策进行了研究。文献[7]指出，绝大多数垫片厂家仅凭经验生产，缺乏科学的理论依据，致使垫片性能差异很大，安全可靠性得不到保证。文献[8]认为，垫片系数 m 值和垫片预紧比压 y 值两个参数数值普遍非常低，由此计算的螺柱载荷是设计载荷，与安装时实际施加的载荷没有关系；实际施加的载荷通常是设计值的 2～3 倍以上，在一定程度上补偿了设计的不足。笔者从中体会到，制造安装对设计的这种补偿是被动和无奈的，虽然表面上解决了问题，但实际上也同时掩盖了工程设计的根本问题。文献[9]针对 Waters（华特氏）法设计法兰存在的问题，提出"对某些按照该方法设计的法兰，例如直径 2m 以上的大法兰，为什么会出现泄漏？"的问题。笔者从中反思，质疑法兰设计只是问题的一个方面，密封系统中的垫片设计（常被包含在法兰设计的步骤之中）也应是重要的一面。在承压设备防治失效的长期实践中，机械设计引入了一系列的安全系数概念[10~12]，不过，除了双锥密封垫片、C 形密封垫片、球面密封垫片、八角垫片和椭圆垫片等设计时需要考虑安全系数对金属主体强度进行校核外，把常用的环平板类垫片设计作为主体来应用安全系数尚是一个空白，关于垫片密封安全系数的研究渐成迫切的理论课题，工程意义明显。

2.1 垫片密封效果的影响因素

影响垫片密封效果的诸多因素中，工程因素具有一定的不确定性，这使研究变得更为复杂。如果把影响密封效果的因素分为非垫片因素、垫片自身特性因素及相关的科研因素三大类，就会使研究背景变得简单明了。非垫片因素主要指载荷因素和结构因素两部分，垫片自身特性因素则包括四方面的偏差。

2.1.1 载荷因素

（1）介质压力、介质和构件自重、弯矩等外载荷的影响。

（2）温度的影响。有学者综述了众多温度作用下法兰密封性能的研究[13]，Sawa 等[14]结合试验与模拟方法研究了不同类型垫片法兰组在循环热载荷作用下的强度与应力变化，并总结了垫片、螺柱、法兰三者的热膨胀因子变化规律。Omiya 等[15]指出垫片性能的变化是在高温工况中影响螺柱载荷下降的主要因素。Roy 等[16]进一步指出材料的热膨胀系数是影响螺柱载荷在不同温度下明显变化的最重要参数。Abid 等[17]基于标准大口径管法兰，引进泄漏率准则，将垫片应力与螺柱载荷联系在一起，从而评价法兰组在不同温度下的密封性能。Sato 等[18]以新型 PTEF 垫片为试验对象，测量了 673K 温度下、120h 试验过程中螺柱载荷的下降情况，载荷的下降与垫片压缩回弹曲线的改变对应。国内，顾伯勤等[19]通过建立高温垫片性能测试装置，试验研究了多种垫片的压缩回弹性能，并给出了石墨金属垫片在不同温度下的压缩回弹关系式。蔡仁良等[20]进一步分析了金属与金属接触型石墨垫片法兰组在稳定温度下的垫片应力与螺柱载荷变化情况，与 Sawa 的试验结果较为接近。喻健良等[21]基于 DN200 法兰系统，采用了多种加载方案，研究了预紧过程中螺柱载荷的变化情况，并与模拟进行了比较，结果良好。

上述研究为高温下法兰密封性能的研究提供了参考。这些研究大多集中于简单的标准管法兰试验件，对非标准法兰或复杂装置法兰连接结构等的研究还远远不够。目前法兰组的加热大多采用法兰内部电阻丝加热，螺柱的温度不均匀且难以精确控制，内部加热温度也大多集中在 673K 以内，对更高温度下螺柱载荷的研究尚处空白。鉴于此，文献[13]针对核工业中常见的高温闸阀中法兰螺柱垫片密封问题，建立了高温闸阀试验装置，利用烘箱进行外部加热，研究了特定预紧载荷、不同加载方案及不同温度下的螺柱载荷变化情况。试验结果表明，基于 ASME PCC-1[22]与 JIS B 2251[23]优化加载方案的常温预紧得到的螺柱载荷足量度与均匀性较为接近。采用烘箱进行指定温度外部加热，升温初期，各个螺柱载荷下降速度明显；到573K后，螺柱载荷下降速度减缓并趋于一致；升温到723K时，螺柱平均载荷下降至初始目标载荷的45%左右。研究指出高温下垫片性能的改变使螺柱载荷发生变化，继而影响法兰组密封性能。

（3）热冲击的影响。核反应堆由次临界状态转为临界状态时，无论是热启动还是冷启动，设备局部区域受到急剧的加热或者冷却，都使得短时间内产生较高的热冲击应力。文献[24]通过有限元方法对二回路的一台固定管板式热交换器进行管程送进冷介质的热冲击研究，发现冲击温差在50℃和80℃时，管接头区域的热应力迅速增长至峰值然后衰减；热冲击的应力峰值与衰减后的稳定应力水平相比可在5～10倍的数量级，对管接头造成一种短时的高应力损伤及低周疲劳损伤。其中，接头疲劳损伤因子随热冲击的发生次数线性增长，随着冲击温差的增加呈指数增长。

（4）热膨胀的影响。高压双锥环密封考虑热膨胀因素作用的密封机理见9.1节。

2.1.2　结构因素

基于螺柱-法兰-垫片连接结构的分析，关注如下几个因素。

（1）垫片受力的周向不均匀性。大量算例表明，压紧垫片的螺柱实际间距一般明显小于按GB 150.3—2011[25]标准中式（7-3）计算的最大间距，因此这里螺柱间距不作为影响密封的因素讨论。但是有研究表明，无论预紧工况还是操作工况，随着内压载荷的升高，垫片应力沿周向及径向都是不均匀分布的[26]。笔者推断，其中的周向不均匀性很难通过缩小螺柱间距来消除，而且这种周向不均匀性会随着开口密封直径的增大而增大，这是传统密封结构的系统误差。目前，未见设计标准中处置这种周向不均匀性的安全对策，设计中加厚法兰盘厚度也许是改善垫片应力周向均匀性的好对策。

（2）垫片受力的径向不均匀性。众所周知，法兰在螺柱预紧力的作用下会发生偏转，垫片沿径向的应力由内至外差值逐渐变大，垫片是否发生失效与垫片上靠近外缘的最大残余应力分布带以及应力大小有关，用垫片整个宽度的平均残余应力来评价螺柱-法兰-垫片连接结构的密封性能有一定的不合理性。文献[27]建立整体结构的有限元模型研究法兰盘厚度、螺柱数目、介质压力及螺柱预紧力等参数对法兰偏转角和泄漏率的影响，发现在其他条件不变时，单纯减小法兰盘厚度，虽然增加了法兰盘偏转角，但是外缘压应力提高，有利于接头密封。

（3）结构的间接作用。对于热交换器管箱法兰，管箱内分开管程的隔板[28]及管箱的进出口接管对法兰受力不均匀性存在一定的影响，本书5.2.1小节关于管箱局部结构对密封的影响以及8.2.2小节第（4）部分关于管箱短节径向位移的有限元分析结果也证实了这一现象。管板的变形相当于存在预偏转角，也对配对法兰的密封产生影响；工况参数的均匀性、动态性，特别是参数升降过程对结构变形协调存在影响。对这些问题的研究和认识虽然也有待深入，但是不属于本节的主题。

2.1.3 垫片自身特性因素

（1）垫片质量偏差。垫片直径、骨架圆度、截面宽度、厚度和密封面平面度都会出现结构偏差。随着石油化工装置规模化发展，设备法兰及其垫片也大直径设计。对于石油化工装置常用的石墨波齿复合垫，工程应用的垫片直径扩大化、垫片标准条文笼统、行业管理低效和市场混乱增加了垫片产品问题的复杂性[5,6]。实际上，大直径垫片骨架的周向接头增多，引起接头与母材的材料性能差异以及开裂的可能，尺寸加工精度的质量保证困难。由于垫片的制造质量欠缺，其垫片系数或预紧比压的实际值不一定满足产品设计标准推荐值。

（2）垫片安装偏差。垫片结构偏差会影响到垫片安装效果，垫片安装偏差可以进一步揭示垫片结构超差的后果。密封结构通常的规则是垫片内径要比法兰内径大一点，它的余量只要垫片在受压或受介质溶胀延伸时不会堵截法兰内径即可。而垫片外径要比法兰密封面止口直径小一点，它的间隙只要垫片能轻易落入凹面法兰止口内就行；特别要加以控制以免太大，否则，既增大法兰螺柱的应力水平，也使垫片安装过程更难对中。

一般地，公称直径 2000mm 以上的热交换器管箱法兰的凹面止口直径与垫片外径之间的单侧径向间隙基本值达到 5.5mm，占常用垫片宽度 N（20mm）的 27.5%，占垫片有效密封宽度 $b = 2.53\sqrt{b_0} = 2.53\sqrt{0.5N} = 8$（mm）的 68.8%；如安装不当，将严重削弱垫片的有效密封宽度。因此，该间隙宜结合垫片尺寸偏差一起考虑，应控制为 2mm。

传统安装垫片的方法，是在一侧密封面上周向几个点涂上少量润滑脂，压上垫片，利用常温下润滑脂的黏性把垫片粘住，再把另一侧密封面盖到垫片上，然后通过螺柱紧固密封面。对于卧式热交换器垂直密封面的安装，大尺寸垫片自重比粘力大，垫片存在下坠偏移的问题；对于大尺寸水平密封面的垫片安装，后面盖上的密封面不完全与前面的密封面平行或者每一件螺柱的上紧力不均匀，都会使垫片受到水平方向的挤压产生偏移问题。如图 2.2 所示，当垫片中心 O_1 沿 x-x 轴向左偏移 $b_1 - b_2$ 后，垫片基本密封宽度也从 b_1 减少为 b_2，其有效密封宽度也相应减少。

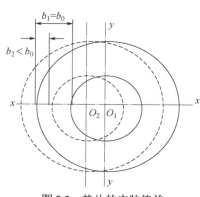

图 2.2　垫片的安装偏差

（3）垫片特性偏差。垫片的预紧密封比压 y，就是作用到垫片上的单位压紧力，是使垫片在弹性限内变形且足以将法兰密封面上微观的不平度填补严密不致产生泄漏的最小数值。不同的垫片具有不同的 y 值，y 值与介质压力无关，主要与垫片材料及其厚度有关。

当承压设备升压达到工作压力时，内压趋于将法兰分开，作用在垫片上的紧固压力减小。当垫片有效截面上的紧固压力减小至某一临界值时，仍能保持密封，这时在垫片上剩余紧固力即为有效压紧力。当有效压紧力小至临界值以下时就会发生泄漏，甚至将垫片吹掉。因此垫片的有效压紧力必须超过承压设备工作压力的 m 倍，从这一角度来说，m 具有类似于安全系数的性质；不过这个性质反映的主要是材料的本性，与垫片厚度虽然有一定的关系，但由于通常的垫片厚度变化不大，也就使该关系几乎失去了意义。因此，m 本应该称为"垫片材料系数"，事实上就通称为垫片系数或剩余比压系数，等于垫片单位面积比压的剩余值与内压的比值。

璩定一先生在翻译 L. E. 勃朗奈尔于 1959 年所著的《化工容器设计》时，称 m 为垫片因数，y 为最小设计压紧应力[29]。

（4）垫片过程维护。大直径垫片也会造成储运、检测和保管的难度。按使用情况，有的垫片在使用一段时间后需要再紧一次，这对高温和冷热循环的使用场合尤为需要[30]。相关维护工作质量欠缺时，垫片提供的预紧比压实际值也不一定达到密封系统的设计值。

2.1.4 科研因素

（1）垫片性能参数的虚拟性。实际上垫片的有效压紧力不是用简单的理论计算式所能求得的，ASME 根据经验于 1943 年提出各种垫片的 m 值和 y 值[曾在《PVRC 压力容器的长期研究规划（第五版）》的设计部分（二）中拟试验修正]，一直到 2005 年都未作改动，也未见试验依据[9]。文献[9]认为，这两个参数只是一种形式上简单虚拟的垫片性能参数，原因是它们与内压、温度及密封介质等直接关系泄漏的因素没有关系，不能实质性反映垫片的性能，也无助于垫片制造厂和用户来对垫片性能进行有效评价。笔者认为，这些垫片性能参数在中小开口和中低压密封中经历了长期的实践检验，相对于全盘否定其作用，加以总结、深入认识以便可靠地应用到大开口高压密封中是更值得肯定的态度。既然实际施加的载荷通常是设计值的 2～3 倍以上[8]，那么究竟有多少载荷作用到垫片上呢？如果根据 2～3 倍的螺柱载荷反过来推算满足密封要求的垫片系数 m 值和垫片预紧比压 y 值，是否是一种工程试验及是否是一条鉴定垫片特性参数的技术路径呢？

这里首先只对垫片特性这一基本因素展开研究，垫片产品偏差和安装偏差是对垫片特性的偏离，运行过程对垫片的维护是对垫片特性的回归。

（2）试验研究的误差。有的研究以柔性石墨金属齿形复合垫片为研究对象，对不同尺寸的金属齿形复合垫片进行泄漏率测试。试验中始终以同一套密封装置安放不同直径的垫片进行检测，如果针对不同直径的垫片配以不同的密封装置进行检测，也许出现差异性，该研究在结果分析中未注意到这一系统误差。

有的垫片产品形式检验中通过压力机向一对紧凑组合的盲板盖或者法兰施加轴向压力，

以此检测盲板盖或者法兰之间的垫片在一定内压下的密封性能。这种检测方法及其检测装置中的盲板盖或者法兰盘不一定会出现工程中存在的偏转，其结果存在工程偏差。

典型的泄漏模型有圆管模型、平行平板模型、平行圆平板模型、三角沟槽模型、多孔介质模型等，其中常用的垫片泄漏模型为多孔介质泄漏模型，该模型包含层流与分子流两部分。有的研究中只把有限的试验数据与从中选择的一种模型相比较，发现存在明显误差，凭此就断定该泄漏模型需要修正，而不进一步关注试验数据与其他四种模型的比较，欠缺充分性，存在人为的分析偏差。

2.2 垫片的组合特性

在上述诸多因素中，垫片特性是基本的，正如 GB 150.3—2011 中垫片成为法兰设计的辅助性零件一样，垫片特性与垫片几何尺寸相比，也因用户难以检测而处于被忽视的状态，没有得到业内足够的重视和设计专业的深入分析。

（1）垫片压紧力的关系。根据 GB 150.3—2011，预紧状态下需要的最小垫片压紧力 F_a 为标准中的式（7-1），操作状态下需要的最小垫片压紧力 F_p 为标准中的式（7-2）。预紧状态下需要的最小垫片压紧力与操作状态下需要的最小垫片压紧力之比为

$$\frac{F_a}{F_p} = \frac{3.14 D_G by}{6.28 D_G bmp_c} = \frac{y}{2mp_c} \tag{2-1}$$

理论上，上式有大于 1、等于 1 或小于 1 三种结果。各种平垫属于强制密封，预紧状态下垫片的压紧力是最大压紧力；操作状态下有内压，内压使法兰密封面趋于张开，使垫片的受压状态有所缓和，垫片的压紧力减小，所以工程设计实践上倾向于 $F_p \leqslant F_a$，即上式不应小于 1。如果出现上式小于 1 的情况，原因可能是垫片选择不当。垫片合理设计的原则是应使垫片在预紧和操作两种状态下所需的压紧力尽可能小。

（2）垫片组合特性的认识。对于 GB 150.3—2011 标准表 7-2 中常用于管壳式热交换器设备法兰密封的复合柔性石墨波齿金属垫，垫片系数 $m = 3.0$，预紧比压 $y = 50\,\text{MPa}$，代入式（2-1）得 $F_a/F_p = 8.33/p_c$，这里称系数 8.33 为石墨波齿金属垫的组合特性系数。同理计算整理得 GB 150.3—2011 标准表 7-2 中各垫片基于式（2-1）计算的特性系数，见表 2.1。表 2.1 中的拐点安全系数和拐点压力是下文根据安全系数曲线求得的。

表 2.1　垫片组合特性

垫片结构形式	垫片系数 m	预紧比压 y/MPa	特性比 y/m/MPa	组合特性系数 $y/2m$/MPa	拐点安全系数 n	拐点压力 $[p_{sc}]$/MPa
① 内有棉纤维的橡胶	1.25	2.8	2.24	1.12	—	—

垫片结构形式	垫片系数 m	预紧比压 y/MPa	特性比 y/m/MPa	组合特性系数 $y/2m$/MPa	拐点安全系数 n	拐点压力 $[p_{sc}]$/MPa
② 不锈钢波纹金属包石棉	3.5	44.8	12.80	6.40	1.0	6.2
③ 不锈钢波纹金属板	3.75	52.4	13.98	6.99	1.25	5.45
④ 不锈钢槽形金属	4.25	69.6	16.38	8.19	1.45	5.7
⑤ 不锈钢平金属板包石棉	3.75	62.1	16.56	8.28	1.45	5.6
⑥ 复合石墨波齿金属垫	3.0	50	16.66	8.33	1.45	5.6
⑦ 铁或软钢金属平垫	5.5	124.1	22.56	11.28	1.75	6.0
⑧ 内填石棉缠绕式金属	3.0	69	23.0	11.50	1.88	6.2
⑨ 蒙乃尔或 4%～6%铬钢	6.0	150.3	15.06	12.53	2.10	6.1
⑩ 不锈钢金属平垫	6.5	179.3	27.58	13.79	2.25	6.1
⑪ 不锈钢金属环	6.5	179.3	27.58	13.79	2.25	6.1

如果说垫片系数 m 值与垫片预紧比压 y 值都是垫片本身特有的数值，且是相互无关的单项性能值，那么，根据式（2-1）存在的关系，可以把式中的特性比 y/m 看作某种组合特性。这是因为从这个新概念中可以理解到明确的含义：

① $y/2m$ 是一组反映垫片系数 m 值与垫片预紧比压 y 值综合性能的数值，可称为组合特性系数，单位是 MPa，在一定的操作压力下具有影响压紧力比值大小的荷载特性；

② 特性比和特性系数也是垫片本身特有的数值，其值因垫片的具体形状、材质而形成定值，因而具有相对的静态特性；

③ 它们与承压设备的工作压力无关，即使承压设备工作压力很低，其值也不变；

④ GB 150.3—2011 标准表 7-2 中各垫片具有各自的组合特性，新的组合垫片当然也具有其组合特性，但是垫片的组合特性与组合垫片的特性是两个不同的概念。

基于本节的分析，环形平垫的概念已然从纯粹的金属环板扩展到 GB 150.3—2011 标准表 7-2 中的大多数垫片，但是不包括八角垫、椭圆垫等金属环垫。金属环垫与法兰密封槽之间的配合尺寸精度要求较高，有的密封槽需要堆焊耐腐蚀层，有的密封槽面需要研磨，而这种研磨的机械化加工尚难以实现[31]，密封槽面硬度检测困难。由于各种原因，热交换器设备法兰密封垫片很少选用金属环垫片。

2.3 垫片密封安全系数

在影响密封效果的几项因素中，业内对大多数因素的实际情况甚至其规律性已逐渐了解，只不过由于其案例的典型性、参数的经验性、应用的经济性及其他原因尚未把诸多因素都列入标准进行统一规范，留待设计团队根据经验进行个性化处理。垫片特性一项不仅是基本的、直接的因素，而且随着垫片行业技术创新，适用于新场合的新结构、新材料不断出现，其良好的功能和性能有待更本质的了解，垫片的制造工艺技术也需要改良和适应，新的未知因素使垫片特性持续发展变化。面对现场泄漏，人们有理由怀疑垫片的功效，恨不得发明一种万能的垫片，在这种惯性思维的牵引下，如何充分发挥垫片的密封功效自然就成为一个值得反向思考的冷命题。

2.3.1 垫片紧密度及垫片强度安全系数

试图通过一个合适的概念来综合上述影响垫片密封效果的各种因素是一个朴素的愿望，虽然缺乏基础但是值得努力。

（1）美国国家标准和技术研究院（NIST）的压力容器研究委员会（Pressure Vessel Research Committee，PVRC）于 1989 年提出了基于泄漏率的垫片紧密度等级参数来计算螺柱安装载荷的方法，文献[26]遵循该原理探讨了用紧密性参数来衡量密封的紧密度，并对紧密性等级进行了划分。由于该方法中提出的新的垫片系数与法兰的连接密封性并没有明确的定量关系，因而该方法尚未广泛使用[32]。欧洲标准化协会法兰及其接头委员会（CEN/TC）于 1994 年发布了法兰计算的标准草案 prEN 1951-1《法兰及其接头—带垫片圆形法兰连接设计规则　第 1 部分：计算方法》[33]，2001 年的版本成为欧盟正式标准。其中考虑的因素很多，垫片参数就涉及 8 个，并且发展了一个新的标准 ENV 1951-2《法兰及其接头—带垫片圆形法兰连接设计规则　第 2 部分：垫片系数》[34]作为第 1 部分的补充。补充的内容计算复杂，参数中的垫片系数也同样难以确定。

（2）文献[35]探讨了流变学在法兰密封设计中的应用，基于垫片金属材料的应力与变形关系曲线，根据装配引起的垫片变形量查得该曲线上所对应的应力应该大于 1.5 倍的设计压力，以此作为设计许可的判定依据。这里的系数 1.5 虽然是一个设计安全系数，但是仍然基于材料应力强度，属于结构强度安全系数，是与传统所说的垫片特性无关的一个系数。垫片特性参数 m、y 虽然概念明晰，但是数值的经验性或者检测装置的系统性致使其带有综合属性。文献[36]指出，对于同一种材料的垫片，在不同的介质、垫片宽度、预紧力情况下，采用同样的 m 值是不正确的。

德国 DIN 2505 法兰连接计算是以塑性分析为基础的设计方法，对法兰强度以塑性失效设计准则加以控制。标准中关于计算工作时垫片所承受的压紧力 F_{DB} 公式为[37]：

$$F_{DB} \geqslant \pi p D_G k_1 S_p \tag{2-2}$$

式中，p 是内压，Pa；D_G 是垫片平均直径，m；k_1 是垫片特性，m；S_p 是垫片超压安全系数，操作情况下最小值取 1.2。

2.3.2 垫片综合安全裕度

基于上述问题，这里试图以当前已有的垫片特性参数作为基础来填补垫片密封安全系数这一空白。无论这一技术是否卓有成效，都是另一条具有意义的探索路径。

（1）垫片密封安全系数。分析表明，垫片的组合特性系数可以一定程度上反映垫片的密封能力，但是由于缺少与运行工况的比较，尚难以完全反映垫片的本质安全性。为了在防治密封失效中发挥垫片特性的作用，可设式（2-1）的压紧力之比为反映垫片自身密封性能安全裕度的一个指标值，称为垫片密封安全系数，以 n 表示，即有：

$$n = 0.5\frac{y}{mp_c} = \frac{0.5y}{mp_c} \tag{2-3}$$

式中，分子为与预紧条件相关的最小垫片压紧应力，垫片实际所获得的最小压紧应力越大，垫片密封安全系数就越大；分母为密封所需要的与操作条件相关的残余压紧力[38]，垫片实际所需要的残余压紧力越小，垫片密封安全系数也就越大。

密封安全系数综合表征垫片结构形式和材料性能在不同计算压力下的安全储备，涉及了三种主要因素，虽然未明确包括温度及几何偏差等其他因素的影响，但是已通过材料选择考虑了介质及其温度的适应性；垫片密封安全系数的这一定义比已有的不同概念更全面、更明确，具有同样的基础和可操作性。例如，当 $p_c = 7.0\,\mathrm{MPa}$ 时，把复合石墨波齿垫特性值代入式（2-3）计算得 $n \approx 1.19$，可根据不同计算压力的密封安全系数绘制成图 2.3 中的实线曲线 n。由该线可见，密封安全系数随着计算压力的增大而降低，且曲线下降中存在单个拐点；压力大于拐点压力后，密封安全系数减速放缓，数值略大于 1 或略小于 1，趋近 1 上下，具体范围根据计算压力大小而定。

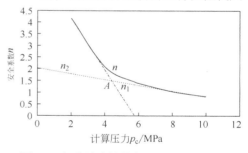

图 2.3 复合波齿垫的密封安全系数曲线

（2）垫片安全的综合性。金属环形平垫具有很多细分的结构形式，基于上述分析，垫片安全的保障机制具有综合性的特征，包括骨架材料的金属通用性和垫片结构形式的特别特性。可以认为垫片安全系数分别有垫片强度安全系数和垫片密封安全系数两方面，两方面安全系数不是相互包含的关系，而是并列的关系，但又不是可以加权组合的两部分，因为两方面安全系数保障的方向及指标在性质上是不同的；金属强度理论和实践为垫片强度安全提供了基础。垫片密封安全的基础尚有待研究和完善，文献[39]在对海洋环境下浮动堆设备闸门的密封性能分析时就使用了密封圈预压缩率安全系数和密封设计安全系数两个不同的安全系数概念。

2.3.3 垫片密封安全系数的应用

（1）确定曲线的拐点压力。在图 2.3 典型的垫片密封安全系数曲线中，与系数曲线两段分别相切的两条直线分别是

$$n_1 = -1.1083\, p_c + 6.3832 \tag{2-4}$$

和

$$n_2 = -0.1217\, p_c + 2.0283 \tag{2-5}$$

它们交于 A 点。该点反映了复合波齿垫密封安全性开始转向弱化，标志垫片功能的质变；其对应的计算压力可由两直线式计算，或由图 2.3 查得交点 A 的计算压力 $p_c = 4.4\,\text{MPa}$，密封安全系数为 $n=1.5$。而与 $n=1.5$ 对应的密封安全系数曲线上的点相应的计算压力可由式（2-3）计算得 $p_c \approx 5.6\,\text{MPa}$，这里称该压力为密封安全系数曲线的拐点压力。根据该原理求得各垫片的拐点压力，见表 2.1。

（2）确定曲线的适用计算压力。针对垫片密封安全系数的动态性，可根据具体设计项目的性质综合考虑一个合适的密封安全系数，然后由式（2-3）计算得到相应的计算压力；以该计算压力作为项目的设计压力，体现出垫片密封设计的主导性，为同一垫片在不同场合的应用提供灵活性。基于这一差异性原理，这里称与某一密封安全系数相对应的计算压力为垫片该密封安全系数的适用计算压力。适用计算压力具有一个区间范围，一般地说，适用计算压力的下限是拐点压力，上限是密封安全系数等于 1.0 时的计算压力。

（3）提示适用垫片的研发。图 2.4 是表 2.1 中序号①～⑪的各种垫片的密封安全系数曲线图，对每条曲线像图 2.3 那样取拐点密封安全系数及拐点压力，结果见表 2.1。

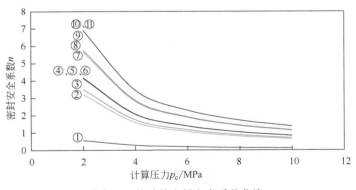

图 2.4　垫片的密封安全系数曲线

分析图 2.4，曲线的形状趋势相似。但是曲线①和②之间、曲线⑥和⑦之间间隔很宽，说明每组垫片的组合特性相差太远，可相应开发组合特性处于间隙中的新垫片；曲线④～⑥之

间、曲线⑦和⑧之间几乎没有间隙，说明每组垫片的组合特性相近，可相互代用。

（4）垫片特性比需求分析。由式（2-3）转化成垫片特性比需求值的计算式：

$$\frac{y}{m} = 2np_c \tag{2-6}$$

按上式计算得到不同密封安全系数下计算压力的垫片特性比需求值，见表2.2。

表 2.2　不同密封安全系数下计算压力的垫片特性比

单位：MPa

计算压力 p_c	$n=1.0$ 时的 y/m	$n=1.25$ 时的 y/m	$n=1.5$ 时的 y/m
1.0	2.0	2.5	3.0
2.0	3.0	5.0	6.0
3.0	6.0	7.5	9.0
4.0	8.0	10.0	12.0
5.0	10.0	12.5	15.0
6.0	12.0	15.0	18.0
7.0	14.0	17.5	21.0
8.0	16.0	20.0	24.0
9.0	18.0	22.5	27.0
10.0	20.0	25.0	30.0
11.0	22.0	27.5	33.0

比较表2.2和表2.1，$n=1.25$ 时，GB 150.3—2011标准表7-2推荐的垫片尚能满足设计要求；密封安全系数更大时，GB 150.3—2011标准表7-2推荐的垫片已不能满足高压设计要求。

如果加大法兰螺柱密封系统的强度余量，使内压作用下所需的垫片回弹量为零，则该垫片也许可以应用在超出表2.1适用压力的工况，但这不是技术经济性合理的设计。

实际上，影响垫片密封安全的因素还有不少，其他因素可以通过其他方法优化。例如，垫片用金属材料的抗腐蚀性能，应等于或高于密封面材料的性能；在有腐蚀的条件下，选用对法兰材料呈阳性的垫片材料，会使垫片受腐蚀；选用使法兰材料对垫片呈阳性的垫片材料，则法兰受腐蚀[40]。这里基于GB 150.3—2011标准表7-2中已有的垫片特性两个参数综合成的垫片密封安全系数这一新的概念及其应用，有利于提高垫片密封设计的主导性和灵活性，效果有待实践检验。

参考文献

[1] 刘小宁，吴元祥，李清，等. 压力容器垫片密封螺栓强度安全系数的确定[J]. 化肥设计，2011，49（5）：16-19.

[2] 刘宏超，任建民，吕明. 波齿复合垫片骨架结构参数的可靠性分析[J]. 当代化工，2014，43（4）：547-550，557.

[3] 陈孙艺. 高压法兰螺栓密封不足的设计因素[J]. 化工设备与管道, 2010, 47（增刊）: 98-102.

[4] 陈孙艺. 高压法兰螺栓密封失效的制造因素[J]. 金属热处理, 2011, 36（增刊）: 219-223.

[5] 陈孙艺. 复合石墨波齿单金属垫密封失效的初步认识[J]. 石油化工设备技术, 2013, 34（3）: 61-66.

[6] 陈孙艺. 复合石墨波齿单金属垫质量保证技术对策[C]//中国机械工程学会压力容器分会, 合肥通用机械研究院. 压力容器先进技术——第八届全国压力容器学术会议论文集. 北京: 化学工业出版社, 2013: 822-827.

[7] 刘宏超, 任建民. 柔性石墨金属波齿复合垫片金属骨架结构参数的研究[J]. 当代化工, 2012, 41（6）: 617-619.

[8] 蔡暖姝. 法兰计算方法和垫片性能参数[J]. 石油化工设备技术, 2014, 35（2）: 57-61.

[9] 蔡仁良. 压力容器法兰设计和垫片参数的发展现状[C]//中国机械工程学会压力容器分会, 合肥通用机械研究院. 第六届全国压力容器学术会议论压力容器先进技术精选集. 北京: 机械工业出版社, 2005: 756-763.

[10] 陈孙艺. 安全系数的分类[J]. 锅炉压力容器安全技术, 1995（5）: 11, 19-23.

[11] 陈孙艺. 安全系数存在的问题及处理方法[J]. 石油化工设备技术, 1996, 17（2）: 10-12.

[12] 陈孙艺. 压力容器安全系数的认识[J]. 化工设计通讯, 2004, 30（4）: 59-62.

[13] 张阳, 闫兴清, 喻健良. 高温下闸阀螺栓载荷变化规律研究[C]//中国机械工程学会压力容器分会, 合肥通用机械研究院. 压力容器先进技术——第九届全国压力容器学术会议论文集. 北京: 化学工业出版社, 2017.

[14] Omiya Y, Sawa T. Sealing performance evaluation of pipe flange connections with spiral wound gasket under cyclic thermal condition[J]. Int J Mech Syst Eng, 2013, 3: 105-110.

[15] Omiya Y, 沢俊行, 高木爱夫, et al. FEM Stress Analysis and Sealing Performance Evaluation of Pipe Flange Connection under Cyclic Internal Pressure and Thermal Changes[J]. Transactions of the Japan Society of Mechanical Engineers, 2013, 79（798）: 142-152.

[16] Roy C K, Bhavnani S, Hamilton M C, et al. Thermal performance of low melting temperature alloys at the interface between dissimilar materials[J]. Applied Thermal Engineering, 2016, 99: 72-79.

[17] Abid M, Awan A W, Nash D H. Determination of load capacity of a non-gasketed flange joint under combined internal pressure, axial and bending loading for safe strength and sealing[J]. Journal of the Brazilian Society of Mechanical Sciences and Engineering, 2014, 36（3）: 477-490.

[18] Sato K, Kurokawa S, Sawa T, et al. Visco-Elastic FEM Stress Analysis of Bolted Flange Connections With PTFE-Blended Gaskets Under Elevated Temperature[C]. ASME 2012 Pressure Vessels and Piping Conference, 2012: 205-211.

[19] 顾伯勤, 陈晔. 高温螺栓法兰连接的紧密性评价方法[J]. 润滑与密封, 2006, 31（6）: 39-41.

[20] 范淑玲, 章兰珠, 林剑红, 等. 金属与金属接触型石墨密封垫片高温力学性能的试验研究[J]. 压力容器, 2013, 30（4）: 1-7.

[21] 喻健良, 闫兴清, 罗从仁. 高温下法兰系统温度分布及螺栓载荷变化[J]. 压力容器, 2013, 30（11）: 1-7.

[22] ASME PCC-1—2016 Guidelines for Pressure Boundary Bolted Flange Joint Assembly

[23] JIS B 2251—2008 压力边界法兰连接螺栓紧固程序

[24] 周丹, 黄天力. 核电站热交换器启动工况下热冲击温差及系统控制要求的确定方法[J]. 化工设备与管道, 2019, 56（2）: 34-37.

[25] GB 150.3—2011 压力容器 第3部分: 设计

[26] 宋兆哲. 静密封过程中垫片的密封机理及失效分析[D]. 昆明: 昆明理工大学, 2011.

[27] 郭秭甾, 李慧芳, 钱才富. 螺栓法兰垫片接头整体结构数值模拟和密封性能分析[J]. 化工设备与管道, 2019, 56（2）: 6-11.

[28] 冯清晓, 梁琳, 高洁. 带隔板管箱法兰的密封力计算[J]. 石油化工设备技术, 2014, 35（1）: 18-19, 23.

[29] 勃朗奈尔 L E, 杨 E H. 化工容器设计[M]. 璩定一, 谢端绶, 译. 上海: 上海科学技术出版社, 1964.

[30] 蔡尔辅. 石油化工管道设计[M]. 北京: 化学工业出版社, 2002.

[31] 郭文杰, 陆春月, 闫玺铃, 等. 金属表面机械研磨液压试验机振动特性研究[J]. 液压与气动, 2020（4）: 103-109.

[32] 姜峰，梁宇翔，李有雯. 法兰连接结构垫片标准体系研究[J]. 化工机械，2017，44（5）：479-483.

[33] prEN 1951-1：2001 法兰及其接头—带垫片圆形法兰连接设计规则 第 1 部分：计算方法

[34] ENV 1951-2：2001 法兰及其接头—带垫片圆形法兰连接设计规则 第 2 部分：垫片系数

[35] 蔡洪涛. 流变学在法兰密封设计中的应用[J]. 武汉化工学院学报，2004，26（4）：81-83.

[36] 黎力军. 影响法兰密封的因素及垫片的选用[J]. 石油化工设备，1997，18（6）：35-37.

[37] DIN 2505—1990 Berechnung von Flanschverbindungen Teil 1 Berechnung，Teil 2 Dichtungskennwerte

[38] 张铁钢. 改善法兰接头密封性的对策[J]. 石油化工设备技术，2014，35（4）：52-56，61.

[39] 周新蓉，吴晨晖，李海东. 海洋环境下浮动堆设备闸门密封性能分析[J]. 压力容器，2020，37（2）：51-55.

[40] 陶宁. 法兰密封及垫片选型[J]. 炼油技术与工程，2004，34（10）：39-41.

第3章
环形平垫的几何尺寸

大型化和工况复杂的热交换器发生外漏可能与一些不良的设计习惯有关。虽然很多专著提供了关于承压设备法兰密封垫片选择及其合理设计的技术思路，但是精心设计需要经验、精力和时间，甚至需要创新，一般化的设计往往带有不良习惯。习惯性表现在一开始就按常

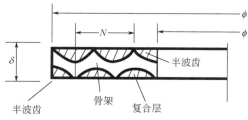

图 3.1　复合波齿垫结构截面图

规经验不假思索地选定缠绕垫或图 3.1 所示的波齿垫作为结构形式，以 16 mm 或 20 mm 作为通用的垫片宽度；设计者毫不怀疑其选择的垫片性能与具体工况是否适应，是否是最佳选择，在这一不良过程，传统案例及"疑似"规范化的企业垫片标准在其中起了"误导"作用。

环形垫密封设计还有一种不良习惯就是当结构尺寸出现矛盾时，有意识或无意识地牺牲垫片宽度来保证其他尺寸，这种现象常发生在受投资概算限制的列管式热交换器设计中。年轻的设计人员认为在不扩大热交换器直径的条件下，通过缩小垫片宽度可以换取内部空间以增加布管面积，还认为减少垫片密封面积后可以减少压紧载荷和螺柱的数量，节约了设备成本；同时，减少螺柱有利于快速装配和拆卸，满足日后运行中业主和检修单位抢修时的高效要求，自以为是一举多得的事。

热交换器的外漏也可能与标准的隐形强制有关。压力容器设计标准编排中一直把篇幅不多的垫片内容列在复杂的法兰设计之前，由法兰、垫片、螺柱组成的强制密封系统的设计过程遵从垫片选择、垫片压紧力、螺柱载荷到法兰应力校核的单向路线，逻辑性强，长此以往在潜意识中形成一种隐形强制；表现在密封系统设计中无意识地把垫片作为辅助性的次要设计，为法兰设计服务，从前到后单向度计算，即便法兰应力校核不合格，重复的调整一般也只涉及法兰和螺柱，除非设备出现密封失效，否则，垫片很少被拿来作为主要对象设计分析。

隐形强制还表现在，GB 150.3—2011[1]标准表 7-2 中属推荐性资料的垫片系数和密封比压力在没有其他选择路径的背景下已被默认为准强制性的内容，常用的华特氏法兰设计法因其简化而容易被理解和接受，迎合了"傻瓜式设计"心理。

为了提高金属平垫有效密封宽度的可靠性，应分析影响垫片有效密封宽度的因素，强调垫片结构尺寸特别是垫片宽度在高压法兰螺柱密封设计中的主导性和一定程度的独立性。

3.1 垫片初始宽度设计

GB 150.3—2011[1]标准的表 7-2 推荐了压力容器常用垫片的 13 种材料，每一种材料根据其硬度或者材质的不同又可以细分，共有 42 种垫片系数。因此，各种应用场合中可以选用的垫片材料是很多的，具体选择时似乎靠的是经验，但其实有确定的技术原理。类似于设计热交换器壳体时的材料选择，强度高的材料可以使壳壁薄一点，强度低的材料则需要壳壁厚一点；对垫片来说，与其材料关联的主要结构尺寸是其宽度，其次是厚度。

（1）垫片的初始设计宽度 N_0。这里的初始宽度只是为了启动法兰强度及密封设计而凭经验假设的一个初步的数值，通过设计过程优化，适当调整初始宽度后，N_0 可以作为 GB 150.3—2011 标准中表 7-1 垫片接触宽度 N 的依据，弥补标准中关于接触宽度具体取值的指引。

初始设计时，垫片的宽度是个未知数，无法按 GB 150.3—2011 标准的式（7-1）和式（7-2）去计算垫片压紧力，只能根据垫片密封原理计算其均匀的压紧力，据此结合经验预估一个垫片宽度。对于内径为 d_i、外径为 d_o、密封比压力为 y 的环形平垫片，紧固件通过密封面施加给垫片的压紧力为：

$$F_{垫压} = \frac{\pi}{4}(d_o^2 - d_i^2)y \tag{3-1}$$

密封腔内压力为 p 的流体渗入密封面之间直到垫片局部宽度、内直径 d_m 处，从而施加给垫片的静压力为：

$$F_{局部静压} = \frac{\pi}{4}d_m^2 p \tag{3-2}$$

当流体渗入密封面之间直到垫片外径 d_o 处，这是即将引起泄漏的临界状态，施加给垫片的静压力为：

$$F_{全静压} = \frac{\pi}{4}d_o^2 p \tag{3-3}$$

其实，式（3-1）的压紧力与式（3-3）的静压力之差就是残存在垫片上的压紧力。最终尚能起到密封作用的是残余压紧力，即：

$$F_{垫压} - F_{全静压} = F_{残压} \tag{3-4}$$

另外，根据垫片特性，其残余压紧力可按下式计算：

$$F_{残压} = \frac{\pi}{4}(d_o^2 - d_i^2)pm \tag{3-5}$$

因此，把式（3-1）、式（3-3）、式（3-5）一起代入式（3-4），有：

$$\frac{\pi}{4}(d_o^2 - d_i^2)y - \frac{\pi}{4}d_o^2 p = \frac{\pi}{4}(d_o^2 - d_i^2)pm \tag{3-6}$$

上式整理可得初步求取垫片宽度的估算式[2]：

$$\frac{d_o}{d_i} = \sqrt{\frac{y - pm}{y - p(m+1)}} \tag{3-7}$$

基于介质和工况初步选定垫片形式后，可以简化上式，突出压力这一主要因素对垫片尺寸的需求。对于复合柔性石墨波齿金属垫，把 GB 150.3—2011 标准推荐的参数 m=3.0、y=50 MPa 代入上式，得到设计压力与垫片外、内直径比之间的关系式：

$$\frac{d_o}{d_i} = \sqrt{1 + \frac{p}{50 - 4p}} \tag{3-8}$$

根据上式，再基于密封腔内径确定垫片内径 d_i 后，就可以根据设计压力计算垫片外径 d_o 了，还可以根据上式推导出垫片初始宽度计算式：

$$N_0 = d_i\left(\sqrt{1 + \frac{p}{50 - 4p}} - 1\right) / 2 \tag{3-9}$$

（2）垫片初始设计宽度 N_0 合适性的判断。GB 150.3—2011 标准规定，当垫片基本密封宽度 b_0＞6.4mm 时，有效密封宽度 b 值按公式计算。标准表 7-1 给出了 6 种密封压紧面结构的 b_0-N（含厚度 ω）关系，因此，可以反过来确定压紧面结构的垫片接触宽度 N。例如，对于热交换器长颈法兰通常采用的凹凸密封面，有：

$$b_0 = 0.5N \tag{3-10}$$

则有 0.5N＞6.4 mm，即 N＞12.8 mm 才是符合标准的基本要求。综合式（3-9）和式（3-10），垫片宽度的设计不是随意的，不是"被动的"，也不是仅凭经验就能合理确定的，而是可以依据工况、垫片特性和压紧面形状去主动设计计算的。

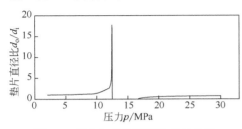

图 3.2　压力与垫片直径比关系曲线

（3）一定压力下垫片直径的适用比例。根据式（3-8）绘制设计压力与垫片外、内直径比之间的关系曲线，如图 3.2 所示。

结合式（3-8）分析图 3.2，当压力等于 3 MPa 时，垫片外、内直径比从约为 1.01 逐渐升到约 1.04，垫片宽度尚在合理范围；当压力大于 3 MPa、小于

12.5 MPa 时，垫片外、内直径比逐步升高到 17.7，垫片宽度不在合理范围；当压力大于或等于 12.5 MPa、小于 16.7 MPa 时，垫片外、内直径比是负数，垫片外径无法按此求解，反映上述技术原理存在不适用范围；当压力大于或等于 16.7 MPa 时，垫片外、内直径比虽然转变为正值，但是小于 1.0，也反映上述技术原理存在不适用范围。综上所述，垫片外径 d_o 既与工况静压 p 有关，也与垫片特性参数有关，其设计也不是随意的，甚至不是仅凭经验就能合理确定的。

要提醒的是，这里所说的不适用范围是针对复合柔性石墨波齿金属垫而言的，对于特性不同的其他垫片，关系式及其关系曲线不同，一定压力下垫片直径的适用比例也有差异。因此，这项技术原理只能用作垫片的初始设计宽度，不过也显然是一个值得深入研究的新课题。

3.2 垫片的理论宽度与实际宽度

3.2.1 垫片宽度相关概念

明确概念是避免误解的前提，何况垫片宽度是密封设计的关键尺寸。目前，垫片从设计、制造、安装到运行的历程中，被各个环节有选择地定义了一系列内涵相应变化的宽度概念，同时也放过了一些现实存在但是似乎没有必要或未被关注的宽度概念，如图 3.3 所示。

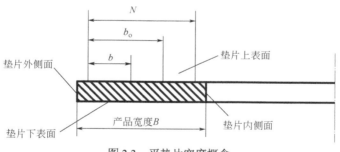

图 3.3　平垫片宽度概念

为了便于交流，图 3.3 也明确了垫片内侧面、垫片外侧面、垫片上表面、垫片下表面的概念所指；当不需要具体所指时，垫片上表面和垫片下表面就统称为垫片表面，也就是垫片密封面。

（1）设计计算环节的 3 个概念及其同一种含义。有专著[3]指出，几何宽度指垫片的实际宽度 B，在文献[4]中，该概念就简称为垫片宽度 B，可直接按 HG/T 20611—2009[5]标准和 HG/T 20632—2009[6]标准选用或参照该两标准设计。当应用于高压时，垫片宽度也可按下式计算：

$$B = \frac{D_i p_T}{1043.5 - p_T} \tag{3-11}$$

式中，B 为垫片宽度，mm；D_i 为垫片内径，mm；p_T 为水压试验压力，MPa。

垫片宽度在计算后向大值圆整，可是报道中找不到垫片计算宽度和垫片圆整宽度的概念。这里，垫片的几何宽度、实际宽度和垫片宽度三个常见报道的宽度名词所表达的含义其实是同一个概念，而报道中也找不到垫片名义宽度的概念。

（2）设计校核环节的 1 个概念及其唯一的一种含义。GB 150—1989 标准指出，垫片在预紧状态下受到最大螺柱载荷的作用，可能因压紧过度而失去密封性能，为此垫片需要有足够的最小垫片宽度 N_{min} [7]：

$$N_{min} = \frac{A_b[\sigma]_b}{6.28D_G y} < N \tag{3-12}$$

式中，A_b 为实际使用的螺柱总截面积，mm；$[\sigma]_b$ 为常温下螺柱材料的许用应力，MPa；D_G 为垫片压紧力作用中心圆直径，mm；y 为垫片预紧比压，MPa；p_T 为水压试验压力，MPa。

文献[8]结合标准和案例分析了式（3-12）即垫片宽度校核式存在的问题，在 GB 150—1998[9]标准和 GB 150.3—2011 标准的两次修订中则取消了该式，保留了最小垫片宽度的概念，并指出 N_{min} 可根据成熟的经验确定。如何体现成熟的经验呢？垫片在预紧状态下受到的螺柱载荷不足的话，垫片所需要的最小垫片宽度是否就可以窄一些，反之就可以宽一些？

业内对螺柱载荷的认识与实际相去甚远。文献[10]报道的实际经验表明 75%～80%螺柱法兰接头的泄漏失效不是出于垫片，更多的是与实际安装螺柱载荷不到位相关；而文献[11]认为，计算的螺柱载荷是设计载荷，与安装时实际施加的载荷没有关系，实际施加的载荷通常是设计值的 2～3 倍以上，实际操作在一定程度上补偿了设计的不足。文献[12]建议，考虑到螺柱上紧时的摩擦力和上紧工具的精度等因素，螺柱预紧力按最大预紧力的上限，必要时提高 10%；同时指出，国外有按螺柱屈服应力的 50%作为螺柱预紧力的。同样存在一个相关问题，是如何确定最大预紧力及其上限呢？

（3）制造环节的 2 个概念及其两种含义。从本义上理解，垫片的实际宽度应该是垫片制造成产品后的检测宽度，但是业内似乎对此很不关心；这一制造环节中反映垫片质量指标应有的重要概念——"垫片的实际宽度"曾出现在文献[3]的设计内容中，也就是说制造环节的概念被设计环节无意中挪用或混淆了。同时，图 3.3 中产品宽度 B 的概念也失去出处，B 在文献[13]中被标注为几何宽度。本来，垫片的实际宽度和产品宽度应该是同一个概念。但由于机床加工精度和毛坯装夹受力不均匀，产品宽度沿周向分布存在偏差，从而引出垫片平均宽度的概念。

（4）安装环节的 3 个概念及其两种含义。接触宽度指垫片安装就位后与密封面实际接触的几何宽度，以 N 表示[3]。或者说，在法兰预紧之前垫片能与法兰密封面接触上的宽度，称为垫片接触宽度。

当螺柱预紧后，由于法兰环产生偏转，法兰密封面在靠近内径处会产生分离，使其与该部位的垫片脱离接触，故垫片只有在靠近外径处才能被压紧。这一能被压紧的部分宽度在 GB 150.3—2011 标准中称为压紧宽度或基本密封宽度，以 b_o 表示。

实际上，安装偏差或垫片的圆度偏差都会使实际的垫片接触宽度、压紧宽度或基本密封宽度与设计的理想状况出现差距，图 1.18 展示了某 DN2100 的热交换器在套装管束时把设备法兰的波齿垫内侧压坏一段现象。因此，这些概念有理论与实际之分，并且影响到相关的其他宽度概念，但是未见专门分析报道。

（5）运行环节的 1 个概念及其唯一的一种含义。安装垫片时，被压紧的状态称为预紧，运行会改变该状态；预紧的目的是要起到密封作用，也可以起到密封作用，但是并不等于起密封作用。运行后只有被压得相应紧的垫片宽度才能起有效密封作用。为此垫片实际能起有效密封作用的宽度只有压紧宽度的一部分，即更靠近垫片外径的小部分。该小部分真正起密封作用的垫片宽度，GB 150.3—2011 标准中称为垫片有效密封宽度，以 b 表示，见图 3.3。相应地，可引出无效密封宽度（$N-b$）。

（6）其他的相关概念及含义。新结构产品中像图 3.1 的复合波齿垫套用上述宽度概念是否合适？是否有必要存在垫片等效宽度或垫片当量宽度的概念？安装垫片压紧变形中其几何尺寸发生微量变化（特别如缠绕垫），运行中垫片内、外侧的温度差异较大，热胀冷缩不同，有一个垫片动态宽度的概念。运行后的垫片存在剩余宽度的概念。从技术优化角度来说，还可以区分合适宽度、最佳宽度等概念。这些被忽视的概念，实际上真的对密封效果没有影响或者影响甚微吗？密封专业理论需要回答这些问题。

3.2.2　垫片主要宽度概念的关系

（1）无效密封宽度与有效密封宽度。人们对这个概念的误解主要在于其是否有意义，笔者认为其意义是不容怀疑的。其理论意义在于其客观存在，不是虚拟的，它与有效密封宽度相对，可以基于接触宽度进行量化转换。其客观存在也体现在其设计核算、制造质量、预紧应用、操作运行的相关必要性上，首先，密封设计和预紧操作上需要无效密封宽度与有效密封宽度一起，共同承受预紧载荷，避免垫片被压溃；其次，虽然在操作运行中无效密封宽度没有起到密封作用，但是无效密封宽度分担了垫片中的不少周向载荷，与有效密封宽度一起，共同保证了垫片强度；最后，无效密封宽度的存在使得该宽度范围的产品质量相对来说没有那么重要，也使得关于垫片宽度偏差的讨论失去部分意义。

但是，无效宽度与无效密封宽度是两个概念，无效宽度不但是多余的、无用的，而且很可能是有害的；密封面内的无效宽度分散了垫片压紧力，密封面外的无效宽度阻碍介质的流动，在流体冲击振动下加速垫片的失效。

（2）标准中对垫片有效密封宽度与垫片接触宽度的指引关系。大多数情况下垫片基本密

封宽度 $b_o > 6.4\,mm$ ，在此前提下探讨两个主要概念及其定量关系。此时有效密封宽度 b 值按 GB 150.3—2011 标准确定：

$$b = 2.53\sqrt{b_o} = 2.53\sqrt{0.5N} \tag{3-13}$$

据专家介绍，上式来源于 ASME 标准，是一条经验式。垫片有效密封宽度占垫片接触宽度的比例以及垫片有效密封宽度占垫片压紧宽度的比例分别按

$$\frac{b}{N} = \frac{2.53\sqrt{0.5N}}{N} = \frac{1.79}{\sqrt{N}} \tag{3-14}$$

即

$$b = 1.79\sqrt{N} \tag{3-15}$$

和

$$\frac{b}{b_o} = \frac{2.53\sqrt{b_o}}{b_o} = \frac{2.53}{\sqrt{b_o}} = \frac{3.58}{\sqrt{N}} \tag{3-16}$$

计算。根据式（3-14）和式（3-16）绘制成的垫片有效密封宽度占垫片接触宽度的比例曲线如图 3.4 所示，根据式（3-15）绘制成的垫片有效密封宽度与垫片接触宽度的关系曲线则如图 3.5 所示。图 3.4 和图 3.5 适用于所有垫片，与垫片的具体结构形式或结构尺寸无关，与具体案例工况也无关。

分析图 3.4，垫片接触宽度较窄时，垫片有效密封宽度所占比例较高，但是对 $N=20\,mm$ 的最高比例也只有 40.0%，有效密封宽度 b 约为 $8\,mm$，超过一半的垫片宽度是无效密封宽度。随着垫片接触宽度从 15mm 增加至 50mm，其有效密封宽度占到接触宽度的比例从 51.5%降低至 11.6%。

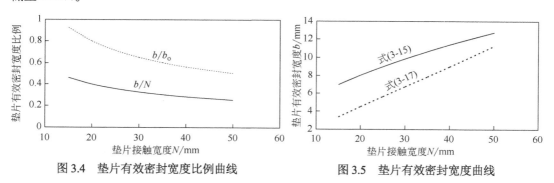

图 3.4　垫片有效密封宽度比例曲线　　　　图 3.5　垫片有效密封宽度曲线

分析图 3.5，垫片接触宽度越宽，则垫片有效密封宽度也越宽，因此，较宽的垫片有利于密封。这似乎与垫片宽度尽量选窄一些的常识不吻合，原因是尚需要综合法兰和螺柱的设计考虑，这时就与具体案例工况有关了。

（3）业内对垫片有效密封宽度与垫片接触宽度关系的探索。文献[13，14]标注了的关系，

$$b \approx (0.20 \sim 0.25) \ N \qquad (3\text{-}17)$$

但是没有交代出处，其适用性值得怀疑。将式（3-17）取其小系数的线性比例关系 $b=0.20N$，并绘制在图 3.5 中，与幂次关系式（3-15）中 $b=1.79\sqrt{N}$ 的关系相比，曲线下移了一大步。设 $b=0.20N$ 和 $b=1.79\sqrt{N}$ 两式相等，可以得到：

$$0.20N = 1.79\sqrt{N} \qquad (3\text{-}18)$$

据此推算得 $N=81$。如果将式（3-17）取其大系数的线性比例关系 $b=0.25N$，则推算得 $N=52$。垫片接触宽度的推算结果都是较大的数值，超出合理范围；而且，推算结果是一个不变的定值，与垫片初始宽度计算式（3-9）随参数而变化的计算结果明显不同。据此，式（3-17）中的系数似乎偏小了，而且不便于与 GB 150.3—2011 标准中的有关指引相融洽。

（4）垫片宽度概念汇总。这里，讨论了垫片 11 个已被应用的宽度概念，16 个实际存在、偶见应用但缺少分析研究的宽度概念，见表 3.1。

表 3.1　垫片宽度概念表[15]

概念相关环节	有报道	无报道
设计计算	初始宽度 几何宽度[3] 垫片宽度[4]	垫片计算宽度 垫片名义宽度 垫片圆整宽度 垫片最佳宽度 垫片无效宽度（针对波齿垫或齿形垫） 垫片有效宽度（针对波齿垫或齿形垫）
设计校核	最小垫片宽度	垫片合适宽度
制造环节	垫片实际宽度[3]	垫片产品宽度 垫片平均宽度
安装	（理论）接触宽度[1,3] （理论）压紧宽度 （理论）基本密封宽度[1]	实际接触宽度 实际压紧宽度 实际基本密封宽度
运行	垫片有效密封宽度[1,16] 垫片无效密封宽度	等效宽度（针对波齿垫） 当量宽度（针对波齿垫） 动态宽度（针对动载荷）
检测	结构宽度（带内、外加强环尺寸）	剩余宽度

除非这些宽度概念的重要性得到业内统一认识，否则不便于标识和应用，难以避免误解。

3.3　垫片宽度的影响因素及对策

除前面 16 个有待研究的宽度概念外，还有如下诸多影响垫片有效密封宽度的因素，这些因素的权重及其交互作用都有待分析研究。

3.3.1　人为因素的不确定性对垫片宽度的影响

管束与壳体组装时，两者之间直径、直线度等几何尺寸的偏差以及管束自重作用的下坠等引起的安装误差，对设备法兰密封也有不良影响。紧固螺柱的外载荷、紧固件摩擦副力阻或重紧、热紧等不同载荷对有效密封宽度的影响表现在垫片压紧力的周向不均匀性上。

热交换器卧式组装时的垫片偏心问题。垫片安装过程中存在的一些问题见 1.2.2 小节。垫片与密封面之间无法准确按设计要求的位置尺寸装配是主要原因，而造成垫片错位的原因，一方面是大尺寸垫片在自重作用下移位；另一方面是密封面在压紧垫片的过程中压紧力分布不均匀，垫片沿着某个方向被推移。即便对于大尺寸水平密封面的垫片安装，后面盖上的密封面不完全与前面的密封面平行，每一轮施加给螺柱的紧固力太大或者每一件螺柱的紧固力不均匀，也都会使垫片受到挤压产生偏移。

如图 1.14 所示，虽然设备法兰的齿形垫存在安装不正的现象，但是泄漏的位置并不是垫片底下弧段。也有人误解这一现象，以为按经验式（3-13）计算的有效密封宽度太大了，现在居然减少了约 30%也不影响密封，之所以有这种片面认识，是没有看到螺柱的增强作用。垫片底下弧段接触宽度减小了，则密封面单位面积上的压紧应力有所提高，这是一个交互影响的过程。由此可见密封问题的复杂性。

3.3.2　结构因素对垫片宽度的影响

结构因素对垫片宽度的影响是垫片形状或自紧密封的自紧程度等不同特性的作用。

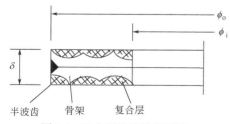

图 3.6　双金属垫结构截面图

对于图 3.6 的双金属复合石墨波齿垫结构截面，在文献[17]中构建成图 3.7（a）所示金属间带间隙的模型。该模型与图 3.7（b）所示实物截面、图 3.7（d）所示供货商广告图比较，在与有效密封宽度敏感关联的外圆连接结构、内侧和外侧半波形等结构方面有明显的差异；图 3.1 波齿垫的两个半波齿分别分布在垫片上表面的内圆和下表面的外圆，图 3.7（d）波齿垫的两个半波齿却同时分布在垫片下表面的内圆和外圆。

（a）模型[17]

（b）实物

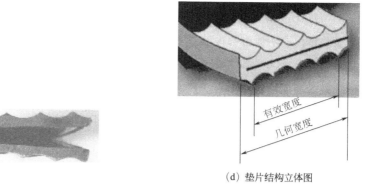

（c）翘开　　　　　　　　　　　　　　（d）垫片结构立体图

图 3.7　双金属垫模型与实物截面图

从插页图 3.8 中则可以观察到，波齿垫片从内圆侧到外圆侧的 5 个波齿在应用后的状态各不相同，分析如下：由于半波结构以及内压下法兰环偏转的原因，最内侧的一道波齿无法压实石墨，虚浮的石墨层与密封面之间存在缝隙，介质渗入缝隙引起了完全的锈蚀；次内侧的第二道波齿尚能与密封面接触，不再存在缝隙，介质无法渗入，但是石墨层被压得不是很有实效，只是半实，剥下石墨层后尚可见零星锈点；中间一道波齿基本压实石墨，虽然可容易地剥下石墨层，但是看不到任何锈点，完全是石墨的痕迹；靠近外圆的两道波齿上的石墨层被完全压实，其石墨层剥离相对来说没有那么容易。

波齿垫片相关资料实物的这些结构差异理应引起业内的关注，不同的认识和技术行为会对密封效果产生不同的影响。至于波齿垫上波数、齿数的多少，当然会影响到使用效果，但是这里不展开讨论。

3.3.3　系统因素对垫片宽度的影响

（1）热交换器的密封结构多样性。密封结构包括纯粹的法兰副、两侧相同的法兰副、两侧差异的法兰副、夹持管板的法兰副、管箱内带隔板的法兰副、与盲板配对的单侧法兰或与管板配对的单侧法兰，这 6 种不同结构的密封系统具有不同的受力特征，再加上需要密封的开口直径大小，这些因素之间存在一定的交互影响，因此系统结构及其装配偏差对密封效果的影响具有间接性。文献[13]在分析带隔板管箱的法兰密封力时，之所以认为预紧时无法压紧隔板槽的条形垫片，是因为推定所有的法兰环在预紧时都会偏转，从而导致隔板密封面与法兰密封面不同面。其中实际上忽略了隔板抵抗法兰偏转的作用，并非所有的法兰环在预紧时都会偏转同一角度，而是存在差异。

（2）垫片有效密封宽度与螺柱面积的关系。两者本应是双向相关的两个独立因素，也即垫片越宽就越需要更大的螺柱面积，螺柱越多就越能保证有效密封宽度，现实中却经常被误解为单向相关的两个独立因素。某乙烯裂解装置急冷油稀释蒸气发生器是四管程的浮头式热交换器，公称直径 DN2100，浮头盖与浮动管板的密封失效后，对浮头盖和浮头勾圈改造时把 M27 的螺柱数量从 92 件增加到 104 件，提高了 13%，隔板附近却仍有泄漏，密封效果没有明显改善；说明泄漏弧段的垫片有效密封宽度为零，同时说明垫片沿整个周向的有效密封宽度不均匀。有人误解这一现象，以为垫片有效密封宽度不能由螺柱数量到螺柱面积再到最小螺柱载荷最后到最小垫片压紧力这一逆向程序来核算，而只能按经验式（3-13）来确定，之所以有这种片面认识，是因为没有意识到过密的螺柱孔削弱了浮头法兰和浮头勾圈的强度。也就是说，螺柱的增强抵不上法兰的减弱，总的结果对密封造成不良影响，而不能一味否认螺柱的增强作用。

（3）系统误差因素。密封系统的设计误差、材料性能偏差或检测技术偏差等不同差异作用下，各种偏差的累积对密封产生影响。载荷工况也是因素之一，法兰垫片的密封存在外压工况，高温度、低内压工况，高分程、变温度工况，经验式（3-13）考虑的因素有限。

3.3.4 质量因素对垫片宽度的影响

（1）垫片平整度。垫片质量具有很多特征，但是未见其平整度的讨论。例如，垫片和密封面的平整度等不同尺寸作用，垫片和密封面两者在周向、径向的平面度偏差影响密封性。

图 3.9 是某装置型号为 H-BFM 2100-2567-5.542/7-8/19-4 的中压冷却器，管箱法兰密封垫是内外直径分别为 $\phi_i 2342mm$、$\phi_o 2392mm$ 的 HG/T 20611—2009 标准复合石墨齿形垫，管程耐压试验压力为 8.75MPa，当压力升至 7.5MPa 后，管箱法兰密封面开始泄漏。主要原因是在大直径密封的背景下，密封面平面度等形位尺寸偏差使得理想状态下设计的垫片宽度相对不足而降低了密封效果。

（2）垫片圆度。垫片直径的偏差直接关联垫片的圆度，对密封性能的影响主要反映在最小直径方向上垫片有效密封宽度的减小上。图 3.10 中虚线圆环是设计计算的垫片有效密封宽度，实线椭圆环是实际的垫片宽度，x-x 和 y-y 分别是其最大、最小直径方向；显然，垫片有效密封宽度已由 x-x 方向的 b_1 减小为 y-y 方向的 b_2。

 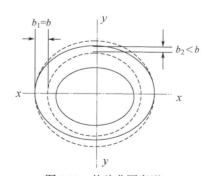

图 3.9　冷却器管箱法兰泄漏　　　　　图 3.10　垫片非圆变形

初步调查表明，垫片产品的圆度较好，偶然的问题发生在大直径垫片的不合理存放、不正确取用或多次反复使用中。垫片圆度引起有效密封宽度的减少值和垫片最大最小直径差值的比较表明，两者具有同等级量。随着大直径热交换器的发展，该因素的作用更加显著。GB 150.3—2011 标准关于密封结构的资料性附录中表 C.9 提供了直径最大至约 1000mm 的直径公差为±0.18mm，没有圆度指标。圆度因素的有关研究尚属空白，目前尚未引作平面垫片产品质量的检验指标，其影响有待专业实践的观察。

根据 GB 150.4—2011 标准，压力容器板焊壳体同一断面上最大内径与最小内径之差，应不大于该断面内径的 1%（对锻焊容器为 1‰），且不大于 25 mm。锻焊容器筒节和垫片骨架均经过机械加工，圆度更有保证，据此确定垫片外直径的圆度控制为 1‰是合理和可行的。

3.3.5　隔板因素对垫片宽度的影响

管箱隔板及其他附件对密封的影响首先是从工程现实分析中发现的，工程设计对此提出了多种技术对策。

（1）对分程隔板作用范围内垫片接触面积的影响及选取小参数垫片的对策。文献[18]针对金属包垫在多管程管壳式热交换器耐压试验时经常发生的管箱法兰密封泄漏现象，对多管程管箱法兰的密封结构进行了分析，认为造成泄漏的主要原因是分程隔板加强了管箱法兰的刚度，使得垫片在分程隔板作用范围内的接触面积增大，导致计算的预紧力无法满足实际所需的预紧力；并对多管程管箱法兰的密封修正计算方法进行了探讨，认为采用 Water 算法设计多管程管箱法兰存在局限性。为提高密封性能，在进行多管程管壳式热交换器密封设计时应优先考虑采用垫片参数较小的柔性石墨波齿复合垫片。

（2）对分程隔板作用范围内垫片接触面积的影响及调整垫片面积的对策。文献[19]则在介绍国外工程公司将隔板槽的垫片面积加到环形垫片面积上，再按普通垫片计算的对策后，否定了该技术依靠螺柱向隔板垫片施加压紧力的可行性。其理由是隔板处的内密封完全有别于法兰环形垫片的外密封，如果把隔板槽的垫片面积加到环形垫片面积上计算，虽然计算所需的垫片压紧力提高了，但由于受法兰环偏转变形及法兰环偏转周向不均匀性的影响，提高的压紧力主要作用在法兰环形垫片上。结果是不但不能起到压紧隔板槽垫片的作用，相反还会压坏环形垫片，致使外密封失效[19]。

（3）对法兰周向密封均匀性的影响及调整垫片有效密封宽度为垫片接触宽度的对策。文献[14]结合山东、新疆、燕山等石化厂的 3 台热交换器投运初期即发生管箱法兰泄漏的案例展开分析，排除了包括垫片在内的制造质量和安装影响，并指出这类现象屡见不鲜。引起泄漏失效的根本原因是管箱隔板影响了管箱法兰周向密封的均匀性，使局部密封能力有所降低。

隔板垫片和法兰垫片共同分担螺柱的预紧力，文献[14]认为隔板处密封面垫片的压紧程度由于受法兰环偏转变形的影响较小，隔板处密封面垫片的压紧程度不再是"内松外紧"，而是趋均匀化，且提出了预防为主的设计建议，也即在隔板附近一段垫片压紧力的计算中，以垫片接触面积 N 值代替 b 值进行计算。

笔者基于前人提出的以 N 代 b 建议，结合 GB 150.3—2011 标准表 7-1 中关于基本密封宽度与接触宽度的关系，推算得

$$b = (2.0 \sim 2.6)b_0 \tag{3-19}$$

也就是人为调整放大有效密封宽度的需求数值去计算垫片压紧力，再求取所需要的螺柱面积。

（4）对法兰密封性影响程度细分的对策。隔板对法兰密封性的影响可分为纵（轴）向和横向两种。纵向的影响基于隔板与法兰环两者密封面处于同一平面，通过隔板垫片的压紧力来表现。如果工程设计要求隔板密封面略低于法兰环密封面，在产品制造上是容易实现的，这就可以消除隔板垫片压紧力对法兰环垫片压紧力的影响。横向的影响可进一步分为前后相关的两方面。首先是隔板刚性对法兰环偏转的影响，从隔板与法兰两者的结构和尺寸看，柔性隔板对法兰环偏转的影响不大，刚性隔板对法兰环偏转的影响较大，从而在此基础上对法兰周向密封的均匀性产生影响。其极端情形就是限制法兰环无法偏转，技术对策就是以垫片接触面积 N 值代替 b 值进行计算。因此带隔板管箱的密封强度设计需要具体案例具体分析，基于隔板密封面是否与法兰环密封面平齐以及隔板的刚性而确定。笔者认为，一刀切的技术对策简单有效，但是欠缺与传统技术观念的协调，可能造成一定的浪费，业内应对该专题进行更深入细致的研究。对于各种隔板及其引起法兰密封的非轴对称效应，可分类区别对待；对于图 3.11 所示的多管程隔板的法兰密封，基于其结构的典型性以及对法兰密封面强化的程度，就可以分为刚性隔板和挠性隔板两大类。

（a）强刚性隔板　　　　　（b）弱刚性隔板　　　　　（c）挠性隔板

图 3.11　非轴对称多程隔板

3.3.6　垫片有效密封宽度修正

从上面诸多因素分析中，可归纳为如下六方面因素。为了更准确地确定垫片有效密密封

宽度，宜进行定量修正。

第一，宽度的影响。GB/T 19066.1—2008[20]标准中表 2 对较大公称直径和较大公称压力的垫片增大了宽度尺寸，反映出垫片宽度对大直径和高压工况的必要性，其关系曲线如图 3.12 所示。由图 3.12 可知，对于高压管道的复合垫片，公称直径 DN100 时，其宽度要求已达 $N=20\,\mathrm{mm}$。曲线显示出不顺畅的台阶结构，有的垫片宽度适用的直径范围很广，表明在确定该标准的垫片宽度分区时重点考虑了制造因素，没有根据公称直径相应按比例增加垫片宽度，可能是便于简化设计或者是有利于降低产品成本，但是这种简化有悖于初始宽度计算式 (3-9)，失去了一定的密封可靠性。

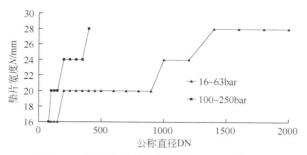

图 3.12　标准波齿复合垫宽度（1bar=10^5Pa）

第二，间隙的影响。GB/T 19066.3—2003[21]标准中表 3 除允许宽度上下偏差外，还允许垫片外径偏差，主要是为了安装时能把垫片轻易落入凹面法兰止口内，但实际上法兰设计往往已留下很大的径向间隙。因此，为保证垫片的宽度，垫片直径偏差主要应考虑加工精度的影响，增大上偏差，减小下偏差，缩小上下偏差的区间。对于金属缠绕垫片，垫片外径与法兰止口的间隙需考虑预紧作用下其直径增大的趋势。

第三，直径的影响。根据 GB 1804—2000[22]标准，2000～4000 mm 范围内的基本尺寸，其中等公差值为±2 mm，粗糙公差值为±4 mm。

第四，垫片圆度的影响。

第五，特别要提醒的是垫片结构的影响。由于图 3.1 和图 3.7（d）所示垫片骨架内径、外径各有一侧的半波齿形结构无法严密密封其拐角处的石墨，该两处的石墨复合层无法起到有效密封作用，波齿复合垫又是 GB 150.3—2011 标准吸收的新垫片，因此对其宽度的正确认识值得讨论；垫片接触宽度 N 不应是 $0.5\,(d_{\mathrm{o}}-d_{\mathrm{i}})$，而是更小的值。

以图 3.13 为例讨论波齿垫波纹数量对垫片宽度的影响。这是一个与图 3.6 所示结构类似但是有所区别的结构。波齿垫一个完整的波形宽度为 B，骨架宽度内加工有 2.5 个波，由于上密封面内径处的半波和下密封面外径处的半波不起密封作用，损失了宽度的 40%，上下两个密封面各自的两个整波形在宽度上又相互错开 0.5 个波，因此能被压紧的垫片宽度只有 $1.5B$，而不是 $2.5B$，浪费了一个波宽的密封面空间，使有效密封宽度明显折扣为 60%。GB 150—1998

标准中没有该类结构垫片，GB 150.3—2011 标准引入波齿垫后，没有就其基本密封宽度的计算给出指引，不便于工程可靠应用。

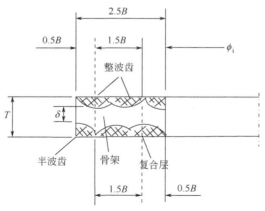

图 3.13　波齿垫结构截面图

波齿垫产品标准中没有齿形结构尺寸的规定，文献[23]对波齿复合垫片金属骨架力学性能的数值研究结果表明，具有较好力学性能的金属骨架条件为：波齿深度为金属骨架厚度的 1/3 左右；垫片单边宽度小于或等于 10.5mm 时波齿数为 3.5，垫片单边宽度大于 10.5mm 时波齿数为 4。笔者多次解剖检测，即便取最厚 T=4.5mm，扣除两侧的石墨层厚度及两侧的波形深度，其贯通整个垫片宽度的垫片厚度也不到 2mm；过薄的厚度和波拱结构使得波底处应力水平最高，因为上述垫片宽度的损失相应使垫片承受的压紧力提高了同等数值的程度，多因素使该处成为抵抗挤压静载荷和振动载荷最弱的地方。

再有，即便复合石墨所使用的黏结剂具有一定的高温稳定性，上密封面内径处半波齿的石墨也很容易被介质冲刷掉，形成内侧开口。装置开车前或停车后高压蒸汽吹扫时，压力使法兰密封副张开，垫片靠近内环部分处于松动状态，本来就不稳定的汽流经过密封副的开口时更加湍流，很容易诱导垫片疲劳损伤。

因此，对于 HG/T 20611—2009 标准垫片的实际有效密封宽度要减少约 1 mm，而 GB/T 19066.1～19066.3 标准垫片的实际有效密封宽度则要减少约 2～4mm，一般要少 3 mm，这约等于浪费了一定的垫片宽度。对 N=20 mm 的垫片来说，有效密封宽度计算值只有 8mm，浪费达 37.5%（3/8）。因此，有必要在垫片骨架设计中弥补相应的宽度。

笔者从文献[23]中看到影响骨架力学性能的宽度似乎存在拐点，同时看到波齿垫的波齿数为整数而不考虑半波的存在；垫片波数与垫片宽度两个数据之间是否能在协调中达成某种实用的优化，尚有待研究。笔者认为，波齿垫与齿形垫的组合是一种结构更良好的新型垫片，位于垫片宽度中间的大部分采用波齿结构，靠近内外径即宽度两侧的小部分采用齿形结构，可以弥补波齿垫密封面内外径处半波不起密封作用造成的损失。

第六，应力的影响。文献[17]利用有限元软件 ANSYS 对不同螺柱载荷下金属平垫的接触应力分布进行了数值模拟,对 9 个小法兰的案例结果分析表明,垫片有效密封宽度的有限元计算值比标准的计算值低 12%~39%。文献[24]在对模型施加载荷时,对垫片内侧的法兰密封面施加了内压,实际上,垫片的有效密封宽度只在靠近外径侧;垫片接触的法兰密封面上靠近内侧的部分也作用有内压,如果文献[17]没有遗漏这个误差,有限元计算值更低。建议金属垫片有效密封宽度相应提高 30%,笔者据此推算可把式(3-13)中的系数 2.53 提高为 3.3。

基于上述因素和分析,以上各种情况下有效密封宽度的变化可反映在式(3-13)的修正上。修正后的金属平垫有效密封宽度应有所增大,当 $b_0 > 6.4$mm 时,建议对于热交换器设备法兰中直径较大、流程较多、往复流程之间温差较大、缺乏成熟经验的平垫片有效密封宽度,从式(3-13)(GB 150.3—2011 标准式)修正为

$$b = 3.3\sqrt{b_0} \qquad (3\text{-}20)$$

对于波齿复合垫片有效密封宽度还应有所增大,再修正为

$$b = 3.3\sqrt{b_0} + 3 \qquad (3\text{-}21)$$

显然,垫片有效密封宽度的修正式只不过是综合了新经验的一种被动的计算方法,仍然缺乏从技术上解决问题的主导性,需要从密封理论进行反思。

3.4 垫片设计技术对策

3.4.1 垫片宽度对策

在垫片结构尺寸的三个基本因素中,垫片宽度是其中基础的和首要的,唯有垫片宽度是 GB 150.3—2011 标准法兰密封设计中需要计算校核的。遗憾的是,标准固化了垫片的有效密封宽度,撇开了压力及其他因素的影响,使得设计判断合适的垫片宽度在工程运行中也可能发生泄漏。其实,影响密封效果的因素除了垫片质量外,还包括螺柱面积、载荷工况、垫片结构、系统结构、系统误差和人为操作等,共有 7 个方面[9]。在垫片的设计、校核、制造、安装和运行中,与其宽度相关的概念内含会发生变化。单就垫片几何宽度来说,既可能存在基于大直径密封面的绝对的窄,也可能存在基于较宽密封面的相对的窄;反之,既可能存在基于小直径密封面的绝对的宽,也可能存在基于较窄密封面的相对的宽。

(1)窄垫片的基本对策。有的垫片宽度设计得"绝对"地窄,曾有当 $b_0 > 6.4$mm 时[25]

$$b = 0.8\sqrt{b_0} \qquad (3\text{-}22)$$

GB 150.3—2011 及其替代标准提出为式(3-13)。

笔者根据金属平垫有效密封宽度的标准公式计算结果、前人的数值试验分析结果以及垫片内、外侧与密封面台阶之间设计间隙过大的倾向，建议修正为式（3-20）和式（3-21）。

（2）宽垫片的基本对策。有的垫片宽度设计得"相对"地窄，就是由于密封面太宽了，垫片稍为偏移就造成压紧宽度不够。首先应改进凹凸面密封副，使过大的密封面宽度变窄，也减小了凹凸面台阶之间的配合间隙。其次是在无法使密封面宽度变窄时，增设定位垫片的销钉，避免垫片走位偏移。图 3.14 是法兰上的定位孔图。

密封垫专门应用于大尺寸开孔密封垫片的准确定位、精密安装，操作方便高效，利用传统的工艺方法，就能够一次性提高组装质量，且结构简单、制造简易、成本低，具有普适性。

（3）预防连接结构破坏垫片受力的周向均匀性。除了图 3.11 所示的管箱隔板对法兰环的受力有影响外，图 3.15 所示的壳程纵向隔板与图 3.7 的隔板结构也存在一个类似的问题，就是对壳体管箱（侧）法兰环的受力偏转有影响。笔者把上述针对隔板不良影响进行的计算过程的取值修正看作跟随型的对策，前人为了避免隔板密封对周边密封的不良影响，常把隔板密封面的高度设置为低于周边法兰密封面约 1mm，客观上具有降低隔板反力的作用，可以视作结构设计方面的退避对策。在这里提出另一个结构对策，就是对于管箱内分程之间压差较小的工况，取消隔板两侧与法兰内壁的相焊接；对于管箱内往复流程之间压差较大的工况，在取消隔板两侧与法兰内壁的焊缝后，增设弹性密封膜，这样使得隔板不再阻碍法兰环的偏转变形，彻底解决困扰密封的隔板反力计算问题。

图 3.14　法兰上的垫片定位孔

图 3.15　壳程纵向隔板

3.4.2　垫片直径对策

在垫片结构尺寸的三个基本因素中，垫片厚度由垫片产品标准规定，且随垫片直径区间范围的增大而增加；而垫片直径主要由设备内径和垫片宽度来确定，似乎没有什么可以讨论的内容，垫片直径的设计也似乎没有什么可以发挥的空间。其实，这仍然是误解作怪，主要原因是行业内对垫片直径、壳体直径与设备功能关系的分析研究不够深入，也不热心，因而在系统性思考中，直径因素被忽视了。

现有密封系统设计中没有考虑法兰直径大小引起的密封面平整度差异性对密封的影响，尚未看到垫片直径与密封性能关系的专题研究报道。文献[24]的案例分析表明，当垫片宽度一定时，垫片有效密封宽度随着垫片内、外径的增大而增加；但是该文同时指出，垫片内、外径增加的影响有限，况且分析对象全部是外直径小的 75mm 管法兰。因此，该结论不能直接推广到大直径的设备法兰。

初步分析发现，密封面直径及其垫片直径越大，两者在整个圆周内的平面度实际偏差也越大。另外，大直径法兰相对于小直径法兰其刚度要小，容易产生更大的法兰偏转。垫片公称直径的影响也可能体现在抗扭刚度上，小直径垫片抗扭刚度大；大直径垫片的曲率半径小，在结构上趋向于长而直的钢片，其抗扭刚度小。这两方面都对密封性存在不良影响。垫片直径与密封面平面度的定量关系应成为垫片优化设计的基本内容。

针对前面的失效案例，波齿垫的内径应略大于法兰的内径，以免受到介质流体的冲击而振动。

3.4.3 垫片厚度对策

一般选用薄的垫片，对高压工况尤其如此。但是，垫片厚度可以一定程度上弥补大尺寸密封面平整度的不良影响。因此，垫片厚度的确定应综合考虑密封工况和密封面尺寸两方面的需求。垫片直径扩大化、低效的行业管理和混乱的市场增加了问题的复杂性[26,27]。

（1）骨架厚度与密封面平面度。文献[10]介绍了 ASME PCC-1:2010 对密封面平面度和缺陷的定义，GB 150.3—2011 标准中表 C.9 规定八角垫和椭圆垫在整个圆周上任何部位的垫环高度差应不大于 0.5mm。文献[12]指出，对于 DN≥650 的大直径法兰，缠绕式垫片密封面平面度应不大于 0.8 mm，金属包垫片和非金属垫片密封面平面度应不大于 0.3 mm。

垫片不平整变形需要适当的垫片厚度来弥补，而骨架厚度的要求在 GB/T 19066.1—2008 标准中是缺失的。查 GB/T 1184—1996[28]标准应用举例，1000～1600 mm 范围内的主参数其最高公差等级为 1 级时的公差值为 2.5 mm，1600～2500 mm 范围内的主参数其最高公差等级为 1 级时的公差值为 3 mm，2500～4000 mm 范围内的主参数其最高公差等级为 1 级时的公差值为 4 mm。根据工程实践，直径 DN1400 以下的垫片按目前标准提出的厚度尚可满足密封要求，直径再大则可能会出现失效现象。因此，设计工程师一方面应据此对设备法兰密封面的平面度提出公差要求，另一方面应根据公差值的差异程度相应增加垫片厚度。

与纯粹的配对法兰密封相比，热交换器法兰与管板配对时管板密封面平整度差异性对密封的影响是一特例，建议在热交换器法兰设计中，保留一定的法兰安全裕度，并考虑足够的垫片厚度及其回弹性能，以给该特例充分的密封性补偿。

（2）复层厚度。文献[29]对厚度为 3.10 mm 的不锈钢金属梯形齿骨架试验，在 70 MPa 应力下压缩变形量约为 0.240 mm，卸载后的残余变形量约为 0.104 mm，垫片骨架的压缩率为 7.74%，回弹率为 64.21%；对厚度约为 5.30 mm 的梯形波齿复合垫试验，在 70 MPa 的应力下，垫片的压缩变形量约 0.78 mm，卸载后的残余变形量约 0.348 mm，垫片的压缩率为 15.7%，回弹率为 55.3%。这表明在金属骨架上覆盖质地较软的柔性石墨层后，压缩率大为增大，而回弹率略有下降。文献[30]的研究也表明同样的结论，但还发现当柔性石墨达到一定的厚度时，压缩率和回弹率的变化趋于平缓。

因此，可以定性推断，在垫片总的厚度一定的情况下，骨架和石墨层的厚度分配比例对密封性能是有影响的，存在一个保证最佳回弹率的石墨层最大厚度；而反映石墨层质地软硬程度的密度则是材料性能关键指标，值得定量研究。

3.4.4 垫片结构改良

从金属环平垫到金属齿形垫、金属波齿垫、金属缠绕垫和复合材料垫，可以认识到垫片结构的变化历程，其中密封性能的工况适应性提高是主要目的。分析如下：

(1) 传统缠绕密封垫片的缺点。文献[31]对从热交换器上拆卸的金属缠绕垫进行了分析，管程侧金属缠绕垫的分程隔板密封条已经被管箱的分程隔板挤压而发生扭曲变形，判断安装金属缠绕垫时没有把它完全定位在管板与管箱法兰密封面之间是一个主要原因，另外一个原因是发现泄漏后松动下部螺柱而引起偏移。一旦金属缠绕垫发生了位移，金属缠绕垫的分程隔板密封条也就脱离了管板的分程隔板槽。当松动螺柱再重新紧固时，就出现了将金属缠绕垫压溃及其分程隔板密封条挤压扭曲的现象。由于安装管箱时并不知道这一情况，认为泄漏是螺柱紧固扭矩不到位的原因，于是就增加紧固扭矩；随着螺柱的紧固扭矩不断增大，金属缠绕垫压坏和挤出，从而破坏了密封。为了解决这个问题，笔者提出了用弹性圆柱销将垫片、筒节和管板进行相互定位的方法。

大型垫片的安装确实需要进行定位。图 3.16 所示一侧密封面上安装的传统缠绕密封垫片包括骨架及垫片主体，骨架可设置于垫片主体的内侧、外侧或同时设置于垫片主体的内侧和外侧，垫片主体包括垫片基体及附设于基体的填料层。

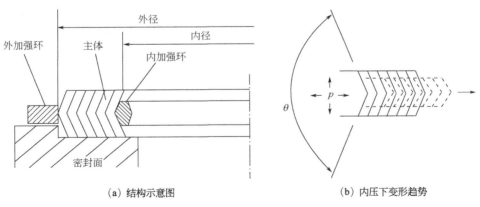

（a）结构示意图　　　　　　　　　　（b）内压下变形趋势

图 3.16　传统的外拱形缠绕垫片

NB/T 47025—2012[32]标准规定了适用于压力容器法兰密封用的缠绕垫片，分四种结构形式：基本型 A 金属缠绕垫片、带内环 B 金属缠绕垫片、带外环 C 金属缠绕垫片和带内外环 D

金属缠绕垫片。其中的缠绕钢带都是图 3.16 所示横截面径向向外拱出的形式，这一外拱形式主要是满足了制造质量要求，便于制造厂以内骨架为支撑基础从内径开始缠绕主体，直到外径结束缠绕。在这一绕制过程中，拉紧钢带的张力在使钢带贴紧内层的同时，可以很好地保持钢带的折弯角 θ。但是，在内压作用下，外拱形缠绕层具有进一步外拱的变形行为，一方面使主体厚度趋向于变薄，密封接触面松弛；另一方面直径外扩使外表面的钢带焊口胀脱，主体散架，实例如图 1.23 所示。

（2）传统缠绕密封垫片的改良。对结构的改良不涉及复合层材料的变化。

第一点结构改良——内拱形缠绕垫片。如果把缠绕垫片主体结构改变为图 3.17 所示横截面径向向内拱入的形式，则在钢带缠绕过程中，拉紧钢带的张力趋向于把钢带向内拱这一侧弯曲，折弯角 θ 趋向于张开而难以保持设计的形状。但是，在内压作用下，内拱形缠绕层进一步外拱的变形行为缘于钢带两边与密封面机加工刀痕的摩擦而无法实现，变形协调的结果转而促使主体厚度趋向于更加厚，密封接触面更加紧密，类似一种自紧作用，有利于密封。

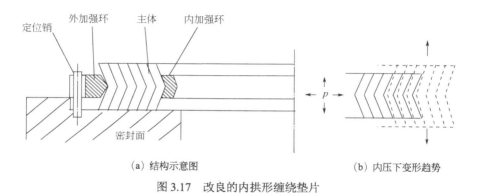

（a）结构示意图　　　　　（b）内压下变形趋势

图 3.17　改良的内拱形缠绕垫片

第二点结构改良——面对面双拱形缠绕垫片。综合外拱形缠绕和内拱形缠绕两种主体结构的优点，组合成图 3.18 所示的方案。

第三点结构改良——背靠背双拱形缠绕垫片。综合外拱形缠绕和内拱形缠绕两种主体结构的优点，组合成图 3.19 所示的方案。图 3.19 的结构显然优于图 3.18 的结构。

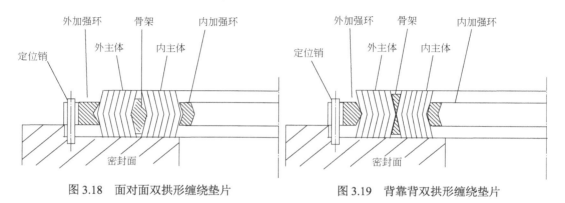

图 3.18　面对面双拱形缠绕垫片　　　　　图 3.19　背靠背双拱形缠绕垫片

第四点结构改良——缩小缠绕钢带的折弯角 θ，使缠绕层相互抱合幅度更深，更不容易相互错位、滑脱。

第五点结构改良——在垫片外加强环上设置定位槽或定位销孔，便于大型缠绕垫片在密封面上的安装定位，如图 3.17 所示。定位结构也可设计在加强环引出的耳片上，与图 3.14 的法兰定位孔配合使用。

第六点结构改良——缠绕垫的一层钢带和一层石墨带同时进行双带缠绕，形成钢带之间夹有石墨层的结构。石墨层增大了两层钢带的间隔，为钢带的弹性压缩提供了形变的空间；其润滑性有利于法兰紧固螺栓松弛时钢带的回弹，而且也是减少垫片径向传热的良好热阻，如图 3.20 所示。

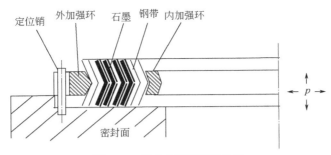

图 3.20　钢带夹石墨缠绕垫片

第七点结构改良——缠绕垫内侧和外侧的少数几层钢带是连续螺旋缠绕的，内侧和外侧之间的中间主体钢带层则是一圈一圈间断的非对称同心圆结构，每包扎一圈即点焊牢固该圈两端的接头，相邻两圈的点焊接头在圆周方向错开 180° 布置。所谓非对称结构是指钢带折弯角 θ 两边的折边长度不相等，使得相邻两圈钢带的间隔增大了，为钢带的弹性压缩提供了形变的空间。在缠绕垫上、下两个密封面压上石墨层，石墨层能挤进相邻两圈钢带之间的空隙，使连接更牢固；石墨层的润滑性也有利于螺栓松弛时钢带的回弹以及减少垫片径向传热散失，如图 3.21 所示。

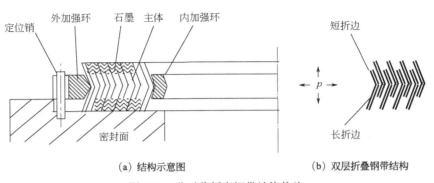

（a）结构示意图　　　　　　　　（b）双层折叠钢带结构

图 3.21　非对称折弯钢带缠绕垫片

3.5　垫片制造技术条件

（1）性能检测。对于用户来说，复合石墨波齿垫片和复合石墨缠绕垫片的成品质量检测，特别是对金属缠绕垫片的检测具有较大难度，这也是一些垫片制造商放纵其不规范工艺的原因。与 ASME B16.20—2012 版相比，新的 ASME B16.20—2017 标准没有再指定对某一个规格和压力等级的缠绕垫片做形式试验，只要求试验结果满足标准规定的压缩性能和泄漏限度即可。这样的话就可以有多种理解：一是以前标准中指定对某一个规格和压力等级的缠绕垫片做形式试验，其结果无法保证该制造工艺技术应用到其他规格和等级的缠绕垫片制造时也具有可靠的质量；二是意味着用户可以要求对每一个规格、每一个压力等级的缠绕垫片都要做测试，垫片制造商需要有不同针对性的工艺技术来满足标准的要求。

骨架弯制中应该控制塑性变形率，预防或消除波齿垫经过冷加工产生应变马氏体及波齿垫在敏化温度范围内热加工引起的材料组织损伤。

（2）成品储存。无论如何，大直径垫片在搬运中容易变形，应有图 3.22 或图 3.23 的箱体包装；多件垫片叠装时，底部应垫以海绵防振。图 3.24 所示的支撑无法避免垫片扭转变形而损伤，不是最佳的包装。

图 3.22　垫片包装用木箱　　　图 3.23　垫片包装用纸箱　　　图 3.24　垫片简易包装

关于垫片表面石墨复合层的保护，一般是在上面缠绕塑料薄膜，建议在此之前先缠绕一层生料带，以免安装前拆下塑料薄膜后，石墨层没有保护而松脱。

垫片质量技术更详细的状况见第 6 章。

参考文献

[1] GB 150.3—2011 压力容器 第 3 部分：设计

[2] 勃朗奈尔 L E. 化工容器设计[M]. 上海：上海科学技术出版社，1964.

[3] 李世玉. 压力容器设计工程师培训教[M]. 北京：新华出版社，2005.

[4] HG/T 20582—2011 钢制化工容器强度计算规定

[5] HG/T 20611—2009 钢制管法兰用具有覆盖层的齿形组合垫（PN 系列）

[6] HG/T 20632—2009 钢制管法兰用具有覆盖层的齿形组合垫（Class 系列）

[7] GB 150—1989 钢制压力容器

[8] 范玉荣. 法兰密封垫片最小宽度探讨[J]. 南平师专学报（自然科学版），1997（4）：37-39.

[9] GB 150—1998 钢制压力容器（2003 年修订）

[10] 蔡暖姝，蔡仁良，应道宴. 螺栓法兰接头安全密封技术（五）——安装[J]. 化工设备与管道，2013，50（5）：1-7.

[11] 蔡暖姝. 法兰计算方法和垫片性能参数[J]. 石油化工设备技术，2014，35（2）：57-61.

[12] 张铁钢. 改善法兰接头密封性的对策[J]. 石油化工设备技术，2014，35（4）：52-56，61.

[13] 冯清晓，梁琳，高洁. 带隔板管箱法兰的密封力计算[J]. 石油化工设备技术，2014，35（1）：18，19，23.

[14] 元少昀. 管壳式换热器带隔板管箱法兰的泄漏分析及预防措施[J]. 石油化工设备技术，2015，36（3）：5-8，11.

[15] 陈孙艺. 关注垫片宽度的高压法兰螺栓密封设计[J]. 机械科学与技术，2016，35（增刊）：83-88.

[16] JB 4732—1995 钢制压力容器分析设计标准

[17] 周先军，文卫朋，尚庆军. 双金属自密封波齿垫片结构参数及密封性能研究[J]. 压力容器，2015，32（4）：16-21.

[18] 郑意，贺鹤，武建文，等. 多管程管箱法兰密封性能探讨[J]. 石油化工设备，2020，49（2）：63-66.

[19] 冯清晓，谢智刚，桑如苞. 管壳式换热器结构设计与强度计算中的重要问题[J]. 石油化工设备技术，2016，37（2）：1-6.

[20] GB/T 19066.1—2008 柔性石墨金属波齿复合垫片 尺寸

[21] GB/T 19066.3—2003 柔性石墨金属波齿复合垫片 技术条件

[22] GB 1804—2000 一般公差未注公差的线性和角度尺寸的公差

[23] 李力驳. 柔性石墨金属波齿复合垫片金属骨架力学性能研究[D]. 太原：太原理工大学，2013.

[24] 冯秀，魏龙. 金属垫片有效密封宽度有限元分析[J]. 流体机械，2008，36（9）：45-48.

[25] 胡国祯，石流，阎家宾. 化工密封技术[M]. 化学工业出版社，1990.

[26] 陈孙艺. 复合石墨波齿单金属垫密封失效的初步认识[J]. 石油化工设备技术，2013，34（3）：61-66.

[27] 陈孙艺. 复合石墨波齿单金属垫质量保证技术对策[C]//第八届全国压力容器学术会议论文集. 北京：北京化工出版社，2013：822-827.

[28] GB/T 1184—1996 形状和位置公差 未注公差值

[29] 董成立，周先军，仇性启. 梯形波齿垫片性能分析与常温试验研究[J]. 石油化工设备，2003，32（2）：12-14.

[30] 谢苏江，蔡仁良，黄建中. 金属波齿复合垫片结构参数和力学性能关系的试验研究[J]. 化工机械，2000，27（4）：200-203.

[31] 王凤超. 圆柱销在大口径金属缠绕垫安装中的应用[J]. 化工设备与管道，2014，51（1）：45-14.

[32] NB/T 47025—2012 缠绕垫片

第2篇
热交换器主体密封失效的技术因素

热交换器主体密封主要指的是设备法兰密封，只不过不仅是壳体表面肉眼可见的外法兰密封，还包括壳体内部的法兰密封，不同的密封其失效具有不同的危害性。同程内漏大多数只影响能耗和效率，异程内漏既影响能耗和效率，也影响产品品质和运行安全；相对而言，热交换器的外漏具备上述所有危害和最大危险，是需要最紧迫处置的失效形式，这里主要讨论壳体表面的外法兰密封。

热交换器的外密封以螺柱法兰连接为核心，外漏的技术因素除了与环形金属垫片相关的外，另一常见的因素就是螺柱法兰强制密封系统的设计技术。法兰连接这一传统密封技术伴随着化学工业的复杂化和规模化发展也存在技术条件的适应性问题，而且可以细分为标准技术所采纳的力学模型是否科学合理的基本问题、设计过程是否优化的工程应用问题以及操作运行中密封系统的实际状况特别是其结构是否适用标准的个性问题。高压反应器的最大开孔往往是封头上的人孔，也常设计成与介质接管开口合为一体；高压热交换器因为管束检修的需要其最大密封孔径就是筒体的直径，一般都大于人孔直径。随着管壳式热交换器的大型化，密封难度随之增大，设计选取的高压强制密封技术可能会突破原有标准的规定，制造中按设计提出的预紧力无法满足试压密封的现象时有发生，令人对密封设计技术的可信度产生了怀疑；业内不同岗位的相关人员对同一泄漏现象的认识和判断也各种各样，但是不一定都合理充分。

关于法兰设计的力学模型、分析方法，经过一个世纪的研究发展，目前已有十多种，就它们所依据的理论基础，可概括为三类：基于材料力学的简单方法，以弹性分析为基础的方法，以塑性分析为基础的方法。诸多方法本身就已说明没有一种完美的理论适用于所有工程需要，各种方法在长期应用中得以修正、完善，或者限定、淘汰，具有各自的优势和适用范围，因此，当前只有相对接近实际的理论。以塑性分析为基础的英国 BS 1515—65 法兰计算方法就由于连接密封性能存在问题而被淘汰。被广泛采用的 Waters（华特氏）法则通过其计算模型的诸多假设和简化，达到了以简便的强度设计代替密封设计的当量计算目的，但这是一个先假设尺寸再校核应力的试算过程，有一个优化设计的迭代要求和技能要求。如果能使环向应力 σ_T 和径向应力 σ_R 较低，且轴向应力 σ_H 位于锥颈大端，则密封可靠性会更高。

关于实际状况的适用性。影响法兰设计的因素本来就已经包括垫片材料、垫片直径、垫片宽度、螺柱材料、螺柱规格、螺柱数量、螺柱中心圆直径、法兰材料、法兰锥颈大端厚度、锥颈长度、法兰厚度等 11 个，而且这些基本因素又交互作用，总体理论十分复杂。实际状况则有标准修订以期跟上工程变化和经贸需求，也有垫片新型结构或者新材料以满足客观工况多样化、持续运行以追求效益最大化等。

因此，难以研发一套放之所有法兰螺柱系统而皆能实现可靠密封的力学技术。外密封的失效包括设计、结构、制造等因素，后两者也可看成是前者的分化，因为对于偏离的结构可以由设计系数纠正偏差，对于制造质量可以由设计提出的检验检测要求保证。如此说来，对热交换器外密封的全面理解，还需要一定深度和广度的专业知识，关于外密封的内容只能对个别因素进行剖析。外密封的根本对策涉及设计者的技能问题，热交换器设计手段的计算机软件"傻瓜化"应用僵化了人脑的思维，不利于设计技术的提高，主要是执行标准中存在不到位、不细致、有偏差的问题，表现在粗略地执行了有具体数值指标的条款，忽视了精细化要求的内容。在华特氏法的软件计算中，应强化优化设计过程，深化主观判断的标准。特别是除了应力校核和刚度校核，还应进入到成品尺寸和毛坯尺寸的对比分析，通过增设逻辑环节来判断计算结果是否在经济上优化，在循环迭代中直到技术经济性体现。这就是把外密封作为第 4 章的内容，之后再把设计制造工序质量的一些经验性内容作为第 5 章的理由。

第4章
热交换器的外密封

针对热交换器密封结构所在及其泄漏的失效表现，可以把介质在热交换器内部的各种法兰强制密封及非强制性密封归结为内部密封，把防止介质从热交换器内部向壳体外大气环境泄漏的密封归结为外密封。热交换器的外密封可按结构功能再细分，包括设备法兰密封，固定管板密封，人孔密封，介质进、出开口接管密封和阀门、仪表、螺塞辅件密封等5类。

4.1 热交换器设备法兰密封

长期以来，人们对热交换器密封的设计习惯于从结构这一感观较为强烈的特点出发[1]，其实这只是一条经验性的准则，而设备法兰设计时需要优化结构尺寸的原则很多，例如使结构各向应力基本接近材料许用应力的满应力原则等，目的是在满足力学要求的前提下获得理想的外形尺寸或较少的材料消耗。现在，这些带有传统痕迹的目的已经扩展到包括系统化和人性化的其他方面，确定原则的因素发生了变化。

（1）基本功能需求原则。结构安全强度和法兰连接密封强度是基本的功能需求，客观地说，螺柱孔对法兰环的强度和刚度有所削弱[2]，传统的设计方法对法兰环内的螺柱孔是忽略的。

（2）强度和刚度相互协调的原则。高压容器法兰没有专用标准，一般按华特氏法进行非标准设计；其中法兰厚度能明显增加法兰环的旋转刚度，降低法兰的轴向弯曲应力，因此高压容器法兰较厚。文献[2]分析发现，当高压容器的直径很大、设计压力很高时，所需要的螺柱截面积就相当大，但是由于受到设计规范中螺柱最大规格的限制，只能采用增加螺柱数量的办法来保证螺柱的总截面积，使得法兰螺柱孔相对间距减小；在华特氏法计算模型的诸多假设和简化中就不考虑螺柱孔对法兰强度的削弱作用，从而导致螺柱孔中心圆环向承载截面处的径向弯曲应力和轴向剪应力增大，需要将该截面作为危险截面进行当量应力校核。有专家指出，一方面增加螺柱数会使按刚度计算所需要的法兰厚度下降，另一方面在计算中螺柱载荷会随着螺柱数的增加反而加大，所以法兰的预紧载荷加大，预紧力矩要增大，则法兰强度计算所要求的厚度要增加；只要按刚度计算所需要的法兰厚度大于按强度计算所需要的法兰厚度，则螺柱数量还是有利的、合理的，因此需要优化设计。

但是这还不够。传统概念的法兰刚度主要是指法兰环的旋转刚度，其不足的后果是密封面张开。其实还有一点尚未得到足够的重视，这就是法兰环的弯曲刚度，其不足的后果是垫片压紧应力沿着周向分布不均匀，相邻两个螺柱孔间距中间处的垫片压紧应力较低，成为泄漏的危险所在。

（3）系统相互适应的原则。从本体看结构系统，包括法兰、垫片、螺柱和螺母的相互适应；从连接体看结构系统，包括法兰连接的圆筒体、附近的开口接管、圆筒内的隔板、法兰配装的管板或盲盖板的相互适应。从体外看载荷系统，包括压力、温度、介质腐蚀性、工况波动。从工程建设看管理系统，包括最基本的设计、制造、检验、安装质量技术。

（4）人性化安装加载原则。螺柱数量对装拆操作的便利性也存在直接的影响，检、维修中对数量庞大的紧固件反复装拆令人烦恼，如果让师傅们带着逆反心理进行装拆操作，难免会影响工作质量。对于厚度较薄、刚度不高的非标准法兰，较大的拉应力会使法兰连接处发生明显的变形，从而发生强度破坏失效，需要来自外部的轴向力约束结构以免失效。常规的 ASME PCC-1[3]、JIS B 2251[4] 等加载标准加载轮次多、施加载荷烦琐[5]，难以适应某类尺寸大、螺柱多、螺柱规格小、密封面窄等特点的非标准法兰，因此也需要优化设计。

（5）成本经济性原则。如果从设计的角度来理解理想的法兰外形尺寸，就是成品法兰的金属重量最小。如果从毛坯生产的角度来理解长颈法兰的外形尺寸，就是从传统锻锤的压力锻造毛坯到先进的矩形截面圆环滚压成形、现代的外形仿真滚压成形等多种加工手段中，哪一种的金属耗材量和能源消费量最小。如果从成品制造的角度来理解长颈法兰的外形尺寸，就是从毛坯到成品的车、钻等多种加工工序中，哪一种的毛坯金属切削量和加工工时最少。

4.1.1 螺柱法兰连接密封失效的设计因素及对策

对于高压容器或大型管壳式热交换器中操作工作量大而且直接影响密封质量的螺柱上紧技术，有关深入研究具有很强的工程意义，对按设计提出的预紧力无法满足试压密封的现象及其原因不应忽视从设计的角度进行分析。

4.1.1.1 密封设计的标准

钢制高压容器的设计常引用两项标准，一项是适合于 0.1～35MPa 的常规设计方法，按 GB 150.1～150.4—2011[6] 标准进行；另一项是适合于 35～100MPa 的设计方法，按 JB 4732—1995[7] 标准进行。高压容器的设计压力小于 35MPa 时，也可按 JB 4732—1995 标准进行设计。

在我国，中低压压力容器的设计制造技术与高压压力容器的设计制造技术原来是分开的，高压容器在结构功能上有很多细致的特别要求，但后来二者被合在一起。由于 GB 150.1～150.4—2011 标准适用于设计压力不大于 35MPa 的容器设计，因此不少人以为设计压力不大于 35MPa 的高压容器其设计及制造工艺技术只要符合 GB 150.1～150.4—2011 标准即可；对中低压容器与高压容器设计及制造技术的差异性不了解，由此而来的思路就是采用同样的密封结构和同样的技术要求、沿用同样的工装手段和操作方法去进行高压容器密封系统的上紧操作，这显然是不够的。

GB 150.1～150.4—2011 只是压力容器设计制造的一个基本的标准，尚需要其他专业标准规范来补充。

4.1.1.2 密封设计的预紧载荷

文献[8]侧重于设计理论，也指出根据 ASME 规范和 GB 151—1999[9]标准计算的螺柱预紧载荷往往低于实际施加预紧载荷的事实，并通过 ASME 规范与 BS EN 1591-1—2013[10]标准中螺柱法兰连接设计计算方法的比较，确认后一理论更全面但垫片数据有待充实，且提出了通过有限元分析建立密封结构的载荷-变形曲线来确定合适的螺柱预紧载荷的方法。该方法虽然可以弥补现有标准的不足，但相对抽象，并不便于普遍的工程应用。目前，密封设计中预紧载荷的计算基于如下内容。

（1）机械设计预紧力矩与预紧力的关系。螺纹连接时的预紧力矩 T 由两部分组成，分别是用于克服螺纹副的螺纹阻力矩 T_1 和螺母与被连接件（或垫圈）支承面间的端面摩擦力矩 T_2[11]。

$$T = T_1 + T_2 = KF_0d \tag{4-1}$$

式中，d 为螺纹公称直径，mm；F_0 为沿螺柱轴向的预紧力，N；K 为预紧力矩系数；T 为拧紧螺柱的预紧力矩，N·mm。

一般来说，K 值主要取决于两个摩擦副的摩擦系数，文献[11]中表 5-1-60 根据螺纹摩擦表面状态及润滑情况提出了不同的 K 值。对于普通粗牙螺纹 M12～M64，当量摩擦系数（也称摩擦系数） $\mu_v = 0.10 \sim 0.20$，螺母与被连接件支承面间的摩擦系数 $\mu = 0.15$，则 $K = 0.1 \sim 0.3$。一般工程中常假设螺纹当量摩擦系数 $\mu_v = \mu = \mu'$，此条件常近似地符合工程实际，当 $\mu_v \neq \mu$ 时，则取 $\mu' = 0.5(\mu_v + \mu)$。对于一般标准六角螺柱，有 $K = 1.25\mu'$，故式（4-1）再简化为[11]

$$T = 1.25\mu'F_0d = 0.1875F_0d \tag{4-2}$$

上式的系数与文献[12]简化得的系数 0.2 接近，与文献[13]简化得的系数 0.5 差距较大。

（2）机械设计预紧力的限度。预紧力 F_0 有时称安装载荷，预紧力所引起的应力水平一般取螺柱材料最小屈服强度的 50%～75%，规定不得大于螺纹连接件材料屈服点的 80%；其中当法兰接头相对于其中的垫片具有较大的刚度时，倾向于取该比例范围中的较大比例。对于

一般的连接，推荐合金钢螺柱预紧力限值如下[11]

$$[F_0] = (0.5 \sim 0.6)R_{em}A_s \tag{4-3}$$

$$A_s = \frac{\pi}{4}\left(\frac{d_2 + d_3}{2}\right)^2$$

$$d_3 = d_1 - \frac{H}{6}$$

式中，R_{em} 为螺柱材料的屈服点，MPa；A_s 为螺柱公称应力截面积，mm²；d_1 为外螺纹小径，mm；d_2 为外螺纹中径，mm；d_3 为螺纹的计算直径，mm；H 为螺纹原始三角形高度，mm。

（3）压力容器设计的预紧载荷。热交换器的管箱法兰密封结构往往涉及管板的设计，GB/T 151—2014[14]标准第 7.4.1.4 条指出其所提供的管板设计方法不适用于结构特殊（如与法兰搭焊连接的固定管板及环形管板等）以及布管或载荷条件特殊的管板（如具有不同管径的换热管、部分布管或其他不能视为轴对称结构的管板）。管箱法兰密封结构是一个多元件的静不定系统。

按 GB 150.3—2011 标准，预紧状态下需要的最小螺柱载荷 W_a 只取决于垫片，预紧状态下的螺柱设计载荷 W 只取决于螺柱，法兰预紧力矩 M_a 则取决于螺柱和螺柱中心与垫片压紧力作用位置的距离。这里三个与载荷相关的概念是有区别的，其中

$$W_a = F_a = 3.14D_G by \tag{4-4}$$

$$W = \frac{A_m + A_b}{2}[\sigma]_b \tag{4-5}$$

$$M_a = WL_G \tag{4-6}$$

由于操作条件更苛刻，设计图在提出最小螺柱预紧力时往往是根据操作状态下需要的最小螺柱载荷式计算得到的。

$$W_p = F + F_p = 0.785D_G^2 p_c + 6.28D_G bmp_c \tag{4-7}$$

式中　p_c——计算压力，MPa。

根据式（4-5）和式（4-6），法兰预紧力矩 M_a 虽然由螺柱截面尺寸、螺柱的许用应力和螺柱力作用位置决定，但是应以螺柱满强度承载时的载荷为预紧载荷[15,16]。对于所受压力较低且设计力矩由预紧工况决定的法兰，强度较低的螺柱已满足要求，如果改用强度较高的螺柱，虽然螺柱的承载能力提高了，但法兰的各项应力也会增加[17]。

（4）压力容器螺柱预紧载荷与一般机械预紧载荷的比较。根据前面的理论，对于一件材料和尺寸都明确的螺柱来说，无论设备螺柱预紧载荷的大小是以预紧扭矩来表示的还是以轴

向力来表示的，公式（4-2）和式（4-3）均可以进行确定的判断，也即文献[11]所说的螺柱安装载荷的上限。公式（4-4）即文献[11]所说的螺柱安装载荷的下限，公式（4-5）即文献[11]所说的螺柱安装载荷的上限，综合了预紧状态和操作状态对所有螺柱的总体要求，而且考虑了安全系数；而公式（4-3）虽然也是螺柱安装载荷的上限，但只考虑单件螺柱的状态，安全系数包含在该式的系数 0.5～0.6 中。比较一般机械设计和压力容器专题设计：

① 机械螺柱设计的轴向预紧力 F_0 与压力容器螺柱设计载荷 W 相对应，但前者强调与其材料的屈服点 R_{em} 有关，后者强调与其材料的许用应力 $[\sigma]_b$ 有关；按 GB 150.2—2011[18] 的表 12 和表 13，螺柱材料的许用应力与其热处理状态有关。当然，螺柱材料的屈服点 R_{em} 也与其热处理状态有关。

② 机械螺柱设计的拧紧螺柱的预紧力矩 T 与压力容器螺柱设计的法兰预紧力矩 M_a 不相对应。前者指扭矩，与液压扳手使用说明书列表中的扭矩一致，是上紧操作输进去的，中间有损耗；后者指螺柱载荷作用在法兰环上的弯矩，与法兰结构尺寸有关，是法兰设计的依据。

③ 由于压力容器操作条件与预紧条件的区别，其螺柱设计分预紧和操作两种情况，而机械螺柱设计一般只考虑预紧情况。

（5）不同目标扭矩计算公式的比较。文献[19]对 ASME PCC-1—2013 的修订内容进行了介绍，特别是介绍了如下几种不同的目标扭矩计算公式，并通过算例对新旧扭矩计算公式的差异进行了说明，这里引用供读者参考。ASME PCC-1 附录 J 中将目标扭矩的计算公式（4-8）更改为式（4-9），一定程度上对目标扭矩的计算进行了简化[20]。

$$T = \frac{F}{2}[d_n f_n + d_2(\frac{f_2 + \cos\alpha\tan\lambda}{\cos\alpha - f_2\tan\lambda})] \tag{4-8}$$

式中，T 为目标扭矩，N·mm；F 为目标载荷，N；d_n 为螺柱承载面直径，mm；f_n 为螺柱与法兰间的摩擦系数；d_2 为节圆直径，mm；f_2 为螺纹摩擦系数；α 为牙型角，（°）；λ 为螺纹升角，（°）。

$$T = \frac{F}{2}\left(\frac{P}{\pi} + \frac{\mu_t d_2}{\cos\beta} + D_e\mu_n\right) \tag{4-9}$$

式中，F 为目标螺柱拉力载荷，N；P 为螺距，mm；μ_t 为螺纹的摩擦系数；d_2 为节圆直径，对于公制螺纹，$d_2 = d - 0.6495P$，mm；β 为牙型角，（°）；D_e 为螺母面的有效承压直径，mm；μ_n 为螺母面或螺栓头的摩擦系数。

对于公制螺纹，式（4-9）代入常数可以简化为：

$$T = F\left(0.16P + 0.58\mu_t d_2 + \frac{D_e\mu_n}{2}\right) \tag{4-10}$$

式中，$0.16P$ 为拉伸螺柱的扭矩，N·mm；$0.58\mu_{\mathrm{t}}d_2$ 为克服螺纹摩擦的扭矩，N·mm；$D_{\mathrm{e}}\mu_{\mathrm{n}}/2$ 为克服表面摩擦的扭矩，N·mm。

式（4-10）为 VDI 2230-2015[21]标准中规定拧紧力矩的计算公式，该标准是全球通用的紧固件计算标准，至今已发展了 30 余年。式（4-8）为理论公式，形式复杂但结果准确；式（4-10）与式（4-8）相比得到极大简化，其有效性在工程应用中也已得到广泛验证。

此外，在 ASME PCC-1 附录 K 中也介绍了计算目标扭矩 T 的螺母系数法，形式如下：

$$T = \frac{KDF}{1000} \tag{4-11}$$

式中，K 为螺母系数，一般比 μ_{n} 大 0.04；D 为螺柱公称直径，mm；F 为目标螺柱力，N。

式（4-11）也就是式（4-1），只不过式中符号的概念名称在表达上略有不同。当采用相同的计算公式时，不同取值的摩擦系数对计算结果的影响很大。对不同扭矩转换公式的计算结果进行比较表明，摩擦系数取值无论是 0.12 还是 0.16，三者之间的计算结果误差均在 15%以内；其中新版目标扭矩计算结果值均低于旧版 10%左右，相比扭矩施加过程所产生的误差（＞20%）完全在可接受范围内。由此可知，摩擦系数对计算结果的影响要比不同目标扭矩计算公式的选取对计算结果的影响更大，因此，在保障目标扭矩准确施加的前提下，选用形式简单的公式计算目标扭矩其结果在工程上是可接受的。在三种目标扭矩转换公式中，附录 K 所述螺母系数法形式最简单，计算量最小；旧版目标扭矩计算公式形式最复杂，计算量最大。因此，基于计算量与工程实践适用性考虑，附录 K 中的螺母系数法最为方便，这也是我国将螺母系数法作为目标扭矩计算首选方案的原因之一[19]。

文献[22]对某批换热器在装配时其高强螺柱前后出现两次断裂现象的原因进行了分析，发现这里螺母材料设计与螺柱同为 SA 453 材料，硬度基本与螺柱同硬度，容易对螺柱造成伤害，而在 ASME 标准中，与 SA 453 660-A 螺柱材料配套使用的螺母材料为 SA 193-B8M2；螺柱和螺母的材料没有差异性，强力紧固螺柱过程中容易咬合在一起，出现最大的摩擦系数，在粘连点形成应力集中，扭矩致使最大剪应力超过材料的抗剪强度，导致螺柱扭断。断裂位置均位于六角螺栓头部，断面与配对螺母端面平齐，该配合位置存在应力集中，如图 4.1 所示。该案例与文献[23]案例中螺柱因受到扭矩作用而断裂的现象类似。

图 4.1　螺柱断裂[22]

机械螺柱设计的预紧扭矩、压力容器螺柱设计的法兰预紧力矩与沿螺柱轴向的预紧力是三个不同的概念。螺柱载荷、螺柱轴向拉力、螺柱上紧扭矩、液压扳手输出扭矩、液压泵输出表压等概念具有内在联系，密封系统上紧载荷的换算见 12.1.1.2 小节。

4.1.1.3 密封设计外载荷的取值

JB 4732—1995 规范性附录 D 法兰，其中 D.1.1 条"适用于螺栓法兰连接的设计，仅考虑了流体静压力及垫片压紧力的作用"；GB 150.3—2011 标准的 7.1.1 条"本章适用于承受流体静压力及垫片压紧力作用的螺栓法兰连接的设计，当选用 JB/T 4700～4707 标准时，可免除本章计算"。JB/T 4700～4707 标准后来被 NB/T 47020～47027—2012[24]标准替代。两个标准言下之意即不考虑设备自重及弯矩等其他载荷。笔者认为，标准条文只是对设计方法的应用前提说明，作为通用的设计方法考虑了广泛的、基本的载荷，抓住了问题的主要方面，但是并没有声明不必考虑作用在螺柱法兰连接上的其他载荷。因此载荷取值误差主要反映在是否包括重力、弯矩以及如何处理这些外载荷上。

(1) 设备自重。对于在装置中立式安装的两段式热交换器，起连接作用的法兰螺柱置于立式支耳的下面时，下段的自重会给连接螺柱法兰施加一个拉力；反之，连接位置在立式支耳的上面时，上段的自重会给法兰密封垫片施加一个压力。由于自重的这种作用可认为是周向均匀分布的，符合载荷叠加原理，可以在 SW6 等类似的几个设计计算软件中方便地在专门的输入窗口加入这一影响。不可否认的问题是，一方面很多设计者在计算过程忽略自重的影响；另一方面即使在装置中立式安装的热交换器，其制造组装及耐压试验过程也是卧式进行的，未能考验更接近真实的工况。

(2) 弯矩。对于在装置中卧式安装的或者制造组装过程凡是卧式进行的热交换器，各段会给螺柱法兰连接系统施加一个弯矩；该弯矩不仅是设备自重产生的，也包含有试压内压引起的一部分；该弯矩使一侧螺柱受拉，另一侧螺柱受压。目前，在 ANSYS 等分析软件中对端面上的外力矩 M 加载有多种不同处理方法：

第一种是在端面中心建立一个主节点（Master Node）和端面上的其他结点（Slave Node）组成刚性区，在主节点上建立质量单元（Mass Element），力和弯矩加在该质量单元上（欧盟压力容器标准 EN13445 的算例即采用这种方法）。

第二种加载方法是把弯矩 M 处理成面载荷，在中径、内径分别为 D、D_i 的接管断面上施加图 4.2 所示线性分布的应力梯度。施加弯矩时，根据圣维南原理，把弯矩 M 等效为作用在密封面上线性分布的面力 q，该弯矩可由下式计算得到[25]：

$$M = \frac{1}{4}\pi q(0.5D)^4\left[1-\left(\frac{D_i}{D}\right)^4\right] \tag{4-12}$$

第三种加载方法也是把弯矩 M 处理成面载荷，但是在接管断面上施加图 4.3 所示余弦分布的应力梯度[26]。在对承受外弯矩作用的法兰接头进行分析时，由于其材料特性和外部载荷的不规则性，求其解析解较为繁复，通常寻求近似解；其中有限元分析螺柱预紧载荷下法兰垫片的应力分布时，Tschiersch 和 Blach 在关于承受外弯矩的法兰受力分析方法中，将外弯矩

M 转化为沿接管截面圆周呈余弦分布的当量应力[27]，即

$$\sigma_{eq}^{M} = \frac{16M}{\pi d_i (d_o^2 - d_i^2)} \cos \alpha \tag{4-13}$$

式中，d_i 为接管内径，mm；d_o 为接管外径，mm；α 为接管横截面的圆心角，(°)。

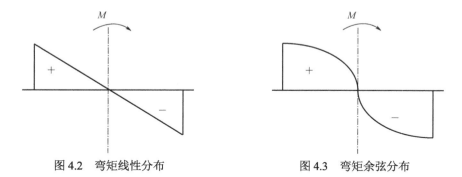

图 4.2　弯矩线性分布　　　　图 4.3　弯矩余弦分布

第四种方法是当量压力法的 FEA 分析[26]，即将外弯矩转化为当量压力叠加于内压，进行内压下的有限元计算。结果和理论计算比较表明，第三和第四方法的垫片应力值均偏高，尤其是后者因假设法兰是刚性的，不考虑法兰、螺柱和垫片三者承载时的整体性与协调性，误差尤大。当量压力法的计算基础是力与力矩的平衡方程，该方法的主要优点是计算简单，无论对于什么类型的垫片均能给出保守的设计计算结果。但是，如果考虑法兰和垫片的刚度时，当量压力法则不能准确计算螺柱载荷的变化及垫片应力的分布，因此也不可能根据不同类型垫片进行法兰接头的优化设计。若欲改进螺柱法兰接头的设计方法，最重要的是建立一种简单的计算方法，借以较准确地计算外弯矩下螺柱载荷的变化以及垫片应力的分布。

简便起见，在选用平垫密封的标准法兰时，当法兰除承受内压外，还承受较长的轴向力和外力矩时，此时法兰的公称压力可根据当量设计压力来选用[28]。

$$p_e = \frac{16M}{\pi D_G^3} + \frac{4F}{\pi D_G^2} + p \tag{4-14}$$

式中，M 为外力矩，N·mm；F 为轴向处载荷（拉力时计入，压缩力不计），N；D_G 为垫片载荷作用位置处的直径，mm；p 为设计内压，MPa；p_e 为当量设计压力，MPa。

（3）试压最小螺柱载荷的计算。GB 150.2—2011 标准中，操作状态下需要的最小螺柱载荷计算式（4-7）中的 p_c 是计算压力，当可以不考虑液柱静压力等附加载荷时，其数值往往与设计压力 P 接近。笔者认为，试压状态也是一种操作状态，应以试验压力 p_T 代替 p_c 作为一种工况来计算试压状态下需要的最小螺柱载荷。根据 $p_T = 1.25p[\sigma]/[\sigma]^t$，$p_T$ 与 P 之间起码有 25% 的差异，p_T 与 p_c 之间的差异也接近 25%。该差异在计算过程中会自然地提高最小螺柱载荷的计算结果，反映出原来不考虑 p_T 工况时最小螺柱载荷计算的不足。

（4）分程隔板垫片的反作用力。设备法兰的设计不能独立于密封系统，热交换器设备法兰通常需要根据每一项目工况条件，按非标准法兰设计计算，特别是管箱法兰还承受分程隔板垫片产生的反力作用，这一因素是标准法兰尚未考虑的。目前，计算该反力的一种方法是，按照外周垫片反力的计算方法计算隔板垫片反力，并把隔板垫片反力直接叠加到外周垫片反力上[29]；有学者提出计算该反力的另一种方法，就是直接调整垫片的有效密封宽度，见 3.4.1 小节。

4.1.1.4 密封设计的许用应力及其校核

（1）许用应力的确定。首先是锻件毛坯的结构形状对许用应力的影响。贾桂梅等在第十届全国压力容器设计学术会议上报告了高压容器整体补强接管法兰许用应力的设计取值技术，根据对 GB 150.2—2011 标准中锻件公称厚度的正确理解，讨论了承压元件的公称厚度与锻件性能热处理时的厚度尺寸、结构形状关系，再依据筒形锻件、环形锻件和长颈法兰锻件选取合适的许用应力。本章在开章时讨论了法兰设计结构优化的 5 点原则，这一点也可以视作其中最后的"成本经济性原则"。

常温下和设计温度下法兰材料的许用应力影响到法兰设计力矩及其三项应力的大小，特别是在一个相互协调的系统中，一个尺寸或一项力学性能的改变不仅仅影响某一项应力或应变，而是会影响整个系统中各元件的性能状态。这一点在压力容器开孔补强的筒体应力和接管应力协调分布中十分明显，在法兰螺柱密封系统中同样体现。

螺柱材料的许用应力与其热处理状态有关。长期复检表明，螺柱材料屈服应力高于标准要求 3%～10%。

（2）螺柱和法兰应力的校核。首先值得注意的是法兰连接密封系统的规范设计对螺柱应力校核的要求[30]。规范设计中认定螺柱失效模式为屈服或者断裂失效，故按弹性失效设计准则，设计螺柱应力应低于规范列出的螺柱材料许用应力。与此相反，ASME Ⅷ-1 附录 S[31] 以较大篇幅说明其表中所列的螺柱材料许用应力仅用于确定设计载荷所需要的总螺柱截面积，实际螺柱应力应该且必须高于螺柱材料许用应力。这是因为螺柱失效模式主要是由于螺柱安装载荷衰减（松弛）导致接头泄漏，所以法兰接头中螺柱的功能在于提供足够的螺柱安全载荷，以使垫片压缩应力实现并长期维持法兰接头密封。

其次值得注意的是应力分类性质对法兰应力校核的影响。应道宴等认为法兰强度计算中设计载荷下各元件的一次应力评估未与二次应力评估相区分[30]，首先施加的螺柱安装载荷产生二次应力，然后施加的设计载荷产生一次应力。按 Waters 法校核法兰应力时，对设计载荷按一次应力失效判据进行评估。安装工况下的螺柱安装载荷，对法兰接头而言属于预应力载荷，该法兰应力应按二次应力失效判据进行评估。而在运行工况下，应按二次应力（预应力载荷）叠加一次应力（设计载荷）失效判据进行评估。

法兰密封系统的规范设计中预紧载荷、设计载荷及两者叠加产生的应力具有不同的分类性质，应区分进行校核。

(3) 垫片接触应力的校核。文献[32]则认为，金属垫片密封是压力容器和管道中常见的密封形式，其失效极少是因强度不足引起的，泄漏是连接系统失效的主要原因。在真实螺柱法兰金属垫片连接结构中，垫片的局部接触应力对螺柱法兰连接结构密封性能的影响较垫片的平均压紧应力更大，为了适应以最大允许泄漏率为准则的金属垫片连接的设计方法，应建立金属垫片接触应力分布的解析算法。依据文献[33]，把长颈对焊法兰分为圆筒体、锥颈和法兰环三个部分，将圆筒体视作一端受力的半无限长圆柱薄壳，将锥颈作为两端受力的线性变厚度圆柱壳，将法兰环视为环形平板，在外力矩 M 作用下并不畸变扭曲，只是偏转一个角度，这也就是 Waters 法的基本模型。由此得到外力矩引起的法兰偏转角 θ_m 为[34]：

$$\theta_\mathrm{m} = -\frac{(1-\nu^2)(1+\nu)^3}{E_\mathrm{f} g_1^3 \sqrt{D_\mathrm{if}/g_0} L} MV_1 \tag{4-15}$$

式中，D_if 为法兰的内径，mm；E_f 为法兰材料的弹性模量，MPa；g_0 为法兰锥颈小端厚度，mm；g_1 为法兰锥颈大端厚度，mm；M 为法兰的外力矩，N·mm；ν 为泊松比；V_1 为无量纲系数；L 为无量纲系数，按下式计算：

$$L = \frac{1}{T}(1 + \frac{t_\mathrm{f}}{\sqrt{D_\mathrm{if} g_0}} F_1) + \frac{V_1(t_\mathrm{f}/g_1)^3}{U\sqrt{D_\mathrm{if}/g_0}} \tag{4-16}$$

式中，t_f 是法兰环厚度，mm；T、U 是系数，均可按文献[34]计算。

再考虑操作压力 p 引起法兰偏转角 θ_p 的计算公式[18]：

$$\theta_\mathrm{p} = \frac{C_1 D_\mathrm{if}^2 \gamma p}{t_\mathrm{f}(t_\mathrm{f}^2 + C_2 g_\mathrm{e} \gamma)} \tag{4-17}$$

式中，C_1、C_2 和 g_e 均按文献[35]计算。

在操作工况下，法兰总的偏转角是预紧外力矩引起的法兰偏转角 θ_m 与操作压力引起的法兰偏转角 θ_p 之和，即：

$$\theta = \theta_\mathrm{m} + \theta_\mathrm{p} \tag{4-18}$$

根据金属垫片变形分析模型，对于任一径向位置 r 处，垫片总的轴向应变由与垫片反力相关的弹性应变和垫片偏转引起的应变组成，见图 4.4。计算式为[32]：

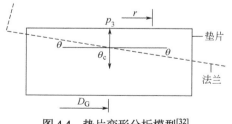

图 4.4　垫片变形分析模型[32]

$$\varepsilon_c = \varepsilon_G + \frac{(2r - D_G)\theta}{t} \tag{4-19}$$

式中，D_G 是垫片压紧力作用中心圆直径，mm；r 是轴向应变的径向位置，mm；t 是垫片厚度，mm；应变 ε_G 的计算式如下：

$$\varepsilon_G = \begin{cases} \dfrac{p_3}{E_g A_a} & \text{当} S_G = \dfrac{p_3}{A_a} \leqslant \sigma_s \text{时} \\[3mm] \varepsilon_s + \dfrac{1}{E'_g}\left(\dfrac{p_3}{A_a} - \sigma_s\right) & \text{当} S_G > \sigma_s \text{时} \end{cases} \tag{4-20}$$

式中，p_3 是径向位置 r 处的垫片反力，N；E_g 是垫片金属的弹性模量，E'_g 是垫片金属的强化模量；设金属垫片材料为线性强化弹塑性材料，其应力-应变曲线中对应线弹性屈服应力 σ_s 的弹性应变为 ε_s。根据金属垫片力学性能中轴向应力应变关系，提出了金属垫片接触应力 S_G 分布的解析算法[32]：

$$S_G = \begin{cases} 0 & \text{当} \varepsilon_c \leqslant 0 \text{时} \\ E_g \varepsilon_s & \text{当} 0 < \varepsilon_c \leqslant \varepsilon_s \text{时} \\ \sigma_s + E'_g(\varepsilon_c - \varepsilon_s) & \text{当} \varepsilon_c > \varepsilon_s \text{时} \end{cases} \tag{4-21}$$

文献[35]中计算案例解析解与有限元解比较表明，解析计算得到的平均应力与数值模拟结果较为接近，但垫片外缘的最大应力小于数值模拟值。这主要是因为解析计算时假设法兰偏转为线性的，垫片材料的应力应变关系也呈线性变化以及垫片反力作用点按规范计算。不过垫片平均接触应力的解析计算值与数值模拟值较为接近，而且接触应力的理论计算值与试验值随着螺柱载荷的变化趋势基本一致。金属垫片接触应力的解析计算方法可作为一种保守的工程算法，可用于真实螺柱法兰金属垫片连接结构的设计。

外载荷作用下法兰偏转角还可以通过标准公式计算。GB 150.3—2011 标准与 GB 150—1998[36]标准相比，增加了整体法兰和按整体法兰计算的任意法兰的刚度计算和核算，要求按下式计算的刚度指数不应大于 1.0。

$$J = \frac{52.14 V_I M_o}{\lambda E \delta_o^2 K_I h_o} \tag{4-22}$$

式中，K_I 是刚度系数；当法兰设计力矩 M_o 为预紧控制时，法兰材料的弹性模量 E 取常温下的值，当法兰设计力矩 M_o 为操作控制时，法兰材料的弹性模量 E 取设计温度下的值。而设计力矩 M_o 下的法兰转角也就可以按下式计算：

$$\theta = J K_I = \frac{52.14 V_I M_o}{\lambda E \delta_o^2 h_o} \tag{4-23}$$

（4）间接因素的校核。首先是结构尺寸的影响。压力容器设计常用的 SW6-2011 v3.1 软件不可避免地隐含了一些技术假定。除了其中的标准容器法兰强度未计入隔板垫片反力外，在长颈对焊法兰的计算中，程序没有腐蚀余量输入框，所以在输入法兰内径、大端厚度和小端厚度数值时，都应该先减去腐蚀余量[17]。

其次是垫片形式和垫片参数的影响。表 4.1 是高压容器专著推荐的常用密封垫片形式，把其中的金属平垫密封与 GB 150—1998 标准中的表 G.1 和 GB 150.3—2011 标准中的表 C.1 对比可知，标准规定的适用压力范围更窄一点；平垫和八角垫的高压密封经常突破该表的使用范围，被用到直径大于 1000mm 的热交换器壳体法兰密封上，工程中对温度压力波动的环境应慎重使用平垫[37]。GB 150.2—2011 标准中表 7-2 所列垫片的 m、y 性能参数及适用的压紧面形状，均属推荐性资料；在使用条件特别苛刻的场合，m、y 参数应根据成熟的使用经验谨慎确定。

表 4.1　高压密封常用垫片形式

名称	结构简图	使用范围	主要优缺点
平垫密封		$t \leqslant 200℃$ $p < 20MPa$ 且 $D \leqslant 1000mm$； $20MPa \leqslant p < 30MPa$ 且 $D \leqslant 800mm$； $30MPa \leqslant p < 35MPa$ 且 $D \leqslant 600mm$	结构简单，适用于压力、温度不高，直径不大的容器上。螺柱载荷大，不适用于压力、温度有波动的场合
八角垫密封		$t \leqslant 350℃$ $7 \leqslant p < 70MPa$ 且 $D \leqslant 800mm$	结构简单，密封可靠，常用于管道及小直径高压容器的密封
卡扎里密封	—	$t \leqslant 350℃$ $p \geqslant 80MPa$ $D \geqslant 1000mm$	紧固件采用长螺纹套筒，可省去大直径主螺柱，因而装卸方便，但锯齿形螺纹加工精度要求高
双锥密封	—	$t \leqslant 350℃$ $p < 35MPa$ 且 $D \leqslant 1400mm$； $p < 70MPa$ 且 $D \leqslant 1000mm$； $p < 100MPa$ 且 $D \leqslant 600mm$	结构简单，密封可靠，主螺柱预紧力比较小

（5）表达方式及其可操作性的校核。设备施工图设计时，建议使用液压扳手的螺柱预紧载荷应在图纸上同时以预紧扭矩和相应的轴向力两种形式来表示，使用拉伸器的螺柱预紧载荷应在图纸上同时以液压压力和相应的轴向力两种形式来表示（螺柱要设有足够的长度），以免制造者在转换时因选用的依据不同而产生误差。有报道"螺栓螺母紧固扭矩控制在 604.77m/kg"[38]，该扭矩单位令人莫名其妙。

（6）密封结构的整体布局。对设备结构的优化有一个深化的过程，密封设计应力校核中即便较全面地考虑了有关因素，也取得了满意的效果，但也还有值得优化的内容。如何确定密封垫片压紧力作用中心圆直径和紧固螺柱中心圆直径是一项综合技能较高的分析计算过程，遗憾的是这一活动都被设计者忽略而简化了。

图 4.5 是法兰、法兰盖或管板周边常见的密封结构。垫片压痕所示的密封面离紧固螺柱中心圆尚有一定的间距，缩小该间距的优化措施之一就是密封副两侧间隔、轮流地把螺柱的一端种入螺柱孔，另一端以单头螺母紧固，以此代替双头螺母紧固，可以提供更多的螺母扳手空间。

图 4.6 是高压管程和较低压壳程的热交换器管束管箱一体化结构，其高压管程的紧固螺柱中心圆直径大于较低压壳程的紧固螺柱中心圆直径。基于上述单头螺母紧固代替双头螺母紧固的密封紧固设计，可以缩小管程密封垫片压紧力作用中心圆直径；甚至可以考虑把高压管程的紧固螺柱中心圆直径设计成小于较低压壳程的紧固螺柱中心圆直径，对管箱进行轻量化设计。

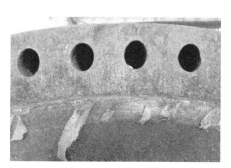

图 4.5　周边密封结构

图 4.6　高低压两程的密封结构

4.1.2　螺柱法兰连接密封失效的动态干扰因素及对策

4.1.2.1　温度因素及对策

典型的动态载荷是温度和压力的波动。在一台柴油加氢装置高温中压 U 形管热交换器 8 年运行的 9 次油气泄漏事故中，经分析确认主要原因，与操作温度波动相关的有 4 次，与操作压力波动相关的有 6 次，其中有且只有 1 次同时与温度波动、压力波动都相关；这类问题通过热紧可以初步解决[37]，但也只是事后的补救措施。由于原料性质的影响，S Zorb 装置反应进料换热器通常采用两列并行流程，定期切出一组进行清洗。有案例表明，进料换热器在切换投用操作过程中存在封头及相关法兰泄漏甚至着火的安全风险。文献[39]介绍了针对该项切换操作的安全对策，就是在装置反应开工初期仅投用 E101A/B/C/G 单列进行喷油操作，待进料提量至 60%负荷后再将另一列并入系统；而且在投用过程先将冷介质（反应进料，71.5℃）充满 E101D/E 管程，然后再打开 E101H 壳程入口阀使用热介质（反应产物，400℃）对管程冷介质进行加热汽化的方法缓慢并入系统。使用该方法后 E101 管、壳程出口温度未出现大幅波动，反应进料加热炉（F101）入口温度较稳定，投用耗时 2h，过程平稳，E101 相关法兰未出现泄漏现象。从预防为主的角度，应了解事实背后的原理，才好探讨其技术对策。

（1）螺柱的安定性及其许可循环温度。有学者利用有限元软件 ABAQUS 研究了循环温度和恒定机械载荷下螺柱法兰结构的安定性，结果表明，当操作压力小于泄漏压力时，安定极限载荷与操作压力无关，仅与热载荷有关，并且与螺柱和法兰的热膨胀系数比 $\alpha = \alpha_1/\alpha_2$ 呈指数函数，与螺柱和法兰的弹性模量比 $E = E_1/E_2$ 呈线性关系。设计经验公式为[40]：

$$\sigma = (19.5 - 16E) \times 10^{-6} e^{(3.3E+12.7)\alpha} + 2.78 - 1.6E \tag{4-24}$$

再联合无量纲安定极限载荷式

$$\sigma = E_1\alpha_1\Delta t/\sigma_s \tag{4-25}$$

即可确定许可加载温度 Δt。

应用到管箱端部的密封螺柱设计，如果管箱端部的结构和材料已由工艺确定，则据此尚可适当选择螺柱的材料。对于只考虑内压一种循环因素作用的螺柱疲劳分析计算，除按有关标准外，还可参考文献[41]。

（2）螺柱的附加温差载荷及其弹性设计。在高压或者高温热交换器设备法兰密封中，应使螺柱连接尽可能具有弹性。弹性螺柱的设计既可以通过标准规范确定有关尺寸来体现，也可以指螺柱中间有一段长度不小于螺纹根径两倍的无螺纹芯杆，而且芯杆直径不大于螺纹根径 0.9 倍的螺柱。有全长螺纹的螺柱应视作刚性螺柱考虑。装置开车时，在热交换器的升温阶段，法兰与螺柱之间有较大的温差，一般是螺柱的温度低于法兰的温度，两者的热膨胀程度不一致从而产生相互约束。忽略法兰和螺柱材料的区别，则约束两者的温差载荷为[42]：

$$F_t = \alpha E \Delta T A_b \tag{4-26}$$

式中，F_t 为附加温差载荷，N；α 为材料的线膨胀系数，℃$^{-1}$；E 为材料的弹性模量，Pa；ΔT 为温差，℃；A_b 为螺柱截面积，m^2。

上式表明，法兰与螺柱之间的温差载荷不仅正比于温差 ΔT，而且正比于螺柱截面积 A_b；如果螺柱芯杆直径取螺纹根径的 0.9 倍，则温差载荷可降低到原来的 81%；或者说，螺柱直径减少10%，温差载荷及其引起的温差应力就会分别减少19%，这就是弹性螺柱降低温差载荷的原理。分析式（4-26）可知：

第一，粗大的螺柱可能会引起明显的温差载荷。如果管箱端部的开口直径相对小，则选用小直径柔性螺柱；如果管箱端部的开口直径相对大，才可选用粗直径的柔性螺柱，以减少螺柱数量，方便检修时拆装。文献[43]通过有限元方法对循环热-机械载荷下螺栓法兰结构的安定性分析表明，在温度和内压共同作用下，螺柱与螺母接触里边的第一个螺纹根部的应力最大，这里将首先发生塑性屈服变形。文献[40]通过试件试验和有限元方法研究了异种材料螺纹连接件在热循环载荷下的疲劳现象，结论表明，长度较长的螺纹连接件在热态时将承受更大的附加应力；在异种材料螺纹连接件中，当螺纹连接件材料强度大于被连接件内螺纹材料强度时，通常是内螺纹首先产生塑性变形甚至被损坏；在相同初始预紧条件下，带有公差的模型与基于名义尺寸的模型相比，前者预紧力松弛的计算结果较大，对连接结构防松不利，应注意控制加工精度。高精度的螺纹副是螺柱螺母精密配合的基础，可使两者之间热传递顺畅，减少温差。

第二，对法兰螺柱密封系统进行保温可以降低温差载荷，也可以节能。目前从国外引进的设备高温法兰都是裸露的[44]。

如果仅考虑降低温差，工程上就是保温范围大小和保温层的设计；根据具体分析，不一定非要对整个法兰螺柱密封系统进行保温，可以只对螺柱保温而不对法兰保温。对于长期在高温高压工况下运行的法兰密封系统，如果采取保温措施则存在螺柱伸长会使密封系统松弛的可能性；对于这个问题在螺柱保温设计中控制其最高许可温度，由此反推保温厚度即可。如果管箱端部设计成第 8 章所述具有弹性的球膜密封焊，在一定程度上也可以缓解保温松弛不利于节能的问题。

第三，装置开车时对热交换器缓慢地升降温也有利于减缓这一阶段的温差载荷。某船用蒸汽蓄热器实验系统[45]，其运行过程就是一个非平衡热力过程，需要平缓操作。

（3）自然环境变化，外部干扰因素隔离对策。图 4.7 所示某石油化工装置高温工艺气废热锅炉管箱法兰的波齿垫压痕，无论是在法兰上部还是下部，靠近外圆的那一圈压痕都已明显锈蚀，进来的一圈压痕也已经开始锈蚀，而靠近内圆的那两圈压痕则没有锈蚀的迹象，表明该法兰密封面在紧固后呈现外侧张开的状态，这与内压作用下法兰副密封面内侧张开的状态相反。法兰密封面外侧张开状态的成因可有两种推测：一是与管箱法兰配对的管板法兰密封面不平引起的，主要是由于管板背面与壳程筒体焊接引起管板外延法兰的变形；二是没有隔热保温层保护的法兰环和紧固件受大气环境交替影响而伸缩所至。装置中经历春夏秋冬、白天黑夜、风吹日晒雨淋的设备法兰很多，引起密封失效的不多，但不容忽视其中的其他因素；即便是因素的渐变过程使得密封系统内获得了协调适应，也可能引起零部件的老化，何况寒地日照及昼夜动态大温差最大可达 92℃[46]。图 4.7 现象的确切原因有待继续关注和分析。

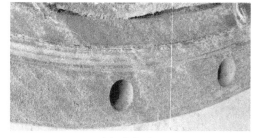

(a) 法兰上部   (b) 法兰下部

图4.7 废热锅炉管箱法兰波齿垫压痕

迅猛的倾盆大雨属于另一种动态因素。某石化连续重整反应器封头上规格为 DN2000 的大法兰采用双金属垫片密封，每个螺柱的两端都安装两碟簧，运行中发生泄漏并着火，当时恰好天上正下了一场大雨，分析原因之一认为，下雨时法兰的温度降低，而螺柱孔内的螺柱温度却几乎不变，形成法兰降温收缩而螺柱仍然保持受热膨胀状态，引起密封系统松弛而泄漏[47]。这种缺少计算结果支撑的推断虽然显得勉强，也确实难以否定。至于处理对策，用铝皮遮盖住法兰上面，避免其雨淋，简易实用。

我国西北高寒地区煤化工和石油化工产业在不断发展中，该地区冬季温度低，包括热交换器在内的一些设备在放置一个冬季后出现泄漏问题，其中有换热管在多种因素作用下的开裂穿孔。

（4）意外载荷冲击、螺柱横向受力分析及对策。管壳式热交换器中通过相当多的螺柱来紧固连接各零部件，并达到密封的目的。管壳式热交换器制造完毕后，在装车、运输、卸车、安装、试车、开停车中会承受意外的振动、冲击，运行中也会承受非平稳工况的作用，有的螺柱容易松动。螺柱承受的外部载荷可分为沿螺杆方向的轴向载荷和垂直于螺杆方向的横向载荷。其中，设备法兰设计中通常只考虑轴向载荷而忽略横向载荷，而横向载荷更易打破螺纹面的受力平衡，导致螺柱松动[48~53]。文献[48]研究发现，外部横向载荷存在临界值，当载荷低于该临界值时，螺柱不发生松动；该临界值对机械结构设计中螺柱型号的选取具有重要的实用价值。

文献[54]通过图4.8对横向载荷作用下的螺栓受载状况进行了分析，螺栓连接结构受到夹紧力 F_p 和横向载荷 F_T 的作用。下板固定，忽略上、下板间的摩擦力。F_T 通过螺杆头与上板接触面的摩擦力 F_f 作用到螺栓上。由于螺栓、螺母螺纹的相互约束，螺杆将发生弯曲变形，产生弯矩 M。

为明确螺栓抵抗松动的能力，指导螺栓在使用中的选型，文献[54]基于横向载荷作用下的受力分析，将螺栓的变形等效为悬臂梁的弯曲变形，如图4.9所示。其中，l_1 为螺杆螺孔配合间隙，l_2 为螺栓夹紧长度，F_{c1}、F_{c2} 为螺杆发生弯曲变形后，螺杆头与上板接触面的压力，M 为螺杆弯曲变形产生的弯矩。

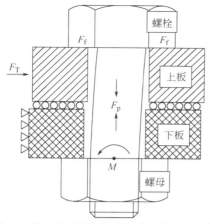
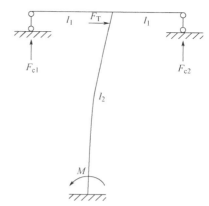

图 4.8　横向载荷作用下的螺栓受载示意图[54]　　　图 4.9　螺栓变形等效模型[54]

该结构在螺杆头与上板接触面中存在两个多余约束，这是一个二次静不定问题。通过材料力学卡式定理，计算得到在横向载荷 F_T 作用下，螺杆产生的弯矩为：

$$M = F_T l_2 - \frac{3F_T l_2^2 I_{Z1}}{I_{Z2}l_1 + 6I_{Z1}l_2} \tag{4-27}$$

式中，I_{Z1} 为螺杆头轴向截面惯性矩；I_{Z2} 为螺杆横向截面惯性矩。在此基础上，文献[54]以抑制螺纹面局部滑移为防松条件，通过对同一螺纹面周向不同位置的受力进行分析，推导得到了横向载荷作用下螺柱临界松动载荷的数值计算公式：

$$F_{Tcri\text{-}\theta} = \frac{8I_{Z2}F_p H}{8I_{Z2} + \left(l_2 - \dfrac{3l_2^2 I_{Z1}}{I_{Z2}l_1 + 6I_{Z1}l_2}\right)d_2(d^2 - d_1^2)\pi H \cos\theta} \tag{4-28}$$

式中，夹角 θ 表示螺纹面沿周向相对于横向载荷 F_T 的不同位置，取值范围为[0°，180°]。其中，$\theta = 0°$ 对应最靠近横向载荷作用点的位置，$\theta = 180°$ 对应远离横向载荷作用点的位置。系数 H 由下式计算：

$$H = \frac{2I_{Z2}F_T}{2I_{Z2}F_p - Md_2 A_{slip}\cos\theta} \tag{4-29}$$

$$A_{slip} = (d^2 - d_1^2)\frac{\pi}{4} \tag{4-30}$$

式中，A_{slip} 为单个螺牙螺纹面的接触面积；d、d_1、d_2 分别为螺纹的大径、小径和中径。

最后，文献[54]采用横向振动试验装置和该数值计算方法，分别测试和计算了尺寸规格为 M5 的螺柱在夹紧力 2000N、2500N 时的临界松动载荷。结果表明，夹紧力 2000N 时临界松动载荷的试验与计算结果分别为 302.5N、280.3N；2500N 时试验与计算结果分别为 372.5N

和 350.4N。两种夹紧力条件下试验与计算结果相对误差分别为 7.3%(2000N)和 5.9%(2500N)，这验证了该数值计算方法的准确性及可靠性。基于该公式，分析了螺栓结构参数对临界松动载荷的影响。结果表明，增大夹紧力、螺纹面摩擦系数、螺栓直径以及牙型角，降低螺栓夹紧长度、螺纹升角，可以增大临界松动载荷，提高螺栓抵抗松动的能力。

4.1.2.2 特种垫圈的补偿功能

（1）紧固螺柱的时候，反作用力垫圈消除附加载荷对螺柱的作用。装置中有的设备法兰所在方位特殊，不便于紧固螺柱；沿着大法兰一周的螺柱紧固程度有变化，这种相对性的动态也不利于密封。反作用力垫圈的外形有三个特点[47]，一是具有与其配套的螺母一样的外六角；二是贴紧法兰的垫圈底面加工有径向放射状的粗糙花纹；三是支承螺母的垫圈顶面加工成硬度较高的光滑面。紧固反作用力垫圈时需要使用专门的双层驱动套筒，在紧固过程中垫圈底面的粗糙面使其摩擦力远大于垫圈顶面光滑面的摩擦力，相对转动只发生在螺母和垫圈之间，螺柱和垫圈都不会转动，不会有额外的偏载力施加在螺柱杆的末端，也不会产生多余的弯曲力和摩擦力。

（2）开车前后，带球面垫螺母的滑动调整作用。传统的螺柱法兰密封结构中，法兰环的偏转会引起螺柱的弯曲从而附加弯矩。图 4.10 中球面垫与球面螺母的配合使得法兰环的偏转可以通过球面垫与球面螺母两者之间的转动得以调整，避免螺柱承受弯曲应力作用。当然，高参数工况下球面垫与球面螺母的配合也应该进行优化设计[55]。

（3）对运行中的动态工况，弹性垫片的变形补偿作用。碟簧是弹性垫片之一，其内径略大于螺柱的外径，安装在螺柱和螺母之间实现动态补偿，可一定程度上弥补密封面的轴向松弛和偏转，间接改进密封效果。参照 GB/T 1972—2005[56]标准选取系列 A 无支撑面普通碟形弹簧。

高温时垫片的回弹率同常温时相比要小很多。垫片应力对其变形量很敏感，往往在很小的回弹量下就会造成很大的应力损失，这也说明了高温下垫片和法兰之间的容易脱离性。文献[57]的数值计算方法可为变载荷下法兰接头的密封性研究及碟形弹簧在法兰接头中的设计选用提供参考。文献[58]通过增加弹性垫圈解决了重整反应器高温法兰泄漏的问题。

（4）盘形垫片。弹性垫片之二，直径较大，在传统的金属环平面垫基础上改造而成，安装在法兰密封面之间实现动态补偿，直接改进密封效果，但是无法消除法兰环的偏转施加给螺柱的附加弯曲载荷。

（5）开口弹簧垫圈。值得注意的是图 4.11 所示的开口弹簧垫圈虽然也是一种弹性垫片，但是其承载能力较低，在螺柱上紧操作过程中，弹簧垫圈在螺母的旋转摩擦作用下会从开口处逐渐张开，甚至开口扩大直至变形无法正常支承螺母，因此不能应用到热交换器法兰螺柱的紧固中。

图 4.10　带球面垫螺母　　　　　　　　图 4.11　弹簧垫支承螺母

（6）O 形环垫片。有学者研究开发了 O 形环和波齿垫组合的新型高压半自紧垫片[59]。O 形圈的静密封性能也适用于振动环境工况[60]。

4.1.2.3　密封设计因素汇总

综上所述，热交换器设备法兰螺柱密封不足的设计因素主要包括各种附加载荷（紧固件超出设计的摩擦力、管束与壳体之间的摩擦力、热交换器零部件的弯矩）及立式热交换器与卧式热交换器的区别。热交换器法兰密封在基本设计之外，还需考虑法兰或者螺柱附加载荷的补偿设计以及各零部件之间的温差载荷。特殊情况下，介质进入开口时的冲击载荷以及其进入壳体内部之后的动能转化为静压力，这里尚未考虑该因素的影响。法兰螺柱密封设计时应注意如下因素。

（1）理论依据和技术方法的发展。国内外现行的螺柱法兰连接设计标准存在不足之处，表 4.2 汇总了可能影响预紧载荷差异的设计因素。

表 4.2　试压预紧力不足的设计因素

序号	因素主要内容	设计状态
1	密封结构形式及其理论选择	可能未考虑或考虑不周
2	垫片性能取值：例如 m 起码是 7 方面因素的函数而不是一个定值	可能缺乏经验、考虑不周
3	是否考虑静载荷：内压引起的弯矩、设备自重、设备自重引起的弯矩、螺柱与法兰的温差、管程间温差、周向温差	一般未考虑
4	是否考虑动载荷：零部件振动、操作温度波动、压力波动	一般未考虑
5	是否考虑阻力：例如由于管板密封面未能自然与法兰密封面贴合，预紧力用于拉拢密封面而不是直接作用到垫片上	一般未考虑
6	是否考虑高温物性变化：密封元件蠕变松弛、被密封介质黏度及渗透性、密封系统的腐蚀性	一般未考虑
7	计算试压状态最小螺柱载荷时的压力取值是 p_T 或 p_c	接近 25% 的差异
8	GB/T 151—2014 标准第 7.4.1.4 条指出该标准的计算方法不适用于结构特殊（如与法兰搭焊连接的固定管板及圆形管板等）以及布管或载荷条件特殊的管板（如具有不同管径的换热管、部分布管或其他不能视为轴对称的管板）	难以考虑
9	管板设计计算时管箱隔板槽的存在	偶有忽略未考虑

序号	因素主要内容	设计状态
10	管箱隔板及进出口接管的存在对管箱法兰刚度周向均匀性的影响	难以考虑
11	管板延伸兼作法兰时其是仅满足管板要求,还是同时满足配对法兰的设计要求	经常未考虑
12	管箱侧法兰附近的壳体进出口接管及其补强圈的存在对管箱侧法兰刚度周向均匀性的影响	难以考虑

PVRC 提出的新方法已形成草案多年但尚无法颁布,有限元方法也存在进一步的方法细分及优劣比较问题而不便于普遍应用,其他一些补充方法正在探讨中。制造中按设计提出的预紧载荷无法满足试压密封的个别现象是不足为怪的,对预紧状态下的载荷取值及其实现途径要有正确的理解。这种误差既有理论原理和设计方法的问题,也有密封系统各元件成品性能与标准的差异,还有上紧技术和机具设施的适当性问题,部分预紧载荷已经不是直接作用在压紧垫片上,而是消耗在克服超额阻力的无用功上。

(2) 工程经验的总结推广。高压螺柱密封设计的重点应放在密封形式、螺柱直径及其数量的选优上,这方面更需要专家的系统思维。特别是由于传统设计的不足,在忽略弯矩等许多载荷及刚度干扰的情况下,螺柱密封设计应留有足够的裕度。由于理论原理的缺失,新型密封垫在适用范围未经论证而只有个别应用案例的情况下,其应用也应留有足够的裕度。化工装置标准法兰的选取,一般是在相应压力参数的基础上再拔高一级来选定。

4.1.3 螺柱法兰连接密封失效的结构因素及对策

4.1.3.1 法兰密封面耐腐蚀层结构优化

为了在保证热交换器耐腐蚀性能的同时降低设备成本,传统上常在设备法兰内壁及其密封面设计耐腐蚀衬环。随着热交换器的大型化,衬里设计可节约更多的耐腐蚀贵重材料,技术经济性突出,但是内压作用下法兰偏转时衬环和法兰基层之间的间隙变化直接表现为密封面平整度的变化,对密封可靠性有不良影响。因此应在密封面处采用堆焊衬里,在堆焊层上加工密封面,而不应采用衬环结构[61]。

4.1.3.2 连接结构对法兰密封可靠性的影响

与法兰组焊的连接结构包括两种,一种是法兰内部的管箱隔板,另一种是与法兰端部对焊的简体或封头。前者的讨论见 3.3.5 小节,这里对后者进行讨论。

法兰端部对焊较长圆筒体是正常的连接形式,其设计可按规则设计方法进行。但是与法兰端部对焊的圆筒体较短时对法兰受力有明显的影响,特别是法兰端部直接与封头组对焊接时,其设计不宜只按规则设计方法进行。

带圆锥壳的固定管板式热交换器也是常见的结构形式,文献[62,63]对这类热交换器的强度进行了分析,文献[64]对这类热交换器在外压作用下的稳定性进行了分析,其中的圆锥壳与固定管板之间都是焊接连接的。近几年来，一种结构类似但是又有创新的圆锥管箱得到了应用，其圆锥壳与管箱法兰之间焊接连接；该结构应用到固定管板式循环气体冷却器，经该冷却器冷却后的气相反应物送回聚丙烯反应器底部以维持反应床层流化和反混，实物见图4.12，其管板径向延伸兼作法兰。文献[65]根据这种气体冷却器的结构，综合考虑载荷及边界条件的对称性，选取其整体的 1/2 为研究对象，包括管箱、管板、法兰、换热管、壳体和鞍座，运用 ANSYS 独有的热分析单元 SOLID70 和结构分析单元 SOLID185 进行规则网格划分，建立了冷却器的有限元分析模型，并分析了冷却器在两种温度载荷下

图 4.12　冷却器实物

的温度场和六种工况下的结构应力场，最终对冷却器进行三种工况下的热-结构耦合分析，对循环气冷却器进行了应力分析及安全评定，分析研究的工作量较大。为了在保证这种气冷却器各种密封的基础上对其进行简化的工程设计，这里选取非常规的管箱结构进行应力分析。

　　（1）结构分析。两端的锥壳式管箱通过法兰与壳体相连，管箱的轴向大开口也是通过法兰与管线相连的，管程介质被冷却后物性变化；换热管只分布在管板中部，需要在两端的管箱内部设置导流箱，导流箱由图 4.13 所示的横向端板、面板及图 4.14 所示面板下面的纵向筋板组合而成；进口端管箱是正锥体结构以使介质均匀分布到换热管，出口端管箱是低面水平的偏心锥体结构以便介质减少流出去的阻力。

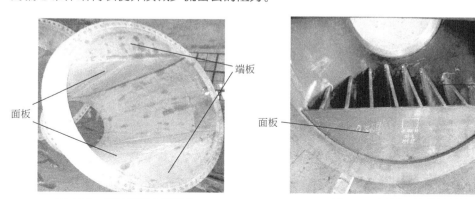

图 4.13　进口管箱内部结构　　　　　　图 4.14　面板下的筋板结构

　　初步分析可见，面板与其下面的筋板不是焊在一起的。这样的结构使得只有面板和部分锥壳直接承受介质的作用，由于两端锥体结构和受力均属非轴对称形式，其作用力又不是集中力，因此管箱按整体锥体设计计算；除了常规设计校核外，还需进行应力分析，以同时判断导流箱结构的受力状况。文献[66]报道了同类结构的几何尺寸放样设计，同时指出其偏心圆锥管箱设计无规范可循；文献[67]报道了偏锥的三维有限元分析和应力公式拟合，但其受限于无内件的结构，因此，已有报道的技术不适用于图 4.12 所示的新结构。偏锥管箱设计可通过

有限元应力分析方法进行探讨[68]。

（2）锥壳壁厚解析解。设计温度 t=200.0℃，计算压力 p_c=3.10MPa，材料为 16MnR 板，设进口正锥和出口斜锥是口径相同的无折边结构，除高度不同外，其他计算参数见表 4.3。

表 4.3　设计参数

锥壳大端直径 D_i/mm	2400	试验温度许用应力$[\sigma]$/MPa	163.0
锥壳小端直径 D_{is}/mm	1047	设计温度许用应力$[\sigma]^t$/MPa	159.0
锥壳计算内直径 D_c/mm	2400	试验温度下屈服点 σ_s/MPa	325.0
锥壳半顶角 α/（°）	30	焊接接头系数 ϕ	1.0

根据 GB 150.3—2011 标准，锥壳计算厚度

$$\delta_T = \frac{p_c D_c}{2[\sigma]^t \phi - p_c} \times \frac{1}{\cos \alpha} = \frac{3.10 \times 2400}{2 \times 159.0 \times 1.0 - 3.10} \times \frac{1}{\cos 30°} \approx 27.28 \text{（mm）} \quad (4\text{-}31)$$

查 GB 150.3—2011 标准图 5-11 判断锥壳大端不需要加强，查 GB 150.3—2011 标准图 5-13 判断锥壳小端需要加强；锥壳小端与圆筒连接环缝的应力增强系数 Q=1.92，锥壳小端计算厚度

$$\delta_r = \frac{Q p_c D_{is}}{2[\sigma]^t \phi - p_c} = \frac{1.92 \times 3.10 \times 1047}{2 \times 159.0 \times 1.0 - 3.10} \approx 19.79 \text{（mm）} \quad (4\text{-}32)$$

锥壳加强段长度

$$L_1 = \sqrt{\frac{D_{is} \delta_r}{\cos \alpha}} = \sqrt{\frac{1047 \times 19.79}{\cos 30°}} \approx 154.68 \text{（mm）} \quad (4\text{-}33)$$

圆筒加强段长度

$$L = \sqrt{D_{is} \delta_r} = \sqrt{1047 \times 19.79} \approx 143.94 \text{（mm）} \quad (4\text{-}34)$$

根据上述计算结果，考虑腐蚀余量 C_2=3.0mm，确定实取锥壳名义厚度 32.0mm，进一步通过有限元法对锥体受力进行应力分析。

（3）正锥形管箱有限元模型及应力分析。导流箱结构均由与锥壳同厚度、同材料的钢板组焊而成，可以认为导流箱端板、筋板是加强了其刚性作用。在有限元中，锥体大端内径 2406mm，壁厚 29mm（考虑 3mm 腐蚀余量），锥高 1172mm，小端内径 1053mm，壁厚 29mm（考虑 3mm 腐蚀余量），两端连接圆筒体长度大于 200mm。在面板和部分锥体内施加计算压力 p_c=3.1MPa，建立实体单元模型，为方便展示导流箱的内部结构，其四分之一模型见图 4.15，采用 ANSYS 软件对

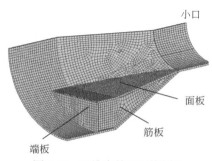

图 4.15　正锥壳单元网格划分

二分之一模型的应力强度计算结果见插页图 4.16。

内压作用下最大应力点出现在大端锥壳与筒体交接处,肯定存在一次应力中的薄膜应力和弯曲应力;但为满足结构连续,还有二次应力,按 JB 4732—1995[69]标准中的表 5-1,控制各应力分量的组合不超过材料设计应力强度的 3 倍。虽然壳体结构轴对称,但由于组焊了导流箱致使受力非轴对称,因此这里的一次薄膜应力是局部分布的。

(4) 正锥形管箱有限元应力分析结果讨论。通过最大应力点的内外壁节点之间的连线作为应力线性化的路径,得锥体一次薄膜应力强度最大值 p_L=69.52MPa<1.5$[\sigma]$=244.5MPa,薄膜应力和弯曲应力组合的应力强度最大值 p_L+p_b=293.6MPa<3$[\sigma]$=489MPa,强度富余较大,因此结构是安全的。

进一步分析插页图 4.17 所示正锥大端无导流箱段的环焊缝处,由于导流箱结构的影响,该环缝及其两侧壳体变形不协调而微呈斜 M 形弯曲变形;环缝往壳体内凹进,紧临的两侧壳体向外凸起,再远处的壳体又往内部凹进,但这些变形是相对的,在内压作用下各部件均向外变形。环缝内表面轴向受拉而有最大正应力点,外表面轴向受压仍有很低的正应力点而不出现负应力点,说明薄膜应力较弯曲应力起主导作用。但值得注意的是,如果考虑环焊缝一般较壳体材料的力学性能起码要高约 20%的规律,则该处斜 M 变形会更加严重。

(5) 斜锥形管箱有限元模型及应力分析。在有限元中,大端内径 2406mm,壁厚 29mm(考虑 3mm 腐蚀余量),锥高 2343.5mm,小端内径 1053mm,壁厚 29mm(考虑腐蚀余量),两端连接圆筒体长度大于 200mm,在面板和部分锥体内施加计算压力 p_c=3.1MPa,建立实体单元模型,为方便展示导流箱的内部结构,其二分之一模型见图 4.18,应力强度计算结果见插页图 4.19。

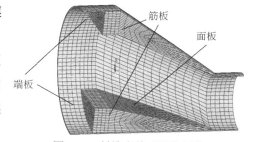

图 4.18　斜锥壳单元网格划分

内压作用下最大应力点出现在边板与筒体交接的内壁处,肯定存在一次应力中的薄膜应力和弯曲应力;由于该处不是壳体,而是壳体与内件的连接,不必满足结构连续,因此不必考虑二次应力,按 JB 4732—1995 标准中的表 5-1,控制各应力分量的组合不超过材料设计应力强度的 1.5 倍。虽然壳体结构轴对称,但由于组焊了导流箱致使受力非轴对称,因此这里的一次薄膜应力也是局部分布的。

(6) 斜锥形管箱有限元模型分析结果讨论。通过最大应力点的内外壁节点之间的连线作为应力线性化的路径,得一次薄膜应力强度最大值 p_L=107.9MPa<1.5$[\sigma]$=244.5MPa,薄膜应力和弯曲应力组合的应力强度最大值 p_L+p_b=232.5MPa<1.5$[\sigma]$=244.5MPa,因此,结构是安全的,但强度富余不大。

从斜锥大端局部变形插页图 4.20 看,该环缝及其两侧壳体变形不协调也微呈 M 形弯曲变形,但是相对往内凹进的部位是圆筒体内与导流箱端部的连接处,不是圆筒体与斜锥的环焊缝处；而圆筒体端部口径明显扩大，当实际结构以长颈对焊法兰取代圆筒体时，该端口应能得到一定的加强作用。

导流箱面板的校核还可根据材料力学原理，把面板简化为多筋板支持的梁来分析。

（7）锥形管箱结构设计技术要求。上述管箱导流箱一体化组合结构应力分析结果表明，这类特殊法兰密封结构的应力无法通过解析求解，必须进行有限元数值分析，还需要强调有关技术要求。

在分析两端带法兰锥体管箱时，有限元建模不考虑两端法兰，也不把法兰的作用转化为边界影响来进行分析，简化了模型及其边界条件；这样的结果虽然对本案例是可行的，又突显了锥体大端附近的不协调变形，更有利于结构设计时采取预防对策。但是一方面，有限元分析表明锥体大端存在不均匀的局部变形，必然会对运行中的法兰施加附加载荷并导致其不均匀的变形行为，影响密封可靠性；另一方面，计算中尚未考虑管箱所受管线外载荷和介质温度载荷的作用，也未考虑锥体端部环焊缝与壳体的材料力学性能差异影响，会使结果存在一些工程许可的误差，该简化模型不一定适用于其他类似的结构和工况。因此，读者需要慎重照用。

由于两端锥体半锥角及有关参数相同，因此其壁厚解析解相同；但有限元应力分析表明，由于导流箱的影响，正锥体两端环缝的应力水平明显要比斜锥两端环缝的应力水平高。所有锥体内外表面的应力均为拉应力，导流箱每块板及其覆盖的锥体部分应力水平均很低。

实取锥壳名义厚度 32.0mm 后，对锥体小端有限元分析发现其应力水平较低，因此解析解计算中小端需要加强的要求可以取消。总之，仅有内压作用的工况下，管箱结构是安全的；不必设置与小端相连的加强段圆筒，让锥体两端直接与长颈法兰相焊接即可。

为改善锥壳的受力，可把导流箱设计成与锥体相独立的分离结构，每个管箱内导流箱的对应两部分可通过连接板连接在一起，当作一件可拆内件安装，这样使受力结构简单化，锥体不必进行应力分析设计。

制造工艺应满足设计要求，锥体环焊缝内外表面余高应磨去并圆滑过渡，纵焊缝可布置在导流箱覆盖的范围内以降低其受力水平，但纵、环焊缝仍应按 NB/T 47013.1～47013.6—2015[70]标准的要求进行 100%射线检测，Ⅱ级合格。

管箱焊后整体消除热处理时应缓和控制升降温以便内部构件均匀受热，热处理中要使密闭结构透气以免焊缝承受太大的组合应力。安装配合面应在热处理应力释放变形后才精加工。

设备运行中维护检测的重点是正锥大端无导流箱的环焊缝内表面以及导流箱面板、端板与壳体三者相交处，内部应焊透，表面应圆滑过渡。由于结构具有对称性，正锥可 180°旋转安装使用。

文献[71]通过有限元法分析指出，法兰与锥形封头直连结构比带筒节结构的法兰密封面转角要小，说明锥形封头的刚性要比圆筒大，直连结构法兰密封面的密封性比带筒节结构要好。

同时，直连结构法兰密封面的密封性能随着锥形封头过渡段半径与内直径的比值增大而变差，而该比值的增大可以改善直连结构的内应力，因此，存在密封强度与结构强度的协调优化。

此外，影响法兰螺柱密封失效的常见因素还有结构元件的刚度，包括配对元件之间的刚度差异等。文献[72]就指出，曾经发生过某硫黄装置因法兰刚度不足造成密封面泄漏的案例，设计时除了校核法兰刚度指数 $J \leqslant 1$ 以外，必要时还可以在法兰内部加支撑以增加刚度。笔者认为，在法兰内部加支撑可能会引起法兰结构沿周向分布的不均匀性，宜慎重。

4.1.3.3　轴向因素的干扰及其隔离对策

（1）轴向干扰的各种表现。

表现之一是结构引起的轴向热传导不均匀性。目前，业内对热交换器换热效果的研究已分析到换热管及壳程圆筒的轴向导热因素[72]。

文献[73]针对某大型乙烯裂解装置立式安装的急冷废热锅炉下部结构热变形不协调和法兰泄漏等问题，开展了结构合理性分析与优化研究。对于同一台废热锅炉在清焦后运行初期和运行后期先后两次现场检测其下封头上、下法兰周向 25 个测点的温度分布，初期的温度曲线如图 4.21 所示。周向同一方位处上、下法兰之间的温差达 20～50℃，后期的温差稍有缩小。

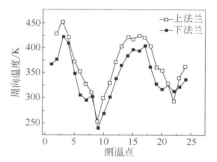

图 4.21　管箱法兰副周向温度分布[73]

表现之二是结构引起的轴向变形不均匀。图 4.22 中壳体大接管开孔采用补强圈补强，虽然已经把补强圈与壳体法兰颈部相交的弓形部分去除了，但补强圈还是对壳体上管箱侧法兰的结构刚性产生了较大的影响，起到了明显的加强作用；当紧固管箱法兰与管箱侧法兰时，管箱侧法兰上正对补强圈处发生了开裂。由此可见，大量类似结构在各种工况下即便没有引起结构开裂，但是所引起结构变形行为的改变，最终影响法兰的密封性能，这是必然而又难以觉察的。

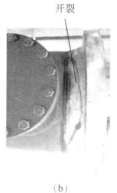

（a）　　　　　　　　　　（b）

图 4.22　壳体大接管开孔补强圈对壳体法兰的影响

表现之三是载荷引起的轴向变形不均匀。文献[74]利用 ANSYS 软件建立了 U 形管热交换器或浮头式热交换器管箱法兰密封系统三维有限元模型，并将预紧状态与操作状态紧密联系，在一定程度上分析了在预紧、只有压力作用以及压力与温差共同作用时 3 种工况下管箱法兰的密封性能。结果表明，由温差和压力共同作用时所引起的管箱法兰密封系统各部件的轴向变形沿圆周分布不均匀是引起垫片上压紧力不均匀和导致密封面泄漏的主要原因。管程和壳程工况差异较大，对内部干扰因素进行隔离是必要的。

(2) 管板与壳体焊接隔离法。类似于固定管板式热交换器那样把管板与壳程筒体组焊到一起是一项有效的对策。同理，把管板与管程短筒节组焊到一起，或者管箱与管板由大锻件

图 4.23　管箱与管板组焊的结构

一体化加工而成都是一项有效的对策，如图 4.23 所示。

(3) 全带肩螺柱隔离法。传统的可抽出管束固定管板外圆周上常对称组焊 2 个或 4 个防松支耳，当只拆卸管箱时，能防止固定管板与管板侧法兰之间密封垫的明显松动；当重新组装回管箱时，使固定管板与管板侧法兰之间保持原来的密封效果。可抽出管束的固定管板两侧分别涉及管程和壳程的密封，有的热交换器管程和壳程的设计参数差异较大，或者管程介质的特殊物性需要经常打开管箱处理[75,76]，这些情况下管程和壳程两者的密封共用一套紧固件时存在难以阐明的相互影响。可采取图 4.24 和图 4.25 所示的管板结构，通过全带肩螺柱中间的肩台先对固定管板和壳程法兰进行密封，再对固定管板和管箱法兰进行密封，实现两个密封系统的分离，避免附加载荷的相互影响。由于这种密封分离系统的带肩螺柱加工成本高，与其装配的管板肩孔的加工也有一定的难度，阻碍了这种结构的应用。相比之下，管板通过设置两圈螺柱孔，实现了分别与管程和壳程的连接密封，结构简单，容易加工。

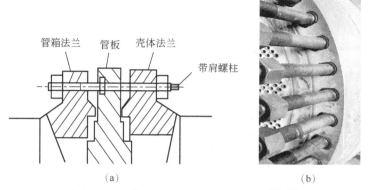

（a）　　　　　　　　　　　　　　　　　　（b）

图 4.24　隐藏型带肩螺栓分离密封系统[76~78]

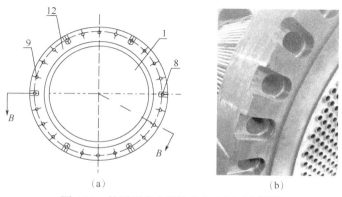

图 4.25　外露型带肩螺栓分离密封系统[77,78]

显然，全部带肩螺柱密封装配关系中，螺柱中间的台肩把长螺柱分为分别紧固管程和壳程的两段，等于缩短了各程的螺栓长度，有利于抵抗横向载荷的不良影响。其中图 4.24 的管板外圆没有像图 4.25 的管板外圆那样在安装螺柱肩部处断开，因而对管板外圆没有明显的强度削弱，但是其加工难度大一些。

（4）管程和壳程两圈螺柱隔离法。通常认为，管板两侧的垫片必须选用同一种材料，这是因为管板两侧的法兰共用同一螺柱，施给两侧垫片的比压是相同的结果，这样可以避免一侧的垫片比压不够而另一侧的垫片比压过大造成密封失效。其实，很多工艺过程热交换器管板两侧的管程与壳程工况差异明显，介质特性对垫片有选择性要求，可以尝试在管板两侧分别选取不同的垫片，在共用同一螺柱的情况下分别计算校核紧固件及其载荷。尽管两侧的初步计算结果不同，但如果经过对初步结果的人工比较，能够判断一个同时满足两侧要求的设计方案，重新校核两侧垫片和紧固件的密封效果，仍是存在可行性的。因此，需要具有一定的设计经验才能使同一种垫片同时满足管板两侧的密封要求。但有的情况下管板两侧的管程和壳程工况差异很大，客观上具有完全不同的密封要求，管板两侧就非常需要选用不同的密封设计。否则，对于管板两侧的法兰也可以不共用同一螺柱，管程与壳程各自设计自己的垫片和紧固件，完全满足各自的密封要求，这是肯定可行的。图 4.26 是某台油冷却器结构示意图，U 形管束管板上分别就管程和壳程设置了两圈螺柱，基本隔离了相互的影响。

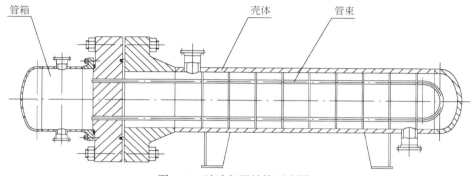

图 4.26　油冷却器结构示意图

图 4.27　管箱主螺柱上的金属圈

（5）其他隔离法。图 4.27 是"化机人"公众号上《几种常见的高压密封结构》一文里的热交换器图片，管箱主螺柱上的金属环不知道是否具有类似图 4.24 和图 4.25 的轴向紧固力隔离作用。

4.1.3.4　周向因素的不均匀性及其匀化对策

结构不均匀会引起管箱法兰环偏转的非均匀。焊接于管箱内的隔板打破了法兰环结构周向的对称性，对内压作用下法兰环偏转的均匀性有不良影响；在各个螺柱紧固载荷一致的情况下，法兰密封面的压紧力沿周向是不同的，实际上各个螺柱紧固载荷很难取得一致的效果，与此同时，各管程的工况载荷也是不一样的。

内部结构、螺柱载荷和工况载荷三者沿周向都存在不均匀性，这些因素对法兰外密封的不良影响是客观的，目前的技术对策是：设计中取各管程中最苛刻的工况载荷作为整个管箱的设计载荷，而不考虑各管程的差异；制造技术中基于螺柱紧固操作研究提出了规范化操作顺序和载荷级差的要求；对隔板等内部结构的不良影响则有个别的分析研究，但是没有相应的技术对策。因此，这里提出图 4.28（a）所示适当降低管箱隔板垫片处于法兰密封面内的一小段的厚度以及图 4.28（b）所示隔板只与管箱短节以及封头内壁相焊接、隔板与法兰内壁免除焊接的对策；免除焊接也即隔板对法兰没有约束，法兰内部结构沿周向是均匀的。

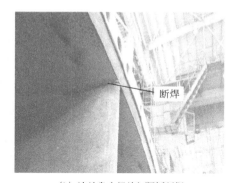

（a）降低垫片厚度　　　　　　　　　　（b）法兰盘内径处与隔板断焊

图 4.28　管箱法兰密封对策

这样的话一方面隔板与法兰内壁之间存在流程短路，需要提高装配精度尽量减少内漏；另一方面如果隔板端口的刚度受到削弱而容易变形的话，可以采取加厚隔板或者对隔板增设支撑的措施。

无论是轴向因素的隔离还是周向因素的均匀化，都可以通过模拟分析检验其改善密封面的效果。对管箱进行设计载荷下的有限元分析，从有限元计算结果中提取法兰盘内外边缘的轴向位移差值，再除以法兰盘内外半径的差值，即可以估算出法兰转角。通过比较法兰盘周向不同位置的法兰转角，还可以判断其偏转的均匀性。

4.1.4　螺柱法兰连接密封失效的制造偏差因素

高压或大型热交换器法兰螺柱密封不足的现象时有发生。即便是新建加氢裂化装置进口反应器，其接管法兰的八角垫密封在气密试验时也出现严重泄漏的现象，两台反应器的螺柱扭矩不得不提高到原设计值的 160% 和 293%[79]。文献[80]侧重于螺柱上紧实践，探索了高压设备螺柱上紧过程螺柱受力变化的规律，分析过程直观感强。文献[81]初步指出密封系统各元件成品性能与设计时元件性能所取的标准值之间的差异会影响密封效果，在 2008 年全国化工热交换器技术设备交流会上关于该问题的初步见解引起了业内不少人士的共鸣。因此对于高压容器或大型管壳式热交换器的强制密封，从制造的角度分析密封系统元件性能与设计取值存在的差异，具有很强的工程意义。

（1）密封垫参数的差异。条件苛刻的金属垫或复合材料垫的环形金属骨架质量要求高，制造时不允许由条状金属对接成圆环，以免周向密封性能不均匀。但实际情况是，对这种数量单一且价格昂贵的垫片，一方面设备制造厂既无法检查其骨架是否存在对接焊，更无手段检测垫片系数和垫片比压力的实际数值；另一方面也无法从垫片配件厂取得这些实际值，而只能得到产品质量证书上的有关数值。

（2）密封元件力学性能的差异。GB 150.3—2011 标准的法兰螺柱设计是以简便的强度设计代替密封设计的当量计算，避免了法兰变形的计算。既然是强度设计就涉及密封元件的强度性能。材料强度高，元件的应力水平低，变形小，密封就可靠。

（3）元件性能差异的处理。当高压密封用螺柱材料力学性能的实际值与理论值比有较大的提高时，或者当密封垫的垫片系数 m 和垫片比压力 y 的性能实际值与理论值相比有较大的变化时，根据法兰、垫片、螺柱成品的实际性能数据以及材料力学性能中的线弹性应力应变关系，可以依托原设计单位重新核准螺柱的预紧载荷，使整套密封体系处于充分发挥其性能的最佳密封状态，这对于固定管板两侧不同形式的密封垫片而言尤其值得注意。对于两侧不同密封形式的预紧力，应取两侧最小值与最大值范围的重叠值。

（4）管壳程密封面形貌的差异。管板或设备法兰密封面的硬度大小及其周向均匀性，特别是密封面由堆焊层加工而成时其硬度大小及其周向均匀性对密封效果有影响。大型热交换器法兰由于几何尺寸较大，更容易产生宏观变形；传统手段不便对这些宏观变形进行完整的检测，需借助现代化的数显式光学检测仪才能从整体上了解其形位偏差。

一般地说，管板的平面度在钻孔后会有所变化，除了外形尺寸外，复合结构也可能影响这种变形。特别是管板带有堆焊层或复合层时，管板钻孔过程也是其堆焊或复合制造时的残余应力进一步释放的过程。管板直径越大、基层或复合层越厚，残余应力的后续释放就越大。检测表明，外形约为直径 1000mm、厚度不大于 100mm、基层材料为 16Mn 锻件单面堆焊复合层的管板，尽管复合后经过完整的热处理及调平工序处理，本已车加工平整的管板平面在钻孔后，中间又出现了 1.5mm 的下凹变形。

文献[82]对金属垫片的泄漏形式和微观密封过程进行了分析研究，并对金属垫片密封性能进行了试验研究。研究表明，金属垫片密封泄漏形式主要是界面泄漏，而渗透泄漏通常可忽略不计；密封表面的表面形貌、压紧应力以及介质压力是金属垫片界面泄漏的主要影响因素，但密封表面的表面形貌对金属垫片密封效果的影响比压紧应力和介质压力要显著得多。

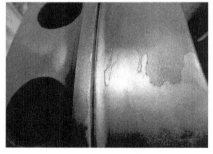

图 4.29　法兰密封面膜斑层

曾经遇到过一起奇怪的现象，某热交换器壳体在电炉内整体热处理后，设备法兰密封面局部出现图 4.29 所示不明的膜层，需加工去除，以免对密封不利。

4.2　管板周边的密封

4.2.1　管接头焊接的影响

通常结构的管接头只在管板的正面实施焊接，焊接时的热输入沿管板厚度是不对称的，焊接残余应力也是不对称的；诸多管接头焊接热及其残余应力的累积会引起管板布管区与非布管区的不同变形，从而对管板周边环形密封面的平整度造成不良影响。管板直径越大、厚度越薄，布管区与非布管区的面积接近，管接头数量越多以及管孔坡口越大越深，都会引起更大的不良影响。如果管接头焊接前需要预热、焊接过程需要保温、焊后需要保温或者消除残余应力，同样会引起热变形。

一些管束的管接头采用管板背面组焊的结构，焊接时同样存在热输入沿管板厚度不对称的问题，管板周边环形密封面的平整度也会受热变形的影响。一般地说，管板最终的变形结果是受热一侧的中间出现内凹变形。因此，采用管板背面焊连接结构的换热管宜根据动态变形状况，针对将要组焊的管孔所在位置的变形量，逐根配对加工换热管的长度，制造成本高，生产周期长。

相对来说，直径较大、厚度较薄的管板如果采用厚度中间位置的内孔焊结构，可相当程度上减少热输入引起的变形。

4.2.2　管板与壳程筒体焊接的影响

以 2003 年某厂制造的一台固定管板热交换器为例，其结构示意如图 4.30（a）所示。在壳程压力试验后，组装壳体与上管箱，当用液压扳手上紧管板与管箱的连接螺柱时，管板背面与壳体组对的凸台肩部忽然发生开裂，裂纹形状、位置如图 4.30（b）所示。鉴于按同一蓝图制造和应用的热交换器已有先例，这种开裂现象虽然很少见，但是其背后暗示着未开裂的同类结构隐藏着较高的变形协调行为和较大的组装应力，对密封可靠性潜在不良影响，其微妙的成因值得探讨。

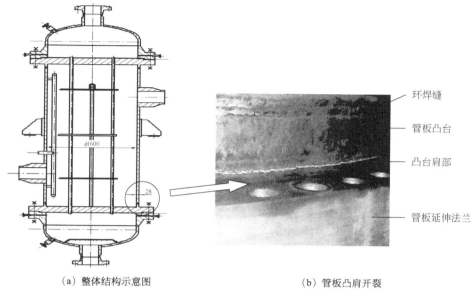

（a）整体结构示意图　　　　　　　　（b）管板凸肩开裂

图 4.30　固定管板换热器

热交换器设计压力管程 3.9MPa、壳程 2.34MPa；设计温度管程 275℃、壳程 310℃；总长 4177mm；壳体材质为 16MnR、内径 ϕ1600mm、壁厚 28mm；换热管材质为 10 钢，规格 ϕ25mm×2.5mm×2500mm，共 1426 根；管板外径 ϕ1850mm，材质为 16MnⅢ锻件。管子管板的连接方式为强度胀+贴胀+密封焊。管板与筒体的连接结构见图 4.31。

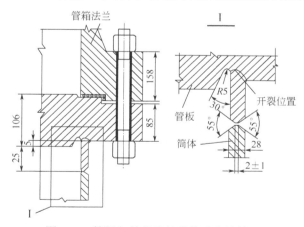

图 4.31　管板与筒体及管箱的连接结构图

4.2.2.1　制造工艺及材料状况分析

（1）开裂宏观检查。对开裂管板进行现场检查，发现裂纹沿管板凸肩 R5mm 圆角处贯穿了管板凸肩，长度约1500mm，宽度约2mm，呈不规则阶梯状。从断口形状分析，裂纹属管板受外力作用断裂的形式。检查管板密封面平面度为1mm，凸肩根部两侧的拐角半径为R5mm，圆角处表面粗糙度Ra为25μm，符合图纸要求。对没开裂的部位进行表面PT检查，没有发现裂纹。另外，管板与管箱的密封垫按JB/T 4705—2000[83]标准采用材质为0Cr18Ni9+聚四氟乙烯的缠绕垫，经检查，垫片实物符合标准要求。

（2）对管板材料的分析。管板材质为16Mn锻钢，材质证显示符合JB 4726—2000[84]标准Ⅲ级锻件规定的要求；材料进厂后，进行了理化复验，并对开裂后的管板进行了取样检验，管板材料的化学成分及力学性能分别见表4.4、表4.5。

表4.4 管板材料的化学成分   单位：%

分类	C	Si	Mn	P	S	Ni	Cr	Cu
标准值	0.13～0.19	0.20～0.60	1.20～1.60	≤0.030	≤0.020	≤0.30	≤0.30	≤0.25
材质证值	0.13	0.42	1.36	0.018	0.008	0.015	0.017	0.018
制造前复验值	0.15	0.44	1.29	0.015	0.013	0.016	0.022	0.015
开裂后PMI值	0.16	0.43	1.30	0.015	0.014	0.018	0.041	0.024

注：PMI，Positive Material Identification（精确材料鉴定）。

表4.5 管板材料的力学性能

分类	R_{el}/MPa	R_m/MPa	A/%	A_{kv}/J
标准值	≥275	450～600	≥20	≥31
材质证值	320	495	31	100，116，96
试样复验值	318	484	27.2	74，76，75
本体复验值	315	480	28.2	78，80，81

据表4.5、表4.6显示，管板材质是符合JB 4726—2000标准要求的。另外，由于管板技术要求为Ⅲ级锻件，还按JB 4726—2000标准要求对锻件毛坯进行了100%的UT检测复验，结果按JB 4730—1994[85]标准验收为I级合格。管板凸肩发生开裂后，在现场对管板进行硬度及PMI检测，结果硬度值为156～164HB，符合JB 4726—2000标准的规定，PMI检测结果证明材料的化学成分也符合JB 4726—2000标准的规定。由以上分析可知，管板材料是完全合格的。

（3）对管板加工尺寸的检查。管板外径为ϕ1850mm，凸肩高度为30mm，厚度为28mm，凸肩根部两侧的拐角半径为R5mm。机加工的检查记录显示，管板各部位尺寸及形位偏差均满足图纸要求。对管板尺寸进行复查，所能测量到的尺寸都符合图纸要求。

（4）对制造工艺的分析。按制造工艺，这台热交换器的组对焊接顺序为：穿管→管板与筒体氩弧焊打底→管子与管板的氩弧焊焊接→管接头强度胀接和贴胀→管板与筒体的焊接，所有的焊接过程都按JB 4708—2000[86]标准的要求进行了焊接工艺评定。壳程水压试验符合GB 150—1998[35]标准、《压力容器安全技术监察规程》[87]的规定，水压试验压力壳程为 5.66MPa，也符合图纸的规定。管箱组装采用液压扳手，螺母规格为 M36，力矩根据操作规程选用，螺母紧固顺序严格按操作规程进行。由此可见，制造工艺是完全符合标准、规范要求的。

4.2.2.2 开裂原因分析

（1）残余应力水平高。该冷却器公称直径为 DN1600，筒体厚度为 28mm，管束由 1426 根规格为 $\phi 25\text{mm}\times 2.5\text{mm}$、长 2500mm 的换热管组成；管子与管板的连接采用强度胀接加两层氩弧焊焊接再加贴胀，在管子与管板的强度胀接、焊接时会产生很大的残余应力。由于管板与筒体的组焊在穿完所有管子后进行，是无法实现原图纸所要求如图 4.31 所示的双面焊的；根据热交换器结构及焊接工艺评定，管板与筒体对接焊坡口形式应该是如图 4.32 所示的单面焊接，由于焊缝宽且厚，焊接时会产生很大的残余应力。而壳程水压试验后，也会产生一定的残余应力，这几种残余应力都为拉应力，互相叠加，应力水平很高。该冷却器长度短、壁厚大、管子多，又没有设置膨胀节，刚性较大，设计文件没有要求消除应力热处理，残余应力无法释放。

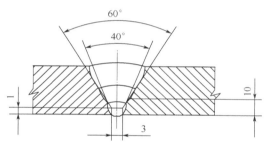

图 4.32　管板凸台与筒体对接焊焊缝示意图

（2）管板设计合理性分析。如图 4.31 所示，管箱法兰、密封垫片与管板组成一密封副，管箱法兰厚度为 158mm，管板相对应位置厚度仅 85mm，两者相对差为 46.2%。但在相关标准规范中有以下明确规定：

GB 151—1999 标准的 5.7.3.3 条要求"管板与壳体法兰的厚度差应满足结构要求"；GB 151—1999 的标准释义[88]例题 3 关于固定管板热交换器管板兼作法兰，不带膨胀节："尽管在管板的厚度下一系列应力核算表明强度有大量的富余，仍保持管板延伸兼法兰的法兰厚度为 52mm，其管箱法兰厚度 64mm，相对差 18.8%"。

在相关专著中有以下明确规定：

① 按热交换器形式并分别计算法兰和管板的方法。文献[89]关于兼作法兰时管板厚度的设计区分了 U 形管热交换器和固定管板热交换器的两种情况。

其中针对 U 形管热交换器，在其管板计算厚度及最大工作压力按两组专门公式计算结果取其较大值的基础上，法兰部分的厚度和最高工作压力按如下两式计算。

$$\delta_i = D_G \sqrt{\frac{Kp_c}{[\sigma]} + 1.78\frac{W_L H_G}{[\sigma]D_G^3}} \qquad (4\text{-}35)$$

$$p_i = \frac{[\sigma](\delta_a - C)^2 D_G - 1.78 W_L H_G}{K D_G^3} \qquad (4\text{-}36)$$

式中，δ_i 为 U 形管热交换器管板带法兰时法兰部分的计算厚度，mm；K 为常数，取 0.3；p_c 为计算压力，MPa；$[\sigma]$ 为材料的许用应力，MPa；W_L 为螺柱载荷，按 GB 150 中 7.5.2 的规定，N；δ_a 为管板的名义厚度，在管板上开有分程隔板槽或者垫片槽时，包括槽深，mm；H_G 为力臂，螺柱孔中心圆直径与 D_G 之差的二分之一，mm；D_G 为通过垫片压紧力作用中心圆的直径，按 GB 150 中 7.5 的规定，mm；C 为壁厚附加量，$C = C_1 + C_2$，mm；p_i 为最高工作压力，MPa。

其中针对固定管板热交换器，未能给出管板兼作法兰时法兰部分的厚度计算式。

② 中国化工装备协会 1991 年 4 月编发的《化工机械制造企业压力容器设计单位设计人员考核习题解》[90]第 4～8 条要求管板除了考虑各种应力的计算校核外，"另外，管板兼作法兰时所取的厚度还应该满足结构上的要求"。

由于在紧固法兰与管板的连接螺柱时，液压扳手的预紧力矩是按螺母大小选定的，而螺母大小是根据管箱法兰与管板二者较厚一方来进行计算选择的，在两者厚度相对差为 46.2%的情况下，所选择的预紧力对管板来说明显偏大，会导致在上紧螺柱时刚性强的管箱法兰不动，刚性弱的管板法兰产生较大的变形。因此可以看出，管板的这一设计是不大合理的。

另外，管板凸肩处的拐角半径仅为 $R5$mm，虽然符合标准规定，但是取的是下限值，容易在此位置产生应力集中；当在紧固螺柱的外力诱导下时，残余应力则会选择一个薄弱位置释放，从而造成管板凸肩开裂。

4.2.2.3 技术对策

综上所述，造成管板凸肩开裂的原因在于管板在设计上不完善，管板凸台以外延伸为法兰的厚度与管箱法兰厚度相差悬殊，在管子与管板的强度胀接、焊接，管板与筒体的焊接及壳程水压试验产生的残余应力叠加作用下，在液压扳手预紧力的诱导下导致凸台肩部发生突然性开裂。对这台热交换器的重新制造，建议设计、制造过程进行下列改进：

（1）延伸兼法兰的管板处厚度拟由原来的 85mm 加厚至 109mm，以使新的厚度与配对的管箱法兰厚度 158mm 在刚度上相匹配，两者相对差为 31%。

（2）按 GB 151—1999 标准中提示性附录 G 的图 G1（d），将管板布管圆范围内的管板厚度由原来的与凸台处的管板厚度相比较时的较薄结构，改变为保持与凸台处的管板厚度一样厚。由于毛坯厚度不变，因此不会增加材料成本，但管板强度得到加强。

（3）管板与筒体对接焊的凸台根部两侧的拐角半径均由原来的 $R=5\text{mm}$ 扩大为 $R=20\text{mm}$，以减缓应力集中，但需适当加长凸台高度。凸台高度的计算公式[91]为：

$$H \geqslant \frac{(\delta - P)\tan\alpha}{2 + R} \tag{4-37}$$

式中，H 为凸台高度，mm；δ 为筒体厚度，mm；P 为焊缝坡口直边高度，mm；α 为焊缝坡口角，（°）；R 为凸台根部拐角半径，mm。

结合图 4.32，可得 $H \geqslant$ （28－1）tan60°/（2+20）=43.38（mm）。

由此，建议将凸台高度由原来的 30mm 增大为 44mm。

（4）综合以上三点，管板布管圆范围内的管板厚度应为：δ=109+44=153（mm）。

（5）管板锻坯重新采购，为保证锻坯质量，增加以下技术要求：锻造比不小于 4；锻后热处理按正火+回火执行，严格控制升温速度和保温时间；锻件试样与锻件同批，且有相同锻造比，其公称厚度应不小于管板厚度，其性能分析结果不应与管板差别太大。

（6）制造过程中对管板背面与筒体对接焊的凸台及其两侧各 20mm 范围内增加着色检查，以避免气孔、夹渣、微裂纹等表面缺陷。

改进设计制造后，管板强度、刚性得到加强，有效减缓应力集中；通过增加着色检查，可有效清除表面裂纹源，从而可有效避免在重制中发生类似凸肩开裂的现象。

4.2.3　U 形壳热交换器管板的密封

以烟气脱硫装置中的再生烟气热交换器为例进行介绍，基于其工艺作用，又称再生烟气冷却器；因常采用一种特殊的 U 形管束结构，业内又称其为多套管换热器[92]，或者发卡式换热器[93]。其结构有六个鲜明的特点，包括：第一，其管束是两块端管板的 U 形管束，有别于传统结构中一块端管板的 U 形管束，如图 4.33 所示，值得注意的是图中管束两端的小直径"厚壁"管板是假厚的，管板表面厚度的相当部分在其背面一侧只是一段圆筒短节，假厚管板的目的是便于其两端分别与壳体或管箱组装的密封；第二，其管板与壳程筒体之间根据工况需要可以选择法兰强制密封和对接环缝焊接密封等结构，前者如图 4.33 所示；第三，其管板密封管箱根据工况需要可以选择法兰强制密封和对接环缝焊接密封等结构；第四，其壳体是 U 形壳体，如图 4.34 所示；第五，其壳体端部封闭形式根据工况需要可以选择不可拆的焊接结构[94,95]，也可选择可拆的平盖、卡扎里密封，或者长圆形回弯头盖箱、U 形弯壳盖箱、浴缸式盖箱、带圆筒短节和封头的盖箱等不同结构进行密封，前者如图 4.35 所示；第六，其 U 形壳的两个圆筒形直段通过双鞍座支承构成上下重叠式布置，由于上下圆筒体的热膨胀伸长不同，因此管箱密封需要考虑热应力的影响。

图 4.33　U 形壳管束　　　　图 4.34　U 形弯壳换热器　　　　图 4.35　U 形弯壳换热器

目前,国内没有关于这类热交换器设计技术或产品质量的专门标准,在 GB/T 151—2014 标准中也没有提及。由于其管程和壳程之间的流体主要是逆流形式,换热效率高;而且既可用于高压聚乙烯装置压缩机后冷器等高压场合,也可用于连续重整装置作为还原氢气换热器以及其他低压高温场合,应用工况广;既可卧式安装,也可立式安装,适应性强。因此其发展值得关注。

4.2.4　管板密封面质量检测

管板周边的环形密封面质量直接影响外密封的可靠性,正因为其位于管板的周边,更容易受到意外损伤。其损伤形式多种多样,包括:管束制造过程中的碰伤或划痕;焊接飞溅;定位夹持留下的压痕;高硬密封垫或强力紧固的压痕;材料缺陷;腐蚀;不平度超差等。对于这些质量问题,即便是补焊后修磨也难以达到原来的平整度,而且焊补处与周边存在硬度等物理性不均匀,图 4.36 的修补明显表观不一致。因此,在厚度许可的条件下首选的处理方案是对密封面的质量缺陷进行加工去除。

图 4.36　管板密封面表观检测

根据需要,可以在管板钻孔前后、与折流板等组装管束时、管接头焊接前后、管接头胀接前后、管接头热处理前后、管板与壳体焊接后、管束运行前后等不同时机检测管板的平面度。通常情况下，图 4.37 关于管板周边密封面平面度的千分表检测方法，与激光检测法具有同等的结果精度。

图 4.37　管板周边密封面平面度的检测

设计时如果因为化工工艺的需要使得管板布管存在不均匀性或者布管不对称，无疑会在运行中引起管板受力上的不均匀和不对称，累加上制造过程管接头焊接、胀接引起的不均匀和不对称，难免会对管板周边密封带来不利影响，因此应该在管板厚度尺寸的强度校核时留有足够的余量。

4.2.5　管束反向设计制造的偏差

国内大型石油化工工程建设管理引入国际化通行模式后，由国际著名公司承建的装置中不少设备采购实行国际招标，设备由国外进口。近年来，业主在这些关键设备备件的国产化工作中普遍面临下述主要问题：

（1）只有设备铭牌上的设计参数，制造技术要求不明确；

（2）没有详细的设备施工图纸，具体结构不清楚，无法了解零件装配关系；

（3）零件的实际尺寸不清楚，无法了解原零件装配精度，如图 4.26 的案例所示。

某炼油厂加氢裂化装置压缩机润滑油冷却器是进口设备，属壳程高压容器；由于某个失效缘故需要更新改造，管束首次更换时，计划只许停车 36h，如何设计制造好该高压管束且一次安装成功运行，需处理不少技术问题。还包括两项偏差：一是国产化管束与原进口设备在执行标准规范上的偏差；二是国产化管束与原进口管束在和原壳体装配时的偏差。

4.2.5.1　管束基本结构形式及主要设计参数

（1）结构特点。图 4.26 所示的结构形式具有以下特点：管束细长，壳体内径 ϕ338mm，管束总长 4630mm；U 形管为 ϕ19mm×4.0mm，其最小弯曲半径为 28.5mm；共 55 块折流板，分布间距较小，只有 70mm；管板材质为 A266+S.S.321 的复合管板；布管紧密，管孔数为 114 个，管中心距为 25.4mm；管板延长部分兼作法兰，管箱法兰和壳体法兰与管板的连接分别使用不同的紧固件。

（2）主要参数见表4.6。

表4.6　设计参数表

项目	壳程	管程
操作压力/MPa	19.5	0.4～0.5
操作温度/℃	45～64.7	34～38
设计压力/MPa	22.6	0.8
设计温度/℃	75	60
物料名称	密封油	冷却水
水压试验压力/MPa	28.25	1.0
换热面积/m²	30.2	

4.2.5.2　结构尺寸问题及处理对策

（1）折流板外径。该设备为在役设备，且无相关图纸资料。在确定折流板外圆尺寸时，若外径太大，则与壳体装配困难；若外径太小，则引起壳程介质短路，影响换热效果。

通过现场测量壳体外圆周长推算外径，用测厚仪检测壳体壁厚，然后由外径与壁厚推算出壳体实际内径。测量时，在壳体轴线方向不同截面分别测取四组数据，在每一截面圆周上均布4个测点，每个测点沿轴向和环向各测一次，然后取其几何平均值，并适当考虑到最大壁厚的影响，从而可确定壳体内径。壁厚测量结果及经计算圆整后的壳体内径如表4.7所示。

表4.7　壳体内径测量表　　　　　　　　　单位：mm

截面		一		二		三		四	
外圆周长		1240.2		1239.2		1239.7		1240.5	
壁厚	测点	轴向	环向	轴向	环向	轴向	环向	轴向	环向
	1	27.95	27.96	27.92	27.97	27.94	27.95	27.93	27.97
	2	27.93	27.97	27.95	27.94	27.93	27.98	27.91	27.98
	3	27.91	27.98	27.93	27.97	27.92	27.97	27.94	27.95
	4	27.96	27.95	27.97	27.94	27.90	27.94	27.91	27.96
壳体内径		圆整后为338							

根据GB/T 151—2014有关配合偏差的规定确定折流板外径为335mm。

（2）折流板间距较密，穿管难度大。折流板间距为70mm，厚度较薄，为4mm；折流板在加工过程中易变形，导致组装换热管时折流板管孔对正困难。

技术对策：定距管车削加工时，提高其长度偏差控制精度；折流板钻孔前用油压机逐一调节平整，保证其平面精度；折流板管孔与管板配钻，折流板顺序编号；数控钻床钻孔，提高孔的精度；钻孔后，折流板管孔及弓形剪切口修磨毛刺，去尖角；折流板在组装管束前，按正确的装配方位单独叠装在一起，用换热管试穿检查40%的管孔数（共45个），保证其易穿性。

（3）管板尺寸偏差。因为管箱通过双头螺柱直接与管板连接，而管板与壳体密封形式为梯形槽密封，所以如果管板管程侧的螺纹孔和管板壳程侧的梯形槽尺寸两者精度与原管束差距较大，则直接影响到管束与管箱及壳体的装配，也影响到管程或壳程进出口管线的对中。管孔的精度同样对整台管束装配质量起到关键作用。

技术对策：实测螺柱尺寸，确定螺孔尺寸，管板与壳体相连接的螺柱通孔亦然；钻孔后，再铰孔，保证管孔垂直度、尺寸精度和孔内表面粗糙度；与折流板配钻，保证管束装配精度。

（4）U形换热管半径偏差。因为折流板间距较密，所以U形管制作精度的高低直接影响穿管的难易度，弯管段的制造质量对整台管束质量影响重大。

技术对策：制作专用工装，保证弯曲半径尺寸的精度；弯管时，管内通过填充干净的 2# 石英砂并加 2MPa 水压，使弯管段圆度偏差符合标准要求；电加热固溶处理时，注意防止管子表面被电源夹头烧伤；工序运转中用木块夹紧固定管子，工序依次为：弯管→热处理→酸洗→钝化→取长度→组装。

4.2.5.3 强度设计问题及对策

（1）管板厚度。通过对原管板外圆表面进行光谱分析，可知道其基层材料为A266，复层材料为321。新管板基层材料用16MnⅢ级锻件，复层堆焊0Cr18Ni10Ti；根据失效状况并考虑国产材料性能与原材料性能可能存在的差异，管板布管区域如图4.38所示向右边的壳程一侧加厚10mm，以保证强度。因管板加厚而减少的换热面积按管外径计算为0.068m²，为原来的0.22%，取得用户许可。

（2）螺纹深度。图4.38的管板设有两圈螺柱孔，左侧靠近布管区的螺柱盲孔用于连接管箱，靠近管板外圆周的螺柱通孔用于连接壳体。为了确定管板上密封管箱的螺纹深度，根据螺纹连接的受力情况，作用在单个螺齿面上的力 F 可分解成平行于螺柱轴线的力 F_x 和垂直于螺柱轴线的力 F_y，如图4.39所示。其中 F_x 使螺齿的根部受到剪应力作用，使螺齿在螺柱轴线方向受到压应力作用，对螺纹连接的可靠性起控制作用。它的大小可按下式求得：

$$F_x = \frac{W}{n} \tag{4-38}$$

式中，W 为单个螺柱载荷，N；n 为连接螺齿总圈数。

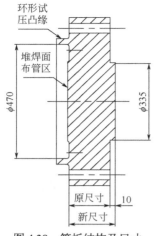

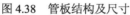

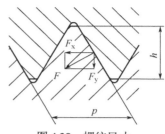

图4.38　管板结构及尺寸　　　　图4.39　螺纹尺寸

F_x 作用下对螺齿产生剪应力和压应力应分别满足下列条件：

$$\frac{F_x}{A_1} \leqslant [\tau] \qquad (4\text{-}39)$$

$$\frac{F_x}{A_2} \leqslant [\sigma] \qquad (4\text{-}40)$$

式中，A_1 为单个齿根面积，mm^2；A_2 为单个齿一圈工作高度面积，mm^2；$[\tau]$ 为管板许用剪应力，查得 $[\tau]=156MPa$；$[\sigma]$ 为管板许用压应力，查得 $[\sigma]=150MPa$。

分别把式（4-38）代入式（4-39）、式（4-40）求出 n，取其较大值

$$n \geqslant \max\left\{ S\frac{W}{A_1[\tau]},\ S\frac{W}{A_2[\sigma]} \right\} \qquad (4\text{-}41)$$

式中　S——螺纹连接安全系数，取 $S=3$。

应用 SW6 计算软件可求出预紧状态下单个螺柱载荷 $W=40021.5N$，操作状态下单个螺柱载荷 $W_p=12298N$，取 $W=40021.5N$ 为计算螺纹长度载荷。螺纹规格为 M20×2.5，分别求得 $A_1=157mm^2$、$A_2=79.3mm^2$，把数据代入上式求得：

$$n \geqslant 12$$

取 $n=12$，螺纹长度

$$L=np=8\times2.5=30\ （mm）$$

后来从拆下的旧管板测量得螺纹孔深为 25mm。

（3）强度控制指标。16Mn Ⅲ 锻件按 NB/T 47008—2010 标准的规定，硬度 155～175HB；堆焊层 0Cr18Ni10Ti 硬度 140～160HB。

（4）换热管压力试验强度校核。根据 GB 150.3—2011 标准计算，换热管压力试验时应力 $\sigma^t=57.3MPa$，小于许用应力 114MPa。

4.2.5.4　制造工艺及质量控制

（1）管接头。根据管子内径及管板管孔内径定制专用液袋胀管器，工艺应用前经过专门评定。贴胀后再对管接头进行两层焊接，保证管接头焊接高度 5mm；每次焊接前对坡口进行清洗，每次焊后对焊缝进行着色检查。为保证换热管管接头焊透，管板采用圆角形坡口，如图 4.40 所示。

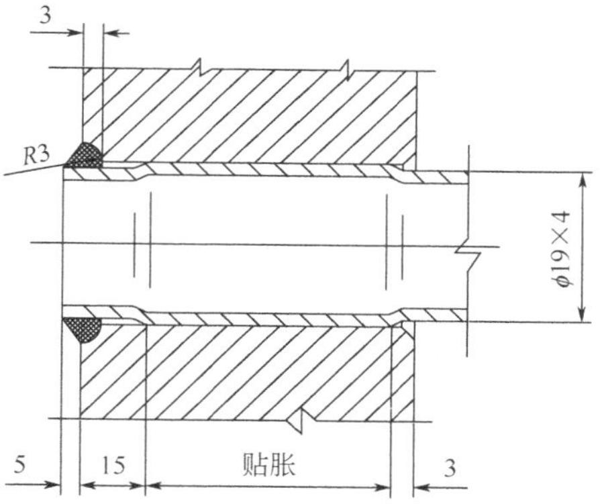

（2）水压试验。因管束所在设备为在役设备，原壳体无法提前拆下，且该设备尺寸特殊，试验压力较高，制造厂没有现成试压设备，制作专用试压壳体成本高，所以除管接头双层焊接及着色检查外，还采取如下对策：

① 严格控制材料质量，管板毛坯粗车后正反面及外圆侧面用超声波复检合格，并检测其硬度值。

② U 形管固溶处理后进行两倍设计压力的水压试验合格。

③ 管孔公差根据管子外径确定。

图 4.40　管孔尺寸

④ 因为壳程高压运行，所以管接头必须进行耐压试验；由于缺少壳程试压壳体，可在管程按壳程试验压力进行水压试验。在管板管程侧预留凸缘结构，制作加长直边的封头与凸缘相焊组成压力腔，降低制造成本。在管板的管程一侧位于管箱螺柱孔与壳体螺柱孔之间的环形间隙上设计图 4.38 所示的环形凸缘，制作加长直边至 100mm、内径为 $\phi470mm$ 的椭圆封头与凸缘对焊，凸缘和椭圆封头的厚度根据 GB 150.3—2011 标准计算取 40mm，方案如图 4.41 所示。试压时在管板的壳程侧可仔细观察到管接头是否泄漏等情况。

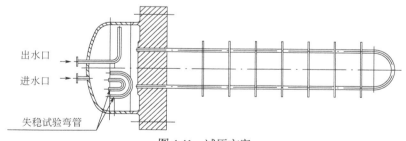

出水口
进水口
失稳试验弯管

图 4.41　试压方案

⑤ 因管束运行时壳程为高压侧，所以为检验 U 形管承受外压的能力，制作两根弯管半径分别为 $R28.5mm$ 和 $R138.5mm$ 的 U 形管弯管段，两端口密封后装入试压腔内一起试压，进

行外压失稳试验。

⑥ 也是考虑到壳程水压试验压力较高，实际试压是在管程进行的，因而最高压的保压时间比标准规定时间适当延长，为 50min。为保证安全，试压时半径 40m 范围区域内禁止无关人员进入。

⑦ 试压合格后，卸压，吹干管束内外水分，割去长边封头，镗加工管板上的试压凸缘至图纸要求。

对结构较特殊的在役热交换器管束备件的设计和制造，在实测原始数据的基础上，通过提高各零部件的精度要求，严格控制其制造质量，可满足其装配要求。

4.3 热交换器人孔密封

一般情况下，热交换器通过设备法兰拆卸管箱部件、端盖或管束等就可以检查内部构件情况；例如中低压中型热交换器的管箱拆下端盖后，敞口的管箱也就具有人孔的功能，只在与管板相焊连接的大型管箱和带有较大蒸发空间的壳体上才专门设计人孔。有时为了方便制造，也设计便于制造工艺需要的人孔，这类人孔可能在产品制造后很少使用，往往通过焊接永久密封；如果业主希望日后在检查维护中使用也可以保留，但是其设计及保留都应该征得设计者的同意。大型管箱端部人孔的隔膜密封见第 8 章，这里介绍其他一些人孔密封。

4.3.1 制造工艺人孔的焊接密封

文献[96]和文献[97]对不锈钢复合材料焊接工艺及焊接顺序进行探讨，以基层（碳钢或合金钢）和较薄的不锈钢复层为组合，设计了常见于压力容器的 X 形坡口和常见于压力管道的 V 形坡口；V 形坡口的焊接顺序为先焊复层，然后焊接过渡层，最后焊基层。通过焊接试验和焊接接头性能检测比较了不同方案的结果，认为 V 形坡口先焊复层的工艺在实验室条件下是可用的；如果在工程中应用，需要限定一些使用条件，例焊接参数、不锈钢复合材料基层的厚度等。

图 4.42 某 U 形管束热交换器壳程工况苛刻，管板与壳体相焊连接，管束组装进复合板壳体后再合拢壳体的封闭端，壳程结构简单，没有设计人孔的必要；为了保证壳体合拢环缝内壁复合层的焊接质量，需要先焊基层再焊复合层并进行质量检测，合格后才能焊接内壁复合层。由于内壁复合层的焊接坡口准备及焊接过程必须在壳体内进行，这时只好在壳体端部设计图 4.43 的人孔。由于该人孔只在制造阶段一次性使用，且要在苛刻工况下密封，因此人孔盖与人孔凸缘之间增设密封隔膜，膜片与人孔凸缘之间采用焊接密封。

图 4.42　管束组装进复合板壳体

图 4.43　复合板壳体合拢缝焊接需要人孔

注意图 4.42 在组装管束时其壳体并没有组焊图 4.43 所示的鞍式支座，这是为了避免支座垫板与壳体焊接时引起壳体变形，不利于管束装配与壳程内密封。实践上，即便优先装配管束，如果无法从根本上预防垫板焊接引起壳体局部变形的话，变形还是会阻碍管束的热膨胀、自由伸长，引起附加热应力作用于管接头上。

4.3.2　检测维修人孔的螺栓强制密封

图 4.44 壳体上的人孔和图 4.45 管箱端盖上的人孔都是热交换器上专门为方便检测维修设备内部结构而设计的。图 4.45 中通过拆卸管箱端盖就可以检修设备内部，不一定非要专门设计人孔。

图 4.44　乙苯/蒸汽过热器壳体检修人孔

图 4.45　热交换器管箱检修人孔

4.3.3　高压蒸汽的反向内压自紧密封

有工程公司在高压管箱侧设置人孔时，常年使用的是图 4.46 所示自紧式内开人孔和伍德密封人孔[98,99]。带有较大蒸发空间的蒸发器壳体也有参考锅炉锅筒（汽包）设计反向内压自紧的人孔密封。人孔常见密封方式汇总见表 4.8。

图 4.46　管箱人孔内压自紧密封[98]

表 4.8　人孔密封基本工况

项目	A 圆形开孔	B 椭圆形或者长圆形开孔	C 矩形开孔
1. 螺柱法兰强制密封	常见	偶见	已应用于热交换器大型管箱内隔板上的人孔
2. 内压自紧密封	未见	常用于中低压汽包	未见
3. 隔膜焊接密封	已应用于高温高压动态工况的热交换器管箱	未见	（偶见应用于空冷器管箱）

表 4.8 中 2A 组合是圆形开孔的内压自紧密封，因为从该圆形开孔无法放进该孔的密封盖，因此未见工程应用。但是，这里把其密封设计视作 2B 组合密封设计的基础，对该技术进行探讨。椭圆形开孔的内压自紧密封与传统的圆形开孔强制密封相比，具有如下几个特点：

（1）密封设计只考虑预紧状态，不考虑操作状态时对于密封垫的选用有一定的影响。

（2）密封垫的有效密封宽度位于垫片的内侧，而不是外侧。

（3）随着内压的升高，密封垫的有效密封宽度也逐渐变小；而且由于密封盖与人孔密封面之间的张开位移大于同等条件下两个法兰密封面之间的张开位移，因此其密封垫的有效密封宽度变得更小。

（4）由于不设强制密封的螺柱，所谓的密封垫螺柱中心圆是假设的。

（5）由于开孔是椭圆形的，虚拟的密封垫螺柱中心连线形状是椭圆的，不是圆形的。

（6）在计算密封载荷作用力矩等物理量时，密封垫压紧力作用中心圆也是椭圆的。不是圆形的，为此，尚需对压紧力作用半径进行研究。具体可以基于椭圆的长半轴和短半轴分别作为虚拟半径，虚拟两个压紧力作用中心圆作为压紧力计算的基础，也可以椭圆周长作为虚拟圆的等效周长，虚拟一个压紧力作用中心圆作为压紧力计算的基础。

（7）由于预紧螺柱位于盖板中部，螺柱所在位置与密封垫的距离是变化的，而不是固定的，因此密封垫压紧力沿椭圆周向的分布是不均匀的。

4.4　热交换器接管密封

热交换器的进出口接管除受到内部流体介质工况作用外，还受到来自管线的轴向和侧向力或力矩的作用，因此其密封及紧固件的设计与设备法兰设计相比具有口径小、载荷复杂两个明显的特点，所需要的密封技术要根据具体结构分析。文献[100]报道了由外管道温度变化施加给热交换器管口载荷的案例，引起膨胀节角变形和管束弯曲，最终导致换热管接头密封失效。因此，热交换器接管密封是不容忽视的一个专题。

4.4.1　螺柱法兰强制密封

　　有的热交换器本体上从上部和下部垂直方向引出的接管不是直管而是弯管，通过弯头转向在其本体左侧和右侧的水平方向形成法兰密封面。图 4.47 和图 4.48 所示，弯管的结构弹性可以在一定程度上抵消管线的轴向力和力矩，减缓接管法兰的受力，保证密封可靠。但是，急弯弯管的进口引起介质在管箱内显著的不均匀分布，则需要设置匀流结构。

图 4.47　管壳程弯头接管（1）

图 4.48　管壳程弯头接管（2）

　　从另一个角度看，带弯头的接管把热交换器进、出口的密封面引出离开本体更远的距离，缓解了刚性，更有利于接口的密封。

　　有的热交换器本体上的接管是直管，而其相连接的管线是弯管，这种管线载荷在传递到热交换器接管法兰之前就经过了弯管的缓解，同样有利于密封，如图 4.49 所示。

　　有的热交换器本体上的接管多角度、多方位布置。如图 4.50 所示各接管作用到壳体邻近的壳壁上，潜在的交互影响可能使其管线密封的受力复杂化。

图 4.49　管壳程拐弯头接管

图 4.50　管壳程多方位接管

某特殊型号热交换器的管程进出口室盖板周边是一矩形结构，与壳室之间的连接是螺柱垫片强制密封；盖板在温度载荷和压力载荷同时作用下结构的应力分布有一定的复杂性，无法按标准公式计算，需通过有限元分析方法进行强度校核和安全评估[101]。

4.4.2 焊接密封

绝大多数应用于高温高压、易燃易爆、有毒介质设备开口接管与外连管道的连接，接管材料属高强度钢，其质量检测指标、检测方法、检测时机及合格范围等都很重要，热交换器制造厂要编制专门的采购技术规程。如图 4.51 和图 4.52 所示，热交换器管箱除了端部人孔采用隔膜焊接密封外，管箱上下的进出口接管不设置法兰，而是直接与外来管道通过焊接连接，以提高连接的密封可靠性。

图 4.51　管箱人孔隔膜密封（1）

图 4.52　管箱人孔隔膜密封（2）

4.4.3 螺纹连接

有的热交换器进出口法兰采用球面透镜或者椭圆垫、八角垫等其他较厚的硬金属垫密封，这类金属垫与缠绕石墨复合垫或者波齿石墨复合垫相比较存在一个明显的特点，就是其操作工况下的回弹性能差。因此装配要求较精密，不允许金属垫和法兰密封面之间有较大的初始间隙，法兰与厚壁接管之间的螺纹连接就适用于这种状况。这种螺纹连接结构有另一个优点，就是不必担心接管与筒体焊接之后由于焊缝以及热收缩造成接管高度的变矮，接管高度偏离设计值后，可通过法兰螺纹的旋转来重新调整密封面的高度回归到设计值。因此，有学者把这种螺纹连接密封称为可调整密封。

图 4.53 的热交换器管箱进出口接管虽然设置了法兰，但是法兰不与接管焊接，而是通过法兰内圆孔上的螺纹与接管外表面上的螺纹连接；法兰可比拟为螺母，而接管可比拟为螺柱。一般地说，这类热交换器用接管都要承受高温高压工况，采用锻件加工而成；管坯除按标准要求进行常规化学成分及力学性能复验外，还应进行低倍放大积检验和金相检验，并明确具体的检验项目和合格级别[102]。

接管螺纹

(a) 接管法兰密封　　　　　　　　　　　　(b) 局部放大

图 4.53　管箱接管螺纹连接

图 4.54 所示的管道连接用螺纹法兰（Screwed Flange）是活套法兰的一种"派生"形式，主要优点是法兰受力时对管道壳体的附加弯曲应力较小[103]；由于其口径螺纹往往是圆锥螺纹，制造成本相对高，因此主要应用于高压设备的连接。

图 4.54　螺纹法兰

4.4.4　叠装热交换器的开口连接

（1）热交换器管箱接管直接连接。图 4.55 是两台叠装热交换器组焊管箱接管工序。一般地说，需要同时调控好叠装热交换器管箱两个方向的预紧力，两个方向也即：分别在各自热交换器中的轴向以及两个管箱接管之间的接管轴向。一般地，叠装热交换器上下两个管箱的接管法兰连接中，下

图 4.55　换热器叠装时接管直接焊接

面管箱的接管与管箱短筒节的组焊是在上下两台热交换器叠装的状态下进行的，很多情况下需要进行焊后热处理，从而引起该接管的方位变形，影响上下接管法兰的连接密封。此时不宜只对上下接管法兰进行强制密封，而是要重新调整热交换器管箱与壳体在水平方向的连接预紧力，才可以在上下和水平两个方向均取得密封效果。

工程实际中，连接上下两个壳体或者管箱的接管法兰在制造过程的叠装组对时能够对接良好，此时接管与管箱只是定位点焊状态，但是随后常因接管与管箱短节的焊接收缩、短节的变形造成接管高度的变矮趋势，使得两台热交换器在装置现场叠装后管箱接管离空太大而接不上，即便强力组装后在运行中也容易发生泄漏。对比分析，除了优化焊接参数控制变形外，一种比较有效的技术对策是制造厂在叠装装配中，在两台热交换器的支承鞍座之间增加一块图 4.56 所示的调整垫板，而在工地现场叠装时不再安装这块调整垫板，或者更换一块厚度合适减薄的调整垫板使得上面的一台热交换器整体往下靠拢，弥补了接管焊接收缩造成的

支座之间的间隙。因此，图 4.56 中的调整垫板不宜与下面的鞍座底板相互点焊，以便于更换垫板。这种便于更换的技术措施对组装密封是有效的，但从产品质量的角度来说并不是最佳的，如果存在超标准的焊接变形，应该从技术上预防变形或者矫正变形。

（2）热交换器管箱接管间接连接。图 4.57 也是两台叠装热交换器，与图 4.55 两台叠装热交换器叠装时接管直接连接的主要区别是其管程接管、壳程接管都通过中间短管间接连接。在短管组焊中，采用了先连接短管上端再连接短管下端的顺序，以及连接法兰密封面之间的预留间歇等技术，见图 4.58。

图 4.56 调整垫板不宜与鞍座底板相焊

图 4.57 热交换器叠装时接管间接连接

（a）组焊顺序   （b）组装间隙

图 4.58 连接接管组焊技术

4.4.5 填料函密封

图 4.59 中的热交换器设置了管程内部的调节阀，阀门阀杆延伸到壳体外，对阀杆采用了填料函密封。

4.4.6 耐压试验卡板密封

（1）短管端口的密封。一种用于无法兰

图 4.59 带中心筒调节阀的热交换器

密封的开口接管的试压工装[104]如图 4.60 所示。图中管箱接管在产品制造的耐压试验环节采用了环形卡板密封，环形卡板可以是整体的，也可以是由两个半环通过卡板螺栓组装的；环形卡板卡在焊接于接管表面的筋板上，承受密封盖的螺柱载荷。

图 4.60　耐压试验接管的环性卡板密封

（2）长管端口的密封。图 4.60 所示的端口密封结构，其螺柱载荷完全由筋板与接管表面之间的焊缝承担，需要对焊缝进行强度校核。当接管表面不适宜施焊，或者在耐压试验后必须清除焊缝并恢复接管材料的力学性能和热处理状态时，这就不是一个很好的技术方案。

为了避免接管表面的焊接，对于较长接管端口的密封，可以把图 4.60 中的筋板改为图 4.61 所示的短筒节来实现。组装时，先把两个半圆的筒节通过螺栓紧固到接管表面，或者把两个半圆的筒节组合到接管表面后通过焊接两个半圆使其组成一个抱紧接管的短筒节，然后组装其他结构件，利用短筒节和接管之间的静摩擦作用来抵消预紧密封垫的螺柱载荷。当内压升高时，接管会膨胀，短筒节和接管之间的摩擦作用力随之增大，产生"自紧密封"作用。由于摩擦力与接触面积成正比例，因此其中的关键之一是短筒节结构要满足一定的长度，使摩擦作用力在承受内压施加给盖板的推力后，还有适当的安全裕度。

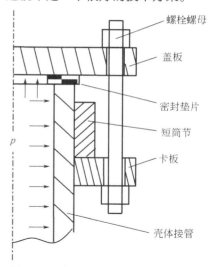

图 4.61　耐压试验接管的自紧密封

经过分析，满足"自紧密封"要求的圆筒短节长度与耐压试验的压力高低及结构材料的力学性能无关，其计算式为

$$L = \frac{nR^2(t_1 + t_2)}{2a(R + t_1)t_2} \tag{4-42}$$

式中，R 为开口接管内壁半径，mm；t_1 为接管壁厚，mm；t_2 为圆筒短节壁厚，mm；a 为接管外壁和短筒节内壁之间的贴合度，且 $0.5 < a \leqslant 1.0$；n 为调整系数。

参考文献

[1] 王治刚, 罗永智, 陈体科, 等. 高压换热器密封结构介绍与选用[J]. 科技与创新, 2018 (23): 56-58.

[2] 倪永良, 曹存. 高压容器端盖法兰上螺栓孔对强度的削弱分析[J]. 化工机械, 2018, 45 (5): 572-576.

[3] ASME PCC-1—2019 Guidelines for Pressure Boundary Bolted Flange Joint Assembly

[4] JIS B 2251—2008 压力边界法兰连接组件用螺钉紧固程序

[5] 喻健良, 张阳, 闫兴清, 等. 大尺寸非标准容器法兰螺栓优化加载方案研究[J]. 压力容器, 2017, 34 (11): 28-33, 40.

[6] GB 150.3—2011 压力容器 第 3 部分: 设计

[7] JB 4732—1995 钢制压力容器分析设计标准

[8] 田园, 任欣, 高增梁, 等. 压力管道与容器密封结构螺栓预紧载荷确定方法的探讨[J]. 压力容器, 2008, 25 (3): 22-26.

[9] GB 151—1999 管壳式换热器

[10] BS EN 1591-1—2013 Flanges and their joints — Design rules for gasketed circular flange connections — Part 1: Calculation

[11] 成大先. 机械设计手册: 第 2 卷[M]. 4 版. 北京: 化学工业出版社, 2002.

[12] 李会勋, 胡迎春, 张建中. 利用 ANSYS 模拟螺栓预紧力的研究[J]. 山东科技大学学报 (自然科学版), 2006, 25 (1): 57-59.

[13] 温志明, 温晋飞. 可直接测定螺栓预紧力的电测扳手[J]. 机械, 2002, 29 (4): 25-26.

[14] GB/T 151—2014 热交换器

[15] 丁伯民. ASME Ⅷ压力容器规范分析[M]. 北京: 化学工业出版社, 2014.

[16] 桑如苞. 关于压力容器法兰标准若干问题的建议[J]. 化工设备设计, 1997, 34 (5): 3, 24-28.

[17] 李俊儒. 应用 SW6 设计软件计算压力容器应注意的几个问题[J]. 石油化工设备, 2019, 48 (5): 81-85.

[18] GB 150.2—2011, 压力容器 第 2 部分: 材料

[19] 周建行, 关凯书. ASME PCC-1—2013《压力边界螺栓法兰连接安装指南》的解析[J]. 压力容器, 2019, 36 (10): 38-44.

[20] Clay D, Rodery A. History of The Target Torque Values from ASME PCC-1 and Future Direction [C]//Proceedings of the ASME 2017 Pressure Vessels and Piping Conference, Hawaii, USA, July, 2017.

[21] VDI 2230—2015 Systematic calculation of high duty bolted joints

[22] 陈孙艺. 换热器浮头盖 SA453 螺柱断裂失效分析[J]. 失效分析与预防, 2013, 8 (6): 370-375.

[23] 曹洪治, 桑玮玮, 马峰, 等. 不锈钢螺柱的断裂失效现象及机制探讨[J]. 润滑与密封, 2011, 36 (8): 89-92.

[24] NB/T 47020~47027—2012 压力容器法兰分类与技术条件[合订本]

[25] 许志香, 李培宁. 无缺陷压力管道弯头塑性极限载荷的估价[C]//中国压力容器学会管道委员会, 第二届全国管道技术学术交流会议. 压力容器, 2002 (增刊): 187-192.

[26] 孙世锋, 蔡仁良. 承受外弯矩作用的法兰接头有限元分析[J]. 压力容器, 2003, 20 (12): 19-22.

[27] Tschiersch R, Blach A. Gasket Loadings in Bolted Flanged Connections Subjected to External Bending Moments [C]. Proc. 8th Internal Conference on Pressure Vessel Technology, Vol.1, Fatigue/Fracture, NDE, Materials and Manufacturing, ASME, 1996.

[28] 邓建德, 张声. 化工机械制造企业压力容器设计单位设计人员考核习题解. 北京: 中国化工装备协会, 1991: 39.

[29] 周建新. 管壳式热交换器管箱法兰与壳体法兰设计计算[J]. 石油化工设备, 2013, 42 (1): 34-38.

[30] 应道宴, 蔡仁良. 提高法兰连接密封可靠性的最大螺栓安装载荷控制技术[J]. 化工设备与管道, 2018, 55 (2): 1-14.

[31] ASME B&PV CODE SECTION VIII DIVISION 1-2013[S].

[32] 冯秀, 顾伯勤, 魏龙, 等. 金属垫片接触应力分布解析算法[J]. 液压气动与密封, 2009, 29 (1): 19-22.

[33] DIN 2505—1990 Berechnung von Flanschverbindungen Teil 1 Berechnung, Teil 2 Dichtungskennwerte

[34] 勃朗奈尔 L E, 杨 E H. 化工容器设计[M]. 上海: 上海科学技术出版社, 1964.

[35] 顾伯勤. 螺栓法兰连接的紧密性研究[D]. 南京: 南京化工学院, 1987.

[36] GB 150—1998 钢制压力容器（2003 年修订）

[37] 李海三. 柴油加氢精制高压换热器法兰密封失效分析[J]. 压力容器，2005，22（9）：43-46.

[38] 施俊侠，宫恩祥，鲁飞，等. 高压聚乙烯装置 PV210T 脉冲阀螺栓断裂原因分析[J]. 流体机械，2002，30（3）：39-41.

[39] 张伟，徐相伟，崔永刚. S Zorb 装置反应进料换热器 E101 单列投用探究[J]. 炼油技术与工程，2020，50（6）:49-51.

[40] 郑小涛，彭常飞，喻九阳，等. 循环热——机械载荷下螺栓法兰结构的安定性分析[J]. 压力容器，2012，29（7）：51-55.

[41] 方晓峰. 压力容器法兰螺栓疲劳强度分析[J]. 化工设备与管道，2019，56（3）：1-4.

[42] 胡国桢，石流，阎家宾. 化工密封技术[M]. 北京：化学工业出版社，1990：76-78.

[43] 梁星筠，任欣，张可丰，等. 压水堆堆内构件异种材料螺纹连接件在热循环载荷下的疲劳试验研究[C]//中国机械工程学会压力容器分会，合肥通用机械研究院. 第七届全国压力容器学术会议论文集. 北京：化学工业出版社，2009：263-266.

[44] 王志文，惠虎，关凯书，等. 对我国压力容器分析设计标准的展望[C]//第八届全国压力容器设计学术交流会论文集. 2012：1-5.

[45] 孙宝芝，郭家敏，雷雨，等. 船用蒸汽蓄热器非平衡热力过程[J]. 化工学报，2013，64（S1）：59-65.

[46] 邢海燕，王朝东，郭钢，等. 寒地日照及昼夜动态大温差下保温管道外层破坏的热力耦合仿真与分析[J]. 压力容器，2019，36（4）：8-14.

[47] 张绍良，王剑波. 优化法兰螺栓紧固方法促进挥发性有机物减排[J]. 石油化工设备，2019，48（3）：70-75.

[48] Jiang Yanyao，Zhang Ming. An experimental study of self-Loosening of bolted joints[J]. Journal of Mechanical Design，2004，126：925-931.

[49] Junker G H. New criteria for self loosening of fasteners under vibration[J]. SAE Transactions，1969，78：314-315.

[50] Pai N G，Hess D P. Experimental study of loosening of threaded fasteners due to dynamic shear loads[J]. Journal of Sound and Vibration，2002，253（3）：585-602.

[51] 王崴，徐浩，马跃，等. 振动工况下螺栓连接自松弛机理研究[J]. 振动与冲击，2014，33（22）：198-202.

[52] Pai N G，Hess D P. Three dimensional finite element analysis of threaded fastener loosening due to dynamic shear load[J]. Engineering Failure Analysis，2002，9：383-402.

[53] Jiang Xiangjun，Zhu Yongsheng，Hong Jun，et al. Investigation into the loosening mechanism of bolt in curvic coupling subjected to transverse loading[J]. Engineering Failure Analysis，2013，32（3）：360-373.

[54] 张明远，鲁连涛，唐明明，等. 横向载荷作用下螺栓临界松动载荷数值计算方法研究[J]. 机械工程学报，2018，54（5）：173-178.

[55] 武心朋. 短应力线轧机中球面垫与调整螺母接触有限元分析[J]. 重型机械，2014（6）：61-64.

[56] GB/T 1972—2005 碟形弹簧

[57] 董智，仇性启，赵宗彬. 延迟焦化装置中带碟簧的管法兰接头三维数值分析[J]. 压力容器，2011，28（5）：15-20.

[58] 晁永庆，商良. 连续重整装置运行中存在的问题及对策[J]. 炼油技术与工程，2013，43（07）：24-27.

[59] 宋海燕. 新型高压半自紧垫片的开发研究[D]. 青岛：中国石油大学，2008.

[60] 齐冠然，蔡智媛. 振动环境下 O 形圈静密封性能分析[J]. 液压与气动，2019，0（8）：101-106.

[61] 吴林涛，邓自亮，席建立. 大直径衬环法兰的密封泄漏分析[J]. 压力容器，2017，34（10）：57-62.

[62] 李永泰，黄金国，陈永东，等. 斜锥壳固定管板式换热器的有限元分析[C]//第六届全国压力容器学术会议压力容器先进技术精选集. 北京：机械工业出版社，2005：344-348.

[63] 程伟. 基于 FEPG 的固定管束釜式重沸器有限元分析计算程序的开发及其应力分析[D]. 天津：河北工业大学，2006.

[64] 唐辉永，杨国政，高炳军. 固定管板釜式重沸器斜锥壳稳定性分析[C]. 长沙：第三届全国换热器学术会议，2007：28-31.

[65] 孙艳明. 循环气冷却器的应力分析及安全评定[D]. 大庆：东北石油大学，2014.

[66] 刁立慧，张祥. 循环气冷却器偏锥管箱结构设计[J]. 石油化工设备技术，2010，31（5）：30-33.

[67] 李耀军，段成红. 偏锥的三维有限元分析和应力公式拟合[J]. 石油和化工设备，2006，9（2）：14-17.

[68] 陈孙艺. 循环气冷却器锥形导流管箱应力分析[J]. 化工设备与管道，2011，48（增刊一）：60-63.

[69] NB/T 47013.1～47013.6—2015 承压设备无损检测

[70] 于桂昌. 法兰与锥形封头直连的应力分析[J]. 石油化工设备技术, 2018, 39 (6): 5-10.

[71] 蔡建明. 大型硫磺回收装置三合一硫冷器设计[J]. 石油化工设备, 2019, 48 (2): 38-42.

[72] 聂毅强. 轴向导热对换热管与壳程圆筒壁温影响的理论分析与数值模拟[J]. 石油化工设备, 2020, 41 (4): 1-7.

[73] 陈明亚. 急冷废热锅炉下部结构合理性分析与优化[D]. 上海: 华东理工大学, 2011.

[74] 黄英, 冯世磊, 李国成, 等. 管箱介质温差对管箱法兰密封性能的影响[J]. 石油化工设备, 2006, 35 (2): 15-19.

[75] 郭良, 齐万松, 张建兵. S Zorb装置进料换热器结焦原因分析及解决措施[J]. 炼油技术与工程, 2015, 45 (11): 47-49.

[76] 李贵平. S Zorb装置反应进料换热器E101检修中出现的问题分析[J]. 山东工业技术, 2015 (10): 231-233.

[77] 常怀春, 任军平, 熊启海, 等. 一种新型换热器管板: CN203100523U[P]. 2013-07-31.

[78] 陈玉珍. 用于浮头式换热器的带肩双头螺栓: CN201866051U[P]. 2011-06-15.

[79] 黄卫民. 加氢裂化装置反应器系统接管法兰密封失效原因分析[J]. 压力容器, 1995, 12 (3): 43, 44-47.

[80] 陆磐谷. 高压法兰螺栓上紧技术的探讨[J]. 压力容器, 2008, 25 (3): 57-61.

[81] 陈孙艺. 管壳式列管换热器设计制造技术一体化应用[C]. 九江: 2008年全国化工热交换器技术设备交流会, 2008.

[82] 冯秀, 顾伯勤, 孙见君, 等. 金属垫片密封机制研究[J]. 润滑与密封, 2007, 32 (10): 97-99.

[83] JB/T 4705—2000 缠绕垫片

[84] JB 4726—2000 压力容器用碳素钢和低合金钢锻件

[85] JB 4730—1994 压力容器无损检测

[86] JB 4708—2000 钢制压力容器焊接工艺评定

[87] TSG 21—2016 压力容器安全技术监察规程

[88] 全国压力容器标准化技术委员会. GB 151—1999《管壳式换热器》标准释义[M]. 昆明: 云南科技出版社, 2000: 70-85.

[89] 郑津洋, 陈志平. 特殊压力容器[M]. 北京: 化学工业出版社, 1997: 143-144.

[90] 中国化工装备协会. 化工机械制造企业压力容器设计单位设计人员考核习题解. 1991: 81.

[91] 姚佩贤, 等. 压力容器设计和制造常见问题[J]. 化肥设计, 2000, 198: 143-150.

[92] 夏涵月, 吴利琴, 方婧, 等. 多套管式热交换器设计制造要点[J]. 石油化工设备, 2018, 47 (2): 46-50.

[93] 郭良, 郭仲, 黄国昌, 等. 发夹式换热器设计探讨[J]. 化工设备与管道, 2018, 55 (5): 38-41.

[94] 王鹏. 浅析发夹式换热器结构[J]. 化工设备与管道, 2018, 55 (6): 31-33, 69.

[95] 黄俊超. 发夹式换热器密封结构的选用[J]. 化工设计, 2019, 29 (5): 1, 26-28, 32.

[96] 张桂红, 曾小军, 唐元生. 不锈钢复合材料焊接工艺探讨[J]. 石油化工设备技术, 2018, 39 (1): 30-33.

[97] 宋纯民, 唐元生, 张桂红. 不锈钢复合材料焊接顺序工艺探讨[J]. 石油化工设备技术, 2018, 39 (6): 54-59.

[98] Industry News. Heat Exchanger Word March, 2020, 2 (2): 46.

[99] 郭良, 郭仲, 黄国昌, 等. 发夹式换热器设计探讨[J]. 化工设备与管道, 2018, 55 (5): 38-41.

[100] 杨国强, 杨子辉. 换热器膨胀节角变形对换热管的影响[J]. 化工设备与管道, 2017, 54 (1): 1-5.

[101] 余海军, 杨华龙, 申丽萍, 等. 热交换器管程进出口室盖板应力分析及强度校核[J]. 石油化工设备, 2014, 43 (2): 26-30.

[102] 翟金辉. 换热器接管锻件泄漏失效分析[J]. 压力容器, 2020, 37 (6): 59-62.

[103] 曹桂馨, 薛金华, 朱天霞. 化工机械技术辞典[M]. 上海: 华东化工学院出版社, 1989.

[104] 林廖春, 陈孙艺, 胡文贵, 等. 一种用于无法兰密封的开口接管的试压工装: ZL201200202867.6[P]. 2015-5-13.

第5章
设计制造工序的质量技术

无论是热交换器的设计还是制造，特殊结构零部件制造的所有工序、普通结构零部件制造的关键工序都较为容易得到人们的重视，而普通结构零部件制造其他工序质量的重要性常被人们忽视；但其中一些与普通结构件相关的细节有时也成为整台热交换器密封质量技术的关键因素，甚至技术领域以外的市场及商业模式也可以成为影响产品质量的潜在因素。

热交换器的设计方面，列管壳式热交换器曾是量大面广的通用设备，炼油装置中该类热交换器的结构参数已标准系列化，虽然可直接选用，但是重化工时代高效节能的要求对此提出了挑战。而在石油化工、煤化工等装置中的列管壳式热交换器因为个性工艺要求及结构完整性设计的需要，在同类结构的功能上有一些特别要求，需要细致处理。

热交换器的制造方面，按照目前国际上通行的设计制造技术一体化运作模式，纯粹只能承接制造业务的制造企业有时难以完整理解热交换器的设计意图。一般地说，制造企业在列管壳式热交换器制造业务生产经营中，即便不是本企业负责设计，也必须具备透彻理解其设计的相应能力，或者说对企业外提供的施工图及其技术要求应有透彻的理解，才能充分实现设计意图。热交换器因为不同原因需要在结构或制造工艺上进行专门设计的技能要求包括如下几类：

（1）根据介质物性参数或设备设计参数设计绘制施工图；

（2）根据工程图设计绘制施工图；

（3）进行适当的失效分析或根据改进要求设计绘制施工图。

5.1 设计质量技术经验点滴

文献[1]专门对管束防振技术进行了综述，但是还有很多值得讨论的内容。例如，为了防止管束振动，结构设计中所选取的进料口防冲杆直径、拉杆或定距管的直径普遍不大于换热管的直径；对大型热交换器中拉杆的数量及其分布的研究较少，拉杆的功能认识尚停留在配合定距管对管束折流板或支持板的定位上，对其在管束整体强度、结构刚性和稳定性等方面的作用少见报道；在设计计算时是否需要去主动判断考虑流体诱发振动的分析很少；设计技术人员较难掌握计算公式的出处及其推导过程，不了解其各种假设的力学前提以及由此而来的一些应用的局限性。下面通过案件简述设计中值得关注的一些经验。

5.1.1 高压热交换器密封结构的螺柱载荷

（1）实际施加的螺柱载荷要慎重超过螺柱需要的最小预紧载荷 W_a。螺柱需要的最小预紧载荷 W_a 虽然是一个下限值的概念，但是并不意味着该载荷值可以无上限，特别是制造厂对预紧状态螺柱设计载荷要有正确的理解。

$$W = \frac{A_m + A_b}{2}[\sigma]_b \qquad (5\text{-}1)$$

按上式，当采购的高压密封用螺柱材料力学性能的实际值与理论值 $[\sigma]_b$ 相比有较大的提高时，虽然螺柱可以承受的最小预紧载荷也可以同比例提高，也就是法兰预紧力矩

$$M_a = WL_G \qquad (5\text{-}2)$$

但是，非设计者不了解确定螺柱面积的依据是预紧工况还是操作工况，在未经过重新核算之前，制造厂的师傅在实际上紧操作时不应随意增大螺柱的 W，以免提高到显著超过螺柱原设计所需要的最小预紧载荷 W_a 后，损伤垫片。

同理，当密封垫的垫片系数 m 和垫片比压力 y 的性能实际值与理论值相比有较大的变化时，也应当重新核准螺柱的最小预紧载荷，以保证法兰预紧力矩。实际情况是，设备制造厂无法检测垫片系数和垫片比压力，一般也无法从垫片配件厂取得这些实际值。通常，按自紧密封设计的垫片都需要控制其材料的弹性模量上限，以便在同等水平的垫片应力下获得更大的回弹应变，保证其弹性应变满足密封要求；而不是像螺柱强制密封那样，通过提高垫片受到来自法兰密封的压紧应力水平来满足密封要求。

（2）制造厂对力矩工具的使用操作要有正确的认识，要理解螺柱载荷与力矩扳手、液压扳手及螺柱拉伸器之间的数值换算关系，螺母套筒直径大小对力矩的影响，还要注意最终所要达到的总力矩通过分步循环输加到每根螺柱的关系。

5.1.2 浮头管箱端支持板的形位要求

管程压力较高的浮头管箱结构尺寸较大、重量较大，管束支持板与壳体之间、浮头盖与浮动管板之间都存在径向间隙，再加上壳体不圆度，为预防浮头结构下沉造成外头盖装配困难，应该特别注意在管束上靠近浮头端处设置强度、刚度足够的支持板。GB/T 151—2014[2] 标准提出了浮头法兰和钩圈外径与外头盖内径之间应保持两者单侧 10mm 间隙的要求，针对不同大小的热交换器对装配的需要，如果没有可靠的经验，可在设计时适当调整该间隙值。

5.1.3 管板径向延伸与管箱法兰配对时的厚（刚）度差要求

固定管板热交换器其管板外伸兼作法兰时法兰盘的厚度与相配对的管箱法兰厚度不相等，究竟是法兰盘更厚还是管箱法兰更厚，因为两者的设计理论依据不同，具体案例的工况参数不同，所以结果分为如下两种情况。

（1）薄管板法兰与厚法兰配对。一般是管箱法兰较管板法兰更厚，如图 5.1 所示的 U 形管束热交换器的管箱侧结构。相对薄壁的固定管板缺点之一是容易受到组焊变形而不利于密封。需要制造技术预防组焊中管板密封面变形，降低残余应力避免以后应力释放导致管板密封面变形。

如图 5.2 和图 5.3 所示，固定管板与壳体焊接而不可抽出管束。相对薄壁的固定管板缺点之二是不

图 5.1 薄管板与厚法兰连接（1）

便于检维修时对管接头进行管程压力相关的耐高压试漏，这是因为管板壁厚通常随着壳程结构基于壳程工况参数而定，其耐压强度远低于管程结构耐压强度。

图 5.2 法兰厚度差

图 5.3 薄管板与厚法兰连接（2）

在 4.2.2.2 小节关于该类结构的一块管板在紧固螺柱时的开裂原因分析中，列举了有关设计规定，其中之一给出了计算和判断方法。据专家介绍，统计分析表明这样的法兰对其厚度差控制为不大于 40% 是可靠的。

（2）厚管板与薄法兰配对。固定管板式热交换器中兼作管板的法兰其厚度可以较管箱法兰更厚，这时管板厚度一般与延伸的法兰厚度相等，在此基础上再与管箱法兰厚度比较，又分为两种情况。其中，因管板与壳体焊接而不可抽出管束的厚管板与薄法兰配对的实例见图 5.4，因管板与壳体法兰螺柱连接而可抽出管束的厚管板与薄法兰配对的实例见图 5.5。图 5.4 结构有一个缺点，就是不便于热交换器检维修时在壳程进行耐高压的管接头试漏，因为壳程结构强度远低于管程。

图 5.4　厚管板与薄法兰连接（1）　　　　　图 5.5　厚管板与薄法兰连接（2）

不过，工程实践中尚未遇到过管板周边延伸的法兰厚度明显大于管板中间厚度的结构。

（3）设计制造技术对策。延伸兼法兰的法兰厚度与配对的管箱法兰厚度在刚度上应该相匹配，以免在上紧螺柱时刚性强的管箱法兰不动，刚性弱的管板法兰产生较大的变形，影响密封或开裂；管板背面与筒体对接焊的凸台根部两侧拐角半径均应尽可能设计得较 R5mm 大一些，以减缓应力集中；施工图纸设计应明确要求对管板背面与筒体对接焊的凸台及其两侧各 20mm 范围内增加着色检查，以发现和清除对开裂较为敏感的原始缺陷；管板背面凸台与筒体相焊的坡口形式一般应该是从外表面操作的单面焊，而总有一端无法实现内外双面焊，应采取保证焊透的坡口结构和焊接工艺，高度重视焊接质量。

5.1.4　分段式循环气冷却器设计的热膨胀分析

固定管板式循环气冷却器是聚乙烯和聚丙烯装置的核心设备，产品实物如图 5.6 所示。其两端管箱轴向的进出口分别与反应器上、下段相连，构成气相反应所需气体的循环流道，

图 5.6　聚丙烯气相反应器与循环气冷却器

把反应后升温的气体冷却到合适的温度送回到反应器。为了工艺的需要，该冷却器较长。为了便于携带粉体的气流顺畅通过冷却器管程，设计上对卧式冷却器采用了图 4.9 所示的前端偏锥形管箱、后端正锥形管箱。

随着装置的大型化，传统的冷却器在满足工艺要求方面遇到瓶颈。对此，某国外高密度聚乙烯装置循环气冷却器采用了图 5.7 所示的壳程分段结构专利技术，通过增设两块配对的中间管板把传统的壳程分为共用一个管程的两段壳程，传统的一台管束分为设计参数不同的两段管束；每台管束的 3000 根换热管在两块配对的中间管板上管接头都需要对齐[3]。为了保证两块配对的中间管板之间的密封，需要通过数值模拟计

算各种工况条件下两块管板的变形，进而判断两块管板之间预留的间隙是否足够。间隙过小，两段管接头的管端相互顶碰，使管接头的受力、管板的受力和管板的密封受力变得复杂化；间隙过大，携带粉体的气流经过管接头管端间隙时会引起复杂的旋流、积聚或堵塞，无法顺畅通过冷却器管程。此外，在耐压试验和设备安装等环节还提出相应的技术要求。慎重地说，两块管板之间的实际间隙还应考虑到管板钻孔变形、管接头焊接变形等制造工序的影响。

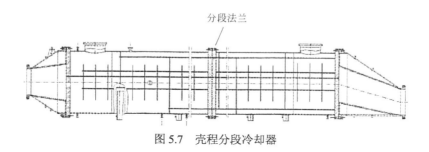

图 5.7　壳程分段冷却器

5.1.5　固定端鞍座位置的调整

特殊情况下，固定端鞍座位置应根据结构长度或质重分布状况适当调整，以满足大直径短长度热交换器的结构要求，或满足轴向明显不对称重量的受力影响。双鞍座支承卧式容器的鞍座设计按左右两端对称的悬臂梁理想模型调整，实际差距较大，实际结构应尽量接近模型。

一台 U 形管壳式热交换器，公称直径 D_g 9000mm，换热管直段长 5300mm，双支承鞍座间隔 4200mm，因为管箱端重量相对较大，如果双鞍座均在壳体上，则双鞍座的受力不均衡；如果其中固定端鞍座设计在壳体侧法兰下（法兰环厚度为 245mm），既平衡受力，又减少了鞍座从壳体带走的热量。当然，也可以维持双鞍座的受力不均衡，对其中承受较大载荷的鞍座本体实行加强。

文献[4]给出了当支座设置在卧式容器不同位置时对容器变形的影响，随着支座位置离封头切线距离 A 与容器切线间距离 L 的比值 A/L 增大，卧式容器中部向下弯曲变形程度逐渐变小，当 A/L 增大到 0.3 时，两个支座之间的筒体就会开始向上弯；如果设置支座的位置距离封头比较远时，则封头一侧的容器筒体与其理想的水平位置相比就会出现比较明显的位移。

文献[5]在此基础上基于有限元分析来观察 A/L 为 0.05～0.087 范围内的结果，在此范围内，封头对于筒体能起到支撑作用，同时，随着 A 的增加，筒体趋于水平变形减小。当 $A/L<0.1$ 时，远离封头侧的支座垫板与筒体结合处的轴向应力和周向应力受筒体变形影响明显；当支座远离封头设置时，能减小筒体变形，从而明显降低此处筒体的轴向应力和周向应力。

5.2 结构材料对环形垫压紧力的影响

5.2.1 管箱局部结构对密封的影响

4.1.3.2 小节只讨论了与设备法兰直接连接的结构对法兰密封可靠性的影响，未讨论与设备法兰距离很近的非直接连接结构对法兰密封可靠性的影响。实际上，管箱上内、外表面组焊的各种功能附件对主体密封的影响可通过密封面上的应力分布或形位尺寸变化来反映。业内很多学者就热交换器管口载荷影响管板和管箱焊接连接处的应力进行了分析，综合结果表明由常规软件计算或有限元模型计算显示该应力很低，结构强度余量很大。虽然 ASME Ⅷ-1 和 ASME Ⅷ-2 标准都考虑了管箱和管板焊接连接处的应力，但是我国的 GB/T 151—2014 标准根本就没有计算此处的应力，总的判断管口载荷对管板和管箱筒体/壳体焊接连接接头的影响是有限的。通常情况下不需要考虑管口载荷这点影响，如果筒体壁厚较厚，即便管口载荷很大，其对管板和壳体焊接处的应力影响也很小。要注意的是，这一判断的对象是管板和管箱焊接连接的结构，读者不要引用到管板和管箱非焊接连接的结构；对于管板和法兰之间通过螺栓、垫片强制密封的结构，即便很小的应力变化，也潜在密封失效的可能。

以某热交换器高压管箱的有限元分析为例，设计参数见表 5.1。该管箱底部与管束管板是一体化锻件加工而成，管箱端口是敞开结构，无法兰组焊连接；管箱厚壁圆筒短节的端面上设计有螺柱孔，用于紧固密封隔膜垫和端盖。

表 5.1 高压管箱设计参数

项目	壳程	管程
设计压力 P /MPa	0.8	31.9
操作压力/MPa	0.4	28.5
设计温度/℃	80	200
操作温度/℃	34/40	72/40
壳体内直径 $2R$/mm	600	600
管箱短筒节壁厚 t/mm	—	195
管箱短筒节长 L/mm	—	597.5
管箱材料	—	SA350 LF2

（1）端部光孔对环形垫压紧力的影响。插页图 5.8 是只考虑管箱圆筒短节和管板这一结构实体模型的等效应力计算云图，分析结果表明应力沿周向分布非常均匀。插页图 5.9 是在图 5.8 模型基础上考虑厚壁端口带有模拟螺柱孔的光孔的计算云图，该图靠近光孔内侧的位置是密封面所在的环带；分析结果表明，应力沿周向分布出现零星间断性的不均匀，应力值从 8.2802×10^7MPa 到 1.2198×10^8MPa，相对差异高达约 49%。

（2）管箱开孔接管、补强圈、隔板等结构件对环形垫压紧力的影响。这些结构组焊到管箱内、外壁后，一方面打破了管箱短节原来的轴对称结构；另一方面留下残余应力，使得环形垫压紧力沿周向分布明显不均匀，详见 8.3.2 小节的分析。

（3）筒体材料强化有利于密封。一个两端封闭的单层厚壁筒体，随着内压的升高使内壁应力超过材的屈服极限，内壁的屈服面将沿着径向向外扩展直到外壁，此时的压力为筒体失稳内压。对于理想弹塑性材料，失稳内压是筒体所能承受的最大内压，称为极限压力或者最大压力。对于应变硬化材料，极限压力大于失稳内压，这时的极限压力类似于拉伸试验中的极限应力，当由于截面积减少而产生的削弱超过由于应变硬化而产生的加强时就达到了极限压力。对于高韧性的材料，在达到极限压力后筒体会继续膨胀，但是只发生在局部区域；由于膨胀使容积增大等致使压力也会降低，筒体最终在一个低于极限压力的压力下破坏，这时的压力称为爆破压力。当压力从壁厚部分屈服或全部屈服的筒体中卸除后，筒壁中将产生残余应力。如果筒体再次承受内压，只要内壁材料尚未达到反向屈服，它就还将保持弹性状态直至上一次的压力值[6]。

塑性材料受到拉伸，在塑性变形到下屈服点时，应力不再上升，但变形仍将持续。要消除该屈服平台，必须使延伸率提高到一定的程度；在卸载以后材料获得冷作硬化，再次加载时，应力将沿着卸载曲线变化，然后直接进入强化阶段[7]。

5.2.2　紧固件对环形垫压紧力的影响

（1）垫片应力的间断性分布。加氢换热器中经常使用有别于法兰螺柱密封的螺纹锁紧环密封，由于其结构中连接件间的接触以及垫片的非线性性质难以采用常规计算，因此可通过 ANSYS 软件强大的非线性分析功能对螺纹锁紧环密封结构进行有限元分析。文献[8]对某一案例的分析结果见插页图 5.10。管箱端部顶盖密封的管程垫片应力分布较有规律，因内压的作用，其内侧应力较外侧应力有明显的增加；垫片在径向、环向和轴向都产生了位移，其内侧位移较大，外侧位移较小。这些应力分布特点有别于传统法兰螺柱密封时垫片外侧应力较大的分布特点。

图 5.10 表明垫片上应力沿周向分布与图 5.9 相似，出现间断性的不均匀，这与螺柱的间距有关。

（2）适度松弛预紧后的螺柱。业内专家指出，螺柱在拧紧后，为了防止松动，应额外施加一个预紧力，也就是再拧紧一些，然后退回半圈，这样的话预紧力将降低甚至没有预紧力，让螺柱的弹性形变部分恢复。处于弹性形变中的螺柱，可以应对长期高温和振动载荷情况下产生的蠕变，降低产生塑性应变和失效的概率，使螺柱保持持续高强度的压力。这种操作与受压元件的预应力设计制造有区别，有点类似压力容器的耐压试验，超过设计压力的部分试验压力相当于额外的载荷，使壳体主要产生弹性变形；局部位置可能出现小范围的塑性变形，卸压后壳体弹性形变消失，恢复原状后反而提高了壳体承受内压的能力。

5.3 制造质量技术经验点滴

5.3.1 某制氢装置蒸汽发生器的关键制造技术

图 5.11 大型蒸汽发生器胀管

如图 5.11 所示是大型蒸汽发生器制造中的胀管操作。

图 5.12 所示为管板两侧和壳程筒体内壁均带复合层的蒸发器壳体半成品消除应力热处理带来的密封面变形问题。管束无法单独作为一个部件制造，制造厂应开发管板和筒体一起焊后整体热处理时的管板防变形技术。包括两种，一种是图 5.12（b）所示的管板的非平面拱形对称变形，主要由管板表面堆焊及其与锥体小端的环焊缝焊接引起；另一种是图 5.12（c）所示的管板端平面不垂直于筒体中心轴线的非对称变形，或叫管板偏转，主要由偏心锥体的非轴对称结构引起。

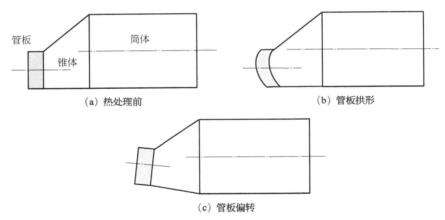

图 5.12 蒸发器壳体半成品热处理变形示意图

5.3.2 大型热交换器壳体制造过程的刚度要求

（1）重沸器壳体设计壁厚的校核基准。为了保证必要的沸腾蒸发空间，重沸器壳体直径要比其内部的管束直径大；在按 GB/T 151—2014 标准表 7-1 确定壳体最小壁厚时，要把壳体直径 D（而不宜把管束直径 d）作为判断因素。壳体最小壁厚的确定除了工况因素外，还考虑成形制造、运输吊装的需要，也涉及热交换器的叠装或其鞍座受力分析计算的困难，确定壁厚的壳体应该是与鞍座装配的筒体。

（2）圆筒体设计壁厚校核的制造承重因素。GB/T 151—2014 标准表 7-1 确定壳体最小壁厚时主要考虑了圆筒体直径、材料及结构形式，没有考虑热交换器的长度。但热交换器的重量与长度有正向关系，无论热交换器是否是双鞍座支承，其制造过程总需要卧置在滚轮架上转动；长度较大的热交换器壳体在滚轮局部支承作用下有变形的可能，图 5.13 所示壳体合拢环缝焊接时加固管束的构件着力点所落着的壳体局部也要预防变形，因此需对支承处壳体进行加强，如图 5.14 所示。加强设计最好通过应力分析软件进行。

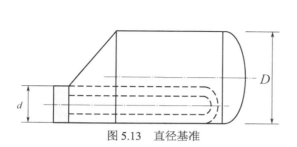

图 5.13　直径基准　　　　　　　图 5.14　滚轮架支承处的局部加强

有时候，热交换器吊耳位置也需要局部加强，或者其外表面的保温材料支持结构要有足够强度，以免吊装时受损。

（3）圆筒体设计壁厚的制造组对因素。当大型热交换器壳体端部需要与管板或者管箱组焊时，必须具有一定的圆度来避免错边量超差；应该对壳体端口进行临时的结构加强，这也可以预防大量的管接头焊接时引起的壳体端口变形，如图 5.15 所示。

（a）壳体与管板对接　　　　　　　　（b）壳体将与管箱对接

图 5.15　壳体断口的加强

个别设计人员以为壳体壁厚越小就能降低钢板重量，从而降低造价。实际上在制造过程中为了维持必要的圆度、刚度，避免设备运输、吊装过程引起大变形，需要使用大量的辅助钢材；事后还要拆卸这些辅材，对辅材组焊壳体处进行恢复原状的修整和检测，耗费大量的工期和劳动。类似问题也存在于设备法兰的设计，个别设计人员追求法兰最小重量作为优化设计的内容，实际上设备法兰的造价以毛坯的重量而不是成品法兰的重量作为计价基础。传统的锻造环形毛坯横截面一般是矩形，如果要锻成接近成品的形状，不但要投入更大的锻造成本，还要从技术上解决单独的锻件试样如何代表主体锻件的问题，现代的环形轧制法兰毛坯可以接近法兰成品的形状，也要处理好离体试件的代表性问题。总之，只满足运行工况但是不满足制造、运输、吊装要求的壳体，可能会意外变形而影响结构受力和密封。

5.3.3 热交换器制造中膨胀节的维护

（1）设计膨胀节时材料屈服强度的确定与膨胀节制造有关。冷成形膨胀节的材料强度本来应该取制造成形的冷作态时值，奥氏体不锈钢不取固溶态或其他热加工态时值；如果膨胀节成形后进行了整体热处理以恢复原材料的热处理状态，则可取固溶态时的数值。现在，GB/T 16749—2018[9]标准对压力容器膨胀节设计计算中的材料强度明确了几个概念及其取值方法：成形态或热处理态的波纹管材料在设计温度下的屈服强度 $R_{\mathrm{eLy}}^{\mathrm{t}}$，室温下波纹管材料的屈服强度 R_{eL}，设计温度下波纹管材料的屈服强度 $R_{\mathrm{eL}}^{\mathrm{t}}$，质量证明书中波纹管材料室温下的屈服强度 R_{eLm}（注：当无法取得材料质量证明书时，其室温下的屈服强度采用材料标准规定的室温屈服强度，但应在设计文件中注明）。

（2）膨胀节设计状态的保证。设计带有膨胀节的固定管板式热交换器，壳体、管板、换热管三者之间的焊接约束在制造组焊过程中由膨胀节的伸（缩）变形消化吸收，而这个伸（缩）变形量在现有的膨胀节设计中一般不考虑，这是不够完善的。对此，热交换器的设计过程可以根据设计的需要预先设定该制造工序的收缩量，以保证膨胀节运行前的设计状态不受到设备制造的破坏。

（3）制造组焊时避免环焊缝收缩的影响。据统计，焊接收缩量可按焊缝宽度的18%计算，固定管板与带膨胀节的热交换器壳程筒体两端环焊缝的收缩量可达 10mm。可在制造技术要求中强调组焊过程保持膨胀节的自由形态来避免该因素的不良影响，或者提醒制造技术预防残余应力导致管板密封面变形，与筒体组焊的防损伤保护。

（4）膨胀节运行中的保护及其说明。应在设备使用说明书中提出设计要求，对制造厂单台设备试压时保护膨胀节防止损伤。类似的还有非制造过程的维护，包括设备运输、吊装过程的防损伤保护，设备安装到装置管线中开车试压等过程时的防损伤保护，特别是波纹保护拉杆在什么状况下才可以松开螺母或者卸下拉杆；投料运行过程中的防振动保护，运行中杂质的排放，事故工况时的保护。

5.3.4　各种加工变形的防治对策

（1）固定壳程纵向隔板热交换器。壳程纵向隔板与筒体内壁的焊接收缩会使筒体横截面变成非圆形，还会使筒体两端的设备法兰密封面变成非平面。

（2）浮头热交换器。奥氏体不锈钢组焊的浮头一般不进行固溶处理，其焊接残余应力只好在设备运行过程中缓慢释放，从而使密封面变形。设计制造时一方面应减少焊接量，另一方面在确定配对法兰密封面厚度的尺寸时，宜留下尺寸余量，待设备运行一个周期后检测时，可能再次对密封面进行精密加工。

（3）挠性薄管板热交换器。挠性薄管板的挠性主要靠其周边的弯边弧形结构来实现，有的设计要求弯边结构是变厚度的，这只能通过立式车床加工而成，必须通过精确的模板来检测弯边结构内、外表面弧形尺寸，控制其偏差，如图 5.16 所示。该尺寸的超差将改变管板周边连接区以及管接头的应力分布，不利于内、外密封。

图 5.16　挠性管板弯边加工检测

（4）叠装热交换器管箱接管组焊防变形。通常的技术对策见 4.4.4 小节，必要时还可以对接管法兰密封面进行再一次精确加工，以保证叠装接口的密封性能，具体可以参照 8.7.7 小节。

5.3.5　垫片的各种损伤及防治对策

传统观念认为大型设备垫片的安装过程需要对垫片进行定位，对策之一是利用弹性圆柱销将垫片与管板进行定位，见图 3.14、图 3.17～图 3.19。其实，这种观念只是源于大型垫片安装对于多位操作人员相互帮助的需求，而不是出于对关键安装质量技术的需求。在同样的垫片安装偏差尺寸下，相对于小直径窄宽度的垫片而言，大直径宽垫片的尺寸偏差率更小，从而对密封效果的不良影响也更小。

组装热交换器时，存在问题的传统方法之一是使用润滑脂作为粘贴剂把垫片粘贴到法兰的密封面上。如图 5.17 所示，对复合石墨波齿垫片试验，发现涂有润滑脂的垫片段其石墨层厚度明显大于其他没有涂润滑脂的垫片段，垫片密封面不均匀；分析是在热交换器运行中润滑脂会发生热致硬化，影响密封性能的持续性。

图 5.17　润滑脂硬化影响密封垫

存在问题的传统方法之二是使用单面黏带纸把垫片粘到密封面上。如图 5.18 所示，对复合石墨金属缠绕垫片试验，发现垫片上被黏胶污染的石墨层厚度及缠绕钢片层的变形都明显有别于其他没有被污染的垫片段，垫片密封面不均匀会影响密封性能的连续性。

(a)　　　　　　　　　(b)　　　　　　　　　(c)

图 5.18　垫片局部损伤

因此，任何尺寸的垫片安装都应得到质量技术的重视，包括足够的操作人员、合适的定位方法。

5.4　螺塞密封问题

螺塞密封在热交换器中广泛应用于管壳式热交换器顶部的排气管口和底部的排液排污管口，有时这类管口也设置在壳体膨胀节或者流体介质进出口接管上。同时，螺塞密封在空气冷却器管箱或个别高压罐的小开口中也普遍应用。排污管口的螺纹缝隙很容易腐蚀，为了便于螺塞检修的装拆，在装配螺塞前宜在螺纹上涂抹高温防烧剂或其他避免螺纹咬死的涂料。

（1）螺塞强制密封。空气冷却器是石油化工装置中节约用水的换热设备，其列管管箱常设计成整体不可拆卸的长方体；管箱端板上则开设有对中每一根换热管的螺塞孔，采用螺塞和垫圈密封，见图 5.19～图 5.22。某空气冷却器管箱进口接管附近的若干个螺柱孔发生泄漏，建立实体模型采用有限元方法对管箱进口接管及其附近的若干个螺柱孔进行运行工况下的应力分析。

应先安装垫片，再安装螺塞，不宜把垫片套进螺塞后一起安装到螺塞孔；否则，不便观察垫片是否落到密封面台阶位，影响密封效果。卧式壳体膨胀节管嘴的螺塞密封见图 5.23。

（2）螺塞压盖平垫自紧密封[10]。平垫自紧密封（Flat Metal Gasket Auto-Pinch Off Seal）是不里奇曼密封的一种形式，是密封元件为软金属平垫的一种轴向自紧式密封，见图 5.24。旋紧压紧顶盖，通过压环压紧密封垫片，从而产生一定的预紧密封力。当内部压力升高时，把垫片压得更紧，起到轴向自紧作用。一般用于小直径高压容器或超高压容器。

图 5.19　空冷器管箱螺塞密封

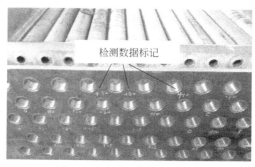

图 5.20　空冷器管箱螺塞孔检测

图 5.21　空冷器管箱螺塞检测

图 5.22　管箱螺塞孔密封垫片检测

图 5.23　膨胀节管嘴的螺塞密封

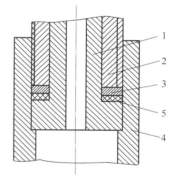

图 5.24　平垫自紧密封结构[6]
1—凸肩端盖；2—压紧顶盖；
3—压环；4—筒体；5—密封垫片

此外，还有一种由高合金材料制造的 Gasche 回弹直螺纹封口密封结构，以及快开的锥形回弹螺纹封口密封结构。在管口和螺塞上各自加工出半圆形的螺旋槽，把一条由高强度钢丝绕制的螺旋弹簧旋进管口（相当于螺母）的螺旋槽内，再上紧螺塞，使管口和螺塞的半圆形螺纹完全配合，则弹簧的回弹可以使螺纹载荷更加地均匀分布。

参考文献

[1] 陈孙艺. 管束防振技术[J]. 炼油技术与工程, 2005, 35 (10): 44-48.

[2] GB/T 151—2014 热交换器

[3] 于兰，闫东升. 浅谈分段式循环冷却器的设计要点[J]. 石油化工设备技术，2018，39（6）：19-21.

[4] 谭惠，张晋军. 支座参数对双支座卧式容器承载能力的影响[J]. 化工设备与管道，2008，45（4）：16-19.

[5] 周永春. 基于 ANSYS 卧式容器支座布置优化[J]. 石油化工设备技术，2020，41（3）：12-14，19.

[6] 尼柯尔斯 R W. 压力容器技术进展——4 特殊容器的设计[M]. 北京：机械工业出版社，1994.

[7] 王宏博. 拉伸平整弯曲矫直机组设备[J]. 一重技术，2017（3）：16-19，27.

[8] 李军，曾涛，刘少北，等. 螺纹锁紧环密封结构的有限元分析[J]. 广东化工，2013，40（6）：120，157-158.

[9] GB/T 16749—2018 压力容器波形膨胀节

[10] 曹桂馨，薛金华，朱天霞. 化工机械技术辞典[M]. 上海：华东化工学院出版社，1989.

第3篇
热交换器新型密封垫的质量检验及结构功能因素

对一个螺柱-法兰-垫片密封系统而言，密封垫片是密封系统的主角，可被认为是主导密封效果的内因；紧固件只有通过向垫片施加载荷才发挥作用，可被认为是决定密封效果的外因。承压设备密封技术发展过程充分说明业内抓住了垫片这一关键，即便是半自紧密封或者全自紧密封，也都离不开螺柱螺母或其他螺纹紧固件这些通用性零件；创新变化的更多是密封垫片，专利技术新型垫片解决了不少实际问题，具有个性而难以替代。相对而言，热交换器中的密封垫算是较为精密的机加工元件，通常由专业厂家生产，一般的热交换器制造厂既不生产密封垫，也不具备对密封垫片所有关键指标进行检测的能力，更何况有些指标不是无损检测手段就可以获得的。有三点与质量相关的认识值得一提。

第一，专业厂家的职业道德与新型垫片的创新性一样可贵。不折不扣地按照订单和标准规范制造密封垫片，把产品质量问题检查出来，处理合格，把包装可靠的产品交到采购方，是对专业厂家起码的要求。这是有别于服务态度的根本问题。

第二，新型密封垫片的质量检验技术与生产制造技术同等关键。检验是杜绝错误、避免争议的根本。新产品必须有新标准，质量检验技术规范中应该明确与检验标准相适应的技术手段；检验标准的关键内容不宜是引用的，标准条文的多层引用与建设工程的多层转包一样，会出现系统偏差和人为误差，不利于产品质量控制。出厂检验是杜绝错误、避免争议的必要措施。新型垫片缺少长期的实践检验，其产品质量技术的提高离不开失效案例的启示；新产品在装置的运行是最综合的质量检验技术，正面案例和反面教训可以共同促进技术进步，不全面、有偏袒的资料或者无法追溯的案例可能会带来误导、误解。

以上两点与第6章讨论的内容有关。

第三，新型密封垫片的结构功能必须从定性到定量化。功效定量化是新产品先进性最直接的体现，指标数据是新产品应有之义，也是编制产品标准的基础。新型结构的特定功能存在一个逐步认识、逐渐完善的过程，产品标准可以有一个适当的试行周期，不宜无限期长期试行。功效量化是提高密封可靠性、预防密封失效的根本对策。第 7 章和第 8 章就分别以双层金属垫、球面隔膜金属垫为对象，探讨实现功能定量化的技术途径。

第 6 章
密封垫质量技术对密封的影响

密封垫的质量无疑最直接影响密封效果。某公司制造一批管壳式热交换器，产品已经过监理和政府机构监察并水压试验合格，热交换器交给业主安装到装置现场后系统试压发现部分热交换器的设备法兰密封面泄漏，卸压后重新紧固螺柱，热交换器才通过系统试压检验合格。为分析密封面泄漏原因，该公司对产品设计、法兰质量、螺柱螺母质量、组装及试压操作等有关环节进行全面审查，抽取螺柱制成试样检测发现其力学性能较标准有富裕，确认上述过程的规范可靠；同时结合泄漏密封面直径、泄漏密封面类别、漏点在密封面上的方位、管板厚度、密封面精度等相关件的基本情况进行分析，排除了这些因素的影响，也排除了设备装卸及同一地区内短程运输的不利影响。经调查，其他一些厂家制造的热交换器也出现类似现象。为了找到问题的根源，需进行模拟试验，将制造水压试验合格的另一批热交换器卸压后静置两天重新水压试验，也发现了个别设备法兰泄漏的类似现象，重新紧固螺柱后热交换器同样能通过出厂前的耐压试验和装置现场的耐压试验。

6.1 复合石墨波齿金属垫的质量状况

文献[1]表 1 关于试压预紧力不足的制造因素中，排在序号 2 的即是密封元件材料力学性能的实际值与理论值之差，该差值不方便、也不容易检测。文献[2]表 2 列举了法兰密封试压预紧力不足的设计因素，鉴于前述批量热交换器的首次耐压试验已经过了成功验证，不应属预紧力的设计核算问题。因此，有理由怀疑所用的复合石墨波齿金属垫片存在质量问题。

GB 150.3 — 2011[3]标准中表 7-2 新增了复合柔性石墨波齿金属垫，虽然根据标准中给出的特性参数可以判断垫片的性能，但是业内关于这种新的波齿垫片与缠绕垫片的优劣之分存在分歧，特别是对垫片密封性能的检测难度，阻碍了一般技术人员对传统垫片和新型垫片密封性能的比较和认识，个别的、零散的案例在具有差异的工况条件下没有足够的说服力，因此值得从不同的视角加深对其质量性能的认识。

6.1.1 产品结构及其标准

（1）产品结构。复合石墨波齿金属垫片由特殊构造的一层金属骨架两表面与膨胀石墨材料复合而成，其横截面结构见图6.1。图中1是特殊构造的金属骨架，2是膨胀石墨材料。骨架实物波齿形截面如图 6.2 所示。使用该垫时，法兰的压紧使复合在垫片上的石墨材料被压缩进入沟槽，金属骨架上、下表面的环形齿峰与法兰面紧密接触并在法兰进一步压紧下产生弹性变形，使膨胀石墨被高度压缩和封闭在金属骨架与法兰面之间所形成的环形密闭空间里。由此形成了波齿复合垫片的特有性能，一道道金属骨架的尖齿峰连同被高度压缩的膨胀石墨材料构成一道道严密的密封，整个复合垫片实际上具有多道金属密封与膨胀石墨材料密封的联合作用。

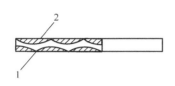

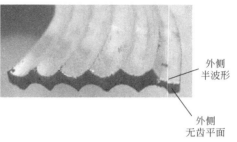

外侧
半波形

外侧
无齿平面

图 6.1 复合波齿垫截面结构图   图 6.2 复合波齿垫片骨架截面

为了区别于下一章所讨论的由上下两层金属环组焊成骨架的复合垫，必要时可称图 6.1 和图 6.2 所示结构的垫片为单金属复合垫。

（2）产品标准。据报道，波齿垫片是 20 世纪 90 年代出现的[4]，1993 年《流体工程》第 21 卷第 9 期和《压力容器》第 10 卷第 4 期分别发表了有关资料[5]。早在 20 世纪末，广州市东山南方密封件有限公司就颁布实施企业标准 QDJ 16011 —1998《波齿复合垫的标准》，11 年后又颁布新的企业标准 Q/DSMF 1—2009《波齿复合垫》，并负责了文献[6]和文献[7]的编写。新的企业标准中规定了换热管的两种规格，是考虑到多管程时管板密封垫管程之间的密封隔条宽度要与之相适应。2011 年，GB 150.3—2011 标准把该垫片纳入了推荐范围。

（3）质量检验标准。GB/T 12622—2008[8]标准规范了管法兰用垫片压缩率和回弹率的试验方法，其中的试验方法 A 适用于面积为 $6.5\,cm^2$、厚度为 $1.5\,mm$ 的方形试样；试验方法 B 适用于公称直径为 DN80、公称压力不大于 PN50 的试样。这可理解为，方法 A 适用于一段垫片的检测，方法 B 适用于一个整体垫圈的检测。

但是垫片密封性能的检测是一项专业技术性很强的工作，精密要求高，对广大用户而言其难度主要表现在：一是市面上缺欠垫片回弹性能检测设备，该设备属于专用设备，目前只依赖进口；如果某用户（设备制造公司）专为自己购置该类检测设备但不具备对外服务的法律权威效力，这是不符合企业经营理念的。二是缺欠开展该项服务的第三方权威机构，个别垫片制造厂自己研制了有关检测设备，由于公平公正性，垫片用户不宜把问题垫片委托其检测。三是根据文献[8]，对金属波齿垫密封性检测的麻烦之处在于要提供整个完好的垫片按照试验方法 B 进行，如果能对一段切割下的样品按照试验方法 A 进行，或者能对一个已安装过的垫片进行检测才更迎合市场的需求。四是热交换器等设备制造周期的紧迫性，不允许设备制造厂在垫片质量问题的处理上耗费时间，很多与垫片有关的设备密封泄漏问题，制造公司只好自我应对。

文献[6]只规定柔性石墨波齿复合垫片产品的技术条件，其中骨架厚度、波齿距、波齿深度、波齿圆弧半径的尺寸及极限偏差由制造商自行确定。文献[7]本与文献[6]同期发布，规定柔性石墨金属波齿复合垫片的尺寸，但是 5 年后发布了新版本，可见规范对该产品的统一认识经过了一个不短的时间历程，是及时的。

（4）实物抽检。通过肉眼和千分尺及合适的量具对从两个厂家订购的波齿垫（图 6.3）进行入库抽检，截取波齿垫实物小段，通过清理截面后的图 6.4、图 6.5 进行测量，结果见表 6.1。图 6.4、图 6.5 的骨架结构明显不同。

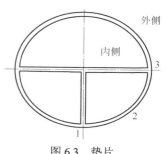

图 6.3　垫片

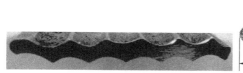

（a）实物截面

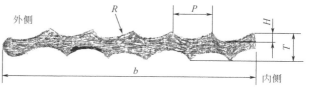

（b）截面拓印

图 6.4　甲厂垫片

（a）实物截面

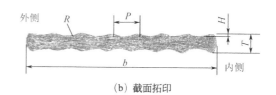

（b）截面拓印

图 6.5　乙厂垫片

表 6.1　波齿垫检测参数表

密封面泄漏数量	甲厂垫片涉及 6 个密封面泄漏，占其供货量的 50%	乙厂垫片涉及 7 个密封面泄漏，占其供货量的 23%
垫片总厚度/mm	未拆包装塑料薄膜： T 字接头处 1 厚 5.65，T 字接头处 3 厚 5.60，1 层+2 层薄膜处厚 5.13，2 层+2 层薄膜处厚 5.20	未拆包装塑料薄膜： 1 层+2 层薄膜处厚 5.13，2 层+2 层薄膜处厚 5.16
	拆去包装塑料薄膜后随机确定 0°处检测： 圆周 0°处内侧 4.98、外侧 4.93，圆周 90°处内侧 4.93、外侧 5.00，圆周 180°处内侧 4.97、外侧 5.09，圆周 270°处内侧 4.98、外侧 5.00	拆去装塑料薄膜后随机确定 0°处检测： 圆周 0°处内侧 5.06、外侧 5.08，圆周 90°处内侧 5.05、外侧 5.05，圆周 180°处内侧 5.06、外侧 5.08，圆周 270°处内侧 5.03、外侧 5.06

骨架厚度 t/mm	圆周 0°处内侧 3.04、中间 3.03、外侧 3.00，圆周 90°处内侧 3.01、中间 2.99、外侧 2.98，圆周 180°处内侧 3.00、中间 2.99、外侧 2.99，圆周 270°处内侧 3.03、中间 3.03、外侧 3.02 最厚最薄相差 0.06，达 2.0%	圆周 0°处内侧 2.84、中间 2.84、外侧 2.86，圆周 90°处内侧 2.83、中间 2.85、外侧 2.85，圆周 180°处内侧 2.84、中间 2.85、外侧 2.87，圆周 270°处内侧 2.84、中间 2.85、外侧 2.86 最厚最薄相差 0.03，达 1.4%
波齿尺寸/mm	齿高 H 为 0.76、0.83、0.84，最高最矮相差 10.5%。齿距 P 为 4.0，弧径 r 为 2.5，垫宽 b 为 24.60，波数 n 为 5.5。波峰外观平整	齿高 H 为 0.45、0.35、0.41、0.38，最厚最薄相差 28.6%。齿距 P 为 2.88，圆弧半径 R 为 1.75，垫片宽度 b 为 20.20，波数 n 为 7。波峰外观平整
包装膜厚度/mm	3 层平均 0.15	3 层平均 0.07
骨架硬度/HV10	约 140，符合 GB/T 19066.3—2003 表 1 中 0Cr18Ni9 材料 <187HB 的要求	约 144，符合 GB/T 19066.3—2003 表 1 中 0Cr18Ni9 材料 <187HB 的要求
石墨与骨架结合力	有胶粘接，较牢固	有胶粘接，但没有甲厂的粘接牢固
石墨层紧密度	紧密，几乎没有空隙，铲开石墨时石墨不倾向片状，而是容易碎	不紧密，铲开石墨时石墨成片状，石墨内表面几乎是平的，有空隙
齿形排列及外貌	齿顶较尖锐，波谷较深，可称波齿形金属复合垫；波距大些，上下齿顶错开半个波距	齿顶不如甲厂的尖锐，波谷较浅，可称为波形金属复合垫；齿距小些，上下齿顶没按照 GB/T 19066.3 第 3.1.3 条的要求错开半波
粗略评价	结构与标准一致，复合层质量好	结构与标准不符，复合层质量差

6.1.2 垫片性能分析

文献[9]对柔性石墨波齿复合垫片力学性能进行有限元分析后，认为波齿骨架厚度是影响该垫片压缩率和回弹率的主要因素，该厚度在 2.0～2.5mm 时拥有最好的压缩率和回弹率；骨架厚度、圆弧半径、齿高的最优化方案为 T 为 1mm、R 为 3mm、H 为 3mm，此时的压缩率和回弹率分别为 36.3%、51.4%，均符合标准要求。

根据表 6.1，一方面两厂的垫片骨架厚度均超出文献[9]提出的最佳厚度上限，但甲厂的骨架略厚，符合文献[9]分析表明超出上限后骨架越厚则回弹率越低的结论。另一方面，甲厂的骨架波齿高度明显高于乙厂，符合文献[9]分析表明骨架波齿越高则回弹率越低的结论。据此两方面，甲厂密封垫涉及的泄漏数量高出乙厂一倍多，与前人的分析一致。

文献[9]对柔性石墨波齿复合垫片力学性能进行有限元分析后，建议垫片在出厂的时候进行预压缩处理，这样垫片在使用过程中就拥有较高的回弹率。如果把该结论理解为预压缩处理使齿峰变钝可提高回弹率，则对比分析图 6.4 和图 6.5 可知，甲厂的垫片齿峰较尖锐，乙厂的垫片较均称。据此，甲厂密封垫涉及的泄漏数量高出乙厂一倍多，也与前人的理论分析一致。但是，如果把该结论理解为预压缩处理只是使石墨复合层更加密实而不是存有很多空隙从而提高回弹率，那么这与垫片正常生产中铺设石墨层的操作不应有太大区别，通过保证正常的工序质量就没必要增加预压缩处理。

进一步地，如果把前述某公司批量泄漏热交换器经再次拧紧后可通过耐压检验的现象也理解为预压缩处理的话，则也与前人的理论分析一致。

最后，文献[10]在研究了基于控制泄漏率的垫片应力及其检测方法后，指出采用不锈钢骨架时，齿距3～5mm、柔性石墨层密度1～1.2g/mm³和厚度1～1.5mm能获得良好的性能，并建议垫片制造厂应向终端用户（使用、设计、工程建设单位）提供选用垫片基于泄漏率的垫片性能数据，包括按要求标准测试的垫片系数或最小和最大预紧垫片应力、最小垫片工作应力。目前，垫片厂一般以保密等理由拒绝提供这些资料数据，实际上，终端用户既无法检测这些数据，也无法判断这些数据。

文献[11]研究表明，柔性石墨对波齿复合垫的力学性能有较大的影响。当金属波齿垫的上下表面复合柔性石墨时，随垫片齿距增加，压缩率和回弹率均呈抛物线规律变化，压缩率和回弹率在齿距4～5mm左右时达到其极小值和极大值。齿距在3.5～5.0mm之间时，波齿复合垫具有较好的力学性能。随柔性石墨密度的增加，压缩率降低，而回弹率增加，并大体呈线性变化。

6.1.3 垫片应用验证

（1）波齿垫优于缠绕垫。波齿复合垫有诸多成功的工程实例。乙烯产品汽化器投用时间不连续，而且投用速度较快，造成密封面工作温度和压力的频繁变化；壳程入口蒸汽温度为150℃，而管程入口温度为-30℃，温差比较大；部件温度分布不均匀，上部温度要远高于下部，造成泄漏。使用石墨波齿复合垫代替原来的铁包石棉垫后解决了问题[12]。

大庆石化公司化工三厂苯乙烯装置烃化反应器原操作温度为470℃、压力为1.5MPa，原人孔密封采用的金属缠绕垫在运行周期延长和工艺参数调整后出现微漏，改用石墨波齿复合垫后解决了问题[13]。

大庆石化公司日产千吨合成氨装置第一废热锅炉，是采用美国凯洛格公司的专有技术，由美国通用焊接公司制造的原装引进设备，管程操作压力为10.5MPa，操作温度为314℃，壳程操作压力为3.09MPa，操作温度为1003℃。原设计上封头与管箱密封结构为焊唇式平面密封结构。1976年投产以来每年都发生不同程度的泄漏，尤其是冬季开停车的过程中泄漏尤为严重；根据南方同类型厂的解决方法，2002年将原缠绕垫改为齿形垫密封未达到预期效果；2003年再次改为榫槽形加复合齿形垫结构，解决了问题[14]。

锦州石化公司重油催化裂化装置分馏系统共有4台蒸发器，自开工以来频繁发生内外漏，有一台蒸发器的外头盖采用波齿复合垫片代替原八角垫圈后解决了问题。所用垫片 ϕ1884mm×1700mm×5mm，宽度为 92mm，在法兰上形成了距垫片外圆和内圆边缘分别为 30mm和40mm的两道密封面[15]。

此外，还有一些齿形垫增加复合层后解决了问题的例子[16~18]。

（2）缠绕垫优于波齿垫。除前述的热交换器设备法兰密封泄漏外，2012 年 11 月，某石化公司排查出新催化装置的油浆、二中、分馏及过热蒸汽区域的管道波齿垫片共 400 多个，并更换成放心的缠绕垫。由此可见，这不是波齿垫片产品质量问题，而是波齿垫片在这类工况下本质上是否安全可靠的根本问题，在新工程设计中刚选定的波齿垫片就在施工中被否定，且涉及成百上千件，说明业内对波齿垫片的认识尚不成熟。总的而言，无论是波齿复合垫本质性能还是产品质量原因引起的装置安全事故，有关公开报道不多；但是有用户内部讨论认为，波齿垫在高温或冷热变化工况下易损坏，在线重新紧固螺柱也无法恢复最初的安装性能，称之为"不放心"垫片。

文献[19]对基于某大直径衬环法兰的密封泄漏分析后指出，通常结构尺寸的齿形垫片密封性能强于缠绕垫片，但是对于大直径法兰用齿形垫片，受限于垫片尺寸，金属圆环齿形槽加工难点较大，垫片性能势必受到一定影响；对于大规格尺寸的垫片，在适用密封压力范围内，采用缠绕垫片密封效果要好于齿形垫片。

图 3.17 所示的改良缠绕垫片也许能更加充分地发挥其独特的双向弹性功能，进一步取得用户的认可。

由此可见，用户对两种垫片的认识不一致，甚至相反，但是也有认为两种垫片各有优缺点的。也许正是前述一些结构细节存在的问题左右了波齿复合垫的性能，引起认识上的混乱；也许波齿垫片与缠绕垫片本质上没有明确的优劣之分，只是各自适用于有差异的场合。

（3）垫片在非热交换器上的相关案例。

案例一是 2014 年 10 月 21 日《中国石化报》的报道，天津石化炼油部 200 万吨/年柴油加氢装置开车前试压合格的瓦斯管线上安装的近 5000 件垫片中有 6 件发生损伤泄漏，分析判断是紧固过程中挤压和吹扫引起的损坏。类似问题常有报道。

案例二是某中压废热锅炉减温器波齿垫开裂。该部位的正常操作压力为 4.8MPa，操作温度为 240℃。运行 8 年后更换法兰垫片，垫片安装后对系统进行气密试验及空气置换，在开车压力升到 1.2MPa、温度约 220℃时垫片泄漏。法兰密封面为平面，垫片为 304 不锈钢复合高强度石墨的复合波齿垫。垫片规格：ϕ788mm×682mm×584mm×4.5mm，垫片的两面分别为 11 与 12 个波齿。宏观检验可见垫片的 1/3 圈发生开裂，开裂严重部位集中在波齿密封面外圈，即由内向外数 6～11 齿范围内；裂纹主要呈环向扩展，位于波谷处。波齿密封面上的高强度石墨大部分已脱落。各种检测分析后判断认为波齿垫片在法兰面上安装位置不正确，导致气流诱发垫片产生振幅在 10^{-3}～10^{-7}mm 之间的微振疲劳失效。

案例三是气压机波齿垫片爆裂[20]。新气压机蒸汽阀为 2.5MPa 级中压阀，内通 1MPa、180～200℃蒸汽，其法兰垫片为 304 不锈钢波齿垫，安装后用高压蒸汽吹扫 10h 左右。第二天在通汽时，发生爆裂，波齿垫裂成许多碎片。失效分析认为因垫片安装倾斜，而使垫片的外环卡在法兰的凸台处，内部波齿部分未压紧；高压吹汽时产生高频振动，引发高周疲劳开裂；波齿垫经冷加工及后来的高频振动使材料产生应变马氏体，使垫片脆性爆裂。

案例四是烟机金属波齿垫片碎裂[21]。烟气运行过程中，烟道连接部位泄漏，检查发现外径 ϕ980mm 的 304 不锈钢波齿垫碎裂，部分碎片掉入烟道内；碎裂垫片的断口附近有大小及方向不同的裂纹，呈明显脆性断口特征。分析意见认为烟气温度达 650℃ 左右，而 304 不锈钢只能用于 500℃ 以下，用材不当；安装时法兰密封面没有准确地压在垫片密封面上，在振动很大的烟机部位，垫片受连续疲劳应力作用而促进了碎裂的过早发生。

案例五是金属波齿垫片的失效分析[22]。某石化厂 3.4MPa、400℃ 中压蒸汽管道的孔板流量计两侧法兰连接用两个 DN300 的 304 不锈钢波齿垫片，在检修后开工初期，当蒸汽升压到 1.5MPa、200℃ 时，新的垫片只使用 2h 即发生开裂，介质泄漏；宏观检查见到垫片上有 3 处长 2～10mm 的径向裂纹，垫片上还有两处长约 200mm 的环向缺损，其两端都有环向裂缝。经过多种理化检验与应力分析，认为断口部位有弥漫性冶金缺陷和微裂纹，在螺柱压应力、温差应力和介质应力作用下使缺陷开裂并扩展，进而使垫片断裂。考虑到在断口上检测有 Na、Mg、Al、Cl 等可能引起应力腐蚀的元素，建议垫片材料改用 0Cr13；在螺柱紧固操作时应注意对称并均匀拧紧，控制拧紧力不要太大，取得较好效果。

某重油催化装置烟气轮机在 2015 年 8 月至 2019 年 7 月每年一次的停机检修中，烟机入口管道短节近烟机侧法兰垫片均出现开裂。文献[23]对垫片断裂失效剖析，并利用扫描电镜和金相显微镜观察等材料失效分析方法，从近两年失效垫片母材微观结构分析入手，排除了发生应力腐蚀开裂的可能，确定是由于垫片母材拼接中存在焊接缺陷、晶间结构劣化导致的短时间内突然失效，同时垫片 304 母材在高温烟气条件下还存在晶间氧化腐蚀和金属疲劳导致垫片局部开裂的问题。

这些案例说明，相对于其他类似结构的垫片而言，波齿垫片较容易受到吹扫蒸汽或者烟气的动态作用而产生振动疲劳开裂，不耐疲劳，应从其结构特征上进一步分析原因。

6.1.4　材料的工况适应性

（1）骨架材料及热处理状态。标准 GB/T 19066.3—2003 表 1 中规定了垫片骨架的硬度上限，其对波齿垫片的密封性影响未见报道。文献[22]在断裂失效波齿垫片的 4 个取样上分别测定了材料的硬度，测得波齿垫片的硬度平均值为 245HV，确认其超过 GB/T 4237—2007[24]标准中 0Cr18Ni9 在固溶状态硬度≤200HV 的规定，可能是加工硬化所致；但未确定超高硬度在垫片断裂中的作用。笔者认为，这已远超出 GB/T 19066.3—2003 表 1 中要求该材料<187HB 的规定。

（2）复合层材料及热处理状态。文献[25]报道，大庆石化公司乙烯装置 3 台 80U 裂解炉，注汽点压力不高但温度都在 600℃ 左右，自 1999 年投入运行其一、二次注汽法兰多次发生泄漏着火，在二次注汽 64 个密封点上使用铜波齿复合垫则获得良好的密封性能。其基本结构是在波齿垫两侧粘贴经过退火处理的铜片，铜片的厚度根据波齿垫沟槽深度来确定。这种金属复合层利用了铜的耐高温性能。

在高温工况下工业装置的法兰泄漏是个普遍的问题，文献[26]结合案例介绍了膨化蛭石为基础制成的垫片和盘根填料以及其耐高温、抗氧化、抗腐蚀等性能，可耐受高达1000℃的高温，成为在高温工况下替换石墨、云母密封的替代品；具有良好的密封性、抗化学介质侵入性（pH0～14），成为高温工况下替代石墨、云母密封产品的选择。

6.1.5 结构的影响

分析中发现，文献[9～11]关于复合波齿垫片良好性能的结构条件不一致，无论其缘由是否有意识，都可以说明目前学者对关键结构因素的认识未统一，因素值的优化研究缺乏基础。但确实有一些结构细节会影响到波齿垫片的密封性，有待研究优化。

（1）齿形。相对于表 6.1 所述甲厂的波齿形金属复合垫和乙厂的波形金属复合垫，标准 GB/T 12622—2008 表 2 中还提到齿形金属复合垫；文献[4]提出了图 6.6 所示的梯形波齿复合垫，认为其综合了缠绕式垫片和齿形垫片的优点，特殊的梯形结构改善了传统波齿垫片齿尖的受力状况。

关于齿形金属垫，早有标准 JB/T 88—2014[27]规定，一般利用精密机床在金属平垫的两面上车加工 90°夹角波形的锯齿状沟槽而成。

（2）齿位。图 6.4 和图 6.6 复合垫骨架内侧的下角明显是半个齿形，这是标准 GB/T 19066.3—2003 中 3.1.3 条规定骨架两侧面的波峰和波谷应错开半个齿距造成的，与该标准中图 6.3 的骨架结构图一致。图 6.5 复合垫骨架两侧的波形稍为完整一点，两侧面的波峰和波谷只是适度地错开而不是完全相互错开。作者认为，半齿波谷无法给予非金属复合层足够的围闭和压缩作用，如果复合层是柔性石墨，在垫片被压紧中容易被挤压坍塌。半齿波宽已分别占到图 6.4 和图 6.6 结构波数的 9.1%和 10%，已达到应考虑的工程误差。两侧面的波峰和波谷相对位置对产品性能有何影响，以及原来位于两侧的半齿波谷可否改为圆弧半径小一半的完整波齿，均是值得加以分析研究的课题。

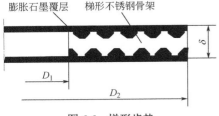

图 6.6 梯形齿垫

（3）复层厚度。文献[4]对厚度为 3.10mm 的不锈钢金属梯形齿骨架试验，在 70 MPa 应力下，压缩变形量约为 0.240 mm，卸载后的残余变形量约为 0.104 mm；垫片骨架的压缩率为 7.74%，回弹率为 64.21%。对厚度约为 5.30 mm 的梯形波齿复合垫试验，在 70 MPa 的应力下，垫片的压缩变形量约 0.78 mm，卸载后的残余变形量约 0.348 mm；垫片的压缩率为 15.7%，垫片回弹率为 55.3%。这表明在金属骨架上复合质地较软的柔性石墨层后，压缩率大为增大，而回弹率略有下降。文献[11]的研究也表明同样的结论，但还发现当柔性石墨达到一定的厚度时压缩率和回弹率的变化趋于平缓。

因此，推测在垫片总的厚度一定的情况下，骨架和石墨层的厚度分配比例对密封性能是有影响的，值得研究。

（4）直径。常识表明，垂直压紧一条长直（相当于环形垫的直径无限大）的波齿复合垫时，其复合层是均匀地沿长度方向两侧变形的，而同样压紧一条弯曲的波齿复合垫时，其复合层沿长度方向内侧（指向弯曲中心）受到的压缩程度要比外侧（离开弯曲中心）受到的大。因此，同样齿形和材料的复合垫在不同直径的场合其应用效果是有区别的，直径大时的效果可能差一些。

（5）制作工艺的影响。石墨复合层一般由板材下料，直径小的垫片可直接裁成圆环，直径稍大的垫片常裁出直条状再弯制成圆环。还是与直径有关的常识表明，在弯制中复合层沿长度方向的内侧（指向弯曲中心）受到压缩作用，有增厚趋势；而外侧（离开弯曲中心）受到的是拉伸作用，有减薄甚至开裂的趋势。当容器升压后，法兰密封面内侧张口效应使其外侧和垫片外侧同时成为关键的密封区域，垫片外侧的减薄不利于密封。

6.1.6 技术对策

一方面，虽然标准中提供有压缩率、回弹率、应力松弛率和泄漏率的合格指标，但用户缺乏对事故垫片的检测能力；另一方面，用户能检测到金属骨架的所有结构尺寸，但是业内标准中关于这些尺寸的合格指标又是一个空白，笔者无法判断事故垫片是否符合产品标准。但是，通过本文的分析，笔者认为：

（1）对泄漏系统的重紧实质上是弥补垫片回弹率的不足。文中所述某公司批量热交换器首次水压试验和卸压后再次拧紧才能通过试压检验的过程可当作一次稍复杂的异地实验，其结果符合前人关于骨架波齿越高则回弹率越低的结论。

（2）通过两个厂家波齿垫产品抽检结果结合现场试压密封面泄漏数量统计分析，结果符合前人关于波齿垫骨架厚度超出上限后骨架越厚则回弹率越低的结论。

因此，总体上可以断定是事故垫片自身无法满足工程需要，存在产品性能质量问题。鉴于石油化工大发展对密封技术的需求，笔者建议：

（1）吸收新的研究成果补充到条文中，特别是增加波齿形状等，以反映新的研究成果；给出垫片骨架厚度、波齿距、波齿深度、波齿圆弧半径的尺寸范围，以便于工程设计选用。

（2）建议在新标准中，规定垫片制造商公开其柔性石墨波齿复合垫片产品企业标准中的波齿形状、骨架厚度、波齿距、波齿深度、波齿圆弧半径的尺寸及极限偏差，以便产品验收。

（3）建议在新标准中规定垫片制造商，一方面在产品质量证明书上列出波齿垫的检测数据，并提供与产品同步制作的样板，以便用户检测试样进行初步判断；另一方面提供与产品复合层相同的适量材料及其复合工艺，以便用户抽检局部产品后进行复合层修复。

（4）建议在新标准中，改进标准 GB/T 19066.1—2008 中图 1 的基本型和图 3 的定位耳，规定垫片骨架应带有标准中图 1 所示连体的垫耳，以便用户抽检其硬度，判断其是否符合标准 GB/T 19066.3—2003 表 1 中规定的垫片骨架硬度。

（5）影响垫片密封性能的因素中尚有不少值得商榷的地方，因素值的优化研究缺乏统一认识这一基础，各垫片制造商能力差别明显，设计如果没有足够的把握应慎重选用，以免给设备及管线密封性能带来不确定性，造成各方的困惑。建议在垫片质量分析中，不要止于原理性的描述，要对波齿垫结构细节及关键结构因素展开更深入的研究。

6.2　复合石墨波齿金属垫质量保证技术对策

在认识复合石墨波齿单金属垫片质量问题的不同视角中，针对各种质量问题的分类及其检测方法是最基本的要求。例如，复合波齿单金属垫与复合齿形单金属垫两者的差异性，顾客检验波齿垫片骨架结构、骨架强度、骨架硬度、复合层密度的具体方法，甚至复合层氯含量的检测方法以及检测结果对设计技术、制造工艺及采购等的注意事项。

6.2.1　质量管理问题分析

（1）设备设计资质未必包含波齿垫设计能力。尽管 2003 年对复合波齿垫片已制定了国家标准，2008 年又进行了修订，但标准本身对垫片的具体结构和尺寸等设计参数并没有做出规定，甚至垫片的尺寸除定位尺寸外其密封面尺寸只给出最大最小的尺寸范围。因此，垫片的具体结构和尺寸实际上是由各生产厂商自行设计的。垫片设计不同，性能和效果当然也不同。有专家认为，复合波齿垫片与其他垫片不同，是一种特殊设计生产的垫片产品，其产品性能完全取决于产品的设计（金属骨架的设计和石墨填充设计）和工艺。如果波齿复合垫片不能正确设计，则垫片就不可能达到应有的性能。由于缺乏权威的专业培训，波齿垫宜由真正具备资质能力的垫片制造厂设计，而不是由设备设计者设计，但是要理清其中的安全技术责任。

（2）复合波齿垫生产资质不严密。顾客在选定复合波齿垫生产厂家时应特别注意，拥有"石墨复合垫片"生产许可证的生产厂家不一定能生产出质量符合要求的复合波齿垫片。因为垫片生产许可证的申请管理中将波齿复合垫片和高强石墨垫片（即柔性石墨复合增强垫）归类为"石墨复合垫"类，而在生产许可证审查时只要在相同类别产品中提供其中一种产品进行形式试验，其指标符合该产品标准要求时，该类别的其他产品均可获得生产许可。有些生产厂家即便在形式试验时无法保证所提供的波齿复合垫片试样试验数据符合标准规定的指标，但可转而提供较易获得通过的高强石墨垫片形式试验来取得"石墨复合垫"类的生产许可，从而同时获得波齿复合垫片的生产许可，因此其波齿复合垫片无质量保证。

（3）检测方法缺失使产品质量长期得不到改善。2005 年 12 月，国家劳动总局通报"柔性石墨金属复合垫片"的抽样检测结果，全国一百多家企业中仅有三家企业的样品基本合格[28]，严格说是全部不合格。现在 15 年过去了，尚查不到继续抽检的结果或者关于这一状况有所改善的报道，文献[22，28，29]则是关于这类垫片诸多失效的个案。

问题的根源之一仍然是标准中只给出了国家试验标准、总体尺寸和总体结构形式以及外观质量和性能指标，而对能否达到这一性能指标未有技术上的数据和说明[24]。笔者认为，国家试验标准侧重于管理机构对垫片制造厂产品资质认定所需的形式鉴定，只规定了一种直径规格或局部试样的检测；可以说，适用于各种规格产品的检测标准是空缺的，许多厂家缺乏理论知识和设计技术服务能力，缺少必要的检测手段，盲目生产或欺骗性供货，后果严重。

（4）近似产品混淆了各自的特性。不良厂家故意混淆复合波齿垫、复合齿形垫、复合波纹垫三种不同产品，始终提供其唯一制造能力的那种结构产品来向用户供货。有些厂家金属骨架的结构设计只是在厚厚的钢板上随意加工几条沟槽，如图 6.7 所示，然后随便贴上石墨就成为所谓的波齿复合垫片。

有些厂家则把金属骨架压成波纹状再贴上石墨也成为所谓的波齿复合垫片，如图 6.8 所示。实际上，金属波纹垫片则是更早应用的另一种垫片，属于挠性垫片，常用黄铜、铜、铜镍合金、钢、蒙乃尔合金、铝等厚度为 0.25～0.3mm 的金属薄板制作，可以根据需要制造成任何形状和尺寸[30]。

图 6.7　疑似齿形垫片的骨架断面　　　　　图 6.8　疑似波纹垫片的骨架断面

复合波齿垫与复合齿形垫的差异性仅在外形上是难以判断的，但是其技术性能及适用范围又区别明显，见表 6.2。复合波齿垫中许多关键结构及材料质量指标的检测方法，表 6.2 中的标准均没有明确。文献[29]在结论后提出 4 点关于在新标准中增加质量指标的建议，但是关于这些指标的检测方法还是空白，这是造成该类产品不便监督、产品质量长期不稳定的主要原因。

表 6.2　复合波齿垫和复合齿形垫标准比较

标准	主要应用对象	个别特点
GB/T 19066.1—2008《柔性石墨金属波齿复合垫片尺寸》代替 GB/T 19066.1—2003《柔性石墨金属波齿复合垫片 分类》及 GB/T 19066.2—2003《柔性石墨金属波齿复合垫片管法兰用垫片尺寸》	适用于管法兰，DN≤600	一面的波峰与另一面的波谷相对中，即两面的波峰相错

标准	主要应用对象	个别特点
GB/T 19066.3—2003《柔性石墨金属波齿复合垫片技术条件》	适用于管法兰、容器法兰、阀门、热交换器，DN≤2000	对骨架的波形尺寸无要求；关于复合层只强调有关标准；对骨架的对接有简单要求
复合波齿垫企业标准 Q/DSMF 1—2009《波齿复合垫片》	适用于压力容器、热交换器、阀门中的盖和其他非标法兰	没有骨架对接焊缝的要求；没有关于复合层的条文
国内引用欧美复合齿形垫标准 HG/T 20611—2009《钢制管法兰用具有覆盖层的齿形组合垫（PN 系列）》	管法兰用，DN≤2000	两面的齿顶与齿顶、齿底与齿底相对中；对骨架的齿形尺寸有要求；对骨架的对接有简单要求；有关于复合层的条文，柔性石墨 Cl 含量≤5×10⁻⁵

（5）超标准非规范制造缺乏质量验证和监管。据有限调查，即便是国内具有相应资质的波齿垫著名生产厂，在制造 DN1300 的骨架时也要使三段弓形骨架通过三个焊接接头拼接，并且没有对焊缝进行无损检测，也没有对焊接接头进行力学性能检测。一般的生产厂连原材料进厂复验和焊工资质都是空白。在弯制骨架时有的生产厂采用冷加工，有的生产厂采用热加工，均没有对弯制后的材料力学性能进行检测评定。有的生产厂没有加工出图 6.2 所示骨架外侧的半波形，而是加工成一个没有下凹的斜坡面。生产厂在介绍其产品成功应用的诸多案例的同时，不会承认、更不会介绍其产品应用失效的案例。

（6）超标准非规范设计缺乏技术论证和质量验证。复合石墨波齿垫新国标 GB/T 19066.1—2008 的适用范围已由其短短 5 年前首次编制标准中的"管法兰、容器法兰、阀门、热交换器等"及时修改为仅适用于"管法兰"。适用范围的缩小已明示该产品本质性能的局限性，也表明了专业管理部门的态度，波齿垫再应用于压力容器的密封设计存在更大的技术难度。但是实践中发现超出标准直径设计而密封效果欠缺的现象，而设计方又没有提出弥补技术欠缺、保证垫片质量或保证设备密封性的有关措施。

由此可见，复合波齿垫或复合齿形垫仍属"较新"产品，产品质量管理有待加强。

6.2.2 垫片骨架结构检测

由于波齿复合垫片具有特殊构造的波齿状弹性骨架，而且构成复合垫片的金属和膨胀石墨材料具有极好的耐高温、耐流体侵蚀性能，不会老化，垫片的弹性主要由特殊构造的金属弹性骨架产生，使用时不会发生应力松弛，因此能长期保持优异的密封性能。有学者认为，多齿数的波齿垫片具有更好的承载能力，少齿数的波齿垫片具有良好的压缩性能[28]。由于骨架表面不平滑、骨架表面有非金属复合层以及骨架厚度在 UT 检测的盲区，因此 UT 方法无法检测判断波齿垫骨架的波形。实践表明，如下四种方法可有效检测和区分复合波齿垫与复合齿形垫。

（1）骨架波齿数的 RT 无损检测法。使用 XXQ 2505 射线机型，采取电压 150 kV、焦距 600 mm、曝光时间 60 s 的参数拍片，可判断波齿垫骨架的波数与波宽，还有对接焊缝的情况。

带复合层的波齿垫骨架 RT 影像如图 6.9 所示。由于骨架两面的齿尖相互错开，其影像合在一起虽然更密，但是模糊且间距不均匀。带复合层的齿形垫骨架 RT 影像如图 6.10 所示。由于骨架两面的齿尖相互对中，其影像重合后起到强化作用而更显清晰且间距均匀。有经验的专业技术员可容易地从底片辨别两种不同的骨架结构，一般技术员借助 10 倍放大镜也可清晰地观测和区分两种不同的骨架结构。实测波齿垫的宽度，再除以图 6.9 影像中的条纹数，即得波形半波宽度。

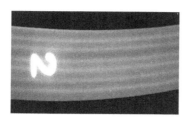
图 6.9　复合波齿垫骨架 RT 影像

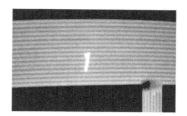
图 6.10　复合齿形垫骨架 RT 影像

（2）骨架波齿数的软板压痕无损检测法。检测对象可分环形垫和隔条。把环形垫垫平在软木垫板上，上面平稳压以宽约 15mm 的软木压板，把复合石墨层压实，即可印出骨架上同心圆的齿痕，如图 6.11 所示，根据压痕迹线分布可以判断骨架的结构属性。如果在复合石墨层与压板间铺上复写纸，则可在纸痕上测量齿距。要注意的是，压板宽度两侧要修磨成圆滑的边角，以免尖角压伤复合石墨层。

（3）骨架接口数的宏观外貌观测法。借助放大镜可清晰地观测波齿垫两表面的复合层是否存在不到位的接口、接口是横截面还是斜接面、接口的数量等，如图 6.12 所示。但是借助放大镜难以清晰地观测波齿垫骨架内外侧面的对接焊接头，接头的焊接方法、接头是横截面还是斜接面、接头的数量等，宜对观测选定的疑点进一步通过 RT 法去检测接头焊缝质量。

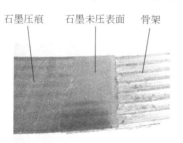
石墨压痕　　石墨未压表面　　骨架
图 6.11　复合波齿垫齿数检测

图 6.12　复合层斜接口

（4）隔条骨架波齿数的解剖观测法。检测对象可以是实物件或者增设件。实物件指隔条为设备实际所需，主要起管程间的密封作用，用刀片轻微撬起其侧面半边宽度的一小段复合石墨层即可直接观察其骨架表面结构，测量其结构数据；然后重新复合石墨层，对其密封性影响不大。增设件是在采购复合波齿垫时在环形垫内增设隔板密封用的条状复合波齿垫，两者的技术质量要求相同，可以把隔条切割下来进行破坏性检测。

（5）环形垫解剖观测法。解剖检测的对象可分替代件和实物局部件两种。替代件是在采购大直径复合波齿垫时采购的个别小直径但其他要求相同的复合波齿垫，以替代大直径复合波齿垫进行破坏性检测。实物局部件即如上述隔条实物件的解剖观测，不过要注意只在环形垫靠近内径侧的三分之一宽度范围内进行复合层的局部解剖，不要破坏整个宽度的复合层。

6.2.3 垫片骨架机械性能检测

（1）骨架强度。文献[22]报道了骨架材料自身冶金缺陷和微裂纹导致波齿垫开裂的设备安全事故，RT 无损检测法在一定程度上可以判断材料的内部质量；GB/T 19066.3—2003 规定了金属骨架材料的力学性能应符合相应材料标准的要求，但是用户对该项指标的检测确实有操作难度，只好通过增设件参考上述骨架结构的隔条解剖观测法进行，或对增设件进行拉伸检测力学性能。

（2）骨架硬度。GB/T 19066.3—2003 也规定了金属骨架材料的硬度上限，文献[31]中的图 2-11 显示，波齿垫和齿形垫预紧所需的密封比压力随着骨架硬度的增大而提高。虽然用户对该项指标的检测有操作难度，但仍可参考上述骨架结构的隔条解剖法进行。

6.2.4 垫片复合层检测

（1）复合层密度。根据文献[31]，复合石墨制品密度为 $1.1\sim1.5g/cm^3$；而根据波齿垫引用的 JB/T 7758.2—2005[32]标准中的表 2，柔性石墨板的密度为 $1.0\sim1.1g/cm^3$。据此，可以简单地定性检测，把剥下的石墨倒进蒸馏水中，看其是否沉降，辅助判断其密度是否大于水的密度，如图 6.13 所示。

浮着的石墨

沉下的石墨

图 6.13　石墨复合层密度判断

准确性检测，可按如下五步法检测石墨密度。第一，在隔条上选取一段长度 L，小心修整其两侧面上超出骨架边缘的多余石墨，测量其宽度和厚度，即得该段体积 V；第二，小心剥下 L 段两表面上的所有石墨，无论其是片状还是粉状，均收集起在天平上称量其重量 g；第三，用工具准确截取下这段隔条骨架，可略取长些再修整至 L；第四，把这段隔条骨架放进满水量杯里，测量其排水容积 V_2；第五，把 g 除以 $V-V_2$ 即得石墨的密度。

（2）复合层氯含量。复合石墨波齿单金属垫片中的"复合"一词不应仅仅指石墨与骨架的复合，还应指将膨胀石墨与其他诸如黏结剂、树脂、橡胶、金属粉、石棉、碳纤维及无机盐等的多成分混合，以提高强度和韧性，克服易碎的问题；文献[28]中检测两个垫片的复合层发现其中一个粉碎而另一个成块状，就是复合质量差异性造成的。文献[33]报道了骨架冷加工残余应力与黏结剂高温分解产生氯离子导致波齿垫应力腐蚀开裂的设备安全事故，因此Cl含量检测控制在某些工况很重要。在失效分析中，对断口的Cl元素含量检测可采用表面能谱技术（EDS）；用户在产品检测中，可委托专业机构利用密度检测中剥下的石墨，按波齿垫标准引用的JB/T 7758.2—2005标准中再引用的JB/T 6622—1993[34]标准中规定的燃烧-硫氰酸汞分光光度法去测定柔性石墨板中的氯含量。将石墨试样灰化除炭，氯化物经高温分解后生成氯化氢气体，被过氧化氢吸收；然后氯离子与硫氰酸汞反应生成氯化汞并游离出等当量的硫氰酸根，后者与铁离子生成红色络合物，借此以分光光度法测定氯含量。要注意的是，复合层与骨架的黏结剂也应刮取下来与石墨层一起检测。

笔者不理解的是，JB/T 7758.2—2005标准为什么不引用在同一标准系列内的JB/T 7758.4—2005[35]标准，该标准也是关于燃烧-硫氰酸汞分光光度法来测定柔性石墨板氯含量的。此外，还有汞盐滴定法、氯离子选择电极法等[36,37]。

（3）复合层新材料。例如，用于法兰静密封的疏水型硅酸镁基高温材料密封垫片，用于圆环面动密封的改性聚醚醚酮（PEEK），用于油水场合中能够"自我膨胀"的合成材料垫片；自我膨胀等效于自加载，其高耐温性、膨胀特性与压缩性是对传统材料的超越等。

6.2.5　设计技术对策

（1）设备大开口设计慎重选用复合波齿垫，不要选用复合齿形垫。尽管GB 150.3的发布日期明显晚于HG/T 20611—2009的发布日期，但是GB 150.3—2011表7-2中没有推荐复合齿形垫。实践中已有复合齿形垫应用于热交换器失效的例证，原因各有不同。

有学者以DN50和DN80两种规格的石墨金属波齿复合垫片为研究对象，采用有限元分析方法分析了其在2.5MPa压力作用下的应力分布，从而了解其密封性[38]。结果表明，DN50比DN80轴向应力大50%左右，极值均出现在齿尖处，最大应力远小于材料的弹性极限；DN50比DN80变形大15%左右，计算出的DN50最大压缩率为0.925%，DN80的最大压缩率为0.921%，压缩率都在许用范围之内，DN50的压缩性能强于DN80。

小圆弧直径多齿数波齿垫片具有更好的承载能力，大圆弧直径少齿数波齿垫片具有良好的压缩性能[24]。

（2）复合波齿垫设计尽量选用符合国家标准或行业标准的结构尺寸，只有通过比较分析，在充分了解企业标准的情况下才宜选用企业标准。设计者如果没有足够的经验应慎重选用复合波齿垫。设计要使垫片正确安装后，与密封面止口之间的均匀间隙不要太大，以免垫片偏心安装。

（3）设计应根据设备运行工况对骨架材料选用碳素钢、奥氏体不锈钢或铁氏体不锈钢做出正确的判断。

（4）设计方应在施工图中提出关于复合波齿垫的制造技术要求，强调主要材料及主要结构尺寸关键质量指标及其检测方法，起码要给出波齿形状、骨架厚度、波齿距、波齿深度、波齿圆弧半径的尺寸及极限偏差，提出石墨复合层的质量技术要求、骨架冷加工残余应力是否要消除、骨架接头质量的检测及其合格标准等，不能笼统地只要求按标准制造。

（5）优化结构细节。根据金属平垫的密封原理，内压升高时法兰盘弹性偏转变形使得靠近平垫内径一侧的垫片压紧力有所松弛，此时靠近平垫外径一侧的垫片成为密封的关键。据此建议图 6.2 中靠近平垫外径一侧的垫片半波齿形改为波宽缩小一半的整波形，这是因为半波结构无法严密密封处于拐角的石墨，浪费了拐角空间，整波则可以更充分地利用有效密封宽度。

（6）就复合波齿垫或复合齿形垫超标准非规范设计制造个案，应进行技术论证和质量鉴定。

6.2.6 制造关键工艺

如下所列是一般容易忽视但又是关键的制造工艺：

（1）大曲率骨架由直钢条冷弯成钢圈的加工过程会产生应变硬化和残余应力，对接焊接头的力学性能与骨架母材的力学性能也有明显区别，对于应力腐蚀敏感的应用工况更应消除这些残余应力。据有限调查，即便是国内著名的波齿垫制造厂，也没有完善的骨架硬度控制措施，更没有热处理设备。

（2）大直径骨架由钢条弯制对接焊而成，接头质量是关键因素；对接处的错边量，圆弧顺滑程度，焊接工艺及其焊透程度的检测方法，接头与母材间的物理性能差异、拉脱强度、耐疲劳性能等在不同场合都可能成为主要影响因素，而这些项目都没有在任何标准中提及。

（3）在骨架接头处的内外侧面应涂上色标作为接头位置的记号，用户通过前述的 RT 方法即可判断波齿垫骨架的波形，又可同时判断接头焊接质量。图 6.10 可清晰判断垫环与隔条之间的焊缝及其质量。图 6.10 所示的焊缝存在余高，容易成为密封的"制高点"，造成该段垫片压紧力不足。

（4）大直径骨架复合层的拼接接头应采用双斜口结构，在宽度（见图 6.12）和厚度方向的接口均是斜坡的，而不是横截的。

（5）文献[7]对柔性石墨波齿复合垫片力学性能进行有限元分析后，建议垫片在出厂的时候进行预压缩处理，这样垫片在使用过程中就拥有较高的回弹率。文献[25]结合案例分析倾向性认可该结论，因此建议把预压缩处理作为关键技术对待。至于经预压缩处理后的复合波齿垫表面是否可以观察到图 6.11 所示的弧线状石墨压痕，有待检验。

6.2.7 采购技术对策

（1）采购方应从信誉好、质量检测强、管理体系完善的垫片厂采购垫片，优先采购大企业资源成员厂的垫片。

（2）采购时应编制专门的质量技术条件，逐一强调关键要求。

（3）对重大设备复合波齿垫，要进到垫片厂跟踪制造过程；以生产厂家是否能按标准的规定提供符合标准要求的压缩-回弹率和密封性能指标，作为产品符合标准规定的质量依据。

（4）坚持进厂复验检测垫片质量。

（5）进厂复验检测内容既包括骨架，也包括石墨复合层。

笔者建议加强专业管理，产品的管理部门、标准的批准单位、标准的管理单位、标准编制的组织单位要跟踪行业发展，对产品的本质状况要有深入认识；一定时期公布行业产品质量状况，组织专业培训学习。

参考文献

[1] 陈孙艺. 高压法兰螺栓密封失效的制造因素[J]. 金属热处理，2011，36（增刊）：219-223.

[2] 陈孙艺. 高压法兰螺栓密封不足的设计因素[J]. 化工设备与管道，2010，47（增刊），98-102.

[3] GB 150.3—2011 压力容器 第3部分：设计

[4] 董成立，周先军，仇性启. 梯形波齿垫片性能分析与常温试验研究[J]. 石油化工设备，2003，32（2）：12-14.

[5] 高俊峰，吴树济. 压力容器用大直径法兰连接密封垫片的选用[J]. 压力容器，2012，29（10）：67-70，80.

[6] GB/T 19066.3—2003 柔性石墨金属波齿复合垫片 技术条件

[7] GB/T 19066.1—2008 柔性石墨金属波齿复合垫片尺寸

[8] GB/T 12622—2008 管法兰用垫片压缩率及回弹率试验方法

[9] 罗伟. 柔性石墨波齿复合垫片力学性能的有限元分析[J]. 化工机械，2012，39（4）：497-499.

[10] 蔡仁良，蔡暖殊，张兰珠，等. 螺栓法兰接头安全密封技术（二）——基于控制泄漏率的垫片应力及其检测方法[J]. 化工设备与管道，2012，49（5）：1-10.

[11] 谢苏江，蔡仁良，黄建中. 金属波齿复合垫片结构参数和力学性能关系的试验研究[J]. 化工机械，2000，27（4）：200-2003.

[12] 庄永福. 乙烯产品汽化器泄漏分析及改进[J]. 化工设备与防腐蚀，2003（4）：86-87.

[13] 闫乃柱. 波齿复合垫片在苯乙烯装置的应用[J]. 化工科技市场，2001（4）：68-69.

[14] 吕印达，何剑华. 合成氨装置废锅管束上封头密封结构改造[J]. 大氮肥，2008，31（4）：260-261.

[15] 司兆平，安玉双. 蒸发器泄漏原因分析及处理[J]. 石油化工设备技术，1999，20（3）：8-10.

[16] 谢明洋，王立敏. 新型齿形组合垫片[J]. 石油化工设备，1999，28（3）：18.

[17] 任德正. 尿素高压设备密封失效分析与处理[J]. 大氮肥，2011，34（4）：269-272.

[18] 王学兵，宋兴武. 波齿复合垫片在加氢裂化装置上的应用[J]. 石油化工设备技术，2004，25（6）：25-26，30.

[19] 吴林涛，邓自亮，席建立. 大直径衬环法兰的密封泄漏分析[J]. 压力容器，2017，34（10）：57-62.

[20] 王建军，郑文龙. 气压机蒸汽阀波齿垫片爆裂原因分析[J]. 理化检验——物理分册，2005，41（12）：42-44.

[21] 曾维祥. 烟机烟道金属波齿垫片断裂原因分析及改进措施[J]. 石油和化工设备，2005（3）：41.

[22] 魏安安，李艳斌，陆怡. 金属波齿垫片的失效分析[J]. 腐蚀与防护，2012，33（5）：96-99.

[23] 马云飞. 重油催化装置烟机入口管道垫片断裂失效的原因分析及治理[J]. 石油化工设备技术，2018，39（5）：40-43.

[24] GB/T 4237—2007 不锈钢热轧钢板和钢带

[25] 李秀伟. 裂解炉注汽法兰泄漏原因分析及对策[J]. 石油化工设备技术，2003，24（5）：62-23.

[26] 郭权，丁明威. 高温工况下的密封材料选择[J]. 化工设备与管道，2018，55（3）：72-76.

[27] JB/T 88—2014 管路法兰用金属齿形垫片

[28] 陈庆，于洋，甘树坤，等. 柔性石墨金属波齿复合垫片金属骨架结构及其力学分析[J]. 润滑与密封，2008，33（11）：87-89.

[29] 陈孙艺. 复合石墨波齿单金属垫密封失效的初步认识[J]. 石油化工设备技术，2013，34（3）：61-66.

[30] 刘宗良，刘东. 金属波纹垫片及其发展[J]. 石油化工设备技术，2001，22（5）：39-40，47.

[31] 胡国桢，石流，阎家宾. 化工密封技术[M]. 北京：化学工业出版社，1990.

[32] JB/T 7758.2—2005 柔性石墨板 技术条件

[33] 姜全武，谢苏江，刘宝中. 金属齿形石墨组合垫片开裂失效分析[J]. 压力容器，2012，29（8）：37-43，68.

[34] JB/T 6622—1993 柔性石墨板 氯含量测定方法

[35] JB/T 7758.4—2005 柔性石墨板 氯含量测定方法

[36] 陈中官，宋鹏云，王志高. 密封垫片中可溶性氯离子含量检测方法[J]. 河北化工，2006（9）：47-49，64.

[37] 陈中官. 密封垫片填料中可溶性氯离子含量测定方法研究[D]. 昆明：昆明理工大学，2007.

[38] 李多民. 石墨金属波齿复合垫片力学性能的有限元分析[J]. 润滑与密封，2009，34（11）：64-67.

第 7 章
双层金属垫的密封功能分析

据了解，截至 2012 年，双金属波齿复合垫片已在包括中国石化、中国石油和中国海油三大石化系统 40 多家石化企业的各装置上获得应用，总数已超过 15700 件；其中在直径 650 mm 以上的超过 3600 件，1000 mm 以上的超过 2200 件，1500 mm 以上的超过 560 件，2000 mm 以上的近 90 件，3000 mm 以上的有 30 件，最大尺寸达 3300 mm。可以说，这种新技术产品具备了相当的工程基础。

7.1 双层金属垫的结构及功能

（1）基本结构功能。管壳式热交换器设备法兰垫片是密封系统的关键，在工程实践案例中取得了明显的效果。据介绍，文献[1]对图 7.1 所示的双层金属自紧密封波齿复合垫片进行了介绍，压力升高后，介质会通过间隙进入两金属环间并向上下金属环施压，将介质压力传递给垫片与法兰接触面上，同步提高了操作状态下垫片的密封比压，使垫片始终能保持其良好的密封性能。类似报道还见文献[2, 3]。因此，所谓的双层金属是指图 7.1 中的上金属环和下金属环两层金属环；上金属环也称第 1 层金属环，下金属环也称第 2 层金属环，通常简称双金属，是相对于图 6.1 所示复合波齿垫单层金属骨架而言的叫法。

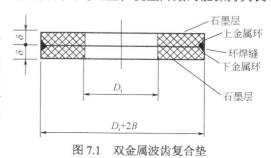

图 7.1 双金属波齿复合垫

报道介绍，采用不同骨架材料制造的双金属自密封波齿复合垫片，其使用范围广泛；既可用于低温（低至-196℃），也可用于高温（高达 600℃），最高使用压力可达 42.0 MPa，而且特别适用于操作温度、压力变化的场合，大直径法兰（诸如容器、热交换器法兰）或密封性要求较高的重要场合（如易燃、易爆介质）。

（2）潜在问题。笔者在肯定该垫片创新性和先进性的前提下，分析发现其中潜在多个值得研究的技术问题。

一是确切的结构形貌有待完整。实测某催化装置循环油浆蒸汽发生器管箱与浮动管板密封所使用的双层金属垫，图 7.2 是双层金属垫两个密封面去除石墨后的骨架形外貌；图（a）显示外侧有一个波的宽度没有加工成波形，图（b）显示外侧有两个波的宽度呈金黄色夹带蓝色，推测是利用钢板条弯制骨架时高温加工外侧而成。图 7.3 是双层金属垫骨架的内侧面外貌。

（a）密封面一

（b）密封面二

图 7.2　双层金属垫两个密封面骨架

图 7.3　双层金属垫骨架内侧面

　　图 7.4 是图 3.7（c）双层金属垫骨架横截面的局部形貌放大图。其中图（a）是实物剖面结构，外侧有一块无齿形的平面宽度以及无效密封宽度，这两点与图 6.2 相似，注意图中右侧上、下金属环的分开是故意人为，目的是观测图中左侧无双层金属的宽度；图（b）是不考虑波形时的实物结构模型，图（c）是不考虑波形时宣传报道及产品标准的理想模型。

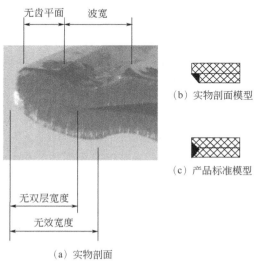

（a）实物剖面

图 7.4　双层金属垫截面模型

二是结构原理和力学模型有待完善。该产品的公开报道只是陈述了这种新型垫片的工作原理，未见提出其在内压作用下的力学模型以及依据该模型进行理论分析的结果。该产品在中国石化核心期刊的广告词中对"压力自密封"一词使用了双引号，客观而又直观地表达了该产品的主要特性。由全国压力容器标准化技术委员会提出的《钢制石油化工压力容器设计规定（一九八五年）编制说明》在第十章"密封结构设计"中强调，为保证密封面具有良好的密封性能，强制密封的必要条件是，在操作压力作用下密封面上仍能保持一定的残余压紧力；自紧密封的必要条件是，在操作压力作用下密封元件的变形必须大于连接件的变形。有专家认为这种双层金属垫的密封特性仍然是基于强制密封的原理。

三是结构功能与其密封条件之间似乎存在悖论。一方面，要想双层金属环表现出张开的功能，就需要渗入双层金属环之间的内压大于金属环与法兰密封面之间的接触压应力；另一方面，要想双层金属垫张开之后与法兰密封面之间实现密封的效果，就需要反过来使金属环与法兰密封面之间的接触压应力大于欲渗入双层金属环之间的介质内压。如果金属环与法兰密封面之间的接触压应力大于介质内压，则介质既无法渗入双层金属环之间，也无法渗入金属环与法兰密封面之间，结果是密封的；如果金属环与法兰密封面之间的接触压应力小于介质内压，则介质既可以渗入双层金属环之间，也可以渗入金属环与法兰密封面之间，结果是泄漏的；如果金属环与法兰密封面之间的接触压应力等于介质内压，则介质的渗入及泄漏都处于临界平衡，属于不安全状态。

四是关键参数有待标准验证。业内对双金属波齿垫的认识仍然停留在单层金属波齿垫这一原始性的基本形式上，专利商通过各种途径阐明，设计时该产品的密封比压或垫片系数取与单层金属波齿垫参数相同的值，而不是更优良的指标值。目前，尚未见同等条件下双金属波齿垫与单金属波齿垫结构密封功能对比试验及其结果分析的报道。这样的话，在工程设计计算上无法体现其优点。

文献[4]通过有限元分析方法对 $\phi 149mm \times \phi 105mm \times 4mm$ 的双金属自密封波齿垫片结构参数及密封性能进行了研究，结果发现也需要内压超过约 7.5MPa 后，双金属自密封波齿垫片靠近内侧的波峰与法兰密封面之间的接触应力才随着内压的增加而升高，此前的接触应力一直随着内压的增加而降低；而且，内压高达 10MPa 时，双金属自密封波齿垫片靠近内侧的波峰与法兰密封面之间的接触应力才超过介质内压，表现出真正的自紧密封，此前的接触应力虽然一直随着内压的增加而增大，但是一直小于介质内压，无法实现自紧密封。总之，关于双层金属垫实现自紧密封的可行性分析研究仅刚刚起步。

五是结构细节等影响因素不明朗。一般的业内人员对双层金属垫的结构只有概念化的印象，对其具体结构细节及形位偏差了解不够，对其力学行为认识尚欠缺。

六是制造工艺及其质量保证技术是否满足产品要求。根据专利商的推理，双金属波齿垫片的自密封性是通过牺牲上、下金属环之间的有效密封宽度来换取上、下金属环分别与上、下法兰密封面之间的有效密封宽度，从而表现出创新功能的。因此，上、下金属环之间只好依靠焊缝密封，焊缝成为密封的关键。那么，这条焊缝是横焊、平焊还是其他方位焊呢？焊后结构界面的非对称性对上、下金属环的力学行为有何不良影响？焊接坡口和焊缝尺寸有何技术要求？焊缝的力学性能有何技术要求？如何有效检测焊缝的密封性？上、下金属环表面的波齿在组焊前或者组焊后加工时对波齿精度及形位误差有何影响？

七是缝隙腐蚀常被认为是管束管接头失效形式之一。通常认为，发生缝隙腐蚀的敏感缝隙宽度为 0.025～0.1mm。如果介质真的渗入到上、下金属环之间的缝隙，那么，如何避免该产品中双金属环的缝隙形成腐蚀倾向，特别是如何避免上、下金属环之间的焊缝残余拉应力，是一个不应回避的问题。

工程应用中影响其密封性能的因素尚有很多值得商榷的地方，在选用双金属波齿复合垫中也有不少值得注意的地方。显然，需根据自紧密封条件对其自紧性能进行力学分析，对这些问题的研究有利于双金属波齿复合垫片应用到大型高压设备中以保证其安全运行。

7.2 双层金属垫自紧密封作用的内压下限分析

7.2.1 双层金属垫片密封压紧力分析

（1）简化力学模型。双层金属垫片是在传统单金属垫片的基础上改进而来的，其设计受力分析具有相关性。图 7.5 是双层金属垫片和法兰密封面的轴对称受力简化模型。假设上、下金属环界面 I—I 在轴向面对称，则可以只取其中之一个金属环进行受力分析，从而变成轴对称和轴向对称的双对称模型。如果忽略复合石墨层对金属骨架受力的微小影响，把一面具有波齿的骨架等效成没有波齿的矩形截面骨架，则最后简化成图 7.6 所示垫片上金属环和法兰密封面的受力模型。内压 p_c 引起的径向作用力对密封影响较小，不再显示内压在垫片内侧面的作用，且理想地假设垫片和法兰密封面之间压紧至无间隙，操作状态下内压介质不进入垫片和法兰密封面之间，只进入上、下金属之间作用于垫片使两片金属张开；把内压转化为作用在上金属环底面的集中力 F_S，称为张开力，F_S 的作用位置也是一个圆，其直径大小取决于双金属的张开程度，张开越大则该力作用圆的直径越大[5]。图 7.6 中 F_G 是窄面法兰垫片压紧力，单位为 N；F_p 是操作状态下需要的最小垫片压紧力，单位为 N。

（2）新旧结构的最小垫片压紧力比较。设垫片上、下两块金属环之间的有效密封宽度为 $\Delta h = 0.0127\,\text{m}$，传统的单层金属环垫片有效密封宽度为 b，因为两块金属环之间的外侧焊在一起达到密封，所以存在 $b'_{\min} = 0\text{mm}$ 直至 $b'_{\min} = b$ 的可能；垫片实物宽度 B 由设计确定，不小于垫片接触宽度 N，即 $B \geqslant N$；垫片无效密封宽度 $B-b'$ 为介质渗入双金属之间的宽度，粗略设垫片的中径圆直径（偏大地）等于垫片压紧力作用中心圆直径 D_G，则张开力 F_S（偏大地）表达为

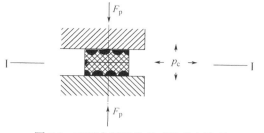
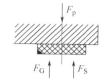

图 7.5　双层金属垫片双对称受力模型　　　　图 7.6　单金属垫片受力模型

$$F_S = \pi D_G (B - b') p_c \tag{7-1}$$

操作状态下与 GB 150.3—2011 标准[6]单层金属环垫片需要的最小垫片压紧力进行比较：

$$\frac{F_S}{F_G} = \frac{F_S}{F_p} = \frac{\pi D_G (B - b') p_c}{6.28 D_G b m p_c} = \frac{B - b'}{2bm} \tag{7-2}$$

对于双金属波齿垫，据 GB 150.3—2011 标准表 7-1 中的序号 1a 和 1b，垫片基本密封宽度 $b_o = N/2$；据表 7-2，复合石墨双层金属垫片系数取 $m = 3.0$；据 GB 150.3—2011 标准中 7.5.1.2 条，当 $b_o > 6.4$mm 时，垫片有效密封宽度取：

$$b' = b = 2.53\sqrt{b_o} \tag{7-3}$$

将上述数据代入式（7-2），得：

$$\frac{F_S}{F_G} = \frac{N - 2.53\sqrt{0.5N}}{2 \times 2.53\sqrt{0.5N} \times 3.0} \approx \pi(0.030\sqrt{N} - 0.053) \tag{7-4}$$

若 $N = 20$mm，则 $F_S \approx 0.08\pi F_G \approx 0.251 F_G$。由于 F_S 的存在，原来的垫片压紧力可在等效基础上为：

$$F_G' = F_G - F_S = F_G - 0.251 F_G \approx 0.749 F_G \approx 4.702 D_G b m p_c \tag{7-5}$$

密封介质临界泄漏前可以取垫片有效密封宽度 $b' = 0$、$b = 2.53\sqrt{b_o}$，代入式（7-2），得：

$$\frac{F_S}{F_G} = \frac{N}{2 \times 2.53\sqrt{0.5N} \times 3.0} \approx 0.094\sqrt{N} \tag{7-6}$$

通常有 $N = 6 \sim 30$mm，代入上式则常有关系式 $F_S \approx (0.23 \sim 0.503) F_G$，据此可判断张开力的作用不可忽略，则垫片压紧力变为：

$$F_G' = F_G - F_S = (0.497 \sim 0.77)\ F_G \approx (3.12 \sim 4.84) D_G b m p_c \tag{7-7}$$

同理，对于 $N = 20$mm，代入式（7-6）得 $F_S \approx 0.42 F_G$，垫片压紧力

$$F'_G = F_G - F_S = F_G - 0.42F_G \approx 0.58F_G \approx 3.64D_G bmp_c$$

（3）新结构的作用力。当 $N = 20\text{mm}$ 时，操作状态下新结构需要的最小垫片压紧力

$$F_G = F_p - F_S = 6.28D_G bmp_c - \pi D_G(B-b)p_c \approx 5.46D_G bmp_c \approx 3.64D_G bmp_c \qquad (7\text{-}8)$$

但是，因内压引起的总轴向力 $F = 0.785D_G^2 p_c$ 不变，所以操作状态下新结构需要的最小螺栓载荷还要考虑 F_S 的作用，即

$$W_p = F + F_G = F + F_p - F_S = 0.785D_G^2 p_c + 3.64D_G bmp_c \qquad (7\text{-}9)$$

但内压引起的总轴向力 F 与内压作用于内径截面上的轴向力 F_D 之差 F_T 有变化：

$$F_T = F - F_D - F_S = 0.785D_G^2 p_c - 0.785D_i^2 p_c - 3.64D_G bmp_c \qquad (7\text{-}10)$$

对于新结构的作用力，F_G、W_p、F_T 均有变化，可以将变化后的力代入 GB 150.3—2011 标准 7.5.3.3 的公式中计算法兰应力。当 $N \neq 20\text{mm}$ 时，上述所列新结构的作用力计算式应相应变化。

7.2.2 垫片间隙获得内压作用的计算式

（1）力学模型。基于双层金属垫上、下两金属环的结构及其受力是轴对称的，把垫片金属环沿圆周等分 360° 后取其中之一的单位周长模型，从而构建圆环形垫片的另一力学模型，见图 7.7。其左端的焊缝也简化为固支，右端的开口是自由边界，因此这是一段悬臂梁，但是忽略其单位周长结构左端窄、右端宽的实际情况，设这一悬臂梁全长是等截面的。如图 7.7（a）所示，内压 p_c 作用在距离开口端部 r 的位置，有效作用段的长度为 Δr，则 $B - \Delta r$ 相当于有效密封宽度；图 7.7（b）所示的内压 p_c 作用整个径向宽度，上、下两金属环之间的有效密封宽度相当于零；p_c 在垫片底面靠近内侧开口的均布载荷引起垫片内侧开口的张开效应，也可进一步转化为图 7.7（c）中的弯矩 M 来进行等效分析，但其合理性需验证。

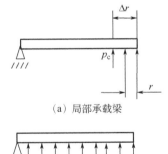

（a）局部承载梁

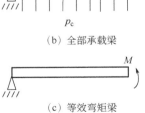

（b）全部承载梁

（c）等效弯矩梁

图 7.7 垫片悬臂梁模型

如果考虑法兰密封面对垫片压紧力的闭合作用，则上、下两块金属环之间可能无法完全充入内压，垫片依靠内压的自紧作用减弱。为了考察仅仅由于内压这个新因素引起的自紧作用，也为了彰显双层金属垫的自紧效果，两个模型先忽略法兰密封面对垫片压紧力的闭合作用，求取其可能的最大偏转，然后通过密封系统中整体法兰许可的最大偏转角来体现法兰密封面与垫片之

间的压紧关系；由此来考察内压引起的自紧效果将被人为放大到极限，其结果是非保守的。比较两个模型，垫片悬臂梁模型是局部的单位模型，可视为平面应力问题，环板模型是封闭的整体模型，可视为平面应变问题；前者更加简化，后者刚性强而保守。为简便起见，这里选择悬臂梁模型进行分析，再把结果回归到金属环整体模型。

（2）内压作用在垫片全张开模型的张口位移。据材料力学原理，集度为 q 的等值线性均布载荷作用在图 7.7（a）悬臂梁全长上引起的最大挠度和梁端转角的绝对值分别为[7]

$$\upsilon_{\max} = \frac{qB^4}{8EI} = \frac{(p_c \times 1)B^4}{8E \frac{1 \times \delta'^3}{12}} = \frac{3}{2} \times \frac{p_c B^4}{E\delta'^3} \tag{7-11}$$

$$\theta = \frac{qB^3}{6EI} = \frac{(p_c \times 1)B^3}{6E \frac{1 \times \delta'^3}{12}} = 2\frac{p_c B^3}{E\delta'^3} \tag{7-12}$$

式中　E ——垫片金属材料的弹性模量，MPa；

　　　I ——单层波齿垫片金属截面的惯性矩，mm⁴；

　　　δ' ——垫片横截面转化为等宽度、等截面积的无齿垫片后的当量厚度，mm。

式（7-11）只是一层金属垫内侧开口的张口位移，对于双层金属垫，内侧总的张口位移为：

$$\upsilon_{\Sigma\max} = 3\frac{p_c B^4}{E\delta'^3} \tag{7-13}$$

式（7-12）是垫片环板模型进一步转化为悬臂梁模型求得的，如果在弹性变形范围内把 E 换为 $E/(1-\mu^2)$，则相当于把平面应力问题的结果转化为平面应变问题的结果，即悬臂梁的张口位移回归到双金属环板垫片的张开位移：

$$\upsilon_{\Sigma\max} = 3(1-\nu^2)\frac{p_c B^4}{E\delta'^3} \tag{7-14}$$

式（7-13）中通常用作垫片骨架的不锈钢材的泊松比可取 $\nu = 0.3$，弹性模量 $E = 1.80 \times 10^5$ MPa，则该式进一步变为：

$$\upsilon_{\Sigma\max} \approx 1.52 \times 10^{-5} \frac{p_c B^4}{\delta'^3} \tag{7-15}$$

同理可把式（7-12）简化为：

$$\theta = \frac{qB^3}{6EI} \approx 2.03 \times 10^{-5} \frac{p_c B^3}{\delta'^3} \tag{7-16}$$

根据 GB/T 19066.1—2008[8]标准中的标准数据，为了简化式（7-15），一般取 $B = 5\delta'$ 是具有代表性的，则该式最后变为：

$$\upsilon_{\Sigma max} \approx 1.90 \times 10^{-3} p_c B \tag{7-17}$$

式（7-16）最后变为：

$$\theta = \frac{qB^3}{6EI} \approx 2.53 \times 10^{-5} p_c \tag{7-18}$$

式（7-15）是双层金属垫自紧功能简化模型的数学解析模型，式（7-17）是简化模型的数学解析模型的简化，也反映了双层金属垫张口位移与内压 p_c、垫片宽度 B 三者间的定性与定量关系。当垫片宽度 B 和厚度 δ' 一定时，双层金属垫张口位移与内压 p_c 成正比例关系；当内压 p_c 和厚度 δ' 一定时，双层金属垫张口位移与垫片宽度 B 成四次曲线正效应关系；当内压 p_c 和垫片宽度 B 一定时，双层金属垫张口位移与垫片厚度 δ' 成三次曲线负效应关系。图 7.8 是数学解析模型的简化关系。

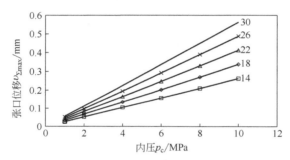

图 7.8 一定垫片宽度时内压与张口位移的简化关系

7.2.3 双层金属垫自紧作用的可行性

文献[9]对热交换器产品耐压试验中发生泄漏的两个柔性石墨波齿复合垫片实物进行了检测和初步分析，文献[10]对柔性石墨波齿复合垫片进行有限元分析后推荐了其结构的优化值。据文献[9,10]，可取垫片当量厚度 $\delta' = 2.5\,\text{mm}$，则垫片宽度 $B = 5\delta' = 12.5\text{mm}$，代入式（7-17）得 $\upsilon_{\Sigma max} \approx 0.024 p_c$；对于 $p_c = 10\,\text{MPa}$，最终有 $\upsilon_{\Sigma max} \approx 0.24\,\text{mm}$，按图 7.9 的几何关系计算得该张口位移相当于垫片半张开角 γ 为 1.1°。

（1）金属环张开角与法国压力容器设计标准许可转角的比较。

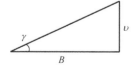

图 7.9 偏转角与张口位移

法国标准 DIN 2505（草案）1986.1 法兰接头计算中整体法兰刚度校核时许可的最大偏转角 $[\gamma]$ 为[11,12]：

$$[\gamma] = \frac{k}{N} \tag{7-19}$$

式中，k 是对于复合齿形垫法兰盘许用倾斜角的特征值，为 8～18 (°)·mm。当垫片张开的翻转角 γ 大于法兰许可的最大偏转角 $[\gamma]$ 时，表明垫片还能贴紧密封面；根据式（7-19），以最大的 k 值 18 (°)·mm 和最小的 N 值 6 mm 可得最大许可偏转角 $[\gamma]$=18 (°)·mm /6mm=3°。

上述计算所得垫片半张开角 γ =1.1°，明显小于最大许可偏转角。如果加大垫片宽度，取 B =22mm，则半张开角仍然约为 1.1°，这种张口位移的贴紧作用是不可靠的。

进一步计算 DIN 2505（草案）许可角下的最低操作压力。据最大许可偏转角 $[\gamma]$=3° 和 B =22mm，按图 7.9 计算得单边张口位移约为 1.15 mm，再按式（7-17）计算得 $p_c \approx 27.5\,\mathrm{MPa}$，即低于该操作压力时，该尺寸的双层金属垫张口位移不足以弥补整体法兰的最大偏转，可能无法密封。

（2）金属环张开角与工程公司规范许可角的比较。文献[13]在验证 ASME 法兰刚度及其转角关系的基础上讨论了如何确定转角极限的问题，表 7.1 是文中某国外工程公司针对不同垫片类型列出的法兰转角极限。

表 7.1　垫片允许的法兰转角极限经验值

垫片类型	法兰转角 $[\gamma]$/（°）
无内外支撑的石墨缠绕垫	0.5
有内外支撑的石墨缠绕垫	1.0
石墨齿形垫	1.0
石墨波纹垫	1.0
金属平垫	0.5
双包金属垫	1.0
石墨复合板	1.0
纤维橡胶板	0.5
膨胀 PTFE 板	0.3
环形金属垫	—

表 7.1 中的法兰转角极限值更小，上述计算所得垫片半张开角 γ =6.9°，远大于许可偏转角，这种张口位移的贴紧作用是显著的。

对于法兰密封环面许可偏转角的经验极限值 $[\gamma]$ =1° 和 B =22mm，计算得单边张口位移约为 0.38 mm，再按式（7-17）计算得 $p_c \approx 9.1\,\mathrm{MPa}$。

（3）金属环张开角与标准规范许可角的比较。文献[14]指出法兰刚度校核计算方法控制的是法兰锥颈大端径向转角不大于 $(2/3)° \approx 0.67°$，该值与式（7-19）的最大许可偏转角 $[\gamma]$=3° 或者表 7.1 的法兰转角极限值相比更加保守；如果法兰刚度满足这一要求，则张开角 γ 为 1.1° 的双金属环的自紧是充分的。

（4）ASME 标准法兰转角最大值下的最低操作压力。ASME PCC-1 标准[15]指出，法兰的极限转角应根据垫片的类型来选择，对于半金属垫取 1°，对于非金属垫取 0.3°。文献[16]根据文献[17]得知，长颈对焊法兰的法兰转角最大值不超过 0.3°，是表 7.1 中转角极限值的最小值；该值在公开的文献报道中最小，也最保守，因此说明双金属环的张开是自紧，并且是可靠的。

因此，双层金属垫存在自紧密封作用的最低操作压力，低于该操作压力则失去自紧作用；不同尺寸的双层金属垫以及不同的应用工况，其最低操作压力存在差异，工程上应逐一计算。

7.2.4　双层金属垫自紧作用的影响因素

基于上述分析和前人成果的认识，就有关影响因素讨论如下。

（1）多种工程因素交互影响使自紧效果复杂化。图 7.7 的垫片单位宽度悬臂梁模型是一个简化模型，在结构上作了全长是等截面的假设，去除波齿的当量厚度假设；在受力上作了介质全宽度渗入金属环的假设，平面应力问题假设。双层金属垫自紧功能的数学模型式 (7-15) 是基于材料力学推导的，过于简化。

文献[10]基于正交分析和有限元模拟的方法研究了波齿复合垫片的金属骨架厚度、金属骨架圆弧半径及波齿深度等因素对柔性石墨波齿复合垫片力学性能的影响，计算结果表明波齿复合垫片的金属骨架厚度对垫片的性能影响最大，优化参数设计的波齿复合垫片有较好的压缩率和回弹率。因此去除波齿当量厚度假设引起的误差不容忽视，更何况波齿结构是一种柔性更大的结构。

（2）有限元解的问题。文献[4]通过有限元分析方法研究了双金属自密封波齿垫片密封性能，发现存在四点不足：

一是存在研究的条件与目的的悖论。其分析模型在假设上、下金属环之间存在预设间隙以便介质内压完全进入的前提下，再假定垫片的有效密封宽度等于垫片径向宽度，即垫片与法兰密封面接触区域不受介质内压的作用，相当于人为输入了自紧功能，而自紧的可能性本来应该是有待证实的内容之一。

二是存在分析的模型与客观的悖论。既然上、下金属环之间存在焊接而与法兰密封面之间没有焊接，那么岂不应该是上、下金属环之间难以张开而与法兰密封面之间更容易张开？

三是其研究结果表明石墨覆盖层厚度是影响双金属自密封波齿垫片压缩率的显著因素。上、下金属环之间的间隙是影响垫片回弹率的显著因素，随着缝隙的增大，回弹率降低；而专利或者标准都不设置缝隙，实际产品也没有人为设置的缝隙，对于焊接后具有强烈收缩内力的组焊结构，这种缝隙既难以控制，也不便检测。

四是分析没有考虑垫片骨架厚度这一因素的影响。但是常识表明，在一定的垫片厚度下，随着缝隙的增大，上、下金属环的厚度减薄，因此可以间接理解为随着缝隙的增大，金属环的厚度减薄，回弹率降低。而文献[10]分析表明波齿复合垫片的金属骨架厚度对垫片的性能影响最大，在一个很窄的厚度范围内，回弹率随着厚度的增加而提高，当厚度继续增加时，回弹率反而降低，这一结论与文献[4]的结果有矛盾。

因此，有关研究不够完整，存在局限性，其分析结果须慎重对待。

（3）法兰副实际强度和刚度的影响。法兰副密封系统各元件设计时，材料性能的取值是标准下限值，产品实际的材料性能一般高于标准下限值，一方面，提高了法兰副实际强度和刚度；另一方面，法兰副实际承受的内压略低于设计值，这两方面的因素无疑降低了法兰的偏转程度，从而相对地使双层金属垫的自紧作用有所提高，事实上是掩盖了双层金属垫自紧作用的局限性。

因此，双层金属垫在内压作用下的自紧效果取决于与法兰副的共同作用，实际上具有差异性和分散性，尚未能概括出绝对的规律性。

（4）具体项目设计完整性的影响。在大型卧式热交换器设备法兰设计中是否考虑管箱和介质自重引起的弯矩作用，在大型立式热交换器设备法兰设计中是否考虑管箱自重的拉伸或压缩作用、螺柱载荷的设计余度等，对法兰副实际强度有影响。

（5）热载荷的影响。前面的分析只考虑了操作介质的内压作用，没有考虑高温热载荷的作用。文献[18]指出高温会使法兰偏转角增大，不利于双层金属垫有限的自紧密封。某石化连续重整反应器封头上规格为DN2000的大法兰密封系统采用了双层金属垫片，文献[19]报道了投产约半年时因天下大雨引起了该密封系统各零部件冷却收缩不协调，发生泄漏并着火。由此可见，理论研究和工程实际都表明温度是影响金属垫密封的重要因素。

7.2.5 双层金属垫内压自紧密封的适用下限

双金属波齿复合垫具有随内压增大而增强的特点，通过对双金属波齿垫初步的研究分析，求得内压作用下接触宽度 $N=6\sim30\text{mm}$ 双层金属垫贴紧作用的张紧力约为单层金属垫最小垫片压紧力的 0.23～0.50。由此得出，操作状态下双层金属垫最小垫片压紧力、最小螺柱载荷、总轴向力与内径截面上的轴向力之差，三者均需由采用单层垫时的相应数值减去这个张紧力。根据基本结构尺寸分析双层金属垫从内压获得的作用力占其密封筒体从内压获得的作用力之比，在此基础上以悬臂梁模型推导了双层金属垫自由张口位移计算式，即双层金属垫简化模型的数学解析模型，反映了双层金属垫张口位移与内压、垫片宽度三者间的定性及定量关系。据此可以确定影响自紧作用的关键因素，上述研究也可分解为如下主要结论：

（1）通过双层金属垫的简化模型，推导了双层金属垫在内压作用下自紧功能的数学解析模型，明确了双层金属垫张口位移与内压 p_c、垫片宽度 B 三者间的定性与定量关系。当垫片宽度 B 和厚度 δ' 一定时，双层金属垫张口位移与内压 p_c 成正比例关系；当内压 p_c 和厚度 δ' 一定时，双层金属垫张口位移与垫片宽度 B 成四次曲线正效应关系；当内压 p_c 和垫片宽度 B 一定时，双层金属垫张口位移与垫片厚度 δ' 成三次曲线负效应关系。

（2）对于一定宽度的双层金属垫，存在自紧密封的最低操作压力。当低于该操作压力时，双层金属垫的张口位移不足以弥补整体法兰的最大偏转，可能无法发挥自紧作用，但是不排除仍存在石墨层、双金属环间开口结构或其他因素产生的回弹性自紧密封。

（3）双层金属垫在内压作用下的自紧效果取决于与法兰副的共同作用，不同的双层金属垫应用于同一工况，或者相同的双层金属垫结构应用于不同的工况时，产生自紧密封的最低操作压力是有差异的。当法兰整体的偏转较小时，产生自紧密封的操作压力较低。

（4）从力学角度分析，双层金属垫的性能较原单金属垫性能好，其作用似乎更多的是原来单层金属热回弹性能欠缺的双层叠加性弥补。

鉴于垫片的受力模型只是理想的状况，有关分析是初步的，其实现的可行性有待探讨；而且本文得出的结论有待试验验证，相关成果不足以反映这种新型垫片的技术本质，尚需要对表征其特点的特征参数进行更深入的研究，探讨其与单层金属波齿复合垫的根本区别，才能在设计计算上体现其有效性及优点。

7.3 双层金属垫自紧密封作用的内压上限分析

上一节的分析揭示了双层金属垫自紧密封作用的内压下限，自然会令人想到其自紧密封作用是否存在内压上限。从图 7.6 的受力模型可以发现其局限性，就是完全聚焦于密封体系本身，没有考虑密封腔整体；由此推导的分别关于最小垫片压紧力 F_G 的式（7-8）、最小螺柱载荷 W_p 的式（7-9）、内压引起的总轴向力 F 与内压作用于内径截面上的轴向力 F_D 之差 F_T 的式（7-10）均有变化，其中内径 D_i、中心圆直径 D_G 及内压 p_c 都对这三个载荷产生影响，但是影响的程度有何不同尚不明确。究其原因是上一节的分析采用了载荷的绝对值计算方法，如果能在此基础上再进行载荷相对大小的计算比较，则也许可以分析其基本结构尺寸及基本载荷对自紧密封的可靠性。

7.3.1 结构尺寸对双层金属垫自紧性密封的影响

设内径 D_i 的筒体，垫片内径也为 D_i，双层金属垫上下两块金属环之间可以完全充入内压介质，金属环垫片宽度中间即中心圆为 D_i+B，则金属环垫片的张开面积 $A_\text{垫}$ 与筒体内径的面积 $A_\text{筒}$ 比即为两者从内压获得的轴向作用力之比：

$$n = \frac{A_\text{垫}}{A_\text{筒}} = \frac{(D_i + B)\pi B}{\pi(0.5D_i)^2} = (2\frac{B}{D_i}+1)^2 - 1 \qquad (7\text{-}20)$$

根据式（7-20）绘制作用力比值的因素曲线，如图 7.10 和图 7.11 所示。分析图 7.10，从上至下分别为垫片宽度 60mm、50mm、38mm、34mm、30mm、26mm、22mm、18mm 和 14mm 的曲线，对于某一宽度的双层金属垫片，筒体内径与作用力比值的关系为曲线关系，内径越大，曲线越平缓，当内径大于 1800mm 时，较窄宽度的垫片其曲线趋于平直。例如，对于常见的配合 D_i=1000mm、B=22mm，有 n = 0.0899，表明从垫片间隙获得的作用力已占筒体内腔获得作用力的 8.99%，该影响已不可忽略。当 D_i=2000mm、B=22mm 时，n=0.0295；当 D_i=3000mm、B=22mm 时，n=0.0134，表明从垫片间隙获得的作用力随着筒体内腔直径的增大而减少。由此可见，随着筒体内腔直径的增大，面积 $A_{垫}$ 的增加跟不上面积 $A_{筒}$ 的增加。本来，从图 7.10 中可知垫片中已存在无双层金属的宽度，如果上、下金属环又无法张开让介质进入，很可能会出现式（7-20）约趋于零的现象，在此情况下，没有自紧可言。

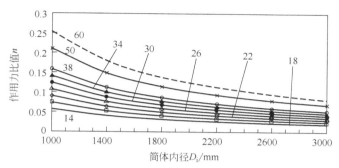

图 7.10 一定垫片宽度时筒体与作用力比值的曲线

分析图 7.11，从上至下分别为内径 1000 mm、1400mm、1800mm、2200mm、2600mm、3000mm 的曲线，对某一内径的筒体，垫片宽度与作用力比值的关系接近直线关系，直径越大，直线的斜率越小，直线越平缓。例如，D_i=1800mm 时可回归得 n = 0.0023B，相关系数 R^2=0.9997。由此可见，双层金属垫的自紧性与筒体内径 D_i 及垫片宽度 B 关系密切，不宜在忽略内径 D_i 变化的条件下讨论张开力 F_S 与垫片宽度 B 的关系，也不宜在忽略垫片宽度 B 变化的条件下讨论张开力 F_S 与内径 D_i 的关系。

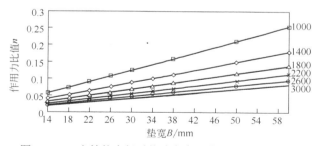

图 7.11 一定筒体内径时垫片宽度与作用力比值的曲线

总之，分析双层金属垫的自紧性时，既不能忽略筒体内径 D_i 及垫片宽度 B 的密切关系，也不能盲目地认为密封自紧作用一定会随着内压 p_c 的增加而增大。

7.3.2 内压作用下双层金属垫的密封行为力学分析

双层金属垫无效密封宽度的内压自紧密封性主要是指表征操作内压的计算压力 p_c 作用

下其内侧开口的张开能力，以及张开力所形成的与法兰密封面之间的压紧力大小和计算压力 p_c 的比较。

（1）张开力分析。假设操作状态下介质能够进入两层金属环之间且介质压力作用于垫片能使两层金属张开，则称这个介质压力为张开力。鉴于金属环与法兰密封面之间的内压自紧性尚不明朗，因此需要与传统垫片密封系统一样考虑其密封宽度的有效性。根据文献[4]所构建的模型图和文献[20]所解剖的实物图，发现两块金属环之间的外侧在实施密封焊后会使得金属环之间靠近外侧处存在一小段无缝隙的实体宽度；分析表明，该宽度不会大于金属环与法兰密封面之间的有效密封宽度 b，本文忽略该实体宽度。垫片实物宽度 B 由设计确定，不会小于垫片接触宽度 N，$B \geqslant N$；设两块金属环之间依靠垫片压紧力 F_G 而获得的有效密封宽度为 b'，在结构功能上存在 $b' \to 0$ 的可能，因此 $0 \leqslant b' \leqslant b$，且两层金属环之间的无效密封宽度 $(B - b')$ 为介质渗入双金属之间的宽度。

对于双金属波齿垫，据 GB 150.3—2011 标准表 7-1 中的序号 1a 和 1b，垫片基本密封宽度 $b_\mathrm{o} = N/2$；据标准表 7-2，复合石墨双层金属垫片比压力取 $y=50\,\mathrm{MPa}$；据 GB 150.3—2011 标准中 7.5.1.2 条，当 $b_\mathrm{o} > 6.4\,\mathrm{mm}$ 时，这里保守地取金属环之间的有效密封宽度 b' 等于垫片与法兰之间的有效密封宽度，即：

$$b' = b = 2.53\sqrt{b_\mathrm{o}} \tag{7-21}$$

且垫片压紧力作用中心圆直径 D_G 等于垫片接触的外径减去 $2b$，该处即有效密封宽度 b 处的内径，也就是无效密封宽度 $(B - b')$ 处的外径；无效密封宽度 $(B - b')$ 范围的圆周长为 $\pi[D_\mathrm{G} - (B - b')]$，则内压 p_c 使无效密封宽度 $(B - b')$ 张开的作用力为：

$$F_\mathrm{S} = \pi[D_\mathrm{G} - (B - b')](B - b')p_\mathrm{c} \tag{7-22}$$

D_G 越大，则 $[D_\mathrm{G} - (B - b')]/D_\mathrm{G}$ 越大，即便对于较小的中心圆直径 $D_\mathrm{G} = 300\,\mathrm{mm}$ 和 $B = 20\,\mathrm{mm}$，因为有

$$b' = b = 2.53\sqrt{0.5B} = 2.53\sqrt{0.5 \times 20} \approx 8.0 \tag{7-23}$$

所以也就有

$$[D_\mathrm{G} - (B - b')]/D_\mathrm{G} = [300 - (20 - 8.0)]/300 = 0.96 \tag{7-24}$$

则

$$D_\mathrm{G} - (B - b') = 0.96\,D_\mathrm{G} \tag{7-25}$$

如果其中的 D_G 取较大值，例如 1500mm，则同理计算得：

$$D_G - (B - b') = 0.99 D_G \qquad (7\text{-}26)$$

随着 D_G 的增大，式（7-22）计算得到的系数趋于 1，因此，张开力式（7-22）的范围可取为：

$$\pi D_G (B - b') p_c \geqslant F_S \geqslant 0.96 \pi D_G (B - b') p_c \qquad (7\text{-}27)$$

上式最大只有 4%的取值误差。注意到上式只考虑内压在无效密封宽度的作用，如果人为设置两层金属环之间（包括有效密封宽度）存在内压，则这一潜在作用实际上将进一步缩小这个取值误差，这是工程许可的，则直接选取：

$$F_S = 0.96 \pi D_G (B - b') p_c \qquad (7\text{-}28)$$

（2）实物对称模型。文献[21]认为，依靠密封元件的内压自紧作用时，对其刚度和柔度的要求往往相矛盾。

为了探讨双层金属垫的密封效果，考虑图 7.1 双层金属垫是周向轴对称和上下两层金属环面对称结构的双对称结构。在只展示图 7.1 左侧的图 7.5 模型中，操作状态的双金属波齿垫片两个密封面分别受到大小为 F_p、方向相反的垫片压紧力作用而平衡。在只展示其第 1 层金属环的图 7.6 模型中，环板上侧密封面受到大小为 F_p 的垫片压紧力作用，下侧密封面受到方向相反的计算压力 p_c 作用。两层金属环周边的密封焊是在第 1 层金属环和第 2 层金属环被压紧状态下不加焊丝施焊的，常用总厚度为 4mm 的双层金属垫其焊缝腰高为 1mm。从理论上讲，双层金属垫的周边是法兰夹持边界，两层金属环之间的周边内连接结构是带有一点固支但主要是简支的混合形式；从工程实际来说，密封焊缝是一种只能承受压紧作用的弱结构，密封是其唯一功能，其设计不考虑是否能够承受两个密封件之间的结构拉伸应力和弯矩作用。因此，图 7.12 模型取固支边界。

（3）力学简化模型。以张开力 F_S 模拟图 7.12 模型中环板下侧受到的计算压力 p_c；再以垫片压紧力 F_G 模拟图 7.12 模型中环板周边的混合功能边界，垫片压紧力 F_G 保持垫片上靠外圆一侧与法兰之间的有效密封，这与传统的单层垫片周边的密封功能是一致的。同时，为了分析金属环板的整体行为，保守地忽略垫片表面的波齿结构和石墨复合层对密封性能的强化作用，把波齿面的金属环板简化为平面的金属环板。这样，双层金属垫的力学模型简化为图 7.6 的三个作用力模型。为了便于通过比较来说明该模型的正确性，变换 F_G 为反方向作用同时构建了图 7.13 的对比模型。但是按 GB 150.3—2011 标准，在确定螺柱面积及其设计载荷时，F_G 的取值是预紧状态的垫片压紧力 F_a、预紧状态的螺柱载荷 W、操作状态的垫片压紧力 F_p 三者中的较大者，因此其具体取值暂不确定而在后文分别讨论。

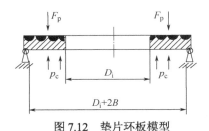
图 7.12 垫片环板模型

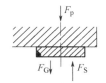
图 7.13 第 1 层金属环受力对比模型

7.3.3 垫片金属环张开自紧的计算压力

这里，张开自紧行为是指在垫片能够预紧的基础上所能实现的更高一级效能的表现。

（1）预紧工况下垫片金属环张开自紧的计算压力。预紧工况下的双层金属垫自然是闭合的，虽然此时 $p_c=0$，从而 $F_S=0$，但是为了加深理解，还是可以通过张开力与预紧最小压紧力 F_a 的比较展开一些讨论。考虑式（7-25），有：

$$\frac{F_S}{F_a} = \frac{0.96\pi D_G(B-b')p_c}{3.14 D_G by} \approx 0.96\frac{B-b'}{by}p_c \tag{7-29}$$

式（7-29）中的 F_a 以及下文的 F_p 及 W 等相关计算式均可根据 GB 150.3—2011 标准得到。对于一般的垫片与密封面装配关系，将有关数据代入式（7-29），得：

$$\frac{F_S}{F_a} = \frac{0.96\pi D_G(B-b')p_c}{3.14 D_G by} \approx (0.01\sqrt{N}-0.02)p_c \tag{7-30}$$

如果要使双层金属垫张开，则要满足 $F_S > F_a$，即要满足：

$$(0.01\sqrt{N}-0.02)p_c > 1 \tag{7-31}$$

当 $N=20\,\text{mm}$ 时，由此得 $p_c>42.14\,\text{MPa}$；当 $N=30\,\text{mm}$ 时，有 $p_c>29.96\,\text{MPa}$；当 $N=40\,\text{mm}$ 时，也有 $p_c>24.10\,\text{MPa}$。对于这么高的计算压力要求，是不符合通常的炼油化工工艺实际的；从其物理意义的本质来说，预紧工况下的双层金属垫不可能是张开的。

（2）操作工况下垫片金属环张开自紧的计算压力。通过张开力与操作最小压紧力 F_p 的比较分析进行讨论。与式（7-30）同理，根据操作工况下双层金属垫张开力与设计所需要的最小垫片压紧力之比为：

$$\frac{F_S}{F_p} = \frac{0.96\pi D_G(B-b')p_c}{6.28 D_G bmp_c} = 0.48\frac{B-b'}{bm} \tag{7-32}$$

把式（7-21）及有关参数代入上式可推得：

$$\frac{F_S}{F_p} = \pi(0.0288\sqrt{N}-0.05088) \tag{7-33}$$

由于法兰副在内压作用下偏转而产生张开位移，双层金属垫片的密封功能依靠其与法兰密封面之间的接触压力来保证，因此根据图 7.6 的模型，如果

$$F_S + F_G < F_p \tag{7-34}$$

垫片就不会产生张开位移；如果渗入双金属之间的介质压力要使两层金属环张开，则张开力必须大于垫片压紧力，因此，如果要使双层金属垫张开，就要满足

$$F_S + F_G > F_p \tag{7-35}$$

由于密封系统设计时的垫片压紧力 F_G 取值倾向不一定，与预紧或操作时的垫片最小压紧力以及螺柱设计载荷都有关系，因此要分别讨论。

（3）垫片压紧力 F_G 取预紧设计值 F_a 时的张开自紧有效计算压力。对于图 7.6 的模型，设 $F_G = F_a$，为便于比较而标记此时的张开自紧有效计算压力为 p_{0c}，则式（7-35）变为：

$$\pi(0.0288\sqrt{N} - 0.05088)\ F_p + F_a > F_p \tag{7-36}$$

垫片系数取 $m = 3.0$，因为

$$\frac{F_a}{F_p} = \frac{3.14 D_G by}{6.28 D_G bm p_{0c}} = \frac{y}{2m p_{0c}} = \frac{50}{2 \times 3.0 p_{0c}} \approx \frac{8.3}{p_{0c}} \tag{7-37}$$

所以

$$\pi(0.0288\sqrt{N} - 0.05088)\ F_p + \frac{8.3}{p_{0c}} F_p > F_p \tag{7-38}$$

$$p_{0c} < (0.139 - 0.011\sqrt{N})^{-1} \tag{7-39}$$

对于上式，当 $N = 20\,\text{mm}$ 时，得 $p_{0c} < 11.0\,\text{MPa}$；当 $N = 30\,\text{mm}$ 时，有 $p_{0c} < 12.6\,\text{MPa}$；当 $N = 40\,\text{mm}$ 时，也有 $p_{0c} < 14.2\,\text{MPa}$。对于这样的计算压力要求，是符合通常的炼油化工工艺实际的。式（7-39）绘成图 7.14 的曲线，再根据曲线拟合成二次关系式

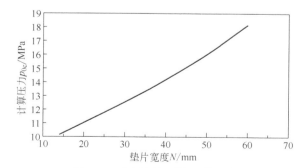

图 7.14　金属环张开的计算压力

$$p_{0c} < 0.0009 N^2 + 0.1074N + 8.5238 \tag{7-40}$$

则式（7-40）和式（7-39）的相关指数平方达 0.9998，计算压力 p_{0c} 随垫片接触宽度 N 而增大的关系得以显化。

对于图 7.13 的模型，式（7-34）的改变仍然是无意义的，式（7-35）则变为不可能的

$$F_S - F_G > F_p \tag{7-41}$$

（4）垫片压紧力 F_G 取操作设计值 F_p 时的张开自紧有效计算压力。对于图 7.6 的模型，设 $F_G = F_p$，则

$$F_S > 0 \tag{7-42}$$

即

$$\pi(0.0288\sqrt{N} - 0.05088)\, F_p > 0 \tag{7-43}$$

设 $F_p > 0$ 后推断得垫片接触宽度 $N > 3.12$mm，这对普遍的密封设计都是成立的。

对于图 7.13 的模型，设 $F_G = F_p$，则式（7-41）变为：

$$F_S > 2 F_p \tag{7-44}$$

结合式（7-33）得

$$\pi(0.0288\sqrt{N} - 0.05088) > 2 \tag{7-45}$$

推断得垫片接触宽度 $N > 570$mm，这是不可能的。

如果根据图 7.6 的模型判断双层金属垫张开的条件为只要满足 $F_S > F_p$，结合式（7-33）即得到

$$\pi(0.0288\sqrt{N} - 0.05088) > 1 \tag{7-46}$$

推断得垫片接触宽度 $N > 164$mm，这仍是不可能的；同时说明图 7.6 的模型当垫片压紧力 F_G 取操作值 F_p 时也是不实际的。

（5）垫片压紧力 F_G 取螺柱设计载荷 W 时的张开自紧有效计算压力。对于图 7.6 的模型，设 $F_G = W$，则要满足

$$F_S + W > F_p \tag{7-47}$$

① 当 $A_a > A_p$ 时，根据 GB 150.3—2011 标准，有

$$W = A_a\,[\sigma_b] = \frac{W_a}{[\sigma_b]}\,[\sigma_b] = W_a = F_a \tag{7-48}$$

联合式（7-37）得

$$W = \frac{8.3}{p_c} F_p \tag{7-49}$$

所以，上式和式（7-33）一起代入式（7-47），得

$$\pi(0.0288\sqrt{N} - 0.05088) F_p + \frac{8.3}{p_c} F_p > F_p \tag{7-50}$$

化简为

$$\pi(0.0288\sqrt{N} - 0.05088) + \frac{8.3}{p_c} > 1 \tag{7-51}$$

与式（7-39）同结论。但是对于图 7.12 的模型，当 $N = 20\,\text{mm}$ 时，得 $p_c < -11.0\,\text{MPa}$；当 $N = 30\,\text{mm}$ 时，有 $p_c < -12.6\,\text{MPa}$；当 $N = 40\,\text{mm}$ 时，也有 $p_c < -14.2\,\text{MPa}$。对于这样的计算压力要求，显然是不符合通常的炼油化工工艺实际的。

② 对于图 7.6 的模型，设 $F_G = W$，当 $A_p > A_a$ 时，根据 GB 150.3—2011 标准，有：

$$W_p = F + F_p \tag{7-52}$$

所以

$$W = A_p [\sigma_b] = \frac{W_p}{[\sigma_b^t]} [\sigma_b] = W_p \frac{[\sigma_b]}{[\sigma_b^t]} = (F + F_p) \frac{[\sigma_b]}{[\sigma_b^t]} \tag{7-53}$$

又

$$\frac{F}{F_p} = \frac{0.785 D_G^2 y}{6.28 D_G b m p_c} = \frac{0.785 D_G y}{6.28 b m p_c} = \frac{0.785 D_G \times 50}{6.28 \times 2.53\sqrt{0.5N} \times 3.0 p_c} \approx \frac{1.16 D_G}{\sqrt{N} p_c} > 0 \tag{7-54}$$

所以，上式和式（7-33）等一起代入式（7-47）得：

$$\pi(0.0288\sqrt{N} - 0.05088) F_p + \left(\frac{1.16 D_G}{\sqrt{N} p_c} F_p + F_p \right) \frac{[\sigma_b]}{[\sigma_b^t]} > F_p \tag{7-55}$$

$$\pi(0.0288\sqrt{N} - 0.05088) + \left(\frac{1.16 D_G}{\sqrt{N} p_c} + 1 \right) \frac{[\sigma_b]}{[\sigma_b^t]} > 1 \tag{7-56}$$

由于 $[\sigma_b] > [\sigma_b^t]$，对比各种工程实际，上式显然成立。例如，保守地取常温下的 $[\sigma_b] = [\sigma_b^t]$，则上式简化为：

$$p_c < \frac{1.16 D_G}{\sqrt{N} \times \pi(0.0288\sqrt{N} - 0.05088)} \approx \frac{D_G}{0.078N - 0.1378\sqrt{N}} \tag{7-57}$$

式中，要求 $0.0288\sqrt{N} - 0.05088 > 0$，即 $N > 3.12\text{mm}$。当 $N = 4.0\text{mm}$ 时，则上式化为 $p_c < 27.5D_G\ \text{MPa}$，通常的炼化工艺都能满足该要求。

7.3.4　计算压力存在张开自紧有效值的物理意义

通俗地说，双层金属垫作为一种新型垫片可以像传统的单金属垫那样应用于较广的压力范围，但是，如果要发挥其无效密封宽度的内压自紧作用，则首先是其在内压作用下必须能够张开，具体如下：

（1）$F_G = F_a$，也就是式（7-39）的具体结果。从力学本质来分析式（7-39）的具体结果，虽然渗入双金属环的介质张力增强了垫片的回弹力，但是如果内压太大，预紧力压紧金属环的力就可能更大，则双层金属垫就难以张开，或者说不再需要双层金属垫的自紧张开都能实现密封，其自紧和强化密封的功能都是多余和无意义的。

例如，对于通常的 $N = 20\text{mm}$，由式（7-33）得 $F_S = 0.245F_p$，张开力相对固定地只有操作压紧力 F_p 的 24.5%；同时，F_p 剩下的另外一部分即 75.5%F_p 并不天然地赋予 F_G，而是根据式（7-37）

$$F_G = F_a \approx \frac{8.3}{p_c}\ F_p \tag{7-58}$$

随着计算压力 p_c 的增加，F_G 的占比反比例减小，减少到一定的程度之后，式（7-35）就不成立而变为无意义的式（7-34）。

两者的数值差为：

$$\begin{aligned}\Delta F &= F_p - F_S = F_p - 0.245F_p \\ &= 0.755F_p = 0.755 \times [6.28D_G(2.53\sqrt{20/2}) \times 3.0p_c] \approx 113.8D_Gp_c\end{aligned} \tag{7-59}$$

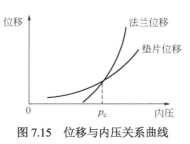

图 7.15　位移与内压关系曲线

（2）$F_G = W$，且 $A_p > A_a$，也就是式（7-57）的具体结果。此时，虽然渗入双金属环的介质张力增强了垫片的回弹力，但是介质的作用是利弊双向的，其中对垫片回弹的增强是辅助性的，如果内压太大，超过 p_c 后，则回弹力的位移增强量远远无法弥补法兰密封面上由于内压升高而通过容器端部作用所引起的轴向松弛增量，如图 7.15 所示。

7.3.5　垫片金属环自紧密封的计算压力

这里，自紧密封行为是指在金属环张开自紧基础上所能实现的最高级效能的表现。影响双层金属环张开行为的主要是介质压力，这里暂且撇开其他因素的影响。

（1）自紧密封最大有效计算压力的解析解。在此基础上进一步把式（7-35）的条件明确为，式（7-35）左右两边的作用力所引起的压力之差不小于操作压力，即

$$(F_S + F_G - F_p) / (\pi D_G B) > p_c \tag{7-60}$$

式（7-60）左边所列的垫片与法兰之间整个密封面上的平均压力，与垫片实际压力外侧偏大、内侧偏小的传统认识似乎存在差异。图 7.6 模型的三个作用力虽然不会重叠在同一直径的圆周上，但是各作用力之间存在的间距较小，且垫片金属环的张开增强了内侧的压紧力，因此该偏差可忽略。

式（7-60）左边的分母是垫片面积，两边同乘以垫片面积，得

$$F_S + F_G - F_p > p_c (\pi D_G B) \tag{7-61}$$

根据式（7-27），把 F_S 代入上式变为：

$$\pi D_G (B - b') p_c + F_G - F_p > p_c (\pi D_G B) \tag{7-62}$$

移项合并，得

$$F_G - F_p > p_c \pi D_G b' \tag{7-63}$$

把式（7-58）代入上式，有

$$\left(\frac{8.3}{p_c} - 1\right) F_p > p_c \pi D_G b' \tag{7-64}$$

把 F_p 代入上式变为

$$\left(\frac{8.3}{p_c} - 1\right) (6.28 D_G bm p_c) > p_c \pi D_G b' \tag{7-65}$$

即

$$\left(\frac{8.3}{p_c} - 1\right) (2bm) > b' \tag{7-66}$$

$$\frac{8.3}{p_c} 2bm > (2bm + b') \tag{7-67}$$

$$p_c < \frac{8.3 \times 2bm}{2bm + b'} \tag{7-68}$$

这就最大有效计算压力的解析式。

（2）双层金属垫内压自紧密封条件的第一种极端情况——金属环之间当 $b'=0$ 时。为便于比较，标记此时自紧密封有效计算压力为 p_{1c}，式（7-68）变为：

$$p_{1c} < 8.3\,\text{MPa} \qquad (7\text{-}69)$$

上式是关于双金属波齿复合垫的分析结果。对于其他结构材料的双层金属垫，可对上式逐步溯源至式（7-37），即变为：

$$p_{1c} < \frac{y}{2m} \text{ 或 } p_{1c} < y/2m \qquad (7\text{-}70)$$

由于式（7-37）以式（7-35）为前提，因此式（7-37）的结果式（7-69）满足式（7-35）的结果式（7-39）。也就是说，当内压充满金属环之间的整个宽度 N 时，双层金属垫能产生内压自紧密封作用的条件之一是要满足式（7-70），与垫片预紧密封比压和垫片系数都有关联。

其实，如果把 $b'=0$ 直接代入式（7-62）左边，则：

$$\pi D_{\text{G}}(B-0)p_{1c} + F_{\text{G}} - F_{\text{p}} > p_{1c}\ (\pi D_{\text{G}} B) \qquad (7\text{-}71)$$

也就是

$$F_{\text{G}} - F_{\text{p}} > 0 \qquad (7\text{-}72)$$

也得

$$p_{1c} < 8.3\,\text{MPa} \qquad (7\text{-}73)$$

与式（7-69）一致。

（3）双层金属垫内压自紧密封条件的第二种极端情况——金属环之间当 $b'=b$ 时。为便于比较，标记此时自紧密封有效计算压力为 p_{2c}，式（7-68）变为：

$$p_{2c} < \frac{8.3m}{m+0.5} \qquad (7\text{-}74)$$

也就是说，当内压只充满金属环之间的无效密封宽度 $N-b$ 时，双层金属垫能产生内压自紧密封作用的条件之一是要满足式（7-74），只与垫片系数有关联，而与垫片预紧密封比压无关。对于复合石墨双金属波齿垫，$m=3.0$，式（7-74）自紧密封的计算压力为 $p_{2c} < 7.1\,\text{MPa}$。

（4）双层金属垫内压自紧密封条件的中间情况——金属环之间当 $0 < b' < b$ 时。为便于比较，标记此时自紧密封有效计算压力为 p_{3c}，显然有 $p_{2c} < p_{3c} < p_{1c}$。

7.3.6　双层金属垫内压自紧密封的结论

上述解析分析表明，双层金属垫内压自紧密封性的有效计算压力不是没有边界的。根据垫片所承受的预紧最小压紧力、操作最小压紧力以及金属环张开力作用，把双对称的实物模型构建为简化的力学模型，通过垫片压紧力的 4 种取值条件展开推导，较为全面地分析了内压作用下金属环张开的力学原理，该分析流程见图 7.16。

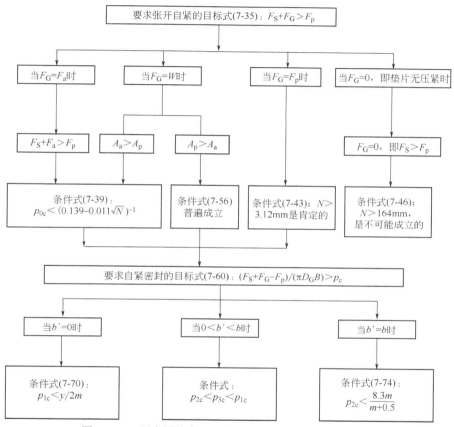

图 7.16　双层金属垫内压自紧性及许可计算压力分析流程

由此可见，相对于其他垫片，双金属波齿复合垫片的结构及其行为确实比较复杂。尽管本文对此开展了分析研究，但实际离理论上对骨架结构和石墨的填充进行精确设计还很远，其密封性的影响因素很多且主要因素尚未明确。对简化模型在内压下的受力比较分析，结果表明：

（1）双层金属垫在内压作用下能够张开的力学行为具有最高有效计算压力的前提条件，其张开之后与法兰密封面之间的接触压力能够起到完全密封作用的自紧行为也具有最高有效计算压力的前提条件。计算压力存在最大有效值的物理意义在于，计算压力超过一定水平的话，垫片的张开及其回弹无法弥补法兰密封面上由于内压通过容器端部作用所引起的轴向松弛；或者计算压力太大导致所需要的预紧压力太大，则操作时双层金属垫就难以张开，或者说不再需要双层金属垫的自紧张开，只要单层金属环都能实现密封。

（2）一般地说，当内压充满金属环之间的整个宽度时，任何结构材料的双层金属垫都具有内压自紧密封的条件是 $p_{1c} < y/2m$；只与垫片特性参数有关，而与垫片宽度无关，并非宽度越大的双层金属垫就能获取越大的内压自紧性。对于复合石墨双金属波齿垫，自紧密封的计算压力为 $p_{1c} < 8.3\,\text{MPa}$。

（3）当内压只充满金属环之间的无效密封宽度时，任何结构材料的双层金属垫都具有内压自紧密封的条件是 $p_{2c} < 8.3m/(m+0.5)$；只与垫片系数有关联，而与垫片预紧密封比压无关。对于复合石墨双金属波齿垫，自紧密封的计算压力为 $p_{2c} < 7.1\,\text{MPa}$。

（4）尽管通常的结构受力分析定性地认为大直径的金属垫弯曲曲率小而趋向于板条结构，比弯曲曲率大的结构更容易变形，两者应该有不同的密封行为和功能表现，但是本节最前面关于基本结构尺寸对双层金属垫自紧性密封的影响分析表明，从垫片间隙获得的作用力随着筒体内腔直径的增大而减少，甚至趋于零；后面的分析表明，当内压作用于上、下金属环之间的间隙时，内压自紧性分析表明其自紧功效与垫片直径无关。目前，这两点结论可以完整地说明，在进行双层金属垫自紧性密封分析时，具体案例的直径不是主要的影响因素。小尺寸垫片试验可以缩小密封系统，小尺寸垫片数值模拟可以节约机时，都可以节约成本。

（5）本节分析推导过程中，因为相对比较的方法以及所选择的具体比较内容原因，已经把内压转换为函数而不是变量，所以没有得出内压自紧性随着内压增大而提高的直接数学关系式。但是，通过图 7.16 的分析流程，已清楚地表明双层金属垫自紧密封作用的内压存在具体的上限。

对绝大多数通常的工况以及高压工况而言，双层金属垫不具有技术意义上确切的内压自紧性。

7.3.7　面向工程的应用研究

文献[22]介绍了上述总结，在图 7.1 双金属波齿复合垫完整结构的基础上构建简化的双对称模型，通过把内压强化双层金属垫的密封功能分为张开自紧和自紧密封两种行为，对双层金属垫内压自紧密封性的有效计算压力进行了解析分析，揭示了计算压力存在最大有效值。但是，这还未能让读者理解到上述研究总的工程意义。

（1）对物理意义透彻地理解可以提高技术产品的应用效果。上述关于垫片金属环张开自紧和自紧密封的计算压力是针对已有很多工程应用实例的一种物理意义明确和数学推导严谨的研究方式。物理意义明确是指使用的每个物理量都有定义，数学推导严谨是指先给出一般意义上的数学表达式，再根据需满足的条件进行数学推演。

首先，之所以把内压强化双层金属垫的密封功能分为张开自紧和自紧密封两种行为，是因为工程产品潜在人为张开的可能，可以人为在两块金属环之间设置通道（尽管有难度），把内压引进整个宽度。

第二，之所以 p_{2c} 与垫片预紧密封比压无关，是因为通过条件 $b'=b$ 默认了预紧的存在及其密封可靠性。

第三，即便 $p_{2c} \geqslant 7.1\,\text{MPa}$ ，但是只要满足 $b'=0$ 时的条件 $p_{1c} < 8.3\,\text{MPa}$ ，就同样能实现自紧密封，只不过其金属环之间的有效密封宽度 b' 有所减小。$b'=0$ 时的最大有效计算压力之所以较 $b'=b$ 时的大，是因为介质可以渗入垫片金属环之间更深的宽度，内压作用于金属环的张开力更大。

第四，根据 $p_{2c} < p_{3c} < p_{1c}$ ，表明垫片从金属环之间张开自紧到金属环与法兰密封面之间自紧密封的形成过程是一种前者有效计算压力包含后者有效计算压力的关系；密封效果随着压力的增加而提高的递进过程不是全程的，而是局部范围的，超出该范围后，密封效果反而随着压力的降低而提高，表现出一种载荷退缩导致的功能增强过程。

最后，根据 $p_{2c} < p_{1c}$ ，表明从金属环之间没有有效密封宽度到具有有效密封宽度的自紧密封强化过程也是一种包含关系；也不是压力提高的递进关系，而是压力降低的效果退缩过程。

（2）双层金属垫内压自紧密封的工程条件。对于 GB 150.3—2011 标准表 7-2 中常用于压力容器设备法兰密封的各种垫片，假设以该表为基础制造成类似图 7.1 双金属波齿复合垫片的结构形式，并分别按式（7-70）、式（7-74）计算其能够实现自紧密封的最高有效计算压力，则结果见表 7.2，设想所列的双层金属垫片均适用于中压以上。其中第一行的棉纤维橡胶是非金属，其 $p_{1c} < p_{2c}$ ，不符合金属垫的适用压力规律，列于表中纯粹便于比较，扩展认识。

表 7.2　不同垫片结构材料的最大有效计算压力

双金属复合垫 的结构材料基础	垫片系数 m	预紧比压 y/MPa	式（7-70） p_{1c} /MPa	式（7-74） p_{2c} /MPa	适用 压力
内有棉纤维的橡胶	1.25	2.8	2.8	5.9	中压
复合柔性石墨波齿金属	3.0	50	50	7.1	
不锈钢波纹金属包石棉	3.5	44.8	44.8	7.3	
不锈钢波纹金属板	3.75	52.4	52.4	7.3	
平（不锈钢）金属板包石棉	3.75	62.1	62.1	7.3	
不锈钢槽形金属	4.25	69.6	69.6	7.4	
铁或软钢金属平垫	5.5	124.1	124.1	7.6	中高压
蒙乃尔或 4%~6%铬钢	6.0	150.3	150.3	7.7	
不锈钢金属平垫	6.5	179.3	179.3	7.7	
不锈钢金属环	6.5	179.3	179.3	7.7	

把表 7.2 中式（7-70）、式（7-74）的最高有效计算压力绘制成曲线，分别见图 7.17 和图 7.18。图 7.17 中的曲线在 40~60MPa 范围内有折返，是相应垫片的两个特性参数非同步增

长的反映。对图 7.18 中式（7-74）的实曲线添加了其所包络的拟合虚线，该拟合曲线由相关指数平方 R^2 达 0.988 的趋势线下移 0.07MPa 单位绘得，其二次关系的不等式为：

$$p_{2c} < -0.081\,m^2 + 0.949m + 4.85 \tag{7-75}$$

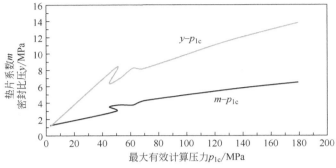

图 7.17　无有效密封宽度的自紧密封计算压力

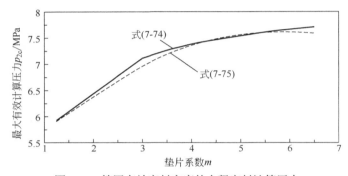

图 7.18　等同有效密封宽度的自紧密封计算压力

分析图 7.17 和图 7.18，双层金属垫片的最高有效计算压力都随着其特性参数的增大而提高，约在 75 MPa 之后，提高幅度略显放缓。

7.3.8　面向工程的理论研究

（1）统一分析模型及相关成果的融合。式（7-68）反映计算压力的最大有效值，只与垫片特性参数有关，而与垫片宽度无关，但是其力学模型考虑了与来自法兰的压紧力作用，而没有考虑法兰的偏转。笔者以前初步分析的结果则只反映金属环能够张开自紧的计算压力最小门槛值，没反映金属环自紧密封的计算压力最小门槛值；其中为了彰显双层金属垫的自紧效果，力学模型中忽略法兰密封面对垫片的压紧力，但是假定与垫片配合的所有法兰都偏转到法国标准 DIN 2505（草案）许可的最大角度 3°，以获取金属环可能的最大张开位移。这种化繁为简的方法撇开过程而面对极限状态，分析结果只体现密封体系的局部即垫片自身的力学行为，无法体现密封体系的整体效果。同时，本节和前一节初步分析的结果都与垫片压紧力作用中心圆直径无关。

笔者认为，这一节的结论与前一节初步分析的有关结论不但不矛盾，而且两者还具有结合的基础，主要表现在：首先可把计算压力最大有效值作为以前初步分析的结论具有工程意义的前提，即在计算压力最大有效值之内，双层金属垫张口位移与内压成线性正比例，且自紧密封效果也就随内压升高而增长；其次是可以进一步在一种新的模型上分析研究计算压力的最大有效值和最小门槛值，共同给出双层金属垫自紧密封的适用压力范围，深化该新元件的专题分析。

（2）创新专题。从结构来说，文献[4，20]等的金属环之间靠近外侧存在一小段无缝隙实体宽度，可视为金属平垫与双层金属垫的组合。另外，从式（7-15）的关系 $\nu_{\Sigma\max} \propto p_{\mathrm{c}} B^4$ 可知，当内压 p_{c} 存在上限时，还可以通过增大宽度 B 来继续获得张开自紧力的提高；可把垫片宽度设计成大于法兰密封面安装宽度，即垫片内径基本等于法兰密封面内径，但是垫片外径超出法兰密封面安装面外径，这样就增大了内压作用的垫片宽度 B，从而获得更大的 $\nu_{\Sigma\max}$。已有成果可为这些近似的特殊结构垫片的分析提供基础。

从结构来说，两层金属环的外圆连接处越薄越有利于两层金属环的张开，因此连接处焊接接头的优化值得关注。

从强化效果来说，如果在原有设计（仅仅把双层金属垫视作单金属垫）获得校核通过的基础上，再适当增加螺柱，则法兰密封面上由于内压升高而通过容器端部作用所引起的轴向松弛就会有减少。此时双层金属垫将适用于更高的内压，充分发挥其张开自紧及自紧密封的功能，从而改善整个密封系统的设计，也体现其技术经济性。

从优化来说，把内压作用下双层金属垫张开自紧及自紧密封的强化密封效能等效为相应的垫片特性参数，从而改善整个密封系统的设计，也体现其技术经济性。

从方法来说，应用有限元分析方法来分析双层金属垫的力学行为及其功能原理，也是一个可以探讨的课题，不过要注意应用该方法时人为假设的局限性。

7.4 双层金属垫自紧密封的图解分析

文献[4]的有限元分析模型都有一个前提，就是假设垫片与法兰密封面接触区域不受介质内压的作用。问题不仅存在于分析方法，而且也存在于模型的合理性。有限元分析比解析法更直观、细致，解析法主要解释内压作用下双层金属垫的力学行为，除了金属环张开和自紧两种外，有限元分析也许还能发现其他情形。实际上，密封效果的强化在整个过程是动态的，在整个垫片宽度内是不均匀的，而有限元分析存在模型简化则误差明显、完全模拟则技术较难、只能处理个案欠缺规律性结果以及其分析成本较高等问题。因此，这里尝试侧重于图示方法对双层金属垫内压自紧密封性进行分析，便于读者加深理解。

7.4.1 内压作用下无组焊双层金属垫的力学行为

两片金属环的外圆周上无组焊的双层金属垫也就是传统两件金属垫叠加的形式,结构轴对称。图 7.19～图 7.22 展示了图 7.1 中整体垫片左边截面部分在密封系统中部分可能的行为表现, F_p 为操作状态下需要的最小垫片压紧力, p_c 为操作内压的计算压力。下文中与 GB 150.3—2011 标准一致的符号其含义也相同,引入的新符号则专门定义或解释。

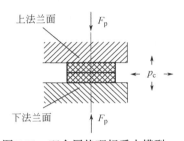

图 7.19 双金属垫理想受力模型

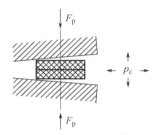

图 7.20 双金属垫正常受力模型

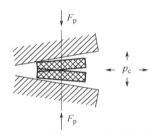

图 7.21 双金属垫双侧自平衡受力模型

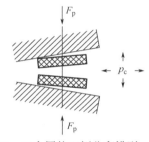

图 7.22 双金属垫双侧分离模型

图 7.19 和图 7.21 的模型能满足密封要求,图 7.20 的模型因叠加垫片无法像图 7.21 模型张开而潜在危险,图 7.22 的模型则是将要丧失密封能力。

7.4.2 内压作用下双层金属垫的力学行为分类

7.4.2.1 力学行为截面简图

操作工况下双层金属垫的 10 种力学行为截面简图见图 7.23～图 7.32,

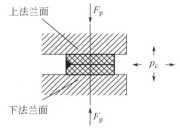

图 7.23 双层金属垫理想受力模型

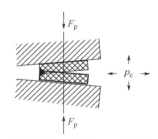

图 7.24 双层金属垫双侧张开双侧随紧受力模型

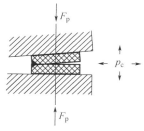

图 7.25　双层金属垫单侧张开双侧随紧受力模型

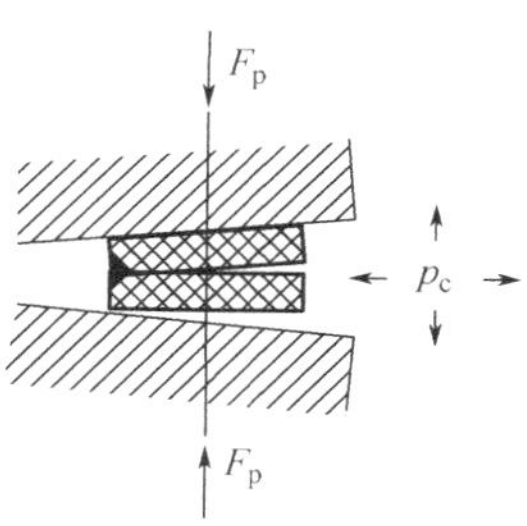

图 7.26　双层金属垫单侧张开单侧随紧受力模型

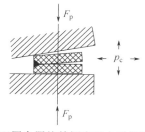

图 7.27　双层金属垫单侧张开自平衡受力模型

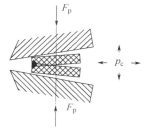

图 7.28　双层金属垫双侧张开自平衡受力模型

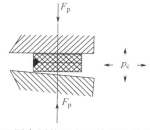

图 7.29　双层金属垫无张开单侧贴紧危险模型

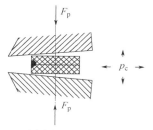

图 7.30　双层金属垫无张开无贴紧危机模型

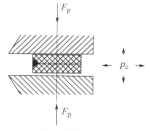

图 7.31　双层金属垫无张开无效模型

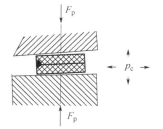

图 7.32　双层金属垫无预紧危机模型

7.4.2.2　行为的功能分析

图 7.23～图 7.32 模型力学行为的功能表现及评价见表 7.3。

表 7.3　操作工况下双层金属垫行为分类

图号	结构案例	功能表现	评价	对策
图 7.23	强度足够的对称密封结构：长颈对焊法兰连接长筒体	上下两侧的密封面只开口不变形 上下两侧的复合石墨层及双金属骨架的回弹性满足密封要求	密封理想，但与压力自紧无关	

图号	结构案例	功能表现	评价	对策
图 7.24	强度不足的对称密封结构：平焊法兰连接长管线	两侧的密封面开口变形 两侧的复合石墨层及双金属骨架的回弹性不满足密封要求，但是双金属间的压力使双侧自紧	密封有效，且双侧自紧	
图 7.25	强度足够的非对称密封结构：厚壁盲盖	一侧的密封面开口变形 两侧的复合石墨层及双金属骨架的回弹性不满足密封要求，但是双金属间的压力使双侧自紧	密封有效，且双侧自紧	
图 7.26	强度不足的非对称密封结构：薄壁盲盖	两侧的密封面开口变形 两侧的复合石墨层及双金属骨架的回弹性不满足密封要求，但是双金属间的压力使单侧自紧	密封有效，但只单侧自紧，密封危险	提高压力自紧性
图 7.27	同图 7.25 的结构案例	一侧的密封面开口变形 两侧的复合石墨层及双金属骨架的回弹性不满足密封要求，但是双金属间的压力使单侧自紧	密封有效，但只单侧自紧，密封危险	提高压力自紧性
图 7.28	同图 7.24、图 7.26 的结构案例	两侧的密封面开口变形 两侧的复合石墨层及双金属骨架的回弹性不满足密封要求，双金属间的压力也不能使任一侧自紧	密封尚有效，但自紧不起作用，密封危险	提高压力自紧性
图 7.29	同图 7.25、图 7.27 的结构案例	两侧的复合石墨层及双金属骨架的回弹性不满足密封要求，垫片一侧与法兰密封面将分离	密封尚有效，但自紧不起作用，密封危险	启动压力自紧
图 7.30	同图 7.24、图 7.26 的结构案例	两侧的复合石墨层及双金属骨架的回弹性不满足密封要求，垫片两侧与法兰密封面将分离	密封尚有效，但自紧不起作用，密封危机	启动压力自紧
图 7.31	一侧密封面存在缺陷	垫片一侧的某一弧段与法兰密封面分离，或两者间的预紧力无法阻止介质的压力通过，存在明显的介质泄漏路径	密封失效	提高预紧压力形成初始密封
图 7.32	两侧密封面存在缺陷	垫片两侧的某一弧段与法兰密封面分离，或两者间的预紧力无法阻止介质的压力通过，存在明显的介质泄漏路径	密封失效	提高预紧压力形成初始密封

初步分析，图 7.23 是双层金属垫可能的理想受力模型，不会出现图 7.24～图 7.28 的张开行为；图 7.31 的双金属闭口行为是危险的，而图 7.29、图 7.30 和图 7.32 的闭口行为具有客观可能性。

7.4.3　双层金属垫自紧性的图解分析

双层金属垫有效密封宽度的内压自紧密封性主要是指计算压力 p_c 作用下有效密封宽度内所形成的与法兰密封面之间的压紧力增量，以及新的压紧力与原来的压紧力的比较。在分析过程中，虽然以双层金属垫内侧开口可以渗入内压为前提，但是不考虑双金属环是否张开，更不考虑其张开所形成的压紧力。

7.4.3.1 图解受力模型

（1）简化受力模型。在讨论张开力计算式（7-27）简化为式（7-28）的过程中，人为设置两层金属环之间（包括有效密封宽度）存在内压可以减小计算式的误差（不超过 4%）。因此，把图 7.23 的双层金属垫理想受力模型进一步简化为图 7.33 的第 2 层金属受力模型，则双金属密封焊接点化为模型左下角的固支点或者铰支点。其中图 7.33（a）是反映整个接触宽度 N 的全模型，模型中完全渗入双金属之间的操作内压的计算压力为 p_c，在无效密封宽度（$N-b$）内，渗入金属垫密封面与法兰密封面之间的计算压力也为 p_c，也即在无效密封宽度内，单层金属上下所受压力相等对消。因此，全模型可简化为只有有效密封宽度的受力模型，见图 7.33（b）。必须提醒注意的是，为了讨论介质的自紧作用效果，模型的下表面忽略了本来存在于模型左侧支点的 F_p；这是操作状态下的最小垫片压紧力，由螺柱施加给第 1 层金属传递而来。

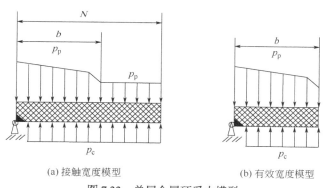

(a) 接触宽度模型   (b) 有效宽度模型

图 7.33 单层金属环受力模型

（2）有效密封宽度等效受力模型。图 7.33 的有效宽度模型可再简化为等效压紧压力差 $\Delta p = p_p - p_c$ 的模型，见图 7.34（a）。相对于有效宽度模型的固支点，模型受到顺时针方向的非均布压力作用；该压力可在宽度上通过积分等效为顺时针的弯矩 M，最终化为图 7.34（b）的等效弯矩模型。为方便与渗入双金属之间的操作内压 p_c 比较，设操作状态下有效密封宽度 b 内的最小压紧压力为 P_p，其大小等于最小压紧力 F_p 除以有效密封面积（$\pi b D_p$），D_p 是有效密封宽度 b 内金属环的中径。

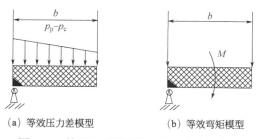

（a）等效压力差模型   （b）等效弯矩模型

图 7.34 单层金属环有效密封宽度等效模型

根据 GB 150.3—2011 标准，当 $b_o > 6.4\text{mm}$ 时，D_G 等于垫片接触的外径减去 $2b$，也就

是有效密封宽度的内径，因此可设 $D_p \approx D_G + b$，则操作状态下密封面施加给垫片的压力

$$p_p = \frac{F_p}{D_p b} = \frac{6.28 D_G b m p_c}{(D_G + b)b} = \frac{6.28 D_G m p_c}{D_G + b} \tag{7-76}$$

D_G 越大，则 $D_G / (D_G + b)$ 越小，即便对于 $D_G = 300mm$ 和 $B = 20mm$，因

$$b = 2.53\sqrt{0.5N} = 2.53\sqrt{0.5B} = 2.53\sqrt{0.5 \times 20} \approx 8.0 \tag{7-77}$$

也就有

$$D_G / (D_G + b) = 300 / (300 + 8.0) \approx 0.974 \tag{7-78}$$

因此，一般地可取

$$p_p = 0.974 \times 6.28 \times 3.0 \times p_c = 18.35 p_c \tag{7-79}$$

从而，有效密封宽度内单层金属上、下面的压力差为

$$\Delta p = p_p - p_c = 18.35 p_c - p_c = 17.35 p_c > p_c \tag{7-80}$$

上式表明，在忽略 F_p 的前提下，在内压作用下有效密封宽度内，促使垫片闭合的压力与企图张开垫片的压力相比，前者恒大于后者；说明双层金属垫在有效宽度范围内上、下金属环之间恒闭合，上、下金属环分别与上、下法兰密封面之间也是恒闭合的。笔者认为，这一结论与 7.1（2）中关于双层金属垫密封条件与其金属环张开之间存在悖论的判断不但不矛盾，反而是一致的。

不过，有两个工程现实使得介质完全能够、也很大程度上只能够渗入上、下金属环之间的无效宽度范围内，从而使得 7.2.4 小节的悖论得以化解，也使得图 7.34 的等效模型虽然适用但是略偏保守。这两个工程现实包括：当内压使法兰环偏转时，法兰环对垫片外侧的压力大于对垫片内侧的压力，有利于垫片金属环张开；垫片上、下金属环之间是普通光洁度的车削加工面，介质容易渗入，金属环与上、下法兰密封面之间充满压实的石墨层，介质难以渗入。相应地，法兰密封面上双层金属垫有效密封宽度范围内的压力除原来垫片的反压力 p_p 外，还增加了内压 p_c 的无张开压紧作用，根据式（7-79），压紧力提高了

$$p_c / p_p = p_c / (18.35 p_c) \approx 5.4\% \tag{7-81}$$

（3）有效密封宽度对自紧性的影响。如果说上、下金属环之间虽然闭合，但是由于表面粗糙度或者外侧焊缝的影响致使其存在微小缝隙，则介质能够渗入；而且有效密封宽度越小，无效密封宽度越大，介质渗入面积越大。金属环垫片的张开面积 $A_{垫}$ 与筒体内径的面积 $A_{筒}$ 比

公式（7-20）可修改为：

$$n = \frac{A_\text{垫}}{A_\text{筒}} = \frac{(D_\text{i} + B - b)(B - b)}{0.25 D_\text{i}^2} \tag{7-82}$$

与原式（7-20）比较，分子的两项都减小了。上式的计算结果将随着筒体内腔直径的增大而更快地趋向于零，也表明自紧密封性的效果不大。即便式（7-82）的 b 趋于零，也不影响同样的效果。

基于式（7-81）和式（7-82）的分析结果，双金属垫的内压自紧是存在的，但是效果很微小。

（4）金属环缝隙对自紧性的影响。图7.35是某一双层金属垫骨架右侧的局部放大图，上、下金属环之间完全贴合，在预紧和操作中，这种贴合更加紧密。所谓的自紧密封性基本是一个伪命题，偏离客观实际的简化研究失去工程意义，但是具有理论意义。为了找到研究双层金属垫密封性的切入点，文献[4]在构建有限元分析模型时，专门设计了上、下金属环之间的缝隙，分别为0.2mm、0.3mm和0.4mm三种模型结构。据笔者初步调研，理论研究中不管双层金属垫上、下金属环之间是否存在人为设计的缝隙，但是客观上存在带压介质可以渗入上、下金属环之间这一事实，因而假设上、下金属环之间存在缝隙逐渐成为研究者的共识。这也是笔者在构建图7.6模型时把垫片压紧力 F_G 设置于垫片外缘处的缘由。

图7.35　双层金属垫骨架横截剖面

7.4.3.2　自紧密封机理分析

根据已有分析，双层金属垫的内压自紧作用可以从垫片宽度区域分为性质不同的两部分，即是否存在有效密封宽度。内压强化双层金属垫的密封又可从功能过程进一步分为张开自紧的形成和自紧密封的强化两种行为。

一是无效密封宽度范围内的自紧作用。根据文献[4～6, 22]的结论，只有当计算压力 p_c 达到一定的门槛值，双层金属垫的无效密封宽度才产生张开位移，表明该功能的条件性和相对性。

垫片从金属环之间张开自紧到金属环与法兰密封面之间自紧密封形成的过程是一种前者

有效计算压力包含后者有效计算压力的关系，换句话说就是能张开自紧的有效计算压力区间较宽，自紧密封的有效计算压力区间较窄。密封效果随着压力而提高的递进过程不是全程的，而是局部范围的，超出该范围后，密封效果反而随着压力的降低而提高，表现出一种载荷退缩导致的功能增强过程。

二是式（7-79）所示有效密封宽度范围内的自紧作用，无论计算压力 p_c 的大小，压紧力均提高 5.4%，具有必然性。但是如果双层金属垫外圆侧的组焊支点向缩小直径的方向内移的话，则图 7.33（a）模型中 p_c 的作用宽度相应减少，有效密封宽度范围内的压紧力提高程度将达不到 5.4%。当组焊支点的内移量达到图 7.33（b）的有效密封宽度 b，则压紧力没有提高。因此，原图 7.33（b）的结构即使应用于数学分析所得出的上、下限适用范围，也很可能无法产生自紧作用。

从金属环之间没有有效密封宽度到具有有效密封宽度的自紧密封强化过程也是一种包含关系；也不是压力提高的递进关系，而是压力降低的效果退缩过程。

三是理想状态下，双层金属垫的密封性质是有效密封宽度范围内传统强制密封功能基础之上再扩展上无效密封宽度范围内的自紧密封功能。根据采用双层金属垫进行法兰密封时的设计参数取值及计算校核过程，这完全是一种螺柱强制密封设计，与采用单层金属垫的设计没有本质上的差异，就是依靠垫片与法兰密封面之间的有效密封宽度来密封。至于双层金属是否在内压下张开，张开后能不能贴紧法兰密封面以防止内压渗入，都无损原来依靠有效密封宽度的强制密封。当然，如果真的能贴紧法兰密封面并且也能阻止内压渗入，则是多了一层富余的密封保险。强制密封与所谓的自紧密封两者是独立的而不是叠加的，后者无法强化前者，前者是必要的；后者的自紧对密封来说是不充分的，因而也是非必要的。即便没有后者，前者也能起到应有的密封作用。

四是法兰内径和垫片宽度对双层金属垫内压自紧性的影响。文献[5]对操作工况下垫片压紧力的减少和增加两方面比较，前者的数量值起码是法兰内径之内横截面积上的内压作用，后者是双层金属垫的金属环面积所承受的同样内压的作用，后者与前者之比是可以量化的。直径越大，垫片越窄，则该比值越小。对于常见的配合 $D_i = 1000\,\text{mm}$、$B = 22\,\text{mm}$，从垫片间隙获得的作用力增加已占筒体内腔导致的作用力减少的 8.99%，该影响已不可忽略。一般的结构粗略地判断，后者一般只占前者的 10%。

五是扩大有效密封宽度范围的调节作用。无论是有效密封宽度范围内压紧力的绝对提高，还是无效密封宽度范围内压紧力的相对提高，都会扩展有效密封宽度，但是有关的量化关系十分复杂。又由于法兰密封面的张开位移不变，有关的扩展量是很有限的，鉴于传统的单层金属垫的有效密封宽度计算式也只是一条经验式，保守起见，其自紧密封中有效密封宽度的扩展量暂且忽略。

六是特殊情况下的不明因素。如果案例表明双层金属垫性能较原来的单金属垫性能好，则本质上或许是源于对原来单层金属垫性能欠缺的弥补、骨架或者复合层材料的优良性，甚至于该垫片的贵重促使现场安装精度提高，而不仅在于内压自紧的微弱作用。

笔者认为，目前关于双层金属垫的性能研究中，如何平衡其刚度和柔度矛盾，也是探讨其内压自紧可能性的一个方向。通常情况下，按自紧密封设计的垫片需要控制其材料的弹性模量上限，否则，在设计压力下其结构变形跟不上密封面的变形而无法自紧；也许是"结构弹性模量"或者其他因素对双层结构的回弹性压紧力能够提供显著作用，包括应力分布的变化、垫片骨架的齿形结构，骨架提供的弹性、复合层提供的热胀弹性、内压使垫片径向位移与法兰两个密封面间楔形形成的自紧作用、温度使垫片径向位移与法兰两个密封面间楔形形成的自紧作用、双层金属垫的有效密封宽度计算是否还与单金属垫的一样、以上几种因素的组合是否存在交互作用等，究竟哪些因素是主要的，有待深入研究。

总之，双层金属垫的自紧作用只在合适的压力区间内发生。比较其改善密封效果的原理，在有效密封宽度范围内主要是有限提高垫片与法兰密封面之间的接触压力，两者始终保持紧密贴合；在无效密封宽度范围内则主要是有限提高垫片金属环的张开位移，从而保持与密封面之间的接触。当该接触压力低于内压时，虽然无法阻止介质的渗入，但是石墨层也可以抵消介质的部分渗透动能，延长介质泄漏的障碍路程；当金属环的张开位移赶不上法兰密封面的张开位移时，该接触压力等于零，介质直接渗入，没有改善效果。

7.5 其他因素对双层金属垫密封行为的影响

7.5.1 高温下垫片的等效回弹量

（1）等效回弹量计算分析。常作为波齿垫骨架的奥氏体不锈钢与承压法兰常用的碳素钢等钢相比，其线膨胀系数明显较大[23]。设密封垫的直径 $D = 1000\,\mathrm{mm}$，设计温度与常温之差 $\Delta T = 330\,℃$，密封垫和法兰的线膨胀系数分别为 $\rho_\mathrm{D}^{350} = 17.79 \times 10^{-6}\,\mathrm{mm/(mm \cdot ℃)}$ 和 $\rho_\mathrm{F}^{350} = 13.24 \times 10^{-6}\,\mathrm{mm/(mm \cdot ℃)}$，则设计工况下两者的径向热膨胀差值为

$$\Delta R = 0.5\Delta D = 0.5D\Delta\rho\Delta T = 0.5D(\rho_\mathrm{D}^t - \rho_\mathrm{F}^t)\Delta T$$

$$= 0.5 \times 1000 \times (17.79 - 13.24) \times 10^{-6} \times (350 - 20) \approx 0.75\,(\mathrm{mm}) \tag{7-83}$$

以整体法兰刚度校核时许可的密封面最大偏转角 3°为参考基准进行计算，当实现该径向位移 ΔR 后相当于垫片环沿径向扩大并能楔紧两法兰密封面偏转后构成的夹角，可获得一个图 7.36 所示的轴向等效位移。图 7.36（a）中内压导致法兰密封面偏转 θ 角，垫片环没有热膨胀但是其外角仍与法兰密封面贴紧而起到密封作用。图 7.36（b）中内压不但导致法兰密封面

偏转 θ 角，还使密封面轴向位移了 h；此时如果垫片环热膨胀位移 ΔR 使其外角保持与法兰密封面贴紧，则仍会起到密封作用。按直角三角形几何关系计算得

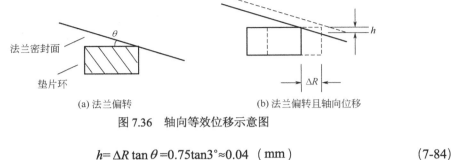

(a) 法兰偏转　　　　　　　　(b) 法兰偏转且轴向位移

图 7.36　轴向等效位移示意图

$$h = \Delta R \tan \theta = 0.75\tan 3° \approx 0.04 \quad (\text{mm}) \tag{7-84}$$

两侧密封面则可获得两个轴向等效位移 $2h$，约为 0.08mm。直径越大或温差越大，则获得的径向位移就越大，相应的轴向等效位移及等效回弹力就越大，垫片可继续楔紧密封面偏转形成的楔形角，显然是不可忽略的因素。但这里只是一种定性的分析，尚无法从定量上分析该因素的作用程度。

（2）前人关于等效回弹量的试验。表 7.4 列出了前人对垫片回弹量试验的实测结果。轴向等效位移约为 0.88mm，与表中的值进行比较，是最大值 0.432mm（文献[24]）的 18.5%，是最小值 0.002mm（文献[25]）的 40 倍，且大多小于表中的值。因此，由高温等效回弹量引起的自紧作用也是不确定以及作用有限的。

表 7.4　垫片回弹量试验

分析对象及方法	垫片尺寸/mm	检测结果/mm
文献[25]对单层金属波齿石墨复合垫检测得到压缩回弹曲线	内、外径分别为 108、149	应力达 100MPa，垫片的压缩位移和回弹位移也分别只有 0.017、0.002
文献[10]运用有限元分析方法对单层金属波齿石墨复合垫的 9 种结构细节组合进行分析	内、外径分别为 84.0、120.5，厚度为 3.0	压缩变形量为 0.040～1.090，卸载后的回弹变形量约为 0.020～0.560
文献[24]对不锈钢金属梯形齿齿骨架试验	厚度 3.10	在 70MPa 应力下压缩变形量约为 0.240，卸载后的残余变形量约为 0.104。据此计算其卸载后的回弹变形量约为 0.240-0.104=0.136
文献[24]对梯形波齿复合垫试验	厚度预压后约 5.30	在 70MPa 的应力下，垫片的压缩变形量约 0.78，卸载后的残余变形量约 0.348。据此计算其卸载后的回弹变形量约为 0.78-0.348=0.432

高温下单层或双层金属垫因径向位移产生的自紧密封作用虽然是有限的，但尚难定量计算，在无法确定其单金属或双金属垫片性能参数时，保守考虑建议大直径开口密封设计。

7.5.2　问题讨论及有待研究的专题

双层金属垫片的自紧载荷视作垫片（回弹）载荷增大时的关系见图 7.37。

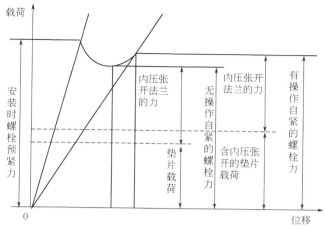

图 7.37　视作垫片载荷增大的自紧载荷关系

（1）局部结构的效果。人为地把双层金属垫内侧设计成开口缝隙形或带内腔的结构，可以辅助其回弹性能的发挥。只要安装螺柱时考虑了操作工况，双层金属垫就不可能张开。一方面虽然反变形回弹性提供了部分回弹力，但是双层金属之间的相互接触压力会相应降低，垫片承受的总压紧力是平衡的。另一方面因为 $F_s < F_p$，预紧时垫片石墨层受到的压紧力可能会降低，从而会使人为设计的开口合拢压紧，最终回归到图 7.19 的受力模型。

文献[2，3，24]介绍，双层金属垫骨架两片金属的上下表面设计加工有相互错开的圆弧形同心槽，从而构成波齿状整体结构的金属骨架。显然，目前未见各种可能结构在垫片性能方面的理论或试验的比较分析。例如，上、下金属环表面设计加工的圆弧形同心槽数量不等；上、下金属环表面设计加工的圆弧半径大小不等；上、下金属环片设计的厚度或宽度不等；上、下金属环片只单面填塞有石墨；上、下金属环片的焊接处是柔性结构；上、下金属环片贴合面间有径向槽；上、下金属环片的厚度不相等；上、下金属环片分别设置波形与齿形；上、下金属环片只有其中之一设置波形；适应配对法兰张口效应的变齿高垫片；内外圈的收弧结构更有利于石墨层完整性的保护；超过两层的多层结构是否能按比例地提供更高性能参数等；波齿复合垫是否带定位环对其变形刚度的影响等因素的影响。

波齿垫骨架的齿尖最先受到法兰密封面的压力作用，也是受到法兰密封面压力作用最大的地方，但这里只是骨架上很小的一点局部结构；从朴素的工程观判断，仅依靠齿尖的回弹性来提供密封性能是不够的，而不小心的预紧操作又很容易使这么一点很小的局部结构发生屈服，材料进入塑性后不再具有弹性。一旦这样，波齿垫密封性能实质上只好依靠石墨复合层来提供。从这点而言，波齿垫比不上缠绕垫的整体性能。

另外，双层金属垫总的骨架厚度增加了，是否会如文献[10]所认为的那样成为影响垫片压缩率和回弹率的主要不良因素，抵消了张口自紧效应的作用，这有待进一步研究。

（2）影响密封效果的本质因素。双层金属垫只能发挥有限的自紧密封作用。文献[1~3]

和专利[26～29]只是从原理上描述一种结构功能，朴素地认为压力升高后，介质会通过间隙进入两金属间并向上、下金属片施压，将介质压力传递给垫片与法兰接触面上，同步提高了操作状态下垫片的密封比压，使垫片能始终保持其良好的密封。这些参考文献并没有介绍双层金属垫的具体结构尺寸，也没有检测机构发表检测结果。

特性参数的保证。文献[1～3]介绍，双层金属垫的特征参数 m、y 值和以往不是双金属的柔性石墨金属波齿复合垫相同。那么，在设计计算上无法体现出双层金属垫的任何优点。据了解，19 世纪 70 年代国外曾有学者对局部样品进行研究，试图利用缠绕垫一小段替代整个产品进行性能测量，以解决大尺寸产品的测试，但此后并未见有进一步报道和实际应用。限于试验条件等各种因素限制，这些产品的试验只能采用小尺寸的标准试样。也正因为如此，标准试样性能测试仅作为产品质量对比的依据，而不能代表所有产品的性能。按标准规定，向用户提供的性能测试数据应由国家授权的检测机构（如合肥通用机械研究院）检测。用户在订货或产品验收时应向供应商索取经上述检测机构检测的性能指标数据，以了解产品质量。

（3）NB/T 10067—2018 波形自紧式复合密封垫片。除了图 7.1 所示的双层金属自紧密封波齿复合垫片外，还有图 7.38 所示的波形自紧式复合密封垫片。全国锅炉压力容器标准化技术委员会压力管道分技术委员会管道分会（2016）第 003 号关于行业标准 NB/T《承压设备用自紧式平面密封技术规定》（征求意见稿）征求意见的函公开了该标准高的内容，国家能源局 2018 年第 12 号公告该标准于 2018 年 10 月 29 日发布，2019 年 3 月 1 日起实施。图 7.38 中 d_1 是垫片内径，d_2 是密封面内径，d_3 是密封面外径，d_4 是垫片外径，H 是垫片厚度，H_1 是金属骨架厚度，H_2 是金属波峰宽度，h 是金属外环厚度，另外还有金属波纹板厚度 0.35mm≤t≤0.5mm，周波数 0.5≤n≤4。

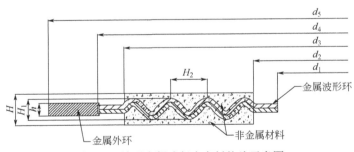

图 7.38　波形自紧式复合密封垫片示意图

NB/T 10067—2018 标准规定了管法兰用波形自紧式复合密封垫片的结构形式、尺寸、材料、技术要求、检验要求、标记和标志。虽然该标准针对管法兰而在条文中规定垫片外径 d_4 不大于 682mm，但是标准名称不强调"管法兰用"，而是"承压设备用"。尚未见关于这种新型密封垫自紧性技术原理的报道，其特征参数 m、y 如何取值，内压升高后其结构行为如何转变为自紧功能，均不得而知。

（4）双层金属垫不适用于外压作用。从力学分析，外压工况下无法发挥上、下金属环的张开功能，双层金属垫不适用于外压作用。何况一般来说外压不大，其双层金属垫的贴紧作用也是微不足道的。

参考文献

[1] 高俊峰，吴树济. 压力容器用大直径法兰连接密封垫片的选用[J]. 压力容器，2012，29（10）：67-70，80.

[2] 吴树济，高俊峰. 新型双金属自密封波齿复合垫片结构及其性能特点[J]. 石油化工设备技术，2012，33（5）：57-59.

[3] 吴树济. 新型双金属自密封波齿复合垫片的研制开发[J]. 化工机械，2012（4）：456-459.

[4] 周先军，文卫朋，尚庆军. 双金属自密封波齿垫片结构参数及密封性能研究[J]. 压力容器，2015，32（4）：16-21.

[5] 陈孙艺. 复合波齿双金属垫密封内压自紧性分析及应用[J]. 中氮肥，2016（5）：57-61.

[6] GB 150.3—2011 压力容器 第3部分：设计

[7] 苏翼林. 材料力学：上册[M]. 北京：人民教育出版社，1979：102，150.

[8] GB/T 19066.1—2008 柔性石墨金属波齿复合垫 尺寸

[9] 陈孙艺. 复合石墨波齿金属垫密封失效的初步认识[J]. 石油化工设备技术，2013，34（3）：61-66.

[10] 罗伟. 柔性石墨波齿复合垫片力学性能的有限元分析[J]. 化工机械，2012（4）：497-499.

[11] 卢志毅. 法国标准 DIN 2505（草案）1986.1 法兰接头计算[J]. 化工设备设计，1991（2）：36-57，64.

[12] 王立业，侯明. 金属环连接垫密封特性对环垫硬度的响应[J]. 润滑与密封，1999（5）：35-38.

[13] 匡良明，罗展慧，甘望星. ASME 法兰刚度与转角关系的验证及转角极限的确定[J]. 化工设备与管道，2018，55（1）：20-24.

[14] 桑如苞. 美国 ASME 法兰设计刚度计算方法分析[J]. 石油化工设计，2009（1）：1-5.

[15] ASME PCC-1—2013. Guidelines for Pressure Boundary Bolted Flange Joint Assembly[s].

[16] 刘翔，于洪杰，钱才富. 基于有限元的法兰工程设计软件开发[J]. 化工机械，2017，44（3）：302-306，356.

[17] Kao K R. Companion Guide to the ASME Boiler and Pressure Vessel Code[M]. New York：ASME INTL，2012.

[18] 董智，覃文良，马全，等. 高温下螺栓法兰联接密封结构三维数值分析[J]. 压力容器，2015，32（9）：33-38.

[19] 张绍良，王剑波. 优化法兰螺栓紧固方法促进挥发性有机物减排[J]. 石油化工设备，2019，48（3）：70-75.

[20] 陈孙艺. 关注垫片宽度的高压法兰螺栓密封设计[J]. 机械科学与技术，2015，35（增刊）：83-88.

[21] 叶建春. 高压密封装置的技术进展[J]. 轻工机械，1999，16（2）：7-9，17.

[22] 陈孙艺. 双金属垫内压自紧密封性的有效计算压力的解析分析[J]. 化工与医药工程，2018，39（6）：37-45.

[23] GB 150.2—2011 压力容器 第二部分：材料

[24] 董成立，周先军，仇性启. 梯形波齿垫片性能分析与常温试验研究[J]. 石油化工设备，2003，32（2）：12-14.

[25] 谢苏江，蔡仁良，黄建中. 金属波齿复合垫片结构参数和力学性能关系的试验研究[J]. 化工机械，2000，27（4）：200-2003.

[26] 吴树济，刘秀英. 复合垫片：ZL 200720053323.2 [P]. 2008-06-04.

[27] 吴树济，刘秀英. 自紧式波齿复合垫片：ZL 201020594151.1 [P]. 2011-05-18.

[28] 吴树济，刘秀英. 自紧式金属垫片：ZL 201020594155.X [P]. 2011-06-22.

[29] 吴树济，刘秀英. 外压用复合垫片：ZL 201020594149.4 [P]. 2011-07-27.

第8章
金属隔膜密封垫片

石油化工中装置中隔膜密封的渐进应用有一个较长的过程。隔膜的动态密封功能最早是在泵阀等管道配件中应用的，目前形成了隔膜阀和隔膜泵系列产品，已有成熟可靠的技术历程。国内高温高压临氢装置热交换器管箱密封采用过多种结构，从传统的长颈法兰结构到 Ω 环式密封焊结构和唇式垫片密封焊结构，再到螺纹锁紧环密封或其简化的内外两圈螺柱密封结构；之所这样，是因为不同结构具有不同的适应性，其中没有一种结构具有普遍的适用性。文献[1～3]分别报道了这类密封结构发生管箱泄漏的个案，固定管板与两侧法兰之间的 Ω 环密封结构存在奥氏体不锈钢缝隙腐蚀或应力腐蚀失效的案例，且长期以来难以改善[4~6]；固定管板与两侧法兰之间的唇式垫片密封焊结构存在强度不足[7]的问题。相比较而言，管程和壳程均属高温高压、易燃易爆工况的热交换器管箱采用螺纹锁紧环密封较为合适；管箱内的端部也采用隔膜密封（该隔膜周边没有密封焊接），这是隔膜密封成功应用到设备的标志。

后来，隔膜焊接密封也作为专有技术引入到石油化工高压空冷器管箱密封技术方案中[8,9]。

各种加氢装置换热器以及近几年来新建的煤制氢装置中高温高压换热器管箱趋于设计成与管板组焊的不可拆结构，而在管箱端部设置检修维护用的人孔，一些人孔密封性能成为设备安全运行的关键。高等级管箱端口密封已改善为一种原理简明而密封可靠的专利技术新结构[10~12]，文献[13，14]介绍了热交换器管箱球膜密封的功能原理和强度设计方法；文献[15]通过案例详细介绍了隔膜焊接密封结构在高压乙烯装置脉动冷却器管箱中的应用，这些成果成为隔膜密封推广应用到各类设备的标志。本章从金属隔膜密封的结构及其适用性入手，结合文献[15]的案例逐节讨论其高压下的隔膜结构及隔板结构的设计以及高温的影响、密封焊缝及隔膜的受力分析、产品制造及质量保证等内容。

8.1 金属隔膜密封的结构及其适用性

球面隔膜密封与其他密封结构相比具有独特的优点，可以解决传统的老大难问题。

8.1.1 球面隔膜的结构特点

分析表明，平面隔膜是球面隔膜的特例，球面隔膜是典型的隔膜，隔膜密封和隔膜焊密封都是典型的隔膜密封形式。热交换器的球形面隔膜密封是类似图 8.1 所示管箱端口敞开或者大型管箱人孔开口密封的一种新的工程结构。管箱端部和端盖之间、人孔和人孔盖之间的密封垫不只是一个环形金属平垫，而是一个浅拱形的球面金属隔膜密封结构，可分为中间的拱形膜和类似传统金属平垫的边环两部分。

球面隔膜密封的可靠性原理首先是边环与管箱端部的密封焊，如图 8.2 所示；其次是高温高压下球面隔膜密封垫的径向变形补偿量与管箱端口径向端口位移的一致性。

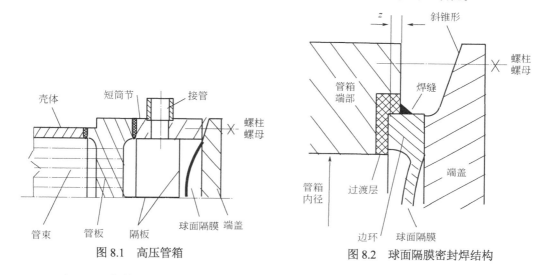

图 8.1　高压管箱　　　　　　　图 8.2　球面隔膜密封焊结构

8.1.2 球面隔膜的优缺点

高温高压热交换器管箱的球面隔膜密封集隔膜密封和焊接密封两种结构的优点于一身，国外加氢装置已广泛使用，国内也正开始应用；通过分析比较，可以加深对球面隔膜密封的认识。

（1）传统高压密封结构存在的问题。虽然人们在高温高压容器端盖密封方面做了长期的努力，形成了 T 形槽金属垫法兰密封、Ω 形密封焊法兰密封、螺纹锁紧环密封等传统强制密封结构，也形成了 B 形环、C 形环、O 形环、楔形环、卡扎里密封、Bridgman 密封等自紧密封结构，但或因强化效果还不够，特别是随着实践应用的深入，人们发现这些结构本身也存在一些不利的地方。主要问题是：

第一，结构复杂。螺纹锁紧环密封结构复杂、零件繁多、组装复杂、使用维护严谨、拆卸困难、成本高昂[16]；螺纹锁紧环换热器管箱密封出现泄漏时需人工上紧螺柱进行调节补偿，其中的固定杆、密封盘和固定螺柱均是易损件。

第二，需要高水平的焊接，如薄壁 Ω 环结构的密封焊。

第三，结构庞大，例如普通的大法兰型密封，法兰和盖板很厚，且无温度补偿调节。

第四，结构常开裂，不安全，维护困难。

复杂或庞大的结构制造周期长、生产费用高、装配拆卸麻烦、维修不便，特别是装置大修期间，能缩短1天检修时间都能产生显著效益。

（2）球面隔膜密封具有如下的优点。

第一，隔膜能减少密封面，提高密封可靠性。球形面隔膜把管程介质与端盖隔离开，有时也被称为隔膜。传统金属平垫的两侧均与强制元件（法兰或端盖）组成贴合面，两侧均存在高压介质渗入的可能性，球面隔膜的密封性能主要体现在把管箱内的介质和端盖隔离开，使得隔膜只有内侧存在高压介质渗入的可能性，另一侧是与端盖接触的外侧。在内压作用下端盖发生向外拱出的变形，隔膜垫片的外侧与内侧相比，本来属于较难密封的一侧，但现在隔膜断绝了外侧与介质的接触，从根本上避免了外侧的泄漏。

第二，对于复杂工况，焊接密封可靠。在管箱端口的球膜密封中，边环的金属平垫作为第一道密封，边环通过主螺柱夹紧在管箱端部与端盖之间；而密封焊作为最终保证的第二道密封，边环外圆周与管箱端部之间通过焊接起到很好的密封作用。

第三，弹性变形保护密封焊。隔膜中间部分具有一定的弹性，管箱内压出现波动或者热膨胀发生径向位移的时候，球形面隔膜能够通过变成平板膜而产生微量径向变形，协调两者的关系，不至于影响密封。

第四，可以推断，运行中无法完全释放的球面结构弹性将在隔膜和端盖之间形成间隙，该间隙能够把原来作用在端盖中间产生整体大弯矩的内压，转移到靠近端盖周边的区域而转化为局部小弯矩，使端盖及其主螺柱的弯矩有所降低，可改善密封紧固件的受力状况，是较为优化的结构。

第五，一般选用奥氏体不锈钢制造球面隔膜，对某些介质还可以起到耐蚀衬里的作用。

第六，金属平垫适用的高温高压工况范围有限，GB 150.3—2011[17]标准附录 C 和 GB 150—1998[18]标准附录 G 的金属平垫适用范围是一样的，与表4.1的适用范围相比更严格一些。在此基础上增设的球形隔膜和密封焊综合了焊接密封和膜密封这两种传统结构的优点，结构简单，扩大了其适用工况。

第七，结构简单，制造、安装周期短，维护简易，总的投资成本低，取得密封可靠、使用寿命长、绿色环保的效果[19~21]。

球面隔膜密封属重要的密封和受压元件，其密封先进性体现在隔膜把介质和端盖隔离而只剩下隔膜和管箱端口之间需要密封，管箱端口的密封依靠金属平垫和密封焊作为保证，隔膜的球冠结构起变形协调作用。通过以上7个结构功能特点的不同组合，较好地解决了高温、高压、动态工况大开孔以及介质腐蚀、易燃易爆介质的密封问题。

（3）球面隔膜密封存在如下的缺点。

第一，掌握精确的设计技术有难度。如果没有球面隔膜，单靠金属平垫两侧分别与强制元件（法兰）相焊接似乎也可密封，但为了满足焊接需要增加平垫厚度而带来的密封预紧力提高以及焊接给端盖带来的结构变化，使设计制造复杂化。

第二，隔膜焊接密封与单纯的隔膜密封相比显得更复杂一些。如 Ω 环的密封焊接一样，隔膜焊密封在检修和维护拆卸时需去除密封焊焊缝，检修人员有畏难情绪，这在技术上可以通过专用机械工具来解决。

第三，只能进行有限几次切割，需要停车进行维护，面对新技术风险，业主不放心，这在技术上可以通过图 8.2 所示适用于多次焊接的过渡层以及预先设计为日后备用的组焊坡口解决。一般来说，没有必要时就不需要在装置大修期间拆检隔膜，管箱内部可以通过内窥镜进行基本的检测。

8.1.3 工况上适于高参数动态密封结构

长期以来，高温高压大型管壳式热交换器管箱的密封一直都是工程难题。为了研究强制密封的可靠性，学者的关注焦点甚至从法兰等紧固件的宏观强度，深入转移到金属垫的表面形貌及泄漏率计算[22~24]。随着认识的提高，人们对高参数热交换器动态载荷密封的强制性对抗设计转向了适应性的迎合设计，高等级热交换器管箱端部开口的球面隔膜密封以其球面隔膜的弹性变形来协调动态载荷，是近几年开始在石油化工工程中应用的一种新型无泄漏的密封形式。文献[13, 25]对球面隔膜变形的相关结构尺寸进行了设计分析，文献[26]对适用于大直径高压管箱的球膜密封及结构进行了分析，文献[27]对球面隔膜的力学行为进行了分析。

该密封最重要的结构是针对脉冲作用设计的球面拱形隔膜，其可以随着脉动负荷在拱形与平板形之间弹性变化。依靠高温、高外压下球面隔膜的弹性变形行为来保持结构的协调性，也就是利用球面隔膜变为平面隔膜提供的径向变形来补偿管箱端口的径向端口位移，以达到密封效果；同时还可随着压力、温度的波动在球形与平面两种结构形式之间弹性变化，从球形变成平面时其外直径增大，从平面恢复球形时其外直径缩小，以此来维持隔膜周边密封功能的结构不受负荷变化的过度影响。这是本质上有别于传统结构的一个特点。

文献[14]通过比较分析指出，管箱端部隔膜密封焊形式的热交换器在相同设计条件下的壳体重量较螺纹锁紧环热交换器轻，而平盖厚度比螺纹锁紧环热交换器的压盖厚；同时指出，隔膜密封形式的热交换器在压力较低、直径较小的情况下优势更为明显，但是没有对应用于大直径高压管箱的端部结构提出改进意见。

而球面隔膜密封热交换器在国内成功应用到高温高压临氢工况中还是近几年的事情，有关的研究很少见报道。

核岛设备和个别煤制氢设备都考虑了承压热冲击的安全设计，开口采用焊接与管线连接；而常规岛中的再热器和海水冷凝器、暖通热交换器、余热排出热交换器等则常设置人孔，由法兰和盲板盖通过螺柱强制密封，一般未考虑承压热冲击的影响，其密封可靠性有待提高。

文献[28]在研究氦气轮机组包括氦气涡轮、低压压气机、高压压气机、间冷器、预冷器及回热器的瞬态运行特性时忽略密封泄漏的影响，其结果存在误差。文献[29]概述了目前国外形状记忆合金在法兰密封连接中的应用研究现状，形状记忆合金的记忆效应和超弹性可以用来补偿法兰密封连接由于蠕变松弛所造成的密封压紧力下降，提高法兰密封连接的可靠性，但是距离工程应用差距较大。目前比较而言，隔膜密封焊技术已在核电蒸汽发生器中得到推广应用[30]，在常规岛热交换器中具有可靠的应用前景。

8.1.4 结构上普遍适用于各种开口密封

8.1.4.1 适用于小直径开口密封

图 8.3（a）所示是某奥氏体不锈钢壳体端部通过过渡段缩小端口直径后采用平面隔膜焊接密封的实物，平面隔膜已经焊接到端口上，承受内压强度的端盖尚未安装，但是安装端盖的卡筋和卡环已经装配上。图 8.3（b）所示是某奥氏体不锈钢壳体大开孔接管采用平面隔膜焊接密封进行耐压试验的实物，平面隔膜已经焊接到端口上，承受内压强度的端盖尚未安装，但是安装端盖的卡筋和卡环已经装配上；由于试验压力不高，卡筋数量较少，卡环不是很厚。8.3（c）所示是某铬钼钢壳体开孔接管采用隔膜焊接密封进行耐压试验的实物，平面隔膜、卡筋、卡环和盖板都已经焊接或组装好。

（a）壳体端部密封

（b）壳体大开孔接管密封

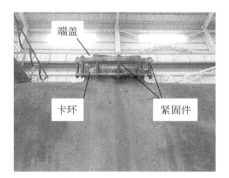

（c）壳体小开孔接管密封

图 8.3　隔膜密封

对于熟悉该项密封技术的设备设计人员来说，可以把用于试压的卡筋设计成与设备短管一体化的环形结构，也可以在试压后保留卡筋备用。

8.1.4.2 适用于大直径反向法兰密封

（1）合理的受力。分析文献[14]，其研究对象应是图8.4所示隔膜密封最原始的敞开端口结构，也就是管箱短节直径和壁厚不变的结构。在大直径管箱中，可把原来敞开的管箱短节端口改为如图8.5所示的反向法兰隔膜密封。图8.6所示为反向法兰隔膜密封实例。反向法兰法兰环内径相当于人孔大小，一方面，球面隔膜及其端盖的直径小了，减少了承受内压的面积，有利于密封并减薄端盖的厚度；另一方面，与球面隔膜相焊的人孔端口在高压作用下的细观力学行为是由图8.4箭头所示的径向扩口张开效应转化为图8.5箭头所示的法兰盘翻转效应，不但不会拉脱球面隔膜的密封焊缝，而且法兰盘的翻转方向紧随端盖的变形方向，与一对法兰夹持垫片的强制密封在内压作用下的张开效应行为有别，从而实现可靠密封。从该结构的优点而言，其适用的大直径没有限制。

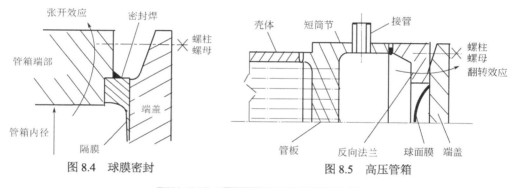

图8.4　球膜密封　　　　　　　　　　图8.5　高压管箱

图8.6　管箱反向法兰端口

如果敞开管箱内半径为R_i，在反向法兰中则可只考虑开口半径R_f对弹性补偿的影响。外径与内径之比K_f不大于2的反向法兰及其密封件设计可按照GB 150.2—2011标准的7.6.1条进行。

（2）球盖与端盖组合结构。关于大直径高压容器的开口密封，人们也一直在努力提高密封系统元件的配合质量，但这还不够。分析上述密封结构，端盖在内压作用下承受较大弯曲

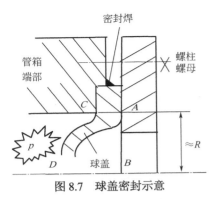

图 8.7　球盖密封示意

载荷，端盖的弯曲载荷再变成螺柱的弯曲载荷，螺柱同时承受拉载荷和弯曲载荷两种作用；由于螺柱是细长的杆状结构且表面有容易引起应力集中断裂的螺纹，因此承受弯曲载荷正是螺柱的弱点。所以端盖必须设计得很厚，螺柱必须设计得很粗。针对该问题，按照把作用在端盖上的内压转化为螺柱拉载荷的技术思路，进一步减薄端盖厚度的另一结构是把浅拱球面隔膜密封盘设计成图 8.7 所示的半球形深拱球盖密封垫，适于高压的改善受力端盖结构。

该结构把图 8.1 中的球面隔膜换成球盖密封垫，由球盖和边环组成。球盖把原来作用到端盖中间面积上的内压隔开，端盖的内侧面 AB 原来承受内压引起的大弯矩 M 就不再存在，AB 原来承受的内压 p 改由 CD 段来承受，并且最终形成一个集中载荷作用在距离螺柱很近的 CA 处，该距离较中心线离螺柱的距离短了半径 R，因此螺柱受到的弯曲力矩很小，从而能减薄密封盖的厚度，螺柱也可设计得较细；配对的管箱端部法兰（或管箱端部筒体）的厚度也可明显减薄，同样提高密封效果。

图 8.7 中的螺柱紧固件设计偏保守地按 GB 150.2—2011 标准表 5-9 序号 9 的平盖计算，而其中的球盖可按 GB 150.2—2011 标准 4.4 条受外压（凸面受压）球冠形封头的计算。

8.1.4.3　适用于其他收口结构

要注意的是文献[25]推导的公式均假设管箱端部完全敞开，且球面隔膜的开口直径与管箱直径相等，同等内压作用下端部收口结构的径向变形位移肯定要比端部完全敞口结构的径向变形位移小，此时球面隔膜密封设计如果继续引用那些公式，则结果是偏保守的，但完全可行。其他收口结构如下：

（1）圆形平盖开孔补强密封。关于外径与内径之比 K_f 大于 2 的反向法兰设计，旧标准 GB 150—1998 和新标准 GB 150.3—2011 均没有给出指引，并且新标准设计系数图 7-8 中横坐标的 K_f 值最大只到 2.6，而旧标准的图 9-8 中该值达 5.0。笔者认为，对于外径与内径之比 K_f 大于 2.6 的反向法兰，其结构可列入大面积的圆平板中间开小孔，原来可按 GB 150—1998 表 7-7 中序号 1 或 2 的圆形平盖进行设计（如表 1 中的案例 3），现在则应该按 GB 151.3—2011 标准表 5-10 中序号 11～14 的圆形平盖进行设计。

至于外径与内径之比处于 $2 < K_f \leqslant 2.6$ 的反向法兰设计，其结构趋向于大面积的圆平板中间开小孔，宜分别按法兰和平盖两种结构进行设计校核，比较结果后进行保守选择。

（2）紧缩口封头密封。对于大直径的高压管箱，也可按 GB 150—1998 的 7.5 锻制紧缩口封头进行密封结构设计。图 8.3（a）的壳体端部通过圆锥体收口后采用了隔膜密封。

（3）复合球盖。球形封头开孔密封：对于大直径的高压管箱，球形封头提供了富余的空间，但卧式热交换器封头段的曲面不便于人员停留；对于小直径的高压管箱，球形封头上开人孔的空间有限。

带加强筋球盖。单层球盖厚度很厚，不经济，如果在单层球盖的凹面设计径向加强筋即能起到很好的加强作用，球盖减薄的效果显著。

多层球盖。文献[31]通过有限元方法对多层膨胀节模型应力强度分析，结果得到的设计疲劳寿命远高于与之刚度等效的单层膨胀节和标准 GB/T 12777—2019[32]《金属波纹管膨胀节通用技术条件》的要求。多层球盖能把厚板代用为薄板，方便材料采购，从材质和结构方面提高安全性。

衬里球盖。设成复合材料衬里成形的球盖，以实现耐腐蚀或其他特别功能。上述球盖结构既可取 $\delta_n = 2 \times 12 = 24(\text{mm})$ 的双层 Q345R 板材成形，也可取双层 $\delta_n = 2 \times 10 = 20(\text{mm})$ 厚再衬上 $\delta_n = 2\,\text{mm}$ 的耐蚀不锈钢球面隔膜，形成总厚 $\delta_n = 22\,\text{mm}$ 的球盖。

（4）其他结构端盖。文献[33]介绍了储气罐端部包括内椭圆封头、内半球头、内圆锥和外圆锥在内的 7 种对焊零部件的几何尺寸关系推荐式及容积计算式，可作为其他结构端盖设计的参考。

圆锥盖。把球盖设计成图 8.8 所示的圆锥形盖密封垫，同样能起到把作用在端盖上的内压转化为螺柱拉载荷的作用。

凸台盖。把球盖设计成圆筒形盖密封垫，同样能起到把作用在端盖上的内压转化为螺柱拉载荷的作用。为安全起见，凸形封头如与端盖形成封闭腔要在端盖上设置通气孔，在设备运行温度正常后用螺塞把通气孔堵住。

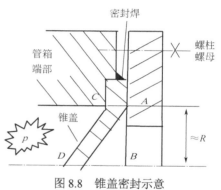

图 8.8　锥盖密封示意

8.1.4.4　管箱端部结构选择

在没有就管箱端部各种密封结构进行全面评价研究之前，可依循如下五步的选择过程认识端口直径对球面隔膜径向补偿量的影响。

（1）关于管箱端部密封基本结构的选择，首先考虑工艺对基本结构的需求，端部是否需要开口？需要开小的手孔、大的人孔，还是图 8.1、图 8.2 所示完全敞开的筒节开口？

（2）关于管箱端部密封主体结构的选择，八角金属环密封、螺纹锁紧环密封、Ω 环密封和隔膜密封四种密封在结构和原理上有较大的区别，文献[34, 35]对这些密封结构的设计与选用进行了讨论，文献[35]提出要从操作压力和公称直径、操作温度及操作介质、密封原理及密封结构、加工制造及综合造价选、设备维护等几方面综合考虑。

文献[14]认为隔膜密封形式的热交换器在压力较低、直径较小的情况下优势更为明显，同时指出，这只是笼统的划分，仅可作为选型工作初期的参考。文献[35]也认为，在操作压力不太高并兼顾径向结构尺寸的情况下，可选用隔膜密封和 Ω 环密封这两种结构，同等条件下优先选用隔膜密封结构，这两种结构在承受波动方面不如螺纹锁紧环密封安全可靠。但是该文所说的隔膜密封只是圆平板隔膜，未考虑球面隔膜承受波动工况的优势，也没有对应用于大直径高压管箱的端部结构提出改进意见。

笔者认为，端口直径大小与管箱端部的结构形式没有必然的关系，直径较大的热交换器管箱端部可通过反向法兰或圆平板形端盖上开小口来化解高压对大开口的影响。同时，端部结构与隔膜两者热膨胀径向相对位移随着端口直径的增大而线性比例地增大，因此，大直径端口也要注意温度载荷的影响，也可通过开小口来化解高温对大开口的影响。

在这一选择步骤，应主要考虑介质的腐蚀性和使用维护的方便。对于腐蚀性介质，耐腐蚀的隔膜可以对主要受压元件端盖起到保护作用。

(3) 选择隔膜垫作为管箱端部主体密封结构后的进一步选择，也就是圆平板隔膜与球面隔膜的选择，主要考虑工况的稳定性。分析发现，圆平板隔膜密封焊开裂与其刚性结构有关，而球面隔膜密封的弹性补偿功能则可解决该问题，波动工况下宜选球面隔膜。

(4) 选择球面隔膜密封时管箱端部收口结构的进一步选择，也就是图 8.5 所示的圆平盖、图 8.6 所示的反向法兰、图 8.9 所示的半球壳或图 8.10 所示的圆锥壳的选择，主要考虑技术经济性。

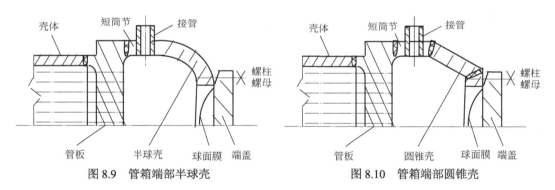

图 8.9　管箱端部半球壳　　　　　　　图 8.10　管箱端部圆锥壳

像管箱这类高压和超高压承压部件的设计不能单从提高材料强度和增加壁厚方面来降低其运行应力，而应从结构形式上来优化其受力和端口密封。并在初始的球面隔膜密封设计基础上进行比较分析后提出热交换器管箱端部的结构形式：对于大直径高压且 $2 < K_f \leq 2.6$ 的热交换器管箱端部开孔，宜采用法兰和平盖两种结构设计校核后再保守选择的方法；对于大直径高压且 $2.6 < K_f$ 的热交换器管箱端部开孔，采用圆形平盖和球面隔膜双密封结构。

(5) 球面隔膜边环是否与管箱端部开口结构设置密封焊的选择。密封焊的起源主要来自工程实践，当传统的法兰副在运行中泄漏而检修无法密封时，业主同意把漏点焊接起来作为临时应对措施；然后关于高温高压临氢工况的设备开口与外连管线的对接取消了法兰结构，采取直接相焊接的结构。广大业主对球面隔膜边环与管箱端部开口密封焊的认识和接受需要一个过程，密封焊缝可使用现场压缩风驱动的坡口加工机等通用机械去除，在此之前，非密封焊的球面隔膜密封也是较优的选择。

8.1.5 隔膜密封结构的经济性分析

8.1.5.1 结构的经济性分析

（1）案例比较。表 8.1 列出了高压热交换器管箱不同端部结构的几个案例[26]。

表 8.1　高压管箱端部设计案例比较

项目	案例 1[15,25]	案例 2	案例 3
端部结构及材料	敞开	反向法兰 SA336 Gr F22 GL3 Ⅳ+SS304L 堆焊层	开孔平盖 16Mn Ⅳ
设计压力 p_c /MPa	31.9	15.4，氢分压 9.26	15.4
设计温度 /℃	200	−10/480	−19/75
管箱材料	SA350 LF2	SA336 Gr F22 GL3 Ⅳ+SS304L	16Mn Ⅳ
管箱短节内径 2 R_i /mm	600	1100	1255
管箱短节壁厚 t /mm	195	基层85+衬里6	110
管箱短节长 L /mm	597.5	941（不带法兰颈高120）	850
端部结构厚/mm	—	法兰环厚170，法兰总高296	平盖板厚350，总高470
端部结构质量/kg		2400	4550
端盖材料	SA350 LF2	SA336 Gr F22 GL3	16Mn Ⅲ
端盖厚/mm	260	210	172
端盖重/kg	1260	1520	775
球面隔膜材料	SA182 F304	INCONEL 600	INCONEL 600
球面隔膜高/mm	4	3	3
球面隔膜厚/mm	6	6	6
球面隔膜凹面半径/mm	13089.5	10415.5	10415.2
端口人孔直径 /mm	（600）	500	500
人孔螺柱材料	A193-B7	25Cr2MoA	35CrMoA
人孔螺柱数量规格	$12 - 3\frac{1}{2}''$ 8UN	24-M48×4	20-M48×4
流程数	4	2	2
水压试验压力/MPa	41.47	23.7	19.25

（2）表 8.1 分析。案例 1 和案例 2 的压力和温度设计参数大小相反，球面隔膜开口直径相近，虽然选材和结构略差异，端盖重量前者轻 17.1%；案例 2 和案例 3 的工况和内径略有差异，加上选材和结构的明显差异，端部结构重量前者轻 47.3%，而端盖重量前者重 9.6%，总重分别为 3920 kg 、5325 kg，前者轻 26.4%。案例 2 产品如图 8.6 所示。

（3）新旧标准的经济性分析。关于与筒体对焊平盖的设计，结构特征系数 K 变化明显，旧标准 GB 150—1998 统一按表 7-7 序号 2 取 0.27；新标准 GB 150.3—2011 按表 5-10 序号 11～14 的 4

种细分结构再查图 5-21 取值，最大值约 0.222，降低了 17.8%。具体到案例 3，管箱筒体计算厚度

$$\delta = \frac{p_{c}D_{i}}{2[\sigma]^{t}\phi - p_{c}} = \frac{15.4 \times 1255}{2 \times 150 \times 1 - 15.4} \approx 67.91 (\text{mm}) \tag{8-1}$$

管箱筒体有效厚度 $\delta_{e} = \delta_{n} - C_{1} - C_{2} = 110 - 0 - 3 = 107 (\text{mm})$，再由比值 $\delta/R_{i} = 67.91/627.5 \approx 0.108$，$\delta_{e}/\delta = 107/67.91 \approx 1.58$，查 GB 150.3 图 5-21 得 $K = 0.142$，较 0.27 降低了 47.4%。由此可见，设计与管箱筒体端部对焊的开孔平盖，新标准较旧标准具有明显优越的技术经济性。

8.1.5.2 技术经济性分析

(1) 球盖厚度。选材 Q345R，以表 8.1 案例 3 为对象但缩小球面半径至 $R_{s} = 250\,\text{mm}$，经试算后设 $\delta_{n} = 24\text{mm}$，$\delta_{e} = \delta_{n} - c = 24\text{mm} - 2\text{mm} = 22\text{mm}$，$R_{s}/\delta_{e} = 250/22 \approx 11.36$，系数 $A = 0.125/(R_{s}/\delta_{e}) = 0.125/11.36 = 0.011$，查 GB 150.3—2011 标准图 4-4，得系数 $B = 179\,\text{MPa}$，许用外压 $[p] = B/(R_{s}/\delta_{e}) = 179/11.36 \approx 15.75\,\text{MPa} > p = 15.4\,\text{MPa}$，校核通过。半球形的球盖重 67 kg，30mm 宽的边环重 9.5 kg，两者总重 76.5kg，远小于活套法兰重，分析中暂不计入球盖重量。

但是，如果球面半径仍取球面隔膜半径 $R_{s} = 10415\,\text{mm}$，只得系数 $B = 38\,\text{MPa}$，许用外压 $[p] \approx 0.08\,\text{MPa} \ll p = 15.4\,\text{MPa}$，校核不通过。如果以表 8.1 案例 2 为对象，查得系数 $B = 92\,\text{MPa}$，许用外压 $[p] \approx 8.10\,\text{MPa} < p = 15.4\,\text{MPa}$，校核也不通过。

(2) 端盖厚度。此时，端盖厚度可按 GB 150.3—2011 标准表 7-6 的活套法兰计算。表 8.2 是表 8.1 中案例 3 采取不同的管箱端部及端盖组合结构时的设计比较，设计计算运用了 SW6-2011 软件，在进行活套法兰计算时，把管箱内腔压力转为作用在活套法兰的轴向力。表 8.2 中的重量指近似成品尺寸的毛坯重量，但是计算过程未进行反复选优，未考虑锻件毛坯结构（自由锻或模锻）或成品转角半径对重量的影响，也未扣除螺柱孔的重量。

表 8.2 案例 3 管箱端部不同结构端盖比较

序号	管箱端部主要结构尺寸/mm	端盖结构	端部+端盖		总重量/kg
			厚度/mm	重量/kg	
1	正向法兰。外径 D_{o} 2200，56-M56 的 35CrMoA 螺柱中心圆 D_{b} 1013	球面隔膜+圆平盖	352+300	10444+7653	18097
2	反向法兰。内径 D_{f} 740，24-M45 的 35CrMoA 螺柱中心圆 D_{b} 1040	球面隔膜+圆平盖。按 SW6 的平盖 13, 35CrMoA 材料的柱径需 24-M56	175+183	1982+2455	4437
		球盖+活套法兰。内压转为轴向力，螺柱材料取 35CrMoVA，剪应力超标	175+244	1982+3273	5255
3	反向法兰。内径 D_{f} 500，20-M48 的 35CrMoA 螺柱中心圆 D_{b} 800	球面隔膜+圆平盖。某工程公司的设计	350+172	4381+775	5156
		球面隔膜+圆平盖。按 SW6 的平盖 13, 螺柱直径需 20-M56 或 24-M48	350+146	4381+1958	6339

序号	管箱端部主要结构尺寸/mm	端盖结构	端部+端盖 厚度/mm	端部+端盖 重量/kg	总重量/kg
3	反向法兰。内径 D_f 500，20-M48 的 35CrMoA 螺柱中心圆 D_b 800	球面隔膜+圆平盖。按 SW6 的平盖 12	350+119	4381+1596	5977
		球盖+活套法兰。内压转为轴向力	350+192	4381+2575	6956
4	端部平盖。D_f 740 孔，D_o 1475，D_c 1200，r 120，开孔同步计算	球面隔膜+圆平盖。按 SW6 的平盖 13	210+183	2108+2455	4563
		球盖+活套法兰	210+244	2108+3273	5381
5	端部平盖。D_f 740 孔，D_o 1475，D_c 1200，r 120，先计算平盖厚 158，后计算开孔补强	球面隔膜+圆平盖。按 SW6 的平盖 13	228+183	2289+2455	4744
		球盖+活套法兰	228+244	2289+3273	5562
6	端部平盖。D_f 500 孔，D_o 1475，选 GB 150 表 7-7 的平盖 2，但需按 SW6 的平盖 1 计算，$D_c = D_i$ 1255，r 210 开孔补强同步计算	球面隔膜+圆平盖。按 SW6 的平盖 13	193+146	1937+1958	3895
		球盖+活套法兰	193+192	1937+2575	4512
7	端部平盖。D_f 500 孔，D_o 1475，选 GB 150.3 表 5-10 的平盖 13，$D_c = D_i$ 1255，r 210，先计算平盖厚 150，后计算开孔补强	球面隔膜+圆平盖。按 SW6 的平盖 13	219+146	2198+1958	4156
		球盖+活套法兰	219+192	2198+2575	4773
8	端部平盖。D_f 500 孔，D_o 1475，按 SW6 的平盖 2，不必输入计算直径和圆弧拐角半径，开孔同步计算	球面隔膜+圆平盖。按 SW6 的平盖 13	256+146	2570+1958	4528
		球盖+活套法兰	256+192	2570+2575	5145
9	端部平盖。D_f 500 孔，D_o 1475，按 SW6 的平盖 2，不必输入计算直径和圆弧拐角半径，先计算平盖 195 后计算开孔补强	球面隔膜+圆平盖。按 SW6 的平盖 13	270+146	2710+1958	4668
		球盖+活套法兰	270+192	2710+2575	5285

分析表 8.2：按序号 1 正向长颈设备法兰和圆平盖设计时总重最大，达 18097 kg；按序号 6 端部平盖和圆平盖设计时总重最小，只有 3895 kg，比最大重量减少了 78.5%。如果按序号 4 端部平盖人孔增大为 D_f 740 mm，则总重有 4563 kg，比小人孔增加了 17.2%。

对于球面隔膜密封中常用的反向法兰和圆平盖组合结构，比较序号 2 和序号 3，两者的总重分别为 4437 kg、5156 kg，前者为大人孔，重量减少了 14.0%，因此，大人孔是较好的结构。

如果采用活套法兰，比较序号 2 和序号 6，两者的总重分别为 5255 kg、4512 kg，前者为大人孔，重量增加了 8.5%。

采用活套法兰时的总重量要比圆平盖的总重量高出 9.7%～18.4%，且计算中发现剪应力校核超标，因此，活套法兰结构既不经济，也不安全。

（3）一般性结论。管箱类高压承压部件的设计不能单从提高材料强度和增加壁厚方面来降低其运行应力，而应从结构形式上来优化其受力和开口密封。

在初始的球面隔膜密封设计基础上进行比较分析，对于大直径高压且 $2<K_f\leqslant2.6$ 的热交换器管箱端部开孔，采用法兰和平盖两种结构设计校核后再保守选择的方法。对于大直径高压且 $2.6<K_f$ 的热交换器管箱端部开孔，采用圆形平盖和球面隔膜双密封结构。此时球面隔膜密封设计继续应用管箱敞开端口结构的球面隔膜设计公式，结果是保守可行的，设计产品经过了耐压验证和实际运行检验。

关于与管箱筒体端部对焊的开孔平盖设计，案例表明新标准 GB 150.3 较旧标准具有明显优越的技术经济性。根据加强球盖结构提出了适于高压下改善受力的球盖端盖组合结构的设计方法，也提出了衬里球盖和多层球盖等几种减薄端盖的结构，但其合理性和技术经济有待验证。

对于球面隔膜密封中常用的反向法兰和圆平盖组合结构，大人孔既方便人员进出，结构总重量也小，是较好的结构。活套法兰结构既不经济，也不安全。

球面隔膜比圆平板隔膜更适用于大直径高压的热交换器管箱结构，这方面的设计尚属探索和实践验证阶段；随认识深入和实践经验的积累，会受启发提出各种改进意见，使其逐步完善。

大应变薄膜的力学解析是个难题。球面隔膜属于承受侧面载荷作用的金属薄膜（壳）结构，由于其几何及材料的非线性特点使得其解析计算工作非常困难，目前这方面的设计和制造主要依赖实物实验和数值模拟，应用麻烦。

8.2　高压作用下热交换器管箱球面隔膜密封结构设计分析

8.2.1　隔膜的受力变形及其设计关键

薄板在纵向载荷作用下处于弯曲的平衡状态，这种现象称为纵向弯曲或压曲，又称为屈曲；从几何形态的变化上考虑，失稳又称为屈曲，横向力弯变形称为"弯曲"，纵向力弯变形称为"屈曲"[36,37]。

（1）圆平板隔膜的受力状态。圆平板隔膜有四种受力状态：

在安装时，周边与接触结构的密封焊接时焊缝的冷却收缩使其处于平面均匀拉伸的张紧状态；如果密封设计取消密封焊，则隔膜处于自然状态。

开停车操作中，如果隔膜的热膨胀径向位移正好弥补了安装时焊接收缩的径向位移，则处于平面无应力作用的松弛状态。

正常操作中，介质压力垂直作用于板面，使圆平板隔膜弯曲成微拱形，应力则是拉伸的张紧状态。

正常操作中，如果隔膜的热膨胀径向位移大于接触结构的径向位移，则处于周边压应力作用的状态；压应力超过临界应力后也会出现失稳屈曲的微拱形，但此时的应力是压缩的张紧状态。如果后两种状态叠加在一起，则拉伸应力和压缩应力相抵消后的应力状态不明，但是隔膜还是微拱形。

（2）球面隔膜的受力状态。球面隔膜也有四种受力状态：

在安装时，周边与接触结构的密封焊接时焊缝的冷却收缩使其处于球面均匀拉伸的张紧状态，膜面仍然是球面。

开停车操作中，如果隔膜的热膨胀径向位移正好弥补了安装时焊接收缩的径向位移，则处于球面无应力作用的松弛状态。

正常操作中，介质压力垂直作用于膜面，使球面隔膜趋于变平，应力则是压缩的张紧状态。

正常操作中，如果隔膜的弹性变形径向位移大于接触结构的径向位移，膜面无法变平仍然是球面，则处于周边压应力作用的状态。如果后两种状态叠加在一起，会使球面隔膜处于周边压应力水平更高的状态。

在隔膜安装和设备操作中，管箱密封的圆平板隔膜有弯曲成微拱形的趋势，球面隔膜有趋平的形变，两者变形趋势相反；正常操作中的高压作用是主要的受力形态。

（3）球面隔膜的设计关键。根据上述功能分析，为了实现管箱端口径向变形位移等效为球面隔膜可以量化补偿这一主要功能，一是需要对高压作用下管箱端口径向位移进行求解，就是高压作用下管箱短圆筒的弹性变形计算，这是设计技术关键；二是高压作用下球面隔膜的弹性变形计算，主要就是求得隔膜拱高、开口半径与补偿量三者之间的关系；三是高温下管箱圆筒短节和球面隔膜两者的热弹性变形计算，包括几方面变形位移的协调及其他影响因素的处理。在几何结构设计中，结构强度保证是基础，校核计算的技术依据是经典的壳体力学，具体可借鉴在受外压（凸面受压）球冠形端封头的厚度校核计算；把球面隔膜的壁厚设计成远远低于许用压力所需的壁厚，以便球面隔膜在管箱内压的作用下失稳贴向端盖内侧，表现出膜的特性。

8.2.2 敞口管箱密封端口径向位移的求解

这里结合表 8.1 案例 1 球面隔膜密封的结构和受力-变形示意图对球面隔膜基本结构功能数据的计算进行解析求解[15]。

（1）径向位移的近似解析解一。把图 8.1 简化为图 8.11 的几何模型。图中 R_i 是管箱内半径，mm；R_S 是球面隔膜内表面的球面半径，mm；$\hat{S}$ 是球面隔膜内表面的弧长，mm；h 是球面隔膜内表面的拱形高度，mm。

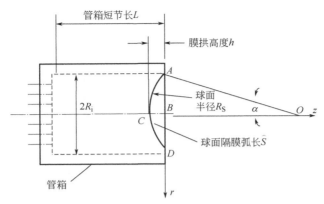

图 8.11　球面隔膜结构模型

对于承受均匀内压 P 的薄壁长圆筒，当端面为简支时其中面径向位移为[38]：

$$\Delta R_1 = \frac{pR^2}{Et}[1 - f_4(\xi)] \tag{8-2}$$

式中，特殊函数值 $f_4(\xi)$ 可根据量纲为 $\mathrm{mm^{-1}}$ 的常数 λ 及无量纲坐标 ξ 这两个数值查文献[38]中的表 20-1 得到；E 为圆筒材料弹性模量，MPa。其中

$$\lambda = \left[\frac{3(1 - \nu^2)}{R^2 t^2}\right]^{1/4} \tag{8-3}$$

$$\xi = \lambda L \tag{8-4}$$

式中，R 为圆筒中面半径，mm；ν 为圆筒材料泊松比；t 为圆筒壁厚，mm。

长、短圆筒分界的临界长度计算为[39]

$$L_{cr} = 1.17 D_o \sqrt{D_o/t} = 1.17 \times (600 + 2 \times 195)\sqrt{(600 + 2 \times 195)/195} \approx 2610 (\mathrm{mm}) \tag{8-5}$$

式中，管箱外径 $D_o = 2(R+t)$ 和壁厚 t 按表 8.3 取值。$L = 597.5$mm，判断 $L < L_{cr}$，该管箱属于短圆筒，而且本案例的管箱圆筒短节属于厚壁筒体，因此应用上述计算式时会存在误差；再忽略管箱上进、出口开孔削弱及接管载荷对内压下管箱筒体位移的影响，计算结果将是近似的。这里，与管板锻造成一体或与管板相焊的筒节一端相当于固定端；管箱开口的另一端与端盖通过螺栓连接，相当于简支端。管箱材料 SA350 LF2 的泊松比 $\nu = 0.3$，把表 8.1 案例 1 的参数代入式（8-3）和式（8-4），得

$$\lambda = \left[\frac{3(1 - 0.3^2)}{397.5^2 \times 195^2}\right]^{1/4} = 0.004617(\mathrm{mm^{-1}})$$

$$\xi = 0.004617 \times 597.5 \approx 2.75$$

查得 $f_1(\xi) = -0.028\,5$，$f_4(\xi) = -0.034$。

管箱碳锰钢材料的弹性模量 $E = 1.96 \times 10^5\,\mathrm{MPa}$，则密封焊缝处径向位移约为

$$\Delta R_1 = \frac{31.9 \times 397.5^2}{(1.96 \times 10^5) \times 195}[1-(-0.034)] \approx 0.136(\mathrm{mm})$$

（2）径向位移的近似解析解二。鉴于解析解一存在误差，宜通过多种求解进行比较分析。管箱作为有限长筒体，在内压作用下其端部径向位移的另一条无力矩解计算式为[40]

$$\Delta R_1 = \frac{pR^2}{Et} = \frac{31.9 \times 397.5^2}{(1.96 \times 10^5) \times 195} \approx 0.130(\mathrm{mm}) \tag{8-6}$$

（3）径向位移的标准简化解。JB 4732—1995 标准[41]在其 A.1.1 条中指出，该附录的计算公式适用于需要进行应力分析但是不需要进行疲劳分析的压力容器及其部件；当壳体厚度 t 与壳体中面半径 R 之比为 $0.02 \leqslant t/R \leqslant 0.10$ 时，其结果在工程上具有足够精度；当 $t/R > 0.10$ 时，可参考应用，其结果一般偏保守。表 8.1 中的案例结构属于这两种情况中的后者。根据该标准 A.2.1.2 条提出的圆筒体在内压作用下径向薄膜位移的计算式[式（8-7）]，经比较可知，式（8-7）虽然可看成是式（8-2）的简化，但是有关常数经过标准委员会专家组的讨论审定，更具有针对性和合理性。本案例的结构尺寸符合式（8-7）的应用条件，把有关数据代入式（8-7），计算得到高压作用下管箱筒体径向薄膜位移为

$$\Delta R_1 = \frac{pR^2}{Et}(1-0.5\nu) = \frac{31.9 \times 397.5^2}{(1.96 \times 10^5) \times 195} \times (1-0.5 \times 0.3) \approx 0.1319 \times 0.85 \approx 0.112(\mathrm{mm}) \tag{8-7}$$

与式（8-2）相比，标准的计算结果约减小 17.6%。

（4）径向位移的有限元方法解。一方面，上述解析解未考虑短节边缘载荷的作用和密封连接件的制约作用，与实际有差距；另一方面，为了回应 3.3.5 小节关于隔板因素影响密封的分析，这里对高压作用下管箱端口径向位移进行有限元分析，可以详细反映结构细节因素的影响。按表 8.1 及有关数据建立表 8.3 所示的 8 个模型进行计算，模型采用六面体单元，材料性能取值同前文。在管箱内表面施加设计内压，但是隔膜、隔板、接管内壁上都不施加内压。管箱圆筒短节中面处直径为 $\phi795\,\mathrm{mm}$。提取该处径向位移与解析解比较分析。各种模型示意或者分析结果见插页图 8.12～图 8.19。

表 8.3　有限元分析模型及端口中面处径向位移

模型编号	管箱结构模型特点	图号	最大和最小径向位移/mm
1	端口是光面实体	图 8.12	0.118 0.118
2	端口设有螺柱光孔	图 8.13	0.157 0.154
3-1	端口在模型 2 的基础上增设平板隔膜，膜外圆与管箱台阶黏合	图 8.14	0.125 0.123
3-2	端口在模型 2 的基础上增设平板隔膜，膜外圆、侧面都与管箱台阶黏合	图 8.15	0.124 0.122
4	端口在模型 2 的基础上组焊球面隔膜，膜外圆、侧面都与管箱台阶黏合	图 8.16	0.125 0.124
5	在模型 4 的基础上，管箱短筒节组焊 ϕ 170mm×25mm 的进、出口接管	图 8.17	0.128 0.119
6	在模型 5 的基础上，管箱内壁组焊丁字形分程隔板	图 8.18	0.145 0.101
7	端口设有螺柱光孔、组焊平板隔膜，管箱内组焊丁字形分程隔板	图 8.19	0.142 0.099

（5）径向位移的差异及结构功能分析。

JB 4732—1995 标准的式（8-7）与表 8.3 的简化模型 1 相比，计算结果约减小 5.1%。

由图 8.13 和图 8.14 可知，管箱端口螺柱孔对模型的削弱作用明显，径向位移结果与没削弱前相比，提高约 31.4%。

由图 8.15～图 8.17 可知，带球面隔膜的模型确实比带平面隔膜的模型有略高的径向位移，说明球面的弹性潜在径向补偿作用。由此可以推断，如果模型在隔膜外加设端盖，且把内压施加到隔膜上，则球面隔膜对径向位移的贡献将会再大一些。

将图 8.15～图 8.17 的结果与图 8.14 的结果对比发现，隔膜对圆筒短节端口表现出一定的加强作用，弥补了端口螺柱孔对模型的削弱，模型平均的径向位移减少了约 20.2%。

由图 8.18 和图 8.19 可知，其是相对较为接近实物的模型。管箱流体介质进、出口接管和内部 10 mm 厚的分程隔板对圆筒短节的加强作用较大，弥补了端口螺柱孔对模型的削弱，而式（8-7）只考虑薄膜解，未考虑边界力的影响，因此其结果接近但略低于这两个模型平均的径向位移结果，差异约为 9.1%。

对图 8.18 和图 8.19 进行分析发现，平板隔膜和球面隔膜都已具有密封功能，但是端口的径向位移沿周向分布都不均匀；平板隔膜从最大的 0.142 mm 到最小的 0.099 mm，算术平均值为 0.1205 mm，最大与最小值相差达 43.4%；球面隔膜从最大的 0.145 mm 到最小的 0.101 mm，算术平均值为 0.123 mm，最大与最小值相差达 43.6%。式（8-7）的结果接近但略低于球面隔膜模型平均的径向位移结果 0.123 mm，差异约为 8.9%，这确实是一个保守的结果。据文献[42]所述，加厚分程隔板为 20 mm 后，对圆筒短节的加强作用更大，周向不均匀性也更大，平均径向位移更加接近式（8-7）的结果，因此判断式（8-7）尚可以用于类似本案例的工程计算。相对而言，也是带球面隔膜的模型比带平板隔膜的模型有略高 2.1% 的径向位移，进一步说明球面的结构弹性潜在更强的径向补偿作用。

（6）径向位移确切取值。基于上述分析计算和比较，需变形协调的径向位移取值按式 （8-7）计算得 $\Delta R_1 = 0.112\,\mathrm{mm}$。

8.2.3 球面隔膜弹性补偿结构设计[3,25]

（1）隔膜满足端口密封的要求——弹性补偿量与球面隔膜拱高及端口直径的关系。根据大直角三角形 OAB 边长关系

$$R_{\mathrm{S}} = \frac{R^2 + h^2}{2h} \tag{8-8}$$

弧长 $\widehat{S}$ 与球面周长之比等于球面角 2α 与 $360°$ 之比，即

$$\frac{\widehat{S}}{2\pi R_{\mathrm{S}}} = \frac{2\alpha}{360} \tag{8-9}$$

联合式（8-8）和式（8-9），得

$$\frac{\widehat{S}}{2} = \frac{\pi\alpha}{180} \times \frac{R^2 + h^2}{2h} \tag{8-10}$$

设计需要的补偿量与球面隔膜弧长 $\widehat{S}$ 的关系

$$\Delta R = \frac{\widehat{S}}{2} - R \tag{8-11}$$

把式（8-10）代入式（8-11），得

$$\Delta R = \frac{\pi\alpha}{180} \times \frac{R^2 + h^2}{2h} - R \tag{8-12}$$

求得

$$\alpha = \frac{360(R + \Delta R)}{\pi} \times \frac{h}{R^2 + h^2} \tag{8-13}$$

由直角三角形 OAB 及式（8-8），得

$$\sin\alpha = \frac{R}{R_{\mathrm{S}}} = \frac{2Rh}{R^2 + h^2} \tag{8-14}$$

把式（8-13）代入式（8-14），得

$$\sin\left[\frac{360(R + \Delta R)}{\pi} \times \frac{h}{R^2 + h^2}\right] = \frac{2Rh}{R^2 + h^2} \tag{8-15}$$

为简化上式，设

$$\beta = \frac{h}{R^2 + h^2} \qquad (8\text{-}16)$$

将式（8-16）代入式（8-15）后，公式两边对 β 求导数，整理得

$$\cos[\frac{360(R+\Delta R)}{\pi}\beta] = \frac{\pi R}{180(R+\Delta R)} \qquad (8\text{-}17)$$

再对上式两边关于 β 求导数，整理得

$$\sin[\frac{360(R+\Delta R)}{\pi}\beta] = 0 \qquad (8\text{-}18)$$

解得

$$\frac{360(R+\Delta R)}{\pi}\beta = \begin{cases} 0 \\ \pm\pi \\ \pm 2\pi \end{cases} \qquad (8\text{-}19)$$

显然其中的一个有效解为

$$\frac{360(R+\Delta R)}{\pi}\beta = \pi \qquad (8\text{-}20)$$

即

$$\frac{360(R+\Delta R)}{\pi} \times \frac{h}{R^2 + h^2} = \pi \qquad (8\text{-}21)$$

整理得

$$h^2 - 36.476(R+\Delta R)h + R^2 = 0 \qquad (8\text{-}22)$$

理论上，式（8-19）还有另一有效解为

$$\frac{360(R+\Delta R)}{\pi}\beta = 2\pi \qquad (8\text{-}23)$$

由上式来推导可得类似式（8-22）的另一方程式

$$h^2 - 18.238(R+\Delta R)h + R^2 = 0 \qquad (8\text{-}24)$$

显然，上式球面隔膜拱高 h 的解与式（8-22）的解有差异。仅以表 8.1 案例 1 的参数来计算比较，上式的解较式（8-22）的解大一倍，因此优选式（8-22）。

该式的表达还不够简明直观，式中符号的几何意义见图 8.11。

（2）隔膜满足端口密封的要求——弹性补偿量与密封端口直径的关系。

从图 8.11 直角三角形 ABC 边长关系得球面隔膜的拱高 $h = \sqrt{AC^2 - R^2}$，设

$$[h] = \sqrt{(R + \Delta R)^2 - R^2} = \sqrt{\widehat{AC}^2 - R^2} \tag{8-25}$$

则因 $AC \leqslant \widehat{AC}$，必有 $h \leqslant [h]$，而且当且仅当平面隔膜时，等号才成立。

分析可知，ΔR 取决于材料性能和工况等多个因素，且相对 R 而言很小。在这里，$2\Delta R$ 就是所需的补偿量，这个技术指标只是补偿量的最小值，结构设计据此来展开。从图 8.11 可知球面隔膜弧长 $\widehat{S}$ 与其弓弦长 $2R$ 之差不应小于管箱端口径向位移 $2\Delta R$，则能起到变形位移补偿而不会拉裂薄壁球面隔膜，也不至于影响到管箱端口的密封焊缝。当管箱壁厚、材料和内压确定时，开口直径越大，所需要的补偿量也越大。但是，在内压和管箱直径确定时，可通过增加壁厚控制 ΔR 为许可值。根据 $h \leqslant [h]$，把式（8-22）的解 h 与式（8-25）的许可值 $[h]$ 比较，得

$$\frac{36.476(R + \Delta R) \pm \sqrt{[-36.476(R + \Delta R)]^2 - 4R^2}}{2} \leqslant \sqrt{(R + \Delta R)^2 - R^2} \tag{8-26}$$

经推算，上式左边取正化简后是无解的，取负化简后也有两种可能，其中求得合理解为

$$R \leqslant 2659.5\Delta R \tag{8-27}$$

这就是能提供补偿量的管箱最大开口直径条件式。从式（8-27）判断，较大的直径对应较大的补偿量，这点符合同等条件下内压会使较大内径的筒体产生较大应变变形的理论。因此，在所需补偿量已知的前提下，应尽量取较大的球面隔膜开口半径，也就是说式（8-27）宜取等号作为球面隔膜密封最大开口半径的条件式。

以表 8.1 案例 1 的参数分析，是满足式（8-27）的。当 $\Delta R = 0.112\,\mathrm{mm}$ 时，由式（8-22）和式（8-25）分别绘得曲线 h 和直线 $[h]$，见图 8.20，由式（8-27）算得 $R \leqslant 292.55\,\mathrm{mm}$，比较知 $R = 292.55\,\mathrm{mm}$ 正是图 8.20 中两线交点的横坐标值，此时 $h = [h] = 8.12\,\mathrm{mm}$。当 $R \leqslant 292.55\,\mathrm{mm}$ 时，$h \leqslant [h]$，这是可行的；当 $R > 292.55\,\mathrm{mm}$ 时，$h > [h]$，这是无法实现的。

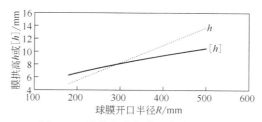

图 8.20　膜拱高度与许可高度的关系

（3）隔膜满足端口密封的要求——弹性补偿量与球面隔膜拱高的关系。

其实，由式（8-22）还可得

$$h^2 + R^2 = 36.476(R + \Delta R)h \tag{8-28}$$

由式（8-25）和 $h \leqslant [h]$ 还可转换得

$$h^2 + R^2 \leqslant (R + \Delta R)^2 \tag{8-29}$$

由式（8-28）与式（8-29）直接比较还可得另一关系式

$$36.476(R + \Delta R)h \leqslant (R + \Delta R)^2 \tag{8-30}$$

整理得

$$36.476h - \Delta R \leqslant R \tag{8-31}$$

联立上式和式（8-27）确定开口半径区间

$$36.476h < R \leqslant 2659.5\Delta R \tag{8-32}$$

当 $\Delta R = 0.078\,\text{mm}$ 时，由式（8-27）算得 $R \leqslant 207.441\,\text{mm}$，比较知 $R = 207.441\,\text{mm}$ 也是图 8.20 中两线交点的横坐标值，此时 $h = [h] = 5.69\,\text{mm}$。同理当 $R < 207.441\,\text{mm}$ 时，$h < [h]$，这是可行的；当 $R > 207.441\,\text{mm}$ 时，$h > [h]$，这也是无法实现的。式（8-32）可得球面隔膜的拱高与补偿量关系

$$h < 72.937\Delta R \tag{8-33}$$

其比例线如图 8.21 所示。

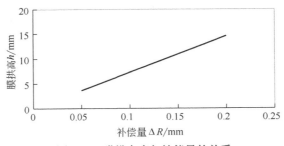

图 8.21　膜拱高度与补偿量的关系

把式（8-7）的 $\Delta R_1 = 0.112\,\text{mm}$ 代入上式算得 $h_1 < 8.2\,\text{mm}$。

（4）隔膜满足端口密封的要求——弹性补偿量与球面隔膜半径的关系。把式（8-33）改

为等式后代入式（8-8）计算球面半径

$$R_\text{S} = \frac{R^2 + (72.937\Delta R)^2}{2(72.937\Delta R)} = \frac{R^2}{145.874\Delta R} + 36.469\Delta R \tag{8-34}$$

把式（8-27）改为等式后代入上式得

$$R_\text{S} = \frac{(2659.5\Delta R)^2}{145.874\Delta R} + 36.469\Delta R \approx 48523.11\Delta R \tag{8-35}$$

其比例线如图 8.22 所示。

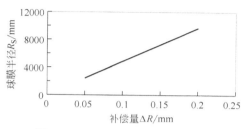

图 8.22　球膜半径与补偿量的关系

（5）隔膜满足端口密封的要求——端口半径与球面半径的关系。把式（8-27）改为等式后代入式（8-22）得球面隔膜拱高和球面半径与开口半径的关系

$$h^2 - 36.49Rh + R^2 = 0 \tag{8-36}$$

解得

$$h \approx 0.0274R \tag{8-37}$$

把上式代入式（8-8）计算球面半径

$$R_\text{S} = \frac{R^2 + h^2}{2h} = \frac{R^2 + (0.0274R)^2}{2(0.0274R)} \approx 18.262R \tag{8-38}$$

（6）隔膜满足端口密封的要求——球面隔膜半径与弹性补偿的关系。球面隔膜外拱面是接触介质的工作面，球面设计一般以内拱面半径为参数，球面隔膜厚度相对其直径很小，其影响可忽略。一般地，在管箱筒节和端盖厚度已定的情况下，压力越高，筒节的径向位移和端盖的弯曲挠度就越大，所需要的弹性补偿量就越多；此时仅从几何尺寸上考虑似乎应取小的球面半径以取得更长的弧长作为补偿量，但是从功能实现的可行性上分析仍要受到限制，应尽量取大的球面半径。

当所需补偿量 ΔR 确定时，实现补偿的具体结构则可有不同的（ΔR，R_i，h_i，R_S）组合，如图 8.23 所示。

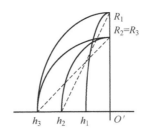

图 8.23　膜拱高与开口半径的关系

式（8-18）的一个无效解即是式（8-19）中的

$$\frac{360(R+\Delta R)}{\pi}\times\frac{h}{R^2+h^2}\to 0 \tag{8-39}$$

因 ΔR 相对于 R 很小，上式忽略 ΔR 后转化为

$$\frac{1}{\dfrac{R}{h}+\dfrac{h}{R}}\to 0 \tag{8-40}$$

虽然上式看似无意义，但实际是很有意义的。其一是因为 $R\ne 0\,\text{mm}$ 才是讨论管箱端部开口密封问题的前提，实际上也不可能有 $R\to\infty$，则说明 $h\to 0$ 才是解的方向，这就是前面优选式（8-22）、放弃式（8-24）的理由。客观上，小的膜拱高可缩短管箱短筒节，节省高压空间。其二是，根据式（8-34），$h\to 0$ 还暗示了球半径 R_{S} 尽量取大值，隔膜趋向于平面的意义。

8.2.4　结构功能设计的基本技术路线

球面隔膜功能设计的基本技术路线概括为：

① 根据壳体力学计算内压作用下管箱端口需补偿的径向位移 ΔR，本节案例是按式（8-7）计算，$\Delta R=\Delta R_1$；

② 根据式（8-22）或者式（8-33）计算膜拱高度 h；

③ 根据式（8-8）计算膜拱的球面半径 R_{S}；

④ 球面隔膜厚度及结构细节设计。

理论分析和工程实例初步说明了球面隔膜径向补偿作用的结构合理性。球面隔膜几何尺寸要与管箱开口直径及管箱所需补偿量相称，球面隔膜拱高偏向取小值、球面半径尽量取大值更具有工程意义。一般来说，按较高的设计压力进行设计计算的受压元件在较低的操作压力下运行时，其强度和功能的可靠性是得到保证的，但是温度这个参数作用于球面隔膜有不同的复杂表现，例如，分析表明，对于铬钼钢管箱配奥氏体不锈钢球面隔膜的结构，高温下球面隔膜与管箱端部两者提供的径向位移差值反而较低温度的小，应分别考虑设计温度和操作温度两种工况以及温度与内压等因素综合对球面隔膜结构设计的影响。

结合实践分析，球面隔膜贴合端盖后，端盖在内压作用下出现明显的挠度会对球面隔膜的精确功能产生一定的影响，完善的球面隔膜密封设计应进一步考虑不同情况下球面隔膜分别与管箱、端盖的相互作用关系。以球冠失效行为为背景的球面隔膜密封其精确设计不但要考虑材料实际性能，而且也要综合考虑管箱筒体结构强度、筒体上的开口接管、筒体内的隔板加强以及端部螺柱的影响。本文的分析只是基础性的，球面隔膜密封结构设计中值得分析的专题还很多，例如，如何使球面隔膜的变形行为控制在弹性变形范围内而又不至于进入弹性失稳状态，以及循环载荷的疲劳设计及其他载荷作用下的设计等。总的来说，承压设备开口的密封设计确实是一个系统性的技术问题。

8.3 高温作用下热交换器管箱球面隔膜密封结构设计分析

一方面，传统的焊接密封应用于条件苛刻又不经常拆卸的法兰连接部位，可不放置垫片，结构简单，这种不属于垫片密封的结构比一般高压密封垫片更可靠地适合于高温操作或温差变化大的热交换器[43]。另一方面，传统的膜密封适用于设备或管线流道的端部可拆式封闭结构，应用于热交换器螺纹锁紧环管箱时其相关结构就复杂些。如果综合这两种传统结构的优点，把焊接密封和隔膜密封组合创新后应用于换热器高温高压管箱端部的密封，理应取得结构简单、密封可靠的效果。但是文献[44]的工程实践发现，管箱和密封盘结构尺寸及所处环境不同，热胀冷缩应力不同，密封焊容易产生裂纹，导致密封失效。分析发现，密封焊开裂与圆平板隔膜的刚性结构有关，专利技术产品球面隔膜密封的弹性补偿功能则可解决该问题。文献[3]和文献[25]分别对高压作用下球面隔膜密封基本结构功能、球面隔膜变形的相关结构尺寸进行了设计分析，但是没考虑温度的影响。文献[45]分析表明，内压作用下圆平板隔膜的应力强度很低，而文献[34]提出隔膜板密封的适用范围是 $p \leqslant 10\,\mathrm{MPa}$、$t \leqslant 450\,℃$、$D = \phi800 \sim 1400\,\mathrm{mm}$，由此看来，该类新型密封结构已被工程应用于高温工况。目前的设计规范没有直接考虑高温下温度载荷对法兰连接密封性能的影响，有分析表明，管箱结构元件在高温下热膨胀位移量与内压引起的应变位移相比不容忽视，温度对密封体系的影响甚至不亚于内压，是另一个重要的因素，温度对热交换器管箱球面隔膜密封结构功能的影响是迫切需要解决的工程技术问题。

8.3.1 高温对管箱隔膜密封的影响

8.3.1.1 高温对材料力学性能的影响

温度对材料实际性能的影响是多元的，但是，无论热交换器高压管箱的强度设计是否基于弹性准则，上述关于球面隔膜径向补偿量的计算都是基于内压作用下管箱短筒节的弹性变形，影响补偿量的材料性能是弹性模量和泊松比。根据 GB 150.2—2011 标准表 B.13，管箱常用的碳素钢和铬钼钢的弹性模量与温度的关系曲线见图 8.24；粗略估算从常温到 400℃时，弹性模量约降低 10%。

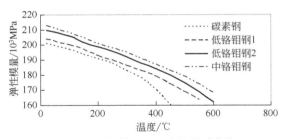

图 8.24　弹性模量与温度的关系曲线

有分析表明，外压球面隔膜的变形补偿行为是按照结构的弹性失稳进行设计的，但是其弹性失稳会受到管箱端口的径向限制和端盖的轴向限制，弹性变形不会自由发展，而是被控制在弹性范围内。根据 GB 150.3—2011 标准图 4-3～图 4-12 的外压应力系数 B 曲线图，球壳常用钢材的外压应力系数均按温度标定的关系曲线进行图算，应选用最高许用温度不低于实际使用温度的金属材料制造球面隔膜。

据报道，反拱形爆破片对温度效应不甚明显，温度升高时，只是爆破压力略有下降[46]。奥氏体不锈钢材料的使用温度可达 400℃，爆破压力的略微下降也许主要由温度对材料性能的影响引起。因此，球面隔膜密封设计中应考虑温度对径向补偿量的影响；首先是在基本补偿量 ΔR_{j} 的计算中，由设备运行时管箱短筒节具体温度下的材料弹性性能来体现。

8.3.1.2　高温对球面隔膜径向补偿量的影响

按 GB 150—1998 标准附录 G 和 GB 150.3—2011 标准表 C.1，金属平垫的适用范围有限，当设计温度不大于 200℃、设计压力不大于 16 MPa 时推荐的封口内径不大于 1000mm，球面隔膜密封在此基础上增设的球形隔膜和密封焊可扩大其高温高压适用工况，表 8.1 案例 2 设计温度达 480℃。这里，温度对径向补偿量的影响最终反映在变形位移差异上，具体分为如下三方面因素。

（1）线膨胀系数差的影响。文献[25]在比较管箱端口径向位移与球面隔膜弹性补偿量时，主要考虑了内压的影响，虽然也考虑了温度对材料弹性模量及其他因素的影响，但没详细报道。常作为球面隔膜材料的奥氏体不锈钢与压力容器其他常用钢相比，其线膨胀系数明显较大[47]。结合表 8.1 案例 1 对热交换器奥氏体球面隔膜和碳素钢管箱端口进一步分析，球面隔膜外直径 $D = 647\,\mathrm{mm}$、隔膜厚度 $\delta = 6\,\mathrm{mm}$、隔膜设计温度 190℃。

球面隔膜和碳素钢管箱端口的相对位移即是径向热膨胀差值

$$\begin{aligned}\Delta R_2 &= 0.5\Delta D = 0.5D\Delta\beta\Delta T = 0.5D(\beta_{\mathrm{m}}^{190} - \beta_{\mathrm{t}}^{190})\Delta T \\ &= 0.5\times 647\times(17.212 - 12.176)\times 10^{-6}\times(190 - 20)\approx 0.28(\mathrm{mm})\end{aligned} \tag{8-41}$$

式中，β_m 和 β_t 分别是球面隔膜和管箱材料的线膨胀系数。该式计算值是管箱端口在设计内压下径向位移标准解 $\Delta R_1 = 0.112\,\text{mm}$ 的 2.5 倍，显然是不可忽略的因素。因此，球面隔膜密封设计中应考虑温度引起的热膨胀差对内压引起的径向补偿量 ΔR_1 的影响；制造中的材料代用可从多方面影响其功能，要慎重。对于设计温度高、温差应力较大的场合，文献[34]建议选择不锈钢或镍基合金作为隔膜板材料。文献[45]选择耐腐蚀合金 Inconel 625 作为隔膜板材料。

（2）工艺温度变化的影响。如果设计温度从 200℃升高到 350℃，管箱材料为中铬钼钢，则两者的热膨胀差值更大。

$$\begin{aligned}\Delta R_3 &= 0.5\Delta D = 0.5D\Delta\beta\Delta T = 0.5D(\beta_m^{350} - \beta_t^{350})\Delta T \\ &= 0.5 \times 647 \times (17.79 - 12.15) \times 10^{-6} \times (350 - 20) \approx 0.60(\text{mm})\end{aligned} \tag{8-42}$$

该值约是标准解 $\Delta R_1 = 0.112\,\text{mm}$ 的 5.4 倍。因此，球面隔膜密封设计中也应考虑工艺温度变化引起的热膨胀差对径向补偿量的影响 ΔR_3；操作工艺的改变会影响球面隔膜的密封功能，要慎重。

（3）管程分隔流程温差的影响。由于球面隔膜的存在，端盖与管箱隔板之间不能设置传统的压紧密封结构，而应留有让球面隔膜自由弹性变形的空隙，使得球面隔膜可能只与某一管程的流体接触；其温度可设为均匀的，但球面隔膜温度与管箱短筒节端部的温度是有差异的，球面隔膜温度的具体数值要视其接触的是进口流体、出口流体、中间某流程的流体还是与各程隔离的流体而定。准确来说应根据隔板结构经工艺计算确定，反映到 ΔR_2 的计算就不能再按式（8-41）进行了，而是球面隔膜与换热后降温为 145℃的流体接触，有

$$\begin{aligned}\Delta R_4 &= 0.5\Delta D = 0.5D\beta_m\Delta T_m - 0.5D\beta_t\Delta T_t \\ &= 0.5D[\beta_m^{145}(145-20) - \beta_t^{190}(190-20)] \\ &= 0.5 \times 647(17.038 \times 10^{-6} \times 125 - 12.176 \times 10^{-6} \times 170) \approx 0.01936(\text{mm})\end{aligned} \tag{8-43}$$

只有式（8-41）值的 6.8%。当球面隔膜与换热前温度为 190℃的流体接触时，有

$$\begin{aligned}\Delta R_4 &= 0.5\Delta D = 0.5D\beta_m\Delta T_m - 0.5D\beta_t\Delta T_t \\ &= 0.5D[\beta_m^{190}(190-20) - \beta_t^{145}(145-20)] \\ &= 0.5 \times 647(17.212 \times 10^{-6} \times 170 - 11.845 \times 10^{-6} \times 125) \approx 0.47(\text{mm})\end{aligned} \tag{8-44}$$

是式（8-41）值的 168%。比较可见，式（8-42）～式（8-44）三者的结果差别巨大，但是以式（8-43）的补偿值最小；另外，这样使得系统经由不宜设置保温的螺柱系统散失的热能更少，即管箱隔板包围住较高温流体的结构相对较优。因此，球面隔膜密封设计中应考虑由于分隔流程温差引起的球面隔膜与管箱筒节温差对径向补偿量的影响 ΔR_4。ΔR_3 和 ΔR_4 的影响可与 ΔR_2 的影响融为一体计算。

需要指出的两点是：①在计算热载荷作用下球面隔膜可以提供的补偿量时，以膜的球面

开口直径 D 代替膜的弧长 $\hat{S}$ 作为长度基准，忽略两者引起的微小差异；②对于平面膜，不存在①点的微差，但是如果热载荷作用下隔膜提供的补偿量大于管箱端口所需总的补偿量，则平面膜也可能因受径向压缩而具有向管箱内腔内失稳拱出的趋势。

通过热交换器管箱端口与其球面隔膜两者材料线膨胀系数差、工艺温度变化和管程分隔流程温差等引起的径向热膨胀位移计算分析，肯定温度对球面隔膜与管箱端口之间的径向热膨胀差有明显的影响，球面隔膜设计应综合考虑内压和温度两方面载荷。比较发现，对于铬钼钢管箱配奥氏体不锈钢球面隔膜的结构，高温下球面隔膜提供的径向相对位移反而较小，应综合考虑各种温度工况对球面隔膜结构设计的影响。

8.3.2 高温高压组合载荷作用下的径向补偿量分析

8.3.2.1 不同组合工况的径向补偿量协调

为了充分满足高温与高压组合关键工况作用下的径向补偿需求，应通过具体的计算和比较，再恰当地确定径向补偿量。

(1) 设计确定的设计高温与高压组合作用对拱高的影响。为了减缓管程进口乙烯对隔膜的脉冲作用，也为了避免管箱进口一侧的高温乙烯对隔膜的不均匀热作用，把管箱隔板设计成包围住乙烯进口的结构，使得球面隔膜只与出口管程的乙烯接触；温度不但均匀，而且也相对低一些，这样球面隔膜温度与管箱短筒节端部的温度是有差异的。设 β_{m}^{T} 和 β_{t}^{T} 分别是球面隔膜和管箱材料在温度 T 时的线膨胀系数，ΔT 是球面隔膜或管箱在温度 T 时与室温的温度差，ΔD 是温度作用下球面隔膜和管箱的径向位移差值；根据设计温度设隔膜温度为 145℃，管箱温度为 190℃，室温取 20℃，则 β_{m}^{145}=17.038×10^{-6}mm/（mm·℃），β_{t}^{190}=12.176×10^{-6}mm/（mm·℃），热膨胀差对径向补偿量的影响

$$\begin{aligned}
\Delta R_5 &= 0.5\Delta D = 0.5D\beta_{\mathrm{m}}^{T}\Delta T_{\mathrm{m}} - 0.5D\beta_{\mathrm{t}}^{T}\Delta T_{\mathrm{t}} \\
&= 0.5D[\beta_{\mathrm{m}}^{145}(145-20) - \beta_{\mathrm{t}}^{190}(190-20)] \\
&= 0.5\times647(17.038\times10^{-6}\times125 - 12.176\times10^{-6}\times170) \\
&\approx 0.019(\mathrm{mm})
\end{aligned} \tag{8-45}$$

设计温度高温高压两者的补偿量差值则是高温高压共同作用下需要通过球形面几何结构提供的补偿量

$$\Delta R = \Delta R_1 - \Delta R_5 = 0.112 - 0.019 = 0.093(\mathrm{mm}) \tag{8-46}$$

代入式（8-33）得设计温度下的球面隔膜拱高度

$$h_{\mathrm{s}} < 72.937\Delta R = 72.937\times0.093 \approx 6.78(\mathrm{mm})$$

(2) 设计确定的操作温度与高压组合对拱高的影响。如果按操作温度计算，由于球面隔

膜接触的是从第 2 流程出来、将进入第 3 流程的介质温度,因此取其略高于管程进出口操作温度的平均值 56℃;管箱端口温度在此基础上还应考虑到来自本体结构的传热作用,温度更高一点,但是较管程进口操作温度 72℃ 低一些,两者的平均值为 64℃,则

$$
\begin{aligned}
\Delta R_6 &= 0.5\Delta D = 0.5D\beta_{\mathrm{m}}^{T}\Delta T_{\mathrm{m}} - 0.5D\beta_{\mathrm{t}}^{T}\Delta T_{\mathrm{t}} \\
&= 0.5D[\beta_{\mathrm{m}}^{56}(56-20) - \beta_{\mathrm{t}}^{64}(64-20)] \\
&= 0.5\times647(16.576\times10^{-6}\times36 - 11.243\times10^{-6}\times44) \\
&\approx 0.029(\mathrm{mm})
\end{aligned} \tag{8-47}
$$

把标准式(8-7)转换为操作压力下的径向位移,并考虑操作温度通过径向位移对拱高的影响,则得

$$
\begin{aligned}
\Delta R &= \Delta R_1 \frac{p'}{p} - \Delta R_6 \\
&= 0.112\times\frac{28.5}{31.9} - 0.029 = 0.071(\mathrm{mm})
\end{aligned} \tag{8-48}
$$

式中,ΔR_1 是中径处的位移差;ΔR_6 是图 8.25 所示隔膜结构外径处的位移差。两者径向位置略有差异,忽略由此引起的偏差,则有

$$
h_{\mathrm{c}} < 72.937\Delta R = 72.937\times0.071 \approx 5.18(\mathrm{mm})
$$

(3)在线实测温度与高压组合对拱高的影响。2019 年某天现场随机检测管箱进口实际压力为 26.6MPa,出口没有压力检测仪表,考虑 4 个管程折流的压力损失,取管箱平均内压为 26.4MPa;进出口实际温度分别为 68.5℃、36.6℃,取球面隔膜温度略高于管程进出口操作温度的平均值 53℃,管箱端口温度取为 60℃,则

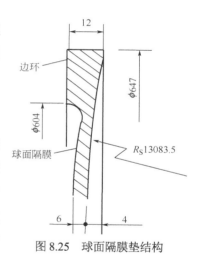

图 8.25　球面隔膜垫结构

$$
\begin{aligned}
\Delta R_7 &= 0.5\Delta D = 0.5D\beta_{\mathrm{m}}^{T}\Delta T_{\mathrm{m}} - 0.5D\beta_{\mathrm{t}}^{T}\Delta T_{\mathrm{t}} \\
&= 0.5D[\beta_{\mathrm{m}}^{53}(53-20) - \beta_{\mathrm{t}}^{60}(60-20)] \\
&= 0.5\times647(16.552\times10^{-6}\times33 - 11.202\times10^{-6}\times40) \\
&\approx 0.032(\mathrm{mm})
\end{aligned} \tag{8-49}
$$

把标准式(8-7)转换为实测压力 p'' 下的径向位移,同理得

$$
\begin{aligned}
\Delta R &= \Delta R_1 \frac{p''}{p} - \Delta R_7 \\
&= 0.112\times\frac{26.4}{31.9} - 0.032 \approx 0.06(\mathrm{mm})
\end{aligned} \tag{8-50}
$$

则有

$$h_c < 72.937 \Delta R = 72.937 \times 0.06 \approx 4.43 \text{(mm)}$$

（4）拱高的综合分析。设计工况参数、操作工况参数、实测工况参数三种情况下对拱高最大值的需求有差异，分别是 6.78mm、5.18mm、4.43mm，拱高需求呈现从高到低的趋势。式（8-33）是一条不等式，从数学的角度来理解，取最小值 4.43mm 能同时满足前两种工况的要求。根据式（8-33）推导过程的物理意义，如果该式取等号，则表示隔膜结构为平面隔膜，而不是球面隔膜。因此，取值又不宜直接等于最小值 4.43mm。

从工程的角度来理解其他不便计算的因素。密封设计不同于强度设计，这里宜以实际检测工况结果为主。上述分析没有从密封结构系统上整体一起分析，忽略了管箱端盖的加强作用，也忽略了各零部件之间的位移变形协调作用，还忽略圆筒短节从内壁到外壁的温度差异，实际的径向位移会小一些。为了便于隔膜周边密封焊接，结构设计如图 8.25 所示。球面隔膜的周边是无法完全贴向端盖的，两者之间也就存在间隙；为了避免球面隔膜在趋平过程中过高的径向位移施加给密封连接处一个径向向外的附加作用力，应控制拱高以保持结构系统的平衡。基于以上分析，球面隔膜内拱面高度的取值不能等于 4.43mm，因此最终圆整取值为 4mm。

（5）球面半径。由此按式（8-8）计算球面隔膜球面半径

$$R_S = \frac{R^2 + h^2}{2h} = \frac{323.5^2 + 4^2}{2 \times 4} \approx 13083.5 \text{(mm)}$$

式中，R 不是管箱短节内半径，而是参考图 8.25 取隔膜外圆半径。上式计算结果的小数相对巨大的整数而言工程意义不大，只不过是在前面的设计确定了球面隔膜厚度和球面隔膜拱高度均为整数的前提下，计算所得的值。

8.3.2.2　球面隔膜径向补偿量的必要性

除了上述工况对径向补偿量的影响，球面隔膜径向补偿量的必要性还可以从多个角度来认识。

（1）开口密封直径的影响及补偿量的通用计算式。分析前面的式（8-41）～式（8-45）计算可知，一定的高温下，球面隔膜与管箱端部开口的热膨胀径向相对位移及两者的位移差值都会随着开口直径的增大而线性比例地增大。因此，大直径开口更要注意温度载荷的影响。

把式（8-45）转化为圆筒中面半径为未知量的比例式

$$\begin{aligned}
\Delta R_S &= 0.5 \Delta D = 0.5 D \beta_m^T \Delta T_m - 0.5 D \beta_t^T \Delta T_t \\
&= 0.5(2R + t)(\beta_m^T \Delta T_m - \beta_t^T \Delta T_t) \\
&= (R + 0.5t)(\beta_m^T \Delta T_m - \beta_t^T \Delta T_t)
\end{aligned} \tag{8-51}$$

与式（8-7）一起代入式（8-46），得到设计温度和压力下需要的补偿量通用计算式

$$\Delta R = \Delta R_1 - \Delta R_5$$

$$= \frac{p(R+0.5t)^2}{Et}(1-0.5\nu) - (R+0.5t)(\beta_m^T \Delta T_m - \beta_t^T \Delta T_t) \tag{8-52}$$

（2）传统的管箱结构自身难以优化密封系统的受力。当管箱和密封结构已制造完成时，把式（8-52）所需补偿量为零的设计理解为满足工况的一种优化结构的校核。由式（8-52）等于零再简化得

$$\frac{1}{t} = \frac{E(\beta_m^T \Delta T_m - \beta_t^T \Delta T_t)}{(1-0.5\nu)pR} - 0.5 \tag{8-53}$$

把案例有关数据代入上式计算得

$$\frac{1}{t} = \frac{1.96\times10^5(17.038\times10^{-6}\times125 - 12.176\times10^{-6}\times170)}{(1-0.5\times0.3)\times31.9\times300} - 0.5 \approx 1.415\times10^{-3}\ (\text{mm}^{-1})$$

也就是 $t\approx707$ mm，这显然是不现实的。一般地说，适当增加管箱短筒体壁厚可提高其承受内压的能力，但是对于密封设计，其中涉及特殊函数及补偿量相应变化的耦合影响，不是线性比例关系。关系式（8-53）与 GB 150.3—2011 标准中的圆筒计算厚度公式（3-1）不具有关联性，无法进行壁厚的优化调整。传统管箱端口密封系统必然存在一定的径向位移协调需求，通过球面隔膜的弹性补偿可以减轻螺柱承受的横向载荷。

（3）组合工况难以优化密封系统的受力。同理，由式（8-52）等于零再简化后把案例有关数据代入公式计算得

$$p = \frac{Et(\beta_m^T \Delta T_m - \beta_t^T \Delta T_t)}{(R+0.5t)(1-0.5\nu)}$$

$$= \frac{1.96\times10^5\times195\times(17.038\times10^{-6}\times125 - 12.176\times10^{-6}\times170)}{397.5\times(1-0.5\times0.3)} \approx 6.64(\text{MPa}) \tag{8-54}$$

该值远低于设计压力 31.9 MPa，也是难以调和的，只有通过球面隔膜的弹性补偿才可以提高密封系统的承载能力。

8.3.3　结构功能设计的完善技术路线

高温对管箱球面隔膜密封的影响是多方面的，从材料力学性能而言有弹性模量和泊松比，从材料物理性能而言有线膨胀系数，从隔膜尺寸而言反映在球面结构承受外压的稳定性上，从结构协调性而言反映在配对零件变形位移差异上。其他结论：

（1）温度对球面隔膜与管箱端口之间的径向热膨胀差有明显的影响，只考虑内压进行球面隔膜设计的方法是粗糙和不完整的。但是，对于铬钼钢管箱配奥氏体不锈钢球面隔膜的结构，高温下球面隔膜与管箱端口两者提供的径向位移差值反而较低温度的小，建议综合考虑设计温度和操作温度两种工况的影响。

（2）热膨胀径向相对位移随着开口直径的增大而线性比例地增大，因此，大直径开口更要注意温度载荷的影响；并且球面隔膜密封的技术路线不是必然从管箱主体到密封元件的单向度独立设计，隔膜对管箱短筒节直径和壁厚也可以有反过来的修正要求，隔膜密封结构设计可以是校核形式的。

（3）管箱管程隔板包围住高温流体进口或高温流体出口的结构相对较好，此时由于管程中各进出管束的分隔流程之间温差引起的球面隔膜与管箱端口之间的径向位移之差较小，因此对径向补偿量的影响也就较小。当然，管程隔板分别同时包围住流体进口和流体出口的结构相对最好，球面隔膜受流体的影响最小。

如果不考虑管箱、隔膜、端盖三者相互协调作用的边缘力对隔膜的影响，也不考虑球面隔膜本体内的薄膜应力对结构强度的影响，则把高温高压球面隔膜结构功能设计的完善技术路线概括为：

① 根据壳体力学计算内压作用下管箱端口需补偿的径向位移 ΔR；

② 分别计算不同工况的温度与高压共同作用时需要通过球形面提供的补偿量；

③ 综合分析取补偿量的折中值，而且一般是各个工况计算结果中的最小值，本节案例确定的取值是按式（8-50）计算的；

④ 根据式（8-22）或者式（8-33）计算膜拱高度 h，再结合工程分析适当微调，才确定最终的膜拱高度；

⑤ 根据式（8-8）计算膜拱的球面半径 R_S；

⑥ 球面隔膜厚度及结构细节设计。

8.4 热交换器管箱球面隔膜密封焊缝受力分析

密封焊接结构包括球面隔膜密封焊、平面隔膜密封焊、Ω 环形密封焊、唇元件密封焊、法兰副密封焊等。密封焊有独特的受力个性，严格来说，前两种密封焊还属于垫片密封，后三种密封焊才可称为无垫片密封。密封焊密封强度的保证除了焊缝质量外，还与焊缝受力有关，是否存在垫片对焊缝受力有一定的影响。文献[44]针对隔膜密封指出密封焊容易产生裂纹，但是没有具体的研究。文献[48]报道了某设备主体焊环式无垫片焊接密封法兰的唇焊结构，在制作、试车过程中出现了泄漏之后提出了焊唇结构改进的对策。

文献[49]分析了无垫片焊唇密封元件——焊环在承受介质压力载荷时的受力及径向位移状况，指出现行设计规定的螺柱载荷不能约束焊环的径向位移，焊环与法兰的连接焊缝承受了焊环的径向拉力，提出了由螺柱载荷平衡焊环与法兰之间的静摩擦力和介质的压力载荷，并给出了螺柱载荷的计算方法。此外，还分析了高温下焊环与法兰存在热膨胀差时，焊环的受力及径向位移状况，提出了采用热当量压力计算螺柱载荷的方法。

初步分析发现，隔膜密封焊结构中端盖、隔膜、密封焊缝与管箱端部四者的位移变形不协调，这实际上是一个静不定问题，还涉及隔膜大变形及可能的材料非线性；有限元分析不但涉及内压作用下垫片无效密封面宽度的交互作用及螺柱螺母与法兰盘的接触、球面隔膜的边环与密封面的接触、球面隔膜的拱形膜与端盖之间的接触等 3 对密封副，而且还只能个案逐案处理，不便于推广；简化模型其模拟的工程精度有限，完整的解析解十分复杂。但是，隔膜密封的焊缝与文献[49]分析的无垫片焊唇密封有所区别，就是不会承受到或者只承受到很小的介质压力作用，具体视密封焊结构中垫片外圆与法兰凹台内圆的间隙以及尺寸 z 而定；通常情况下，隔膜密封焊的法兰螺柱设计校核不需要考虑专门的附加载荷。如果假设隔膜与管箱端部的径向位移变形协调功能完全通过密封焊缝来传递，其中忽略了端盖通过隔膜对密封焊缝的保护作用，则简化后的力学模型分析结果可以反映密封焊缝的极端受力情况。

8.4.1 高压作用下球面隔膜密封焊缝的受力分析

分析中不考虑焊缝的残余应力。

8.4.1.1 高压作用下管箱端部对焊缝的受力分析

简化模型应力分析。密封焊缝与相连结构比较是明显的弱结构，在内压作用下的变形中先忽略交互协调，考察完全由焊缝承担变形的结果。图 8.2 密封焊缝径向厚度 $k = 6\,\mathrm{mm}$ 是根据工程实践的焊脚高度保守确定的，焊缝截面形心处的半径结合图 8.25 确定 $R' = 650\,\mathrm{mm}$；结构最薄弱的密封焊缝承受径向位移所有应变，则焊缝的周向应力和径向应力分别为

$$\sigma_\theta = \varepsilon_\theta E = \frac{\Delta R_1}{R'} E = \frac{0.112}{326} \times 1.84 \times 10^5 \approx 63.2(\mathrm{MPa}) \tag{8-55}$$

$$\sigma_r = \varepsilon_r E = \frac{\Delta R_1}{k} E = \frac{0.112}{6} \times 1.84 \times 10^5 = 3434.7(\mathrm{MPa}) \tag{8-56}$$

式中，取焊缝材料 $E = 1.84 \times 10^5\,\mathrm{MPa}$；需变形协调的径向位移 $\Delta R_1 = 0.112\,\mathrm{mm}$。结果表明，周向应力远小于隔膜材料 0Cr18Ni10Ti 在设计温度下的许用应力 $[\sigma]^t = 130\,\mathrm{MPa}$，但径向应力远大于许用应力。进一步分析，在主螺柱的固定下可忽略密封焊缝的轴向应力；且即便再忽略由于密封焊缝与其连接件径向变形不同步而引起的内部剪应力，则密封焊缝受到的等效应力也已达

$$\sigma_{eq} = \frac{1}{\sqrt{2}}\sqrt{\sigma_\theta^2 + \sigma_r^2 + (\sigma_\theta - \sigma_r)^2} \approx 3404(\text{MPa}) \tag{8-57}$$

由此可见，等效应力也远大于许用应力，焊缝发生塑性变形，很容易就会被拉断裂。即便焊脚高增加一倍使焊缝厚达 12mm，等效应力也还远大于许用应力。由此可见，焊脚高的大小对其本身的强度保证能力非常有限，焊缝的功能主要在密封。文献[50]认为该角焊缝要以某种方式承受一定的载荷，但该文未经具体计算，仅凭设计图的结构数值就认为焊缝腰高欠缺尺寸是焊缝开裂的原因之一。其实，引起式（8-56）径向应力的径向载荷不完全作用到焊缝上，而是由垫片边环与法兰密封面的摩擦抵消了一部分；只不过从保守的角度考虑，当端盖强度不足而发生向外拱出的变形时，该摩擦的作用可能失效。因此，该密封角焊缝的强度安全性要靠其本身可以随着管箱端口同步径向位移来保证，这就是隔膜弹性补偿量的必要性及其主要作用，而焊缝自身的安全还要依靠端盖来保证。

8.4.1.2 高压作用下球面隔膜对边环的作用力分析

内压在球面隔膜边环引起边界力和弯矩，密封焊缝除了外侧受管箱短节的作用外，其内侧还受到隔膜的作用。因为球面隔膜边环与管箱端部之间是焊接连接，而且边环还由螺柱通过端盖强制压紧，所以视球面隔膜的周边为固支边界。取泊松比 $\nu=0.3$，隔膜厚度 $\delta=6mm$，球面隔膜的球面内半径 $R_S=13083.5mm$。球面隔膜与边环间的受力计算需先求无量纲常数[38]：

$$m = [3(1-\nu^2)\frac{R_S^2}{\delta^2}]^{1/4} = 60.02 \tag{8-58}$$

得边界径向力

$$Q = \frac{(1-\nu)pR_S}{2m\sin\alpha} = 105.65 \quad (\text{kN/mm}) \tag{8-59}$$

边界弯矩

$$M_o = \frac{(1-\nu)pR_S^2}{4m^2} = 264.41(\text{kN}) \tag{8-60}$$

8.4.1.3 边环对焊缝的作用力分析

图 8.25 中隔膜边环的径向受力模型如图 8.26（a）所示。边环与焊缝作用力为 T；边环两侧与密封面之间的摩擦力分别为 F_1、F_2；操作状态下的最小垫片压紧力为 F_p，来自螺柱的紧固作用；内压作用在边环单位弧长内侧面的径向力为 Q'。边界弯矩 M_o 一方面减少边环和管箱端部密封面之间的压紧力，另一方面又同时增大边环和端盖密封面之间的压紧力；为简化起见，把边界弯矩限制边环偏转的作用等效转化为压紧力 N，如图 8.26（b）所示，则总的径向摩擦力为

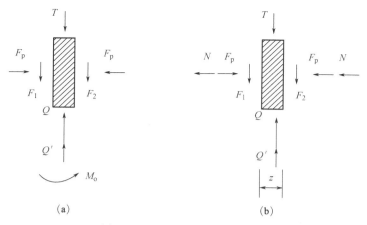

图 8.26　边环径向受力简化模型

$$F = F_1 + F_2 = \mu(F_\text{p} - N) + \mu(F_\text{p} + N) = 2\mu F_\text{p} \qquad (8\text{-}61)$$

按边环和密封面之间无润滑的状况取静摩擦系数 $\mu = 0.15$，根据 GB 150.3—2011 标准取不锈钢边环的垫片系数 $m = 6.5$，垫片（边环）有效密封宽度 $b = 2.53\sqrt{b_\text{o}} = 2.53\sqrt{21/2} \approx 8.2 (\text{mm})$，计算压力 p_c 等于设计压力，则边环单位弧长的摩擦力为

$$F' = \frac{F}{\pi D_\text{G}} = \frac{2\mu F_\text{p}}{\pi D_\text{G}} = \frac{2\mu \times 6.28 D_\text{G} bm p_\text{c}}{\pi D_\text{G}} \approx 4.0 \mu bm p_\text{c} \approx 1.02\,(\text{kN/mm}) \qquad (8\text{-}62)$$

式中，D_G 是垫片（边环）压紧力作用中心圆直径。

$$Q' = \frac{\pi D' z p}{\pi D'} = z p \approx 0.260\,(\text{kN/mm}) \qquad (8\text{-}63)$$

式中，D' 是垫片（边环）内侧面直径；z 是图 8.25 和图 8.26 所示垫片（边环）内侧面厚度。忽略边环周向内力的影响，保守地考虑只有焊缝和摩擦力共同承受了径向力 Q 和 Q' 的作用，则有

$$T + F' = Q + Q' \qquad (8\text{-}64)$$

单位弧长焊缝承担的作用力

$$T = Q + Q' - F' = 104.89\,(\text{kN/mm}) \qquad (8\text{-}65)$$

单位弧长焊缝的径向剪应力

$$\tau = \frac{T}{k} \approx 17481.67 (\text{MPa}) \qquad (8\text{-}66)$$

远大于 200℃ 下其许用剪应力 $[\tau] = 0.6[\sigma] = 78\,\text{MPa}$。

8.4.2 高温作用下球面隔膜密封焊缝的受力分析

(1) 边环与端盖之间的径向作用力。有学者对某案例中高压圆筒体端部与端盖的自紧密封装置进行了温差应力分析，当端盖操作温度 t_g=190℃大于法兰操作温度 t_f=145℃而使端盖的热膨胀受到法兰的限制时，两者之间引起接触压力计算式[51]

$$p = \frac{E[\beta(t_g - t_f)D_g/2 - \Delta]}{D_g[\nu + 1/(K_f^2 - 1)]} \tag{8-67}$$

对于本文隔膜密封案例，把球面隔膜视同端盖考察其与端部法兰的相互作用。式中两者间隙值 Δ 即装配公差，因两者间实施了密封焊而 Δ=0mm，隔膜的热膨胀肯定受到筒体端部的限制，接触压力适用上式。端部法兰和端盖材料相同，弹性模量 E 取同值；D_g =648mm，为管箱端部（法兰）止口与端盖接触面直径；D_w =990mm，为管箱端部（法兰）外径；膨胀系数 $\beta = 17.212 \times 10^{-6}$ mm/（mm·℃）；$K_f = D_w/D_g \approx 1.53$；根据文献[40]的分析取 $t_g - t_f$ =45℃，代入上式计算得 $p \approx 70.73$ MPa。

(2) 密封焊缝的应力。该接触压力是一种折算为等效作用的机械力，焊缝受到该接触压力的作用类似内压的作用。取焊缝的许用应力与隔膜材料 0Cr18Ni10Ti 相同，参照 GB 150.3—2011 标准中承受内压的圆筒体周向应力式来计算焊缝的周向应力

$$\sigma^t = \frac{p(D_g + k)}{2k} \approx 3854.79 \text{(MPa)} \tag{8-68}$$

由此可见，焊缝承受非常大的周向应力作用，远大于许用应力。

8.4.3 平面隔膜密封变形分析

对于隔膜结构中最简单的圆平板平面隔膜的设计，考虑端盖对隔膜起保护作用时密封焊缝的受力；该情况与其连接件的变形有关，隔膜、端盖与管箱端部存在位移变形协调功能。平板隔膜是球面半径无穷大时的特殊结构，其变形趋势与球面隔膜相反。由于端盖存在挠度，

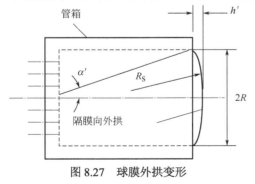

图 8.27 球膜外拱变形

因此圆平板在均布面载荷作用下可能会发生图 8.27 所示拱高 h' 的轴对称拱形弯曲而向外拱出弹性变形，存在径向收缩趋向而对周边焊缝产生收缩拉力。

此时，根据图 8.27 中的几何关系 $R_S^2 = (R_S - h')^2 + R^2$ 求得球面隔膜的球面外半径 R_S = 14064.1mm，外拱膜半包角

$$\alpha' = \arcsin \frac{R}{R_S} \approx 1.222° \tag{8-69}$$

再由弧长与对应夹角的关系

$$\frac{\widehat{S}'}{2\pi R_S} = \frac{2\alpha'}{360} \tag{8-70}$$

求得隔膜弧长

$$\widehat{S}' = 2\pi R_S \frac{2\alpha'}{360} \approx 600.046 \text{ (mm)} \tag{8-71}$$

也就是说在能够自由收缩的情况下平面隔膜周边及其密封焊缝的径向收缩位移为 $\Delta R_j' = \widehat{S}' - \widehat{S} = 600.046 - 600 = 0.046 (\text{mm})$，与管箱端部的径向扩张位移 $\Delta R_j \approx 0.078 \text{mm}$ 相比达 59%；密封焊缝总的径向位移需求应是两者之和，即 $\Delta R' = \Delta R_j' + \Delta R_j = 0.046 + 0.078 = 0.154 (\text{mm})$。由此得到该位移应变引起焊缝的周向应力、径向应力和等效应力分别为 $\sigma_\theta' = 86.7 \text{MPa}$、$\sigma_r' = 4723 \text{MPa}$、$\sigma_{eq}' = 4681 \text{MPa}$。

计算结果提示，周向应力仍小于许用应力，但径向应力和等效应力更大于许用应力。隔膜板在径向收缩应力的作用下更容易被拉裂，密封焊缝在内外两个相反方向拉力的作用下也更易断裂，隔膜必须具有弹性，这就是高温高压密封的隔膜垫结构形式中不能采用平面隔膜的原因。计算结果提示，需要保证运行中球面隔膜边环与管箱端部及端盖三者之间相对固定，不要引起焊缝的位移以免开裂泄漏。

对于圆形平板周边没有密封焊，而是铰支或固支的边界；内压作用下平板中心处的挠度和应力或周边处的应力大小，可据文献[52]表 1-44 的公式计算。

8.4.4 基本结论和技术要求

基本结论：

（1）对球面隔膜密封焊缝具体案例的受力分析表明，外载荷施加给焊缝很大的应力，球面隔膜垫片与管箱端部的密封焊缝无法承受高温高压对密封面处径向位移变形的协调要求。密封主要由密封焊缝来保证，但是密封焊缝自身的安全一方面主要依靠球面隔膜的弹性补偿来保证，球面隔膜垫片设计成与管箱端部的台阶止口在径向采取静配合公差；另一方面还需要管箱端部和端盖的辅助作用。

（2）比较分析发现，高参数管箱隔膜垫结构形式中不宜采用平面隔膜垫，证实了隔膜弹性补偿量的必要性，宜采用球面隔膜垫。即便是球面隔膜，其设计中也不仅考虑高温高压的作用，还要考虑变形位移协调可能存在的端盖挠度通过球面隔膜的过量变形对密封焊缝产生的不良影响。

（3）密封焊失效属于焊接质量或系统强度欠缺的个案，关于预紧球面隔膜垫螺柱的实操方法以及密封焊的操作方法应按设计确定的技术要求执行，制造工艺不能随意选取。

技术要求：

（1）设计技术要求。要注意的是业内关于隔膜垫法兰副紧固件的设计。文献[34]提出，根据圆平板隔膜结构抽象出的力学模型相当于无垫片焊接密封法兰的结构，预紧状态下需要的最小螺柱载荷为零。文献[35]也认为，对于隔膜密封结构和 Ω 环密封结构而言，属于有主螺柱密封结构，但密封比压为零，即可以不考虑预紧工况，很大程度上减少了主螺柱的直径或数量。但是，文献[53]又提出，无垫片密封焊接结构螺柱载荷按操作状态计算为零，因为其中的垫片系数 $m=0$。笔者认为，隔膜密封不是无垫片密封，不宜按文献[53]的无垫片密封焊接结构对待；并且预紧隔膜垫的螺柱其紧固的实操方法以及密封焊的操作方法均应有技术前提，具体应按设计确定的技术要求执行。

（2）焊接技术要求。上述分析中未考虑焊接应力，主要理由一是该密封焊缝位于设备外表，不与设备内介质接触，二是该密封焊缝是角焊缝，与平板对接缝相比，其两侧母材的残余应力不在同一平面上，而是互成垂直方向，应力水平低，总体上不构成应力腐蚀或晶间腐蚀的条件，工程实践也证实其安全性。但仍提出如下制造技术要求：第一，根据式（8-67），端盖与端部法兰的装配间隙控制为 0.2mm，减少大间隙造成的收缩应力。第二，隔膜周边与管箱密封端是同种材料焊接，减少性能差别的异种钢组焊所造成的应力。隔膜一般由奥氏体不锈钢加工，如果管箱端部材料是非奥氏体不锈钢材料，则应先在管箱端部组对范围堆焊一圈奥氏体不锈钢过渡层，如图 8.2 所示。第三，是控制总的焊接热输入来减少应力。密封焊有别于强度焊，施工应采用氩弧焊，小参数、浅熔深，控制焊缝径向厚度 $k=6\,\text{mm}$。

8.5　管箱密封金属隔膜的应力分析

在热交换器中，大直径的管箱可以通过设置反向法兰缩小开口；隔膜包括球面隔膜和圆平板隔膜两种基本形式，隔膜周边是简支和固支两种基本连接方式。其中与开口周边实施密封焊的连接适用于高参数条件，优于螺纹锁紧环密封[44]。理想状态下，热交换器管箱端口密封的球面隔膜在结构上属于部分球形薄壳，其厚径比远小于1/80，在力学分析中视作薄膜结构。膜结构是一种典型的柔性张力体系，其分析理论和计算方法与刚性结构相比有许多不同之处，形成了一套独特的理论体系[54]。文献[27]通过建立管箱、球面隔膜、端盖三者相互协调作用的力学模型求取了边缘力，通过边缘力、热载荷和压力等计算分析了隔膜的变形行为及各种径向位移量。但是，该文在计算均布压力在球面隔膜引起的无矩内力及其薄膜应力时，按文献[38]题 21-5 的提示，把球面半径误解为圆筒半径，导致结果有误；文献[38]中的该问题已在其新版文献[36]中修正，因此，文献[27]也需要相应修正。为给隔膜密封工程设计提供基础，需要对管箱压力作用下圆平板隔膜和球面隔膜的薄膜应力、弯曲应力及总应力进行分别分析，并结合案例进行计算比较。

8.5.1 圆平板隔膜的应力分析

根据表 8.1 案例 1 的设计参数，在最大球面半角处弯矩 $M_1 = M_2 = 0$，在球面中心处球面半角 $\alpha = 0°$，球面隔膜半径 $R_S = 13083.5\,\text{mm}$，膜厚 $\delta = 6\,\text{mm}$，内表面拱形高度 $h = 4\,\text{mm}$。

8.5.1.1 圆平板隔膜的薄膜应力分析

球面隔膜可看作等曲率扁壳的一种特例，而圆平板则可进一步看作当球面半径趋于无穷大时的另一种特例。当球面半径趋于无穷大时，薄膜内力趋于零，而平板内力趋于薄板的解[38]。既然薄膜内力趋于零，那么可以忽略中间主体区域中性层薄膜应力的作用。

8.5.1.2 圆平板隔膜的弯曲应力分析

但是，圆平板隔膜在管箱内压作用下的变形行为是轴对称弯曲问题，其平板内力中还存在弯矩内力，因此，弯曲应力不为零。压力作用下，板壳两侧表面的弯曲应力大小相等，拉应力或压应力的性质相反，本文只分析介质作用面的应力。圆形薄板的稳定属轴对称小挠度弯曲问题，可由经典法求解。对于表 8.3 案例的球面隔膜改为圆平板隔膜时，只是球面半径和内拱高度改变，其他结构参数和工况不变，材料泊松比 $\nu = 0.3$。

（1）圆平板周边简支时自变量径向 r 处介质作用面板面应力[55]。

径向弯曲应力

$$
\begin{aligned}
\sigma_{\text{bjr}}^{\text{w}} &= \frac{3p}{8\delta^2}(3+\nu)(R^2 - r^2) \\
&= \frac{3 \times 31.9}{8 \times 6^2}(3+0.3)(300^2 - r^2) \\
&\approx 1.0966(90000 - r^2)(\text{MPa})
\end{aligned}
\tag{8-72}
$$

式中，上标 w 表示弯曲应力；下标 bjr 中的 b 表示圆平板隔膜，j 表示隔膜周边简支，r 表示应力的方向为径向，下同。

$$
\begin{aligned}
\sigma_{\text{bj}\theta}^{\text{w}} &= \frac{3p}{8\delta^2}[R^2(3+\nu) - r^2(1+3\nu)] \\
&= \frac{3 \times 31.9}{8 \times 6^2}[300^2(3+0.3) - r^2(1+3 \times 0.3)] \\
&\approx 0.3323(297000 - 1.9r^2)(\text{MPa})
\end{aligned}
\tag{8-73}
$$

式中，下标 bjθ 中的 θ 表示应力的方向是周向，下同，其他字符的含义同前。

（2）圆平板周边固定时自变量径向 r 处板面应力[55]。

径向弯曲应力

$$
\begin{aligned}
\sigma_{\mathrm{bgr}}^{\mathrm{w}} &= \frac{3p}{8\delta^2}[R^2(1+\nu) - r^2(3+\nu)] \\
&= \frac{3 \times 31.9}{8 \times 6^2}[300^2(1+0.3) - r^2(3+0.3)] \\
&\approx 0.3323(117000 - 3.3r^2)(\mathrm{MPa})
\end{aligned} \tag{8-74}
$$

周向弯曲应力

$$
\begin{aligned}
\sigma_{\mathrm{bg\theta}}^{\mathrm{w}} &= \frac{3p}{8\delta^2}[R^2(1+\nu) - r^2(1+3\nu)] \\
&= \frac{3 \times 31.9}{8 \times 6^2}[300^2(1+0.3) - r^2(1+3\times0.3)] \\
&\approx 0.3323(117000 - 1.9r^2)(\mathrm{MPa})
\end{aligned} \tag{8-75}
$$

式中，下标 bgθ 中的 g 表示隔膜周边固支，下同，其他字符的含义同前。应力式（8-72）～式（8-75）绘制成应力曲线，见图 8.28。圆平板隔膜的弯曲应力也就是其总应力。

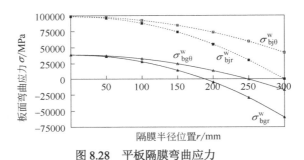

图 8.28　平板隔膜弯曲应力

（3）应力分析及工程应用。分析图 8.28，平板隔膜上周边简支时的应力显著高于周边固支时的应力；在平板隔膜中心，周向应力等于径向应力，随着径向位置离开中心，周向应力明显高于径向应力；无论平板隔膜上周边简支或固支，周向应力与径向应力之差都相等；周边简支时，平板隔膜上的应力是拉应力，而周边固支时，随着径向位置离开中心，平板隔膜上的应力从拉应力转变为压应力，其中存在应力为零的半径位置。

根据平板隔膜周边密封焊的固支实际，工程上可在隔膜上径向应力为零的半径位置设计减薄槽，以提高隔膜柔性和抗疲劳能力，适应动态工况。

随着螺纹锁紧环管箱的压力增大，管箱隔膜板周边自紧密封的功能增强，可看作周边固支的结构，周边受压应力作用。因此文献[56]隔膜板厚度可从中间 $\phi 985.4\mathrm{mm}$ 主体范围内的 16mm，减薄到周边 $\phi(1080\sim1150)\mathrm{mm}$ 环带区域的 4mm。

一方面，所有应力水平都很高，远大于平板隔膜常用奥氏体不锈钢材料的屈服强度，隔膜似乎会由于强度不足而失效；但是隔膜的位移属弹性变形，高强度材料对预防其弹性失效没有作用，分析与讨论只在弹性准则内进行，由此得出的结果是保守的。实际上端盖起到了强度保护作用，隔膜主要承担密封作用。另一方面，这些弯曲应力均属于表面处的名义应力，表面局部塑性屈服后应力即重新调整，壁厚内部的应力逐渐降低，厚度中间的应力为零。

8.5.2 球面隔膜的应力分析

8.5.2.1 外载荷引起的无矩内力

作用在球面隔膜上的外载荷分为压力载荷 p 和介质容重的静压两部分。

（1）压力作用。均布外压 p 在周边固定的球面隔膜中引起的无力矩内力和弯矩为[55]

$$N_1 = N_2 = -\frac{pR_S}{2} \tag{8-76}$$

$$M_1 = M_2 = 0 \tag{8-77}$$

这类无力矩内力不随隔膜上的位置而变化。

（2）介质容重的静压作用。图 8.8 的管箱从卧式改为立式倒置后可视为文献[36]中修正后的案例，即圆筒容器盛装密度为 ρ 的液体，其封底是半径为 R_S 的球壳，且液面至冠顶深度为 L，则筒底上不同球冠半角 α 处的无力矩内力计算公式

$$N_1 = -\frac{\rho g R_S^2}{6}\left[\frac{3L}{R_S} + \frac{1-\cos\alpha}{1+\cos\alpha}(1+2\cos\alpha)\right] \tag{8-78}$$

$$N_2 = -\frac{\rho g R_S^2}{6}\left[\frac{3L}{R_S} + \frac{1-\cos\alpha}{1+\cos\alpha}(5+4\cos\alpha)\right] \tag{8-79}$$

这类无力矩内力随隔膜上的位置而变化。对于表 8.3 的案例，通过量纲转换和比较，发现式（8-78）和式（8-79）的结果都小于式（8-76）的 1%，这里忽略不计。

通常说，壳体的无力矩理论就是薄膜理论，无力矩内力就是薄膜内力，无力矩应力就是薄膜应力。但是分析式（8-76），发现随着半径 R_S 增大，无力矩内力显著增大，且当 $R_S \to \infty$ 时，无力矩内力也将趋于无穷大，这样，式（8-76）不宜直接用于计算半径 R_S 较大时球面隔膜的薄膜应力。实际上式（8-76）不是完整的薄膜内力。球壳的实际薄膜内力不是直接等于无力矩内力，而是等于无力矩内力与位移 w 相关项 $R_S D \partial^2(\nabla^2 w)/\partial^2$ 之差[36]。另外，2.1 节提及，当 $R_S \to \infty$ 使球面隔膜变成圆平板时，薄膜内力趋于零，而不是趋于无穷大的无力矩内力，两者不一致。

8.5.2.2 球面隔膜的薄膜应力分析

均布压力 p 和边缘效应在膜中自变量弧长包角 α 处引起的总内力则是有力矩内力，计算

中需由无量纲常数

$$m = [3(1-\nu^2)\frac{R_S^2}{\delta^2}]^{1/4}$$

$$= [3(1-0.3^2)\frac{13083.5^2}{6^2}]^{1/4} = 60.02$$

(8-80)

先查出特殊函数 $g_1[m(\alpha_{max}-\alpha)]$、$g_2[m(\alpha_{max}-\alpha)]$、$g_3[m(\alpha_{max}-\alpha)]$ 和 $g_4[m(\alpha_{max}-\alpha)]$ 的值[55]。

（1）球面隔膜周边简支时，总内力近似解为[55]

$$N_{j1} = -\frac{pR_S}{2}\{1-\frac{1-\nu}{2m}g_3[m(\alpha_{max}-\alpha)]\cot\alpha\}$$

(8-81)

$$N_{j2} = -\frac{pR_S}{2}\{1-(1-\nu)g_4[m(\alpha_{max}-\alpha)]\}$$

(8-82)

式（8-81）和式（8-82）中，与包角 α 无关的第 1 项即是式（8-76）所表达的无矩内力；与包角 α 有关的第 2 项即是周边引起的附加内力，是对第 1 项的修正，属于有矩内力；第 1 项与第 2 项之和才是薄膜总内力，也就是薄膜内力。因此，薄膜内力在包角 α 处截面引起的径向薄膜应力

$$\sigma_{qjr}^m = \frac{N_{j1}}{\delta} = -\frac{pR_S}{2\delta}\{1-\frac{1-\nu}{2m}g_3[m(\alpha_{max}-\alpha)\cot\alpha]\}$$

$$= -\frac{31.9\times13083.5}{2\times6}\{1-\frac{1-0.3}{2\times60.02}g_3[60.02(1.4-\alpha)\frac{2\pi}{360}]\cot\alpha\}$$

$$\approx -34780.304\{1-5.8314\times10^{-3}g_3[1.0475(1.4-\alpha)]\cot\alpha\}(\text{MPa})$$

(8-83)

式中，上标 m 表示薄膜应力；下标 qjr 中的 q 表示球面隔膜，下同，其他字符的含义同前。薄膜内力在包角 α 处截面引起的周向薄膜应力

$$\sigma_{qj\theta}^m = \frac{N_{j2}}{\delta} = -\frac{pR_S}{2\delta}\{1-(1-\nu)g_4[m(\alpha_{max}-\alpha)]\}$$

$$= -\frac{31.9\times13083.5}{2\times6}\{1-(1-0.3)g_4[60.02(1.4-\alpha)\frac{2\pi}{360}]\}$$

$$\approx -34780.304\{1-0.7g_4[1.0475(1.4-\alpha)]\}(\text{MPa})$$

(8-84)

（2）球面隔膜周边固支时，总内力近似解为[55]

$$N_{g1} = -\frac{pR_S}{2}\{1-\frac{1-\nu}{m}g_4[m(\alpha_{max}-\alpha)]\}\cot\alpha$$

(8-85)

$$N_{g2} = -\frac{pR_S}{2}\{1-(1-\nu)g_1[m(\alpha_{max}-\alpha)]\}$$

(8-86)

式（8-85）中，第 1 项和第 2 项均与包角 α 有关。式（8-86）中第 1 项和第 2 项均与包

角 α 无关，但是第 2 项仍然是周边引起的附加内力，是对第 1 项的修正，属于有矩内力；第 1 项与第 2 项之和才是薄膜总内力，也就是通常所说的薄膜内力。因此，薄膜内力在包角 α 处截面引起的径向薄膜应力

$$
\begin{aligned}
\sigma_{qgr}^{m} &= \frac{N_{g1}}{\delta} = -\frac{pR_S}{2\delta}\{1 - \frac{1-\nu}{m}g_4[m(\alpha_{max} - \alpha)]\}\cot\alpha \\
&= -\frac{31.9 \times 13083.5}{2 \times 6}\{1 - \frac{1-0.3}{60.02}g_4[60.02(1.4 - \alpha)\frac{2\pi}{360}]\}\cot\alpha \\
&\approx -34780.304\{1 - 1.1663 \times 10^{-2}g_4[1.0475(1.4 - \alpha)]\}\cot\alpha(MPa)
\end{aligned}
\tag{8-87}
$$

薄膜内力在包角 α 处截面引起的周向薄膜应力

$$
\begin{aligned}
\sigma_{qg\theta}^{m} &= \frac{N_{g2}}{\delta} = -\frac{pR_S}{2\delta}\{1 - (1-\nu)g_1[m(\alpha_{max} - \alpha)]\} \\
&= -\frac{31.9 \times 13083.5}{2 \times 6}\{1 - (1-0.3)g_1[60.02(1.4 - \alpha)\frac{2\pi}{360}]\} \\
&\approx -34780.304\{1 - 0.7g_1[1.0475(1.4 - \alpha)]\}(MPa)
\end{aligned}
\tag{8-88}
$$

应力式（8-83）、式（8-84）、式（8-87）和式（8-88）绘制成薄膜应力曲线，见图 8.29。由于 $\cot\alpha|_{\alpha=0} = \infty$，因此按式（8-83）和式（8-87）计算的隔膜中心径向应力是负的无穷大，这与实际不符；为了保持应力曲线连续光滑，图 8.29 中隔膜中心的径向应力是按旁边 $\alpha = 0.2°$ 时应力计算值的 2.5 倍所得的，是虚拟的数值。

（3）应力分析及工程应用。由图 8.29 可知，周边固支时，球面隔膜中间大部分区域的径向薄膜应力显著高于周边简支时的应力，但是球面隔膜上周边固支时的周向薄膜应力反而略低于周边简支时的应力；在球面隔膜固支周边，周向薄膜应力等于径向薄膜应力，随着径向位置靠近球面隔膜中心，径向薄膜应力明显高于周向薄膜应力；无论球面隔膜上周边简支或固支，所有薄膜应力都是压应力，且两者周边上的周向薄膜应力相等，径向薄膜应力高于周向薄膜应力。

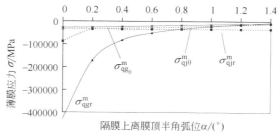

图 8.29 球面隔膜薄膜应力

8.5.2.3 球面隔膜的弯曲应力分析

（1）球面隔膜周边简支。均布压力 p 和边缘效应在膜中自变量弧长包角 α 处引起的弯矩近似解为[55]

$$M_{j1} = -\frac{(1-\nu)pR_{S}^{2}}{4m^{2}}g_{2}[m(\alpha_{\max}-\alpha)] \qquad (8\text{-}89)$$

$$M_{j2} = \nu M_{j1} \qquad (8\text{-}90)$$

弯矩在包角 α 处截面引起的径向弯曲应力

$$\sigma_{qjr}^{w} = \frac{M_{j1}z}{I_{x}} \qquad (8\text{-}91)$$

最大径向弯曲应力位于膜表面 $z=\delta/2$ 处

$$\begin{aligned}
\sigma_{qjr}^{w} &= -\frac{(1-\nu)pR_{S}^{2}}{4m^{2}}g_{2}[m(\alpha_{\max}-\alpha)]\frac{\delta/2}{\delta^{3}/12} \\
&= -\frac{3(1-\nu)pR_{S}^{2}}{2m^{2}\delta^{2}}g_{2}[m(\alpha_{\max}-\alpha)] \\
&= -\frac{3(1-0.3)\times31.9\times13083.5^{2}}{2\times60.02^{2}\times6^{2}}g_{2}[60.02(1.4-\alpha)\frac{2\pi}{360}] \\
&\approx -44211.466g_{2}[1.0475(1.4-\alpha)](MPa)
\end{aligned} \qquad (8\text{-}92)$$

最大周向弯曲应力也位于膜表面

$$\begin{aligned}
\sigma_{qj\theta}^{w} &= \frac{\nu M_{j1}z}{I_{x}} = \nu\sigma_{qjr}^{w} \\
&= -13263.440g_{2}[1.0475(1.4-\alpha)](MPa)
\end{aligned} \qquad (8\text{-}93)$$

(2) 球面隔膜周边固支。膜中弯矩[55]

$$M_{g1} = \frac{(1-\nu)pR_{S}^{2}}{4m^{2}}g_{3}[m(\alpha_{\max}-\alpha)] \qquad (8\text{-}94)$$

$$M_{g2} = \nu M_{g1} \qquad (8\text{-}95)$$

最大径向弯曲应力位于膜表面

$$\begin{aligned}
\sigma_{qgr}^{w} &= \frac{M_{g1}z}{I_{x}} = \frac{(1-\nu)pR_{S}^{2}}{4m^{2}}g_{3}[m(\alpha_{\max}-\alpha)]\frac{\delta/2}{\delta^{3}/12} = \frac{3(1-\nu)pR_{S}^{2}}{2m^{2}\delta^{2}}g_{3}[m(\alpha_{\max}-\alpha)] \\
&= \frac{3(1-0.3)\times31.9\times13083.5^{2}}{2\times60.02^{2}\times6^{2}}g_{3}[60.02(1.4-\alpha)\frac{2\pi}{360}] \\
&\approx 44211.466g_{3}[1.0475(1.4-\alpha)](MPa)
\end{aligned} \qquad (8\text{-}96)$$

最大周向弯曲应力也位于膜表面

$$\sigma_{qg\theta}^{w} = \frac{\nu M_{g1}z}{I_{x}} = \nu\sigma_{qgr}^{w} \tag{8-97}$$
$$= 13263.440g_{3}[1.0475(1.4-\alpha)](\text{MPa})$$

应力式（8-92）、式（8-93）、式（8-96）和式（8-97）绘制成弯曲应力曲线，见图8.30。

（3）应力分析及工程应用。由图8.30可知，球面隔膜上周边简支时的弯曲应力显著高于周边固支时的应力，这与平板隔膜的情况一致；球面隔膜上周边固支时，周向弯曲应力和径向弯曲应力均是拉应力，且周向弯曲应力略大于径向弯曲应力，但是应力水平都不高，从球面隔膜中心到周边，弯曲应力较平缓，在周边处弯曲应力为零；球面隔膜上周边简支时，从球面隔膜中心到周边，弯曲应力变化较大，从中间区域的拉应力变为外围的压应力，其中存在径向弯曲应力和周向弯曲应力同时为零的半径位置，而在其他位置，径向弯曲应力明显高于周向弯曲应力。

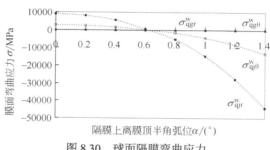

图8.30　球面隔膜弯曲应力

球面隔膜上周边固支时，在周边处弯曲应力为零，因此其密封焊缝受到隔膜的影响较小，可耐疲劳工况。

8.5.3　球面隔膜的总应力及主要结论

（1）总应力。采用近似解法，则球面隔膜实际的总应力等于薄膜应力和弯曲应力之和，属于有矩应力。球面隔膜周边简支时

$$\sigma_{qjr} = \sigma_{qjr}^{m} + \sigma_{qjr}^{w} \tag{8-98}$$

$$\sigma_{qj\theta} = \sigma_{qj\theta}^{m} + \sigma_{qj\theta}^{w} \tag{8-99}$$

球面隔膜周边固支时

$$\sigma_{qgr} = \sigma_{qgr}^{m} + \sigma_{qgr}^{w} \tag{8-100}$$

$$\sigma_{qg\theta} = \sigma_{qg\theta}^{m} + \sigma_{qg\theta}^{w} \tag{8-101}$$

应力式（8-98）～式（8-101）绘制成总应力曲线，见图 8.31，也就是图 8.27 和图 8.30 的合成。如前所述，图 8.31 中隔膜中心的径向应力是虚拟值。

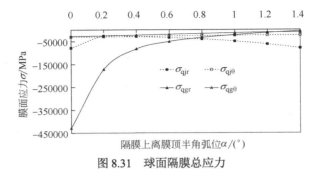

图 8.31　球面隔膜总应力

（2）应力分析。由图 8.31 可知，其应力分布曲线趋势与图 8.29 的薄膜应力曲线近似，这是因为薄膜应力较弯曲应力高一数量级，起主导作用。

周边固支时，球面隔膜中间大部分区域的径向总应力显著高于周边简支时的总应力，但是球面隔膜上周边固支时的周向总应力反而略低于周边简支时的总应力；球面隔膜周边固支时，靠边周边范围的应力水平较低且周向总应力与径向总应力接近，但是随着径向位置靠近球面隔膜中心，径向总应力明显高于周向总应力；无论球面隔膜上周边简支或固支，所有总应力都是压应力，且径向总应力高于周向总应力。

（3）主要结论。结合案例对管箱压力作用下圆平板隔膜和球面隔膜基本结构的薄膜应力、弯曲应力及总应力分别进行了计算和分析比较，为工程设计提供了基础。主要结论：

周边固支时，随着径向位置离开中心，圆平板隔膜上的弯曲应力从拉应力转变为压应力，其中存在应力为零的半径位置。据此，在隔膜上径向弯曲应力为零的半径位置设计减薄槽，可提高隔膜柔性。由此，圆平板隔膜也可适当应用于动态工况。

无论球面隔膜上周边简支或固支，所有总应力都是压应力，且径向总应力大于周向总应力。球面隔膜周边固支时，靠边周边范围的应力水平较低且周向总应力与径向总应力接近，周边弯曲应力为零，有利于密封焊缝的密封性能。

与圆平板隔膜周边的弯曲应力相比，球面隔膜周边的总应力要低一个数量级，再考虑到球面隔膜独特的轴向和径向弹性变形功能与周边的法兰夹持结构之间可形成同步的协调机制，总体上可断定球面隔膜优于圆平板隔膜。

进一步对隔膜上关键截面精确地应力分析是必要的，这有待通过有限元方法进行。

8.6　球面隔膜密封式热交换器管箱中隔板的设计

通常情况下，传统管箱分程隔板甚至圆平板式隔膜密封管箱的隔板其厚度及周边连接结构，均可按 GB/T 151—2014 标准的规定进行设计；但是实践中较少对传统管箱隔板结构进行计算校核，即便有也只考虑静态载荷作用，没有考虑动态载荷。流体振动对密封疲劳的不良影响很难通过提高强度解决[57]，运行中出现不少隔板弯曲变形、倾斜、开裂、断裂的现象，造成管程介质短路，换热效率下降[58,59]。严重的还会影响产品质量，阻碍流量造成零部件高温损伤甚至危害装置的安全运行，因此管箱隔板强度设计是重要的技术问题。

热交换器管箱球面隔膜密封是一种高温高压无泄漏的绿色环保新结构，在球面隔膜这种新结构的工程应用实践中，管箱隔板的密封除存在上述强度问题外，还带来结构形式的新问题。首先，由于球面隔膜的存在，端盖与管箱隔板之间不能设置传统的压紧密封结构；其次，由于反向法兰的收口结构，大直径管箱内的隔板因为装拆及人员进出的空间需要，也不能设置传统的密封结构；最后，即便如图 8.32 所示的管箱端部非收口结构，如果管箱内径很小，其隔板的里端也不宜与管板焊接固定不可拆连接。总之，隔板的周边支持不能完全以焊接固支为主，其最小厚度不能按 GB/T 151—2014 标准的表 7-3 判断，也不宜按该标准中针对固支的式（7-7）校核。因此管箱球面隔膜密封时的隔板设计属关键的技术问题。

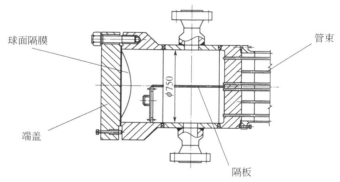

图 8.32　管箱中的隔板

针对该新结构与隔板之间不能采取传统的强制密封问题，为了便于该结构的推广应用，应该对小直径管箱隔板局部结构和整体结构提出具体的设计形式；对大直径收口管箱提出了分片组合的隔板结构，并结合案例分别对四边简支、对边简支和半椭圆固支、三边固支等四种边界条件的隔板进行强度设计计算，对固支边界条件隔板进行强度校核的计算。

8.6.1　小直径管箱隔板

出于工程需要，大直径管箱和小直径管箱的隔板设计有明显的区别，可从两方面判断：①大直径管箱采用球面隔膜密封时的端部不宜是端部敞开的结构，而应是反向法兰结构[25]；隔板属非受压的内件，应在管箱的壳体焊缝检测合格后才能组焊，为了隔板能从反向法兰孔（同时也是人孔）进出，隔板必须化整为零缩小宽度[26]。②工程中，人在大直径管箱中可方便地进行一些施工，在小直径管箱中进行施工就感觉不便；区分管箱的大小后，可相应判断是否把隔板设置成固定结构或可拆结构。

一般地说，应尽量把隔板设置成固定结构。工程中可方便进出密闭空间的人孔直径是$\phi 600mm$，再考虑反向法兰的法兰盘所占有的径向空间，可以把$\phi 1000mm$作为区分大直径管箱和小直径管箱的基准，当然这不是绝对的。

8.6.1.1 局部隔板

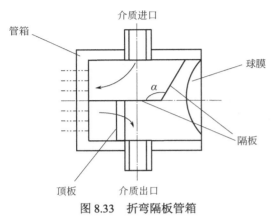

图 8.33　折弯隔板管箱

(1) 局部结构设计。图 8.33 所示是隔板包围高温流体进口侧的管箱结构，单向箭头表示介质流向，折弯角α的隔板可以是整体的或分段的；其周边可以是固支的焊接，也可以通过螺栓与管箱内壁的预焊件连接，可拆的连接方便提供制造、检验和维修的空间[10]。这种隔板结构使得球面隔膜只与最后一程经换热后温度较低的流体接触，球面隔膜和端盖的周向温度均匀性较好，但连接隔板的密封系统受到的流体温度和压力均较大。如果改为包围管箱流体出口侧的局部结构，虽然该结构使得连接隔板的密封系统受力相对较小，且进口流体的相对高压对隔板起到压紧密封作用，但是该结构会导致球面隔膜与进口流程温度较高的流体接触。笔者计算分析发现，该方案因球面隔膜需要增加的补偿量较大而判定为欠佳的结构。

图 8.34 剖示了小空间管箱内异形隔板的实物组合形式，结构上隔板主体与管板焊接既可提高管板的刚度，还避免与短筒节内壁相焊而附加了局部应力；连接方式上只在半椭圆隔板上开个长形人孔，盖板通过焊牢的螺栓紧固。该实物的结构简图见图 8.35。

图 8.34　局部隔板管箱

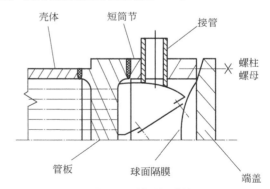

图 8.35　斜隔板结构

(2) 隔板两侧压差计算。正常运行时管程间压头最基本的计算公式为[60]：

$$\Delta h = \frac{u^2}{2g} \tag{8-102}$$

式中，Δh 为流体流动的压头损失，m；u 为流体的流速，m/s；g 为重力加速度，9.81m/s²。例如，20℃的水在 $\phi 25\text{mm}\times 2.5\text{mm}$ 的管内达到湍流状态时的临界流速为 0.5m/s[61]，则 $\Delta h = 0.0127\,\text{m}$，把压头转为压差只有 $\Delta p \approx 0.000125\,\text{MPa}$。文献[61]提供了管壳式热交换器允许的压力降范围（表8.4），并指出，一般液体的压力降范围为 0.01～0.1 MPa，气体的压力降范围为 0.001～0.01 MPa；当液体的压力降＞0.02 MPa，低压气体的压力降＞0.002 MPa 时，则已属于较大的压力降。某固定管板式折流杆热交换器管程压力降＜0.006865 MPa [61]，某空冷器设计时管程压降范围取 0.0009～0.079 MPa [62]。综合工程实践，取隔板两侧最大压降 $\Delta p_{\max} = 0.1\,\text{MPa}$。

表 8.4　热交换器允许的压力降

单位：MPa

文献[62]表 1-3-4		文献[62]表 1-3-1	
热交换器操作压力 p	允许的压力降 Δp	工艺物流的压力	最大允许的压力降
＜0.1（绝对）	0.1p	真空	0.01
0～0.1（表压）	0.5p	0.1～0.17	0.004～0.034
＞0.1（表压）	＜0.05	＞0.17	≥0.05

（3）四边简支强度计算。图 8.33 中折弯隔板的水平段如果设计为四边简支的矩形薄板，则以表 8.1 案例 1 的设计参数计算开车瞬间（隔板只一侧受设计压力）该段隔板最大挠度为[38]：

$$w_{\max} = \frac{pl^4}{\pi^4 (1+\frac{l^2}{4R^2})^2 D} = \frac{31.9\times 450^4}{\pi^4 (1+\frac{450^2}{600^2})^2 \times 47994871.79} \approx 114.6(\text{mm}) \tag{8-103}$$

式中，l 为隔板长度，隔板材料为 16MnR；隔板弯曲刚度

$$D = \frac{E\delta^3}{12(1-\nu^2)} = \frac{1.91\times 10^5 \times 14^3}{12(1-0.3^2)} \approx 47994871.79(\text{kN}\cdot\text{mm}) \tag{8-104}$$

如果将正常运行中隔板两侧最大压降 $\Delta p_{\max} = 0.1\,\text{MPa}$ 代入式（8-103），则求得该段最大挠度只有 0.35 mm；如果将常温水湍流状态的压差 $\Delta p \approx 0.000125\,\text{MPa}$ 代入式（8-103），则求得该段最大挠度只有 0.00045 mm。

（4）对边简支强度计算。图 8.33 中折弯隔板的水平段可视为轴向左右两端简支边长 $l = 450\,\text{mm}$、径向前后两侧自由边长为 $2R$ 的矩形薄板，有简支边长基本等于径向边长 600 mm，正常运行时最大挠度为[63]

$$w_{\max} = 0.00406 \frac{\Delta p L'^4}{D} = 0.00406 \times \frac{0.1\times 600^4}{47994871.79} \approx 1.1(\text{mm}) \tag{8-105}$$

（5）半椭圆固支强度计算。图 8.33 和图 8.34 中折弯隔板的倾斜段可视为半椭圆形薄板，其周边可通过螺栓与管箱内壁的预焊件连接。对于直边简支、椭圆形边焊接固支的情况，该段最大挠度为[63]

$$w_{\max} = \frac{2\sqrt{5}\Delta pl^4}{375(5+\frac{l^2}{2R^2}+\frac{l^4}{16R^4})D} = \frac{2\sqrt{5}\times0.1\times450^4}{375(5+\frac{450^2}{2\times300^2}+\frac{450^4}{16\times300^4})\times49251282.05} \approx 0.15(\text{mm})$$ (8-106)

式中，$l=450\,\text{mm}$ 为椭圆形的长半轴，且沿筒体轴向；$2R$ 为椭圆形的短半轴。

8.6.1.2 整体隔板

(1) 周边非固支的整体结构设计。图 8.36 所示的可拆式管箱隔板整体结构，隔板分为上下基本对称的两半，折弯角均为 90°；图中上下隔板的分隔面示意出间隙只是方便读者理解之用，上下隔板之间实际上是贴合的，以提高相互支撑的整体刚性[12]。为防止隔板转动，管箱内壁焊有定位卡板。打开端盖后可从管箱端口各自抽出隔板，为管头检修提供足够的空间。

顶环的作用是传递端盖的微小部分压紧力到隔板的上下折边封闭板，一方面压紧图 8.36 的环形密封垫起圆周密封作用；另一方面再通过上下隔板的贴合分隔板把力继续传到图 8.36 的里端，与管板一起压紧条形垫片实现密封。这里管板不设传统结构的隔板槽以减薄管板厚度，隔板槽的功能由图 8.37 里端结构代替。下分隔板的里端顶到管板，在其上面摆放条形垫片，上分隔板的里端则只顶到条形垫片而不与管板接触，这样的话顶环主要是压紧上隔板，使得顶环与下封闭板之间不是紧密封，下隔板腔内的流体可以通过环形密封垫泄漏到封闭板与球面隔膜之间的空腔。这里分隔面两侧周边与管箱内壁不是螺栓连接密封，而是如图 8.37 所示通过预焊在（进口侧）上分隔板上的螺柱安装软钢带自紧密封，类似壳程纵向隔板的密封结构。总体上该结构带来较多的密封面和稍复杂的配合关系。

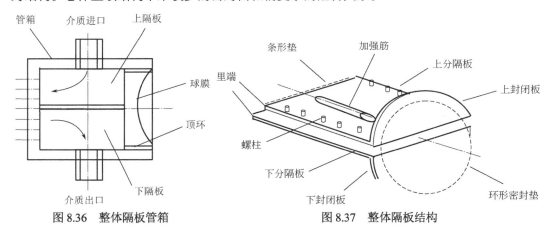

图 8.36　整体隔板管箱　　　　　图 8.37　整体隔板结构

(2) 周边固支的整体隔板结构设计。如果图 8.36 隔板的水平段是与管板及筒节焊接的，则垂直的封板可通过预先焊在内件上的螺柱安装，利用介质压力获得一定的自紧密封，不再需要设置顶环。

(3) 周边固支的整体隔板强度设计。当分程隔板两侧的压差很大时，隔板厚度 δ 可按下式计算[52]，该式与 GB 151—2014[64] 标准中的式 (7-7) 相同。对于表 8.1 的案例 1，设计温度 200℃时隔板 16MnR 的许用应力取 $[\sigma]^{200} = 183\,\mathrm{MPa}$ ，压差 $\Delta p = 0.1\,\mathrm{MPa}$ ；由 $2R/l = 600/450 \approx 1.3$ ，查得尺寸系数 $B = 0.462^{[52]}$ ，所以

$$\delta = l\sqrt{\frac{\Delta pB}{1.5[\sigma]^t}} = 450\sqrt{\frac{0.1 \times 0.462}{1.5 \times 183}} \approx 5.84\,(\mathrm{mm}) \tag{8-107}$$

实际的隔板厚度 14 mm ，远大于该计算值。上式中的尺寸系数除与隔板的宽长比有关外，还与隔板周边是三边焊接还是两边焊接有关。例如，常见的带椭圆封头的管箱，其隔板属于三边焊接隔板，带可拆平盖的隔板如果里端与管板相焊接则也属于三边焊接的隔板。要注意的是，式（8-98）只考虑了压差的作用，如果隔板周边因为管箱筒节的变形而受到压缩，则需要对隔板的稳定性进行校核；且图 8.37 中的加强筋要沿着板内纵向载荷的方向，如果隔板周边受到拉伸，则需要对隔板及其周边焊缝进行校核。

对于矩形平板周边铰支或固支，压差作用下平板中心处的挠度或应力、长边中间处的应力大小，可据文献[52]表 1-41 的公式及表 1-42 和表 1-43 的系数计算。其他结构形式的管箱隔板强度计算根据具体结构形式参照前面的例子进行。

8.6.2　大直径管箱隔板

GB 151—1999 标准 5.2.3.3 条要求大直径管箱隔板设计成双层结构，但是如何判断是大直径管箱、如何确定隔板层间间隙大小、层间是否设置垫筋以及每层隔板厚度的校核等具体细节留由设计者考虑。这是一种经验性设计，在 GB/T 151—2014 标准中已取消该条文。实践中尚未遇到隔板双层结构，直径达 5 m 的管箱隔板也是单层的。如果大直径管箱端部采用反向法兰收口结构，则其隔板不宜采用整体一片与内壁相焊的形式，以免阻碍人孔的进出通道。当管箱直径很大时，隔板厚度 δ 也应按式（8-98）计算。

（1）第一种形式实物。如图 8.38 所示的固支隔板，与图 8.33 的局部折弯结构相同，为周边固支。该实物的结构侧视简图见图 8.39。

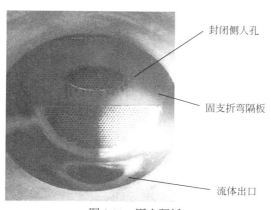

封闭侧人孔

固支折弯隔板

流体出口

图 8.38　固支隔板

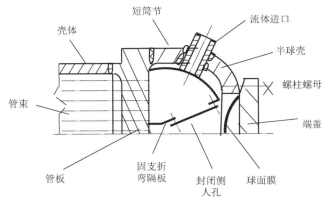

图 8.39　固支隔板剖面结构

（2）第二种形式是组合结构设计。图 8.40 是管箱及隔板的轴向剖析二维图，只显示对称的上半部，周边虚线是管箱外廓。组合隔板的安装顺序是：首先是门形隔板与管箱内壁焊接，为了能经过人孔将其送进，应该沿虚线分成 1 块门形板 1 和 2 块门形板 2 共 3 块送去拼接组焊成一体，宽度 a 应略小于人孔口径 d；其次是 2 块各四分之一周长的环形隔板，送进去后与管箱内壁组焊成二分之一周长的半环形隔板，环形面垂直于管箱轴线；然后是 2 块矩形隔板送进去后再稍向两侧移动，与门形隔板等三者之间通过螺栓形成两两连接，其宽度 b 应略小于人孔口径 d，同时 $2b$ 的宽度应适合一位操作工工作；最后是一块半圆形隔板与半环形隔板螺栓连接。

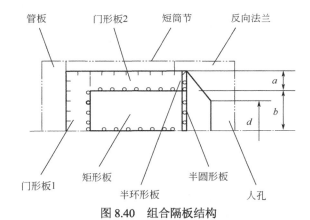

图 8.40　组合隔板结构

大直径管箱端部往往设计缩口结构，如果卧式热交换器管箱内的隔板设计成固支结构，要注意留有排净流体的隔板泪孔及缺口。如果介质有腐蚀性，螺栓螺母要选用耐蚀材料。

热交换器管箱隔板大多采用平板形式，设计标准中没有很详细的强度刚度计算要求，文中的结构分析和设计对高压热交换器管箱隔板设计有一定的工程参考价值。

隔板的组焊设计要考虑到施焊的可行性，当施焊空间较窄、施焊位置较深时，可增加隔板厚度、增设隔板的中间支撑来弥补周边焊接的不足。文献[65]报道了表 8.1 案例 1 管箱隔板的失效，在重新设计制造该带管束和一体化管箱时，增加了隔板厚度，并在隔板两个表面组焊加强筋，在隔板上增设平衡孔，隔板之间以及隔板与管箱之间采用全焊透结构，改善了动态工况下隔板抵抗疲劳的能力，实现了热交换器的安全运行。

8.7 热交换器管箱球面隔膜密封关键结构的制造技术

类似高温、高压、高腐蚀性和临氢、易燃、易爆高危介质且大直径、大流量、变动工况的高参数热交换器在装置中的应用越来越多。据中国石化报报道，隔膜密封结构属公知技术，但在设计、制造等环节形成技术秘密，其关键在于管箱端部和端盖之间隔膜密封的设计与制造。由于对膜密封结构功能认识不够，结合强度设计的结构初步分析表明，目前隔膜密封的技术路线仍然是从管箱主体到密封元件的单向度独立设计；或者说先进行传统的管箱设计，再进行局部的隔膜密封设计，隔膜对管箱壳体没有反过来的修正要求。文献[66]介绍了隔膜式热交换器结构及制造要点，但是不够详尽；本文结合案例参数表 8.1 进一步对其密封结构详细设计及制造质量要求进行介绍，包括球面隔膜、管箱端部、紧固件和管箱端盖以及隔膜的组焊等，相应还提出了主要的制造技术及质量要求，指出了应注意避免的问题。

8.7.1 球面隔膜设计

对于在疲劳工况下运行的管箱，隔膜的结构质量要有相应的预防对策，还要求平稳的开停车操作。

8.7.1.1 结构设计

（1）膜拱总高。在比较球面隔膜弹性补偿量与管箱端口径向位移时，基本满足变形协调即可，补偿量多也无用。另外，不锈钢材料热膨胀系数较大、塑性好、韧性高，所以球面隔膜可以紧密弥补上管箱端口径向位移。并且，在管箱直径已确定的前提下，补偿量的增加需通过缩小其球面半径来实现，不但占用更多的管箱空间，而且需要增加球面隔膜的总高度，制造困难。根据图 8.25，膜拱总高等于膜拱高 h 与膜厚 δ 之和，即 4mm+6mm=10mm。该案例膜拱总高 10mm 略低于边环厚度 12mm，这样可以让边环在某些意外情况下保护球面隔膜的外拱表面，避免隔膜损伤。

在管箱耐压试验时试图检测其端部周长的变化来推算径向位移量，发现较难操作，这一方面是因为粗糙的检测用钢卷尺无法检测精微的应变；另一方面是因为材料实际性能明显高于设计要求值以及其他因素的综合结果。

（2）隔膜边环高。球面隔膜边环高度与管箱端口装配的凹面止口深度有关，止口深一般是 6mm，边环与管箱端口的密封焊脚高取 $k = 6\,\mathrm{mm}$ 是合适的施焊操作，既可满足密封焊要求，也不会给日后的检修拆卸带来很大的困难；再考虑边环高度留有 2mm 的余量，则边环高 H 一般为 14mm。由此，隔膜垫总高取膜拱总高与边环高的较大值，即 14mm。如果边环太高，需按内压圆筒核算其厚度。

（3）边环直径及边环宽。边环外直径较箱端部装配凹面止口直径约小 2mm，内直径较箱端部内直径约大 2mm，边环外半径与内半径之差即是其宽度。金属平垫密封是第一道密封，起基础作用，其基本密封宽度按 GB 150.3—2011 标准的表 7-1 选取。

隔膜垫边环高度只需要满足密封焊的结构要求即可。图 8.41 所示较厚的边环宽度虽然可增大密封焊施焊时的操作空间，但是会削弱螺柱施加给垫片的压紧力。

（4）减薄区。圆平板隔膜垫的边缘和中心部分稍厚，两者之间的环形区域较薄，只有大约 5mm[13]。减薄区的功能或许是诱导整体弹性变形。文献[45]有限元模拟分析表明，圆平板隔膜的应力强度很低；而这里球面隔膜的大变形力学行为有明显区别，失稳可能性与其失稳的形态是关联而又有区别的两个概念，为避免局部失稳，可在球面隔膜的凸面设置减薄区，更利于变形行为，且宜在球面成形前加工。对于球面半径很大、拱高很浅的球面隔膜可不设减薄区。

（5）隔膜整体性。即便是非疲劳工况，隔膜也是整体加工成形，膜拱与边环之间一般不焊接连接，也不宜存在贯穿膜厚的环焊缝或拼板对接焊缝。

从设计受力分析说，文献[67]通过有限元分析模拟了图 8.42 所示薄平板的圆盘形平板封头的内压爆破试验，该封头中 ϕ254mm×25.4mm、ϕ152.4mm×25.4mm 的边环内侧通过圆弧 R3.175 mm 过渡连接中间的 ϕ146.05mm×3.175mm 圆平板隔膜，结果发现，对于 304 材料，圆盘中心鼓起近似球形，最终破裂。而对于 A553-B 材料，圆盘中心变形相对不大时，就已经在边缘内圆角区域开裂而失效。对于设计温度高、温差应力较大的场合，文献[34]建议选择不锈钢或镍基合金作为隔膜板材料，文献[45]选择耐腐蚀合金 Inconel 625 作为隔膜板材料。从制造工艺说，这些材料的焊接工艺有明显区别。由此可见，隔膜的质量技术要求按所选材料不同而有所区别。

图 8.41　隔膜成品

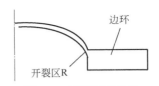

图 8.42　局部开裂失效

对于平面膜垫，如果不嫌平面膜垫太重，可以不设减薄区，更没有必要强调其整体性。

8.7.1.2　质量技术要求

（1）隔膜垫材料。选取不锈钢材料可不考虑腐蚀余量，减薄厚度提高柔性。在 GB 150.1—2011 标准附录 B 中，爆破片材料奥氏体不锈钢的最高适用温度为 400℃，镍铬合金（因康镍）

和镍钼铬合金（哈氏镍）的最高适用温度则达 480℃；如果为了高温下的耐腐蚀选用奥氏体不锈钢材料，应确认其服役工况不属于敏化温度范围。不锈钢材料涉及与高等级管箱常用的铬钼钢类材料的异种钢焊接技术及其质量检验，这是其工艺关键之一，必要时应在管箱端口设置过渡层材料。

（2）隔膜垫的制造技术路线。分为整体机加工成形、先冲压成形后机加工和先机加工后冲压成形等三种，均需辅助工装支承以免加工过程中球面隔膜的弹性变形造成几何尺寸超差；夹持隔膜的着力点数量要足够，点与点之间的夹持力要均衡。

应优先采用数控技术精加工隔膜，加工过程应注意小量进刀，注入充分的冷却液以避免热变形，及时检测，见图 8.43。根据操作工况是否稳定，判断隔膜在机加工后是否需要进行双面抛光，提高抗疲劳性能。

图 8.43　隔膜机加工及检测

（3）隔膜垫是否需要固熔热处理要根据材料和加工成形过程而定。

（4）隔膜的密封功能也体现在其薄壁的致密性上，在组装之前应经双面 PT 检查或其他渗透试验。

（5）边环作为第一道密封其作用是基础性的，其产品质量要求基本与传统的金属平垫相同，但是不与介质接触，即与端盖贴合的一侧其质量要求应与另一侧不同。为使边环取得足够的摩擦力以免密封焊缝受到径向收缩拉力作用，与端盖贴合的一侧其功能主要是压紧面，而不要理解为密封面；为取得足够的摩擦力以免密封焊缝受力，该压紧面要粗糙而不要光滑，具体可参考 GB 150.1—2011 标准表 7-1 的压紧面形状来选取。

8.7.2　管箱端部设计

8.7.2.1　结构设计

（1）端部结构 6 种形式。锻制缩口、圆平板加人孔、正向法兰、反向法兰、厚壁小径圆筒敞开、壳体收口等，具体选择应考虑到人员进出管箱施工的便利性。

（2）止口台阶。球面隔膜边环材料是金属，且与管箱端口相焊。图 8.2 中的止口高度 z 没必要取凹面标准法兰的止口高度，这里可取矮一些，以便在同样的边环厚度下增大管箱端面与端盖之间的空间。球面隔膜垫应与管箱端部的台阶止口静配合安装，目的之一是减少焊缝与垫片之间围闭的空间，提高焊缝质量，减少焊缝径向受力，也便于拆卸。

（3）主螺柱孔直径和深度。主螺柱及配对螺孔的有效螺纹深度与螺柱直径有关，宜设计成相对小直径的细牙螺纹。主螺柱数目应取 4 的倍数。螺柱孔中心距与螺柱孔径之比不应大于 5[63]，但是应有足够的扳手空间；如果设计要求使用液压拉伸器上紧紧固件，设计者应对拉伸器的外形尺寸有所了解。文献[34，35]均认为隔膜密封焊结构的密封比压为零，可以不考虑预紧工况而使螺柱的直径或数量减少。这对于设备制造组装中的密封焊接操作或者设备检修过程端盖的拆装都是有利的。作为重要的密封结构，为了保证每一个螺柱孔的螺纹质量，加工中应控制螺纹基孔最大深度，保证有效螺纹长度和有效啮合长度[68]。

隔离槽

图 8.44　管箱端部

（4）密封面。端部密封面侧向剖视结构见图 8.2，实物局部见图 8.44。在密封面堆焊的不锈钢过渡层和非堆焊面之间可设如图 8.44 所示的隔离槽。如果堆焊层选用镍基金属，则与 15CrMoR 的线膨胀系数较为接近，可减少热应力。

（5）对于反向法兰式端部人孔，其内侧面里端拐角处应圆滑过渡。

8.7.2.2　质量技术要求

根据螺柱孔的直径大小、深度和精度要求，加工螺柱孔螺纹的 5 条不同工艺路线如图 8.45 中的序号①～⑤所示。实践表明，路线①已可以满足一般的质量要求，路线⑤可以满足盲底深孔螺纹的加工质量要求[69]。在钻好基础孔后，可对孔壁表面专门处理改善其硬度等性能以提高螺纹强度。应优先采用数控专用机床加工螺纹，如果是手工攻螺纹，应根据材料性能及基孔尺寸专门设计丝攻数量及其加工量；丝攻不但应经检测后才能使用，还应经过首个螺纹孔加工检测合格后才能继续加工第二个及其他螺纹孔。螺纹加工后，可通过对比试样检测螺纹孔内的光洁度。螺纹检测合格后如管箱还需整体热处理，应对螺纹专门保护。

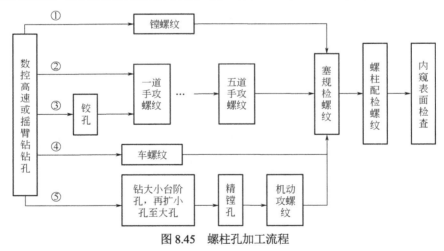

图 8.45　螺柱孔加工流程

8.7.3　密封紧固件设计

8.7.3.1　结构设计

（1）螺柱。热交换器设备法兰或端盖强制密封用螺柱也称为主螺柱。螺柱数量与螺柱直径有关，但螺柱直径不仅仅与内压大小有关。由于螺柱一端拧进管箱端部，另一端露于空气，以及隔膜对端盖的隔热作用，致使螺柱两端的配合零部件之间存在温差载荷；该附加载荷与温差或螺柱截面积均成正比，这也是设计小直径螺纹的理由之一。再考虑到高压高温工况的波动性，因此应适当考虑安全系数，并要求螺柱进行弹性设计；高温工况下采用圆根细牙螺纹，对中间段芯杆直径、长度和全长直度进行控制，按标准指定螺柱形式。

对于敞开式管箱端部，热量更多从侧面传递给螺柱；对于反向法兰或紧缩口式管箱端部，热量更多从端面传递给螺柱。螺柱孔直径和深度对管箱端部结构强度及附加温差载荷都有不良影响，应加以控制。

对于大直径主螺柱（M45 及以上规格）应在外端设置加油孔，且其拧进螺柱孔里面的端部应设置一段与螺柱孔底部紧贴配合的光杆，以便在预紧时取得螺柱孔底部的反作用力，从而扩大有效螺纹深度并降低螺纹受力的不均匀性。

预留有足够长度以便使用螺柱拉伸器上紧螺母，预留长度设置保护帽。

（2）主螺母。螺母的高度及外接圆直径取决于主螺柱的公称直径。

8.7.3.2 质量技术要求

（1）螺柱应在材料热处理后抽取一件进行力学性能试验，每根进行硬度检测，以保证它们与螺母之间的硬度差略高于 30HB。

（2）螺柱热处理后才加工螺纹，不推荐车加工螺纹，应一次滚压且通丝成形以获取均匀的压应力、较高的精度和光洁度，牙底是圆根光滑的，包括螺纹在内的表面进行磁粉检测。成品表面应经磷化处理。

（3）高强螺柱螺母副出厂前，建议增做承载试验，按设定的力矩上紧，模拟实际安装和受力过程进行以强度为主的综合性检验。

（4）管箱端部与球面隔膜垫装配的台阶止口直径宜根据球面隔膜垫的外圆实际尺寸配尺加工，且应在管箱整体热处理后机加工。

8.7.4 管箱端盖设计

（1）结构设计。首先，端盖按 GB 150.3—2011 标准进行强度设计。

为取得较大间隔的轴向空间以便于密封焊，端盖周边是锥形斜角结构，外圆与端盖中间不等厚。文献[35]认为，15°的斜角设计是不会削弱平盖强度的。此时，密封已有焊缝保证，隔膜垫边环所受到的预紧力周向均匀性对密封的影响力已下降，可以把主螺柱设计成直径大而数量少的方案，以取得较大间隔的周向空间最终取得便于密封焊的操作环境，也减少装配和拆卸的工作量。考虑到前文需要把主螺柱设计成小直径的方案，主螺柱直径及其数量就存在一个合适的范围。

最后，管箱上适宜设置端盖的铰链吊杆，以便保证组装质量。

（2）质量技术要求。由于高压下端盖挠度的存在，技术对策一是选取高强度的材料；二是以足够的厚度使挠度趋于零，或以预变形抵消挠度的影响。前者成本略高，后者设计需精确。

为了使隔膜垫片与压紧面之间取得一定的摩擦力以免密封焊缝受到过大的径向收缩拉力作用，端盖上压紧隔膜垫的台阶功能是压紧面，而不完全是密封面，该压紧面没必要要求过高的粗糙度。

8.7.5　组装技术

密封件的强度设计、加工精度和系统组装技术质量才是技术对策主要内容。球面隔膜垫应与管箱端口部的台阶止口静配合安装，目的之一是减少密封焊缝与垫片之间围闭的空间，避免间隙腐蚀，提高焊缝质量，减少焊缝径向受力，也便于拆卸。关键制造工艺如下：

（1）预紧时螺柱孔涂敷 MoS_2 油脂防高温咬合剂。抗咬合剂性能应适用于设计指定的温度工况，如果螺柱与螺母配合处没有这个涂抹要求，也应适当涂些润滑油。

（2）隔膜垫周向受力的均匀对称性是工艺关键之二。对于大直径螺柱的上紧本来就是设计人员在设计阶段需考虑的因素[70]。装配与连接效应对构件的疲劳寿命有很大的影响，正确的拧紧力矩可使其疲劳寿命提高 5 倍以上[71]，不正确的拧紧力甚至无法让隔膜密封热交换器开起来[50]。因此，面向波动工况提供弹性补偿的球面隔膜及螺柱的拧紧力计算是重要的设计内容，应在制造技术要求中提出明确的控制值。

（3）清洁。保证球面隔膜和端盖之间的弓形腔清洁无杂物。

（4）目前有两种关于螺柱上紧的实操方法，都是事先由设计确定的。第一种，螺柱拉伸器上紧间隔施焊。为便于密封焊均匀施工，可先间隔均布安装一半数量的螺柱，用液压螺柱拉伸器预紧螺柱，在没有被螺柱阻挡焊枪的方位对隔膜垫施焊。然后将另一半螺柱拉伸预紧后，把第一次安装的螺柱拆除，在垫片余下未焊部位继续焊接。一般地说，压力容器螺柱数量是 4 的倍数，在大直径开口螺柱上紧中，应用图 8.46 所示 4 条高压支路的四件拉伸头同步上紧 4 件螺柱会使得垫片受力更加均匀，密封效果更好。

图 8.46　四件拉伸头高压管路

第二种，辅助工装上紧工装螺柱间隔施焊，力矩扳手再上紧螺柱。对于端盖主螺柱直径小、数量多的情况，直接安装端盖会给密封焊造成困难，可在安装端盖前利用一套专门设计的辅助工装上的螺柱压紧球面隔膜垫后施焊，最后再由可测力矩工具上紧主螺柱。此时可见端盖周边是完整的结构，外圆没有必要设计成图 8.2 所示的斜锥形无角结构，而是与端盖中间基本等厚，不必为密封焊接提供操作空间，这可保证端盖上螺柱孔处的结构强度。

8.7.6 焊接设计

（1）密封焊的可靠性分析。焊缝受力分析表明，运行载荷通过焊缝两侧相连接件施加给焊缝很大的应力作用，即便加倍增大焊缝尺寸或采用高强度焊材，也抵消不了外载荷的作用，反而会给施焊和拆卸操作造成困难。焊缝结构设计主要是密封功能而不是强度功能，球面隔膜的弹性补偿能力是以箱端部和端盖组成的系统强度为前提的，强度功能要靠焊缝两侧的连接件保证，密封焊失效属于焊接质量或密封系统强度欠缺的个案。焊接质量固然重要，但是其关键在于系统的组装质量。值得注意的是，由于对膜密封结构功能认识不够，目前隔膜密封的技术路线仍然是从管箱主体到密封元件的单向度独立设计；或者说先进行传统的管箱设计，再进行局部的隔膜密封设计，隔膜对管箱壳体没有反过来的修正要求，例如，水压试验或偶然超载是否对密封造成不良影响的问题。

（2）隔膜密封焊设计。文献[72]对球面隔膜密封焊缝具体案例的受力分析表明，外载荷施加给焊缝很大的应力，球面隔膜与管箱端部的密封焊缝无法承受高温高压对密封面处径向位移变形的协调要求，密封主要由密封焊缝来保证；但是密封焊缝自身的安全主要依靠球面隔膜的弹性补偿来保证，除了球面隔膜垫应与管箱端部的台阶止口在径向采取静配合公差外，同时还需要管箱端部和端盖起辅助作用。因此文献[73]在对球面隔膜或圆平板隔膜受力状态进行定性分析的基础上，提出了保证隔膜组焊质量的关键工艺，其中的密封焊接技术包括施焊前提、焊接方向等。

文献[74，75]模拟分析了加氢热交换器圆平板隔膜密封焊缝手电焊的残余应力，难以保证密封质量，利用有限元软件 ABAQUS，开发了一组使焊接残余应力最小的最优焊接工艺参数；结果表明，焊接速度对焊接残余应力的影响最大，该角焊缝焊接残余应力的最高值集中在焊缝和热影响区附近。因此，密封焊缝施焊中要注意的是按文献[73]的要求采用低参数的氩弧焊，控制焊缝高度，保持整圈焊缝外形尺寸的均匀性，特别是要避免出现图 8.47 所示焊接的两个质量问题：一是焊缝大部分分布在管箱端部密封面上；二是焊接参数过大造成隔膜边环外缘过热烧损或变形。两者的成因都与该密封焊缝下部一段的仰焊操作有关，这些问题是在垂直的密封面上进行 360°的全位置焊所造成的。当热交换器卧置在滚轮架上时，利用滚轮架转动热交换器，则可持续实现在管箱端面的顶部对密封焊缝进行平焊，焊缝成形质量较好，但是管束在转动过程中会对管头造成一定的损伤。因此，最好是运用专用装备进行焊接。

（3）焊接方式。采用平焊，要避免图 8.48 所示底部密封焊缝的仰焊或两侧的垂直焊，应在滚轮架上把密封焊缝转到顶部进行水平焊接，以保证焊缝的均匀性。球面隔膜的奥氏体不锈钢焊接性好，一般无需采用特殊的工艺措施，但其焊缝金属容易产生结晶型热裂纹。焊缝金属的柱状晶结构和较粗大晶粒是结晶型热裂纹产生的内因，而奥氏体不锈钢导热性差、线膨胀系数大、冷却时易产生较大拉应力是形成热裂纹的主要原因。因此应小电流短弧焊，尽量避免焊缝重复加热，不采用多层焊。密封焊缝表面需 100%PT 检测合格。图 8.49 是隔膜焊接后盖板组装前的产品状态。

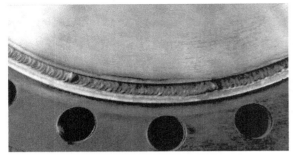

图 8.47　仰焊的隔膜密封焊缝

图 8.48　无预紧密封焊

图 8.49　隔膜焊接后盖板组装前的产品

(4) 施焊前提。目前有三种前提条件，也都是事先由设计确定的。除前面两种关于上紧螺柱的预紧后焊接方法外，第三种是不用上紧螺柱的无预紧直接施焊，焊后再用力矩扳手或螺柱拉伸器上紧主螺柱。文献[34，35]均认为该结构的密封比压为零，可以不考虑预紧工况而使螺柱的直径或数量减少。这也可成为隔膜组装中不必上紧螺柱，直接密封焊接操作的依据。但是各种密封焊均有技术前提，制造工艺不能随意选取，具体应由设计确定。

8.7.7　检修时的焊缝去除及坡口加工

使用某产品广告图 8.50 所示压缩风驱动的坡口机或图 8.51 所示的电动坡口机可刮削原来的密封焊缝，完整拆卸下的球面隔膜垫可重复使用。通过切割焰也可去除密封焊缝，此时宁可更换新的球面隔膜垫，也要尽量保护好管箱端部；端部坡口和密封面除可利用图 8.50、图 8.51 的圆筒外圆周安装机具外，还可使用图 8.52、图 8.53 的圆孔内安装坡口加工机具。如果整台管束或热交换器移到制造车间检修，则拆卸和重新组焊的手段更多、更易操作。

球面隔膜垫属于新技术产品，由此带来对管箱整体功能的影响值得注意；零部件加工中不宜随便改变设计尺寸，否则会影响密封元件的协调性。

图 8.50　气动焊缝刮削机

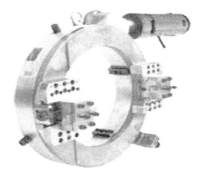

图 8.51　电动焊缝刮削机

图 8.52　电动坡口刮削机

图 8.53　电动密封面加工机

参考文献

[1] 李海三. 柴油加氢精制高压换热器法兰密封失效分析[J]. 压力容器, 2005, 22 (9): 43-46.

[2] 王俊泽, 李德江. 高压换热器外漏分析及解决方法[J]. 压力容器, 2000, 17 (3): 75-76.

[3] 沈红杰, 金纬, 季建新. 加氢装置 Ω 型密封环高压换热器失效分析与防治[J]. 压力容器, 2003, 20 (2): 45-48.

[4] 余存烨. 石化设备腐蚀开裂的回顾与思考[J]. 石油化工腐蚀与防腐, 2006, 23 (2): 19-22.

[5] 郭建伟, 杨丽. 汽油加氢装置换热器泄漏和防腐措施[J]. 石油化工腐蚀与防腐, 2014, 31 (2): 33-35.

[6] 洪源平, 马新朝, 李世伟, 等. 控制棒驱动机构管法兰母材性能评估[J]. 压力容器, 2014, 31 (11): 12-20.

[7] 胡民庆. 换热器泄漏检修技术综述[J]. 化工机械, 2019, 46 (5): 572-574, 578.

[8] 李群生, 张国信, 胡庆均, 等. 一种空冷器管箱密封装置: ZL 201020628002.2[P]. 2011-09-21.

[9] 李群生, 张国信, 胡庆均, 等. 一种空冷器管箱密封装置: ZL 201020628028.7[P]. 2011-08-24.

[10] 陈孙艺. 一种列管式换热器管箱结构: ZL201310059902.8[P]. 2013-4-24.

[11] 陈孙艺. 一种列管式换热器管箱密封结构: ZL 201510143476.5 [P]. 2015-7-15.

[12] 陈孙艺. 一种改良的列管式换热器管箱: ZL201310107430.9 [P]. 2013-6-12.

[13] Chen Sunyi. Design Method about Spherical Diaphragm Sealing of Tube Channel in High Pressure Heat Exchanger[J]. Advanced Materials Research, 2012, 538-541: 2164-2168.

[14] 何平. 螺纹锁紧环换热器与隔膜密封换热器的结构分析[J]. 石油化工设备技术, 2009, 30 (6): 19-23.

[15] 陈孙艺, 李志海, 钟经山. 一次机五段后冷器管箱脉动高压隔膜焊接密封结构分析[J]. 石油化工设备技术, 2020, 41 (1): 54-60.

[16] David Reeves, David Clover. Breech Lock Exchangers, Obtaining Leak Free Performance[C]. PVP2014-28174, July 20-24, 2014, Anaheim, California, USA.

[17] GB 150.3—2011 压力容器 第 3 部分：设计

[18] GB 150—1998 钢制压力容器（2003 年修订）

[19] 陈孙艺. 一种列管式换热器：ZL 201220071215.9 [P]. 2012-10-03.

[20] 陈孙艺. 一种列管式换热器管箱：ZL 201210049694.9.[P]. 2012-7-4.

[21] 马加壮. 柴油加氢精制装置高压换热器腐蚀分析及维修[J]. 石油化工设备技术, 2018, 39（4）：42-44, 48.

[22] 冯秀, 顾伯勤. 金属垫片密封表面形貌的分形表征[J]. 化工学报, 2006, 57（10）：2368-2371.

[23] 冯秀, 顾伯勤. 金属垫片密封连接的泄漏率计算[J]. 化工学报, 2010, 61（5）：1209-1212.

[24] Gu Boqin, Chen Ye, Zhu Dasheng. Prediction of leakage rates through sealing connections with nonmetallic gaskets[J]. Chin J Chem Eng 2007, 15（6）：837-841.

[25] 陈孙艺. 高压作用下换热器管箱球面隔膜密封结构设计分析[J]. 压力容器, 2013, 30（5）：28-33.

[26] 陈孙艺. 适用于大直径高压管箱的球面膜密封[J]. 化工设备与管道, 2012, 49（增刊一）：26-30.

[27] 陈孙艺. 换热器管箱球面隔膜密封的球膜力学行为分析[J]. 化工设备与管道, 2013, 50（增刊）：46-50.

[28] 马云翔, 李 东, 田兆斐. 氦气轮机瞬态运行特性仿真研究[J]. 核动力工程, 2011, 32（2）：81-85.

[29] 诸士春, 陆晓峰. 形状记忆合金在法兰密封连接中的应用[J]. 核动力工程, 2009, 30（3）：136-140.

[30] 张红升, 曹丽琴, 孙利娜. 蒸汽发生器人孔焊密封的螺栓疲劳分析[J]. 压力容器, 2014, 31（9）：36-40.

[31] 顾玉钢, 周秀芝, 刘孝根, 等. 高压固定管板式换热器用多层膨胀节有限元分析[C]//中国压力容器学会, 合肥通用机械研究院. 全国第四届全国换热器学术会议论文集. 合肥：合肥工业大学出版社, 2011.

[32] GB/T 12777—2019 金属波纹管膨胀节通用技术条件

[33] Dennis R Moss. Pressure Vessel Design Manual（third edition）[M]. USA：Gulf Professional Publishing, 2004.

[34] 梁艳. 高压换热器管箱隔膜板式密封的结构设计与计算[J]. 化工设备与管道, 2012, 49（5）：15-17.

[35] 催振宁, 李爽. 高压加氢换热器密封技术分析比较[J]. 化工设备与管道, 2012, 49（5）：18-20, 44.

[36] 徐芝纶. 弹性力学：下册[M]. 4 版. 北京：高等教育出版社, 2006.

[37] 梅凤翔, 周际平, 水小平. 工程力学：上册[M]. 北京：高等教育出版社, 2003：112.

[38] 徐芝纶. 弹性力学：下册[M]. 北京：人民教育出版社, 1979：261-285, 312-315.

[39] 寿比南, 杨国义, 徐锋, 等. GB 150—2011《压力容器》标准释义[M]. 北京：新华出版社, 2012.

[40] 王仁, 黄文彬, 黄筑平. 塑性力学引论[M]. 北京：北京大学出版社, 1992.

[41] JB 4732—1995 钢制压力容器分析设计标准

[42] 程剑锋. 一次机五段后冷器失效分析及处理措施[J]. 石油化工设备技术, 2015, 36（6）：47-49.

[43] 胡国桢, 石流, 阎家宾. 化工密封技术[M]. 北京：化学工业出版社, 1990：79.

[44] 王丽, 胡建洲, 贺锋, 等. 加氢装置高温高压热交换器密封结构性能探析[J]. 石油化工设备, 2011, 40（3）：89-92.

[45] 龚雪, 谢禹军. 隔膜密封换热器中隔膜密封盘的应力分析计算[J]. 当代化工, 2011, 40（11）：1202-1204, 1210.

[46] 黄金印, 傅智敏. 爆破片装置的正确选择与使用[J]. 化工劳动保护, 1999, 20（4）：123-125.

[47] GB 150.2-2011 压力容器 第 2 部分：材料

[48] 郭大伟, 王妍妍. 无垫片焊接密封法兰唇焊结构的泄漏原因及改进[J]. 化工装备技术, 2013, 34（3）：62-64.

[49] 倪永良, 崔琴. 无垫片焊唇密封法兰螺栓载荷的分析与计算[J]. 压力容器, 2014, 31（09）：41-46.

[50] 周有石, 姜红超. 高温高压换热器运行故障分析及处理措施[J]. 压力容器, 2003, 20（9）：38-40.

[51] 林清宇, 冯庆革, 林榕端. 抗剪螺栓高压自紧密封装置的温差应力分析[J]. 广西大学学报（自然科学版）, 1999（6）：158-160.

[52] 朱有庭. 化工设备设计手册[M]. 北京：化学工业出版社, 2005.

[53] HG/T 20582—2011 钢制化工容器强度计算规定

[54] 沈世钊. 膜结构——发展迅速的新型空间结构[J]. 哈尔滨建筑大学学报, 1999, 32（2）：11-15.

[55] 王俊民, 唐寿高, 江理平. 板壳力学复习与解题指导[M]. 上海：同济大学出版社, 2007：42-44, 123.

[56] 陆桂清. 隔板式管箱密封中隔板的安全性分析[J]. 化工设备与管道, 2001, 38 (6): 8-12.

[57] 冯刚. 换热器管束流体诱导振动机理与防振研究进展[J]. 化工进展, 2012, 31 (3): 508-512.

[58] 雷宏峰, 陈俊. 换热器管箱隔板损坏原因分析及改进[J]. 石油化工设备, 2008, 37 (1): 79-81.

[59] 杨少华. 快装锅炉过热管爆管原因分析与对策[J]. 大氮肥, 1999, 22 (5): 308-309.

[60] 王炜, 吴德荣. 管壳式换热器中管子断裂泄放量的计算[J]. 化工设计, 2002, 12 (3): 1, 16-18.

[61] 钱颂文. 换热设计手册[M]. 北京: 化学工业出版社, 2002.

[62] 樊艮, 寇蔚, 王剑平. 一种新的设计优化策略及其在翅片管式换热器性能设计中的应用[J]. 舰船科学技术, 2011, 33 (2): 78-82.

[63] 徐芝纶. 弹性力学简明教程[M]. 2 版. 北京: 高等教育出版社, 1980: 226-229.

[64] GB/T 151—2014 热交换器

[65] 程剑锋. 一次机五段后冷却器失效分析及处理措施[J]. 石油化工设备技术, 2015, 36 (6): 47-49.

[66] 方婧, 李永红, 孙晓龙. 隔膜式热交换器结构及制造要点[J]. 石油化工设备, 2015, 44 (3): 66-69.

[67] 李涛, 郑津洋, 张涛, 等. 基于双判据的压力容器失效压力预测方法研究[C]//第八届全国压力容器设计学术交流会论文集. 2012.

[68] 曹丽琴, 孙利娜. 螺纹孔划伤不符合项纠正措施及应力分析[J]. 压力容器, 2014, 31 (2): 74-78.

[69] 蔡洪涛. 高压容器主螺栓孔加工[J]. 石油化工设备, 2005, 34 (3): 58-59.

[70] 孔利军. 法兰接头密封设计探讨[J]. 化工设备与管道, 2011, 48 (增刊一): 18-19.

[71] 孙智, 江利, 应鹏展. 失效分析——基础与应用[M]. 北京: 机械工业出版社, 2011.

[72] 陈孙艺. 换热器管箱密封隔膜的受力状态及组装技术[J]. 石油和化工设备, 2015, 18 (4): 38-42.

[73] 陈孙艺. 换热器管箱球面隔膜密封焊缝受力分析[J]. 压力容器, 2015, 32 (4): 28-34.

[74] 陆晓峰, 赵翠. 加氢换热器角焊缝密封接头焊缝结构优化[J]. 石油化工设备, 2010, 39 (1): 39-42.

[75] 赵翠, 陆晓峰. 加氢换热器角焊缝密封接头焊接工艺参数优化[J]. 焊接学报, 2009 (7): 104-107, 112, 121.

第9章
热交换器的径向密封

根据密封元件的结构功能，除了把密封分为强制式密封、自紧式密封和半自紧式密封外，也可把密封分为轴向密封和径向密封以及由这两类组合而成的轴向自紧式密封和径向自紧式密封。轴向自紧式密封元件的轴向刚度小于其两侧连接件的轴向刚度，而径向自紧式密封元件的轴向刚度小于其两侧连接件的径向刚度。目前，热交换器的径向密封原理只是零散分布在不同的结构密封中，除常见的管接头胀接连接属于径向密封外，还有本章所讨论的 8 种。径向密封技术虽然尚未构成十分丰富的内容，但其工程应用是对传统轴向密封必要的补充，能解决轴向密封难以克服的问题，已有较长的历史，正在继续发展。

为了促进该项技术的创新发展和应用，笔者把传统概念上的径向密封称为本义径向密封；同时把密封元件所有径向力学行为在任何密封面上产生的密封作用都纳入径向密封的概念，称为广义径向密封。因此，径向密封技术及其在热交换器中的应用宜单列一章，期望引起业内关注。

9.1 双锥密封

双锥密封是一种保留设备主螺柱的半自紧式径向密封结构，其最大的特点是双锥环的内圆柱面与平盖的圆柱面之间留有适当的初始间隙 g；在预紧的过程中，该间隙会由于双锥环受压缩的径向弹性变形而消失。文献[1]求出了双锥环与端盖支撑面刚产生、尚未产生径向间隙的拐点压力和此时的最小密封比压。文献[2]针对高压容器双锥密封结构实际应用中的泄漏事故，根据高压容器双锥密封结构密封机制，提出螺柱力、双锥环径向间隙及垫片应力在升压过程中皆存在一个拐点，指出此时的最小密封比压是导致双锥密封泄漏的主要因素。文献[3]在文献[1]的基础上，进一步研究热膨胀差对高压双锥密封的影响，运用变形协调原理和内力平衡方程，将预紧工况与操作工况之间的热膨胀差引入双锥密封机理，提出"热当量间隙 ΔU"的概念；即指在操作工况下，温度上升至操作温度、介质压力 $p=0$ 时，在预紧工况的初始直径压缩量 $2g$ 的基础上，因热膨胀差引起的直径压缩量的增加值。当 $\Delta U > 0$ 时，表示双锥环被进一步压缩；当 $\Delta U < 0$ 时，表示双锥环被松弛。同时，该文进一步推导了在考虑热当量间隙后，操作工况下螺柱载荷的计算通用式，并以此分析文献[2]中的泄漏事故。该文比

较分析后指出，GB 150.3—2011 标准中操作工况下的螺柱载荷 W_p 并不是偏安全的操作螺柱载荷。因为，如果假定在操作工况下双锥环的内圆柱面与平盖的圆柱面仍贴合，则 W_p 计算式的后面就应该再加上一项；这种情况在预紧螺柱载荷 W_a 较大导致设计压力 $p_{max} < p_c$ 时，就会出现，也是密封失效原因之一。

双锥密封属于本义径向密封。

9.2　径向受载密封

（1）径向受载型垫片的法兰密封垫[4]。图 9.1 所示的一种金属垫片密封结构，金属垫片的密封面不是上、下表面，而是内、外圆周面；在法兰和螺柱载荷作用下，依靠垫片自身的扭转而产生径向变形，形成与法兰径向接触的密封力，用较轻的法兰和较小的

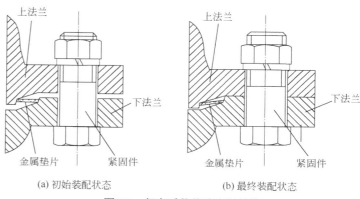

(a) 初始装配状态　　　(b) 最终装配状态

图 9.1　径向受载垫片密封结构

螺柱载荷即能实现密封作用，适用于装配空间小、装配时间要求短、有危险需要远距离拆装的场合。径向受载型垫片密封属于本义径向密封。

（2）球面隔膜密封垫。结构设计时使密封垫置于球面隔膜的外圆与法兰台阶内圆之间，该隔膜的外圆、密封垫和法兰台阶内圆三者在装配时有基本的预紧，而且在螺柱螺母紧固端

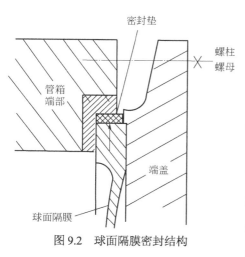

图 9.2　球面隔膜密封结构

盖后，密封垫获得足够的预紧，如图 9.2 所示。内压作用下，球面隔膜贴紧人孔盖，球面趋向于平面，其外圆增大，如图 9.2 箭头所示径向压紧台阶上的密封垫，这个变形行为就是一种包括径向受力和径向位移协调的密封。这种球面隔膜垫密封属于本义径向密封。

由于温度及材料热膨胀系数的差异，高温作用下各种垫片的径向位移与其两侧连接件的径向位移不同，因此使垫片承受一定的径向载荷；从本质上来说这不是径向受载密封垫片，这种球面隔膜密封属于广义径向密封。

9.3　金属环垫密封

金属环垫截面形状包括八角垫片和椭圆垫片两种，垫片的平均直径比密封面上垫槽平均直径略大，装配压紧后运行中属于径向自紧密封。

八角垫片的密封面既不是上、下表面，也不是内、外圆周面，而是四个斜面。在法兰梯形槽和螺柱载荷作用下，正常配合的主要是外侧四个斜面；斜面作用力的径向分量使八角垫片受到径向压缩，八角垫环承受周向压应力的作用，一般都具有足够的强度承受压缩。八角垫片自身的向外回弹形成与法兰梯形槽接触的密封力，内压强制八角垫片的向外变形进一步形成与法兰梯形槽接触的密封力，这是带有自紧性的密封。

在尺寸不良的情况下，配合的是内侧的四个斜面。此时内斜面作用力的径向分量使八角垫片受到径向扩张，八角垫环承受周向拉应力的作用，强度必须足够以免拉裂，并保持垫片自身的向内回弹形成与法兰梯形槽接触的密封力。齐鲁石化公司建成的我国第一套减压渣油加氢脱硫和单段单程减压蜡油加氢裂化装置[5]，共有 7 台加氢反应器，顶部头盖采用了美国雪弗龙公司特殊设计的 RX 型八角垫密封。经过 3～4 年的运行考核，表明这种密封结构是可靠的。但是检修时发现垫圈有较大的残余变形，垫圈直径比原来减小了 1.0～1.2mm，使得重新装配时八角垫内侧斜面与梯形槽内侧接触，而外侧出现了间隙，这是设计所不允许的。为了实现自紧效应、保证法兰梯形槽根部不产生过大的应力集中而导致裂纹，必须要求八角垫以外侧接触密封为主。修复方法是在车床上切削掉部分材料，以达到八角垫内侧斜面与梯形槽间隙为 0.737mm 的装配要求，同时要保证内、外侧密封斜面的宽度。一般经过两次修复后，由于截面尺寸变化超过允许范围（10%），不再修复使用。

从力学上分析，八角垫直径缩小是一种塑性变形现象，可能的原因有材料蠕变和屈服，本质都是塑性变形。基于八角垫实际使用温度分析，其材料不会发生蠕变，八角垫直径缩小的真正原因是屈服，而且是周向压缩、整体屈服。

存在一种可能，就是八角垫片上面内侧、外侧斜面两者中与法兰梯形槽接触的面，与八角垫片下面内侧、外侧斜面两者中与法兰梯形槽接触的面，不是同一侧的斜面，结果可能是八角垫片上半部受到径向压缩，下半部受到径向扩张。

当然，也存在另一种可能，就是八角垫片内侧、外侧四个斜面都与上、下法兰梯形槽斜面接触良好，结果是八角垫片周向既不受到径向压缩，也不受到径向扩张，形成多面密封状态。由于密封接触的密封面较多，在同样的螺柱紧固力作用下，密封面的接触应力和密封强度相对较低，密封效果不一定最好。

金属椭圆垫片的密封原理与八角垫片的密封原理相似。八角垫片与法兰梯形槽斜面是面接触，而椭圆垫片与法兰梯形槽斜面是线接触。椭圆垫片在低应力作用下，就能获得良好的贴合性，不过由于线密封的有效密封面积较小，其预紧密封容易受到操作的影响，通常需要二次紧固以提高密封可靠性，而八角垫片一次紧固后，不易出现泄漏。

金属环垫密封属于广义径向密封。

9.4　O形环轴径双向密封

（1）O形环密封的优点及应用。由于O形环具有结构简单、自紧性好及适应性强的特点，已在大直径、高压高温容器中得到应用；如果在金属O形环的内侧上钻若干小孔，则可因管环内具有与操作压力相同的压力而产生自紧性[6]。更多情况下，O形环应用于轴类密封，安装在环形槽中，圈形直径远小于普通的压力容器直径。在特定宽度和深度的环槽中装上O形环，密封面压紧O形环至其变形之后，O形环往往同时具有轴向和径向双向密封功效，可以适应径向振动环境[7]。在O形环的轴向和径向密封功能中，其轴向密封功能往往是首要的，径向密封功能是第二的；这有别于填料函的轴向和径向密封功能，在浮动管板的填料函密封中，其径向密封功能往往是首要的，轴向密封功能是第二的。

业内在高压聚乙烯装置的低温高压氮气罐开口密封中应用美国专利商提供的螺旋缠绕加强型O形环，效果很好，如果应用到低温高压稳定工况的管箱端口密封中，相信也不错。

O形环也具备高温工况下良好的密封性能，值得石油化工行业借鉴应用。航天运载器在返回大气层时表面温度急剧升高，甚至达到1000℃，其中某工作活塞的动作密封采用O形金属橡胶圈密封，密封圈表面包裹层采用填充石墨的聚四氟乙烯材料；地面实验表明在600℃、工作介质98MPa条件下，其润滑性和耐高温性能很好地满足要求。

（2）O形圈密封失效准则的最大接触压（应）力判据。任全彬等人[8,9]通过有限元模拟计算和实验验证确定了O形圈密封结构的最大接触应力和剪切应力失效准则，其中最大接触压应力是失效准则和失效判据的首要条件，即保证密封满足

$$(\sigma_x)_{max} \geqslant p \tag{9-1}$$

式中，接触应力$(\sigma_x)_{max}$由边界条件决定，这与预压缩应力和发动机的工作内压有关，可表示成

$$(\sigma_x)_{max} = \sigma_0 + kp \tag{9-2}$$

式中，比例系数 k 是工作应力和接触应力的线性比例，取决于密封材料泊松比，而且 $0<k\leqslant1$。通过上述拟定的公式来计算满足密封的最小初始压缩率，并利用计算结果绘出密封面处最大接触应力$(\sigma_x)_{max}$与内压 p 的关系曲线，如图9.3所示。

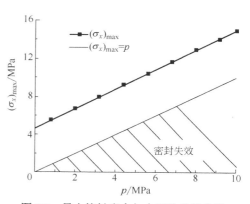

图9.3　最大接触应力与内压的关系曲线

分析图 9.3 中阴影斜线所示与横坐标相联的密封失效区可知，最大接触应力与工作应力（内压）成正比例线性关系；当 $(\sigma_x)_{max} < p$ 时，密封失效；图中的案例 $k \approx 0.998$，$\sigma_0 = 4.695\text{MPa}$。

此外，O 形圈密封失效准则中的剪切应力判据用于预防 O 形圈材料撕裂的设计，在此不作综述。

（3）O 形圈密封有效准则的最大接触压（应）力判据。文献[10]对核电站安全壳人员闸门及设备闸门用 O 形密封圈材料进行了热老化、辐照老化、机械疲劳老化等实验，并验证了在 LOCA 环境下的密封性能，通过完整的实验数据及曲线建立了材料硬度与压缩量之间的关系；在判断密封的有效性时，采用了通用的 O 形圈密封性判定准则，最大接触压应力大于工作压力 p 的 m 倍则判定为密封，该 m 值即为垫片系数。

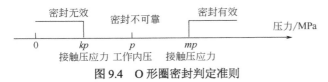

图 9.4　O 形圈密封判定准则

（4）O 形圈密封的综合准则。综合文献[8~10]的研究可绘制图 9.4 所示的 O 形圈密封判定准则压力坐标图，在工作内压 p 的作用下，O 形圈与密封面之间的最大接触压应力大于 mp 时判定为有效密封；最大接触压应力小于 kp 时判定为无效密封；当 $kp < \sigma_{max} \leq mp$ 时判定为不可靠密封状态。这样图示的综合准则更加细致充分，把业内粗糙的通识（当最大接触压力小于工作压力时，会导致容器内的介质泄漏）从定性推向定量化；而且还定量地解释了另外一些疑惑，也即并非最大接触应力下降到接近内压、约等于内压甚至略低于内压 p 这三种细观状态就是密封泄漏失效的临界压力状态，这里的临界压力状态不是一个工作压力点 p，而是一个临界压力区间 (kp, mp)。

O 形环径向密封属于广义径向密封。

9.5　C 形环双径向密封

（1）C 形环密封高温高压工况应用研究。C 形环密封原用于反应堆压力容器[11,12]，文献[13]介绍的国内某加氢装置高压换热器的新型全压结构复合密封技术，也应用了 C 形环径向密封。该换热器具有尺寸规格大、设计压力和设计温度高等特点，须采用管程隔膜和壳程 Ω 环的密封方式，并在大规格、高压高温及临氢环境下采用了金属焊接密封结构的换热器。为保证该换热器设计本质安全，在 Ω 环密封结构中增加了一道 C 形环密封垫片，实现 Ω 环与 C 形环的复合密封，减少壳程介质对 Ω 密封环的腐蚀，降低设备介质的外漏。与八角垫等其他密封结构相比密封载荷大幅度减小，降低了螺栓载荷，优化了法兰结构尺寸。

C 形环垫片属于自密封垫片，密封原理类似于金属 O 形环密封。拧紧螺栓，密封环受压缩，两凸缘与上、下法兰接触处产生塑性变形，由线接触变为窄环带接触，建立初始密封；内压上升后，上下法兰有互相脱离的趋势，C 形环也轴向张开，补偿由上、下法兰互相脱离造成的密封比压下降。通过 C 形环及其密封槽的精密设计，可同时在密封槽的内侧弧面和外侧弧面实现 C 形环的双径向密封。C 形环的补偿由两部分组成：一是预紧时 C 形环预压缩造成的回弹；二是由于介质压力使 C 形环产生的反向变形。C 形密封环及其应用如图 9.5 和图 9.6 所示。

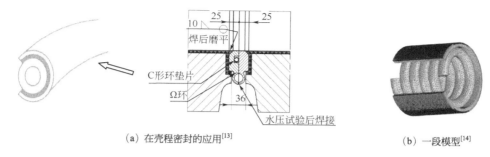

| (a) 在壳程密封的应用[13] | (b) 一段模型[14] |

图 9.5　C 形密封环

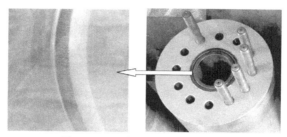

图 9.6　C 形密封环在端盖的应用

C 形环径向密封属于广义径向密封。

（2）O 形环和 C 形环的复合密封环研究。有学者研究一种自紧式透镜橡胶密封圈[15]，综合了 C 形环和内侧带孔 O 形环的内压自紧原理，可应用到超高压工况。

9.6　异形环密封

（1）非金属唇形圈密封。图 9.7 是某高含硫气田原料气过滤器快开盲板唇形圈截面示意图。盲板唇形密封圈具有自紧作用，由氢化丁腈橡胶（HNBR）材质制造，其密封原理为[16]：唇形圈嵌入密封槽内，盲板盖关闭后，在一定预紧力的作用下使唇形圈紧贴密封面，实现初始密封。正常运行时，介质进入唇形圈的内腔，在高压介质的作用下，唇形圈上部的唇口胀开，更加紧贴密封面；唇形圈内腔与底部的鞍形腔体之间，开有 8 个周向均布直径 1 mm 的平压孔，高压介质经平压孔通入鞍形腔内，在高压介质的作用下，唇形圈两侧紧贴密封面，以此实现自紧密封。唇形圈外侧上设置有不锈钢骨架弹簧，嵌入在橡胶基体内，与筒体法兰上的支撑弧面配合，目的是为了增加其局部刚度，以防止唇形圈橡胶材料过多地挤入密封间隙中[17]。

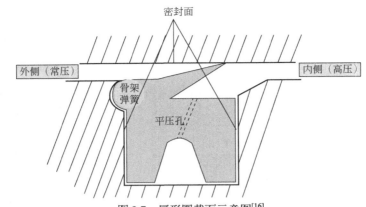

图 9.7　唇形圈截面示意图[16]

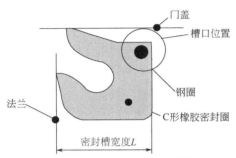

图 9.8　C 形圈截面示意图[18]

文献[18]针对图 9.8 所示某高压大型天然气过滤器快开盲板用 C 形橡胶密封圈，利用 ABAQUS 建立其有限元模型，分析密封槽宽度、内压、初始密封间隙、材料硬度、槽口倒角半径、钢圈直径对其性能的影响，得到这些参数的合理取值范围。结果表明：材料硬度对密封圈密封性能的影响较小，密封槽宽度对密封可靠度有一定影响，随密封槽宽度增加，最大接触压力呈下降趋势，密封可靠度有所降低；随着内压的增加，最大接触压力与内压的差值呈增大趋势，密封可靠性增加；随初始密封间隙增加，应力增加，密封可靠度有所降低；密封槽口倒角半径对密封圈剪切破坏的影响较大，倒角半径增大密封圈发生局部剪切破坏的可能性增大；钢圈直径对 C 形橡胶圈应力应变影响较大，钢圈直径增大，剪切应力呈减小趋势。

唇形圈密封属于广义径向密封，与鞍形橡胶密封相近[17]，可应用于管箱端盖的密封。

(2) 非金属 D 形环密封。文献[19]使用有限元方法分析一种新型带台阶的 D 形橡胶密封圈在不同预压缩率、工质压力和结构参数下的密封特性，并将之与相同尺寸的普通 D 形密封圈进行对比。结果表明：与普通 D 形密封圈相比，带台阶 D 形密封圈在高预压缩率下能获得更好的密封效果，但使用寿命较短；在低工质压力下，带台阶 D 形密封圈的密封性能更优，且使用寿命较长；在高工质压力下，两种 D 形密封圈的密封效果基本一致，但带台阶 D 形密封圈的使用寿命较短；以底座矩形高度与截面弧形高度的比值作为结构参数可判断 D 形密封圈的密封性能，当该比值为 3∶1 时，两种 D 形密封圈的综合密封性能最优。

由此可见，无论 D 形环垫片是否带台阶结构，D 形环密封都与 O 形环径向密封相近，属于广义径向密封，可应用于管箱端盖的密封。

(3) 金属 B 形环密封。B 形环垫片是一种主要应用于高压或超高压工况下的内压自紧径向密封垫片。设备装配时，B 形环外侧的两个波峰和圆筒体、顶盖上密封槽之间的径向过盈来产生密封表面的初比压，实现初始密封。设备运行时，内压使 B 形环向外扩张，两个波峰的密封比压增加。

B 形环垫片属于本义径向密封，可应用于管箱端盖的密封。

（4）金属 U 形环密封。为满足井下流量控制阀在高温高压、强腐蚀工况下的密封要求，文献[20]提出一种可用于径向密封的 U 形金属密封环。利用 Abaqus 软件建立密封环的二维有限元分析模型，计算在预紧和井下实际工况条件下的最大 Mises 应力和接触压力的分布情况，分析初始压缩量、密封环厚度和井下压力对密封性能的影响。结果表明：随着初始压缩量的增加，最大接触压力先增大后减小再增大；随密封环厚度增加，最大接触压力先减小后增大；随井下压力增加，最大接触压力波动增加。初压缩量为 0.4mm、密封环厚度为 3.7 mm 时密封效果最优；在井下工作压力为 30MPa 时，U 形金属密封环能够满足密封条件，实现紧密密封。

U 形环密封与 C 形环密封相近，但是属于本义径向密封，可试用于夹套管的密封。

此外，还有属于本义径向密封的 K 形环密封[21]及 V 形环密封[22]，可试用于夹套管的密封；以及属于广义径向密封的 W 形金属环密封[23]，可试用于管箱端盖的密封。

（5）高压自紧式法兰密封。这里的高压自紧式法兰密封主要指 ZY-LOC 高压自紧式法兰和 Grayloc 高压自紧式法兰两种。

ZY-LOC 高压自紧式法兰主要由卡套、套节（HUB）、密封环、螺栓等结构构成，在使用过程中，随着管道压力的增大，法兰的密封性能会逐渐增强。属于本义径向密封，可用于热交换器进、出口与管道的密封[24~26]。

Grayloc 法兰又称 Grayloc 卡兰，主要由与接管或管道焊接的 HUB 接管、密封环、卡子（夹具）、螺栓和螺母紧固件等组成，属于金属-金属硬密封结构，能够承受诸如高温高压以及瞬间热胀冷缩等恶劣工况，应用于高压、高温的管道环境。金属垫圈在预应力的作用下，将会被紧密地与法兰面贴合，并且被固定在法兰凹陷内侧，这样在很大程度上限制金属垫圈的形变范围。卡子作为主要受力构件，当管道内部压力增大后，法兰不会因为拉力的增大而张开，而是对金属垫圈造成挤压，使垫圈受到的压力向四周逐渐扩张。在卡子以及螺栓力的作用下，法兰之间空隙不会产生较大的变换，这使得金属垫圈与密封面之间能够充分地接触，随着管道内部压力的增大，法兰的密封性能也会逐渐增加。与传统的 T 形槽法兰密封相比，HUB 接管与密封环之间能同时在轴向和径向实现双向密封，属于广义径向密封，已应用于 CANDU 重水反应堆堆芯冷却用压力管的进、出口给水管线接口密封，可用于热交换器进、出口与管道的密封[26,27]。

9.7　填料函密封

GB/T 151—2014[17]标准中的 6.11 节，规范了滑动管板外圆填料函密封的通用要求、结构形式及具体要求，包括外填料函和内填料函、单填料函和双填料函等内容。本书 4.4.5 小节介绍了热交换器管程内部流道调节阀壳外阀杆的填料函密封。这两种填料函密封都是本义径向密封。

9.8　隔膜焊接密封

圆平板隔膜密封垫、带径向 Ω 环的圆平板隔膜密封垫、球面隔膜密封垫，当它们的周边与法兰密封通过焊接形成密封时，焊缝往往会在设备运行中承受径向为主的力的作用。隔膜焊接密封属于广义径向密封。

参考文献

[1] 盛水平，韩树新，郑津洋，等．高压容器双锥环密封性能的研究[J]．工程力学，2010，27（5）：173-178．

[2] 盛水平，韩树新，郑津洋．高压容器双锥环密封径向间隙的研究[J]．润滑与密封，2010，35（6）：81-84，88．

[3] 匡良明，吴影杰，罗国良．考虑热膨胀差影响的双锥密封性能研究与应用[J]．压力容器，2019，36（4）：30-39．

[4] 廖传军，满满，王洪锐，等．径向受载型垫片法兰密封结构的力学特性研究[J]．压力容器，2014，31（3）：40-44，55．

[5] 戴俊鸿，阎国超，丁红蕾．八角垫残余变形计算分析[J]，石油化工设备技术，1997，18（2）：10-12．

[6] 绍国华，魏兆灿，等．超高压容器[M]．北京：化学工业出版社，2002：130．

[7] 齐冠然，蔡智媛．振动环境下 O 形圈静密封性能分析 [J]．液压与气动，2019（8）：101-106．

[8] 任全彬，蔡体敏，王荣桥，等．橡胶"O"形密封圈结构参数和失效准则研究[J]．固体火箭技术，2006（1）：9-14．

[9] 胡殿印，王荣桥，任全彬，等．橡胶 O 形圈密封结构的有限元分析[J]．北京航空航天大学学报，2005（2）：255-260．

[10] 徐道平．核电站人员闸门用 O 形密封圈研究[D]．上海：上海交通大学，2015．

[11] 励行根，蔡仁良，杭建伟，等．反应堆压力容器"C"形密封环的研制[J]．压力容器，2013，30（5）：74-79．

[12] 熊光明，段远刚，邓小云．CPR1000 核反应承压容器 C 形环密封特性仿真分析方法研究[J]．润滑与密封，2018，43（6）：114-117，140．

[13] 郑维信，张凯，贾小斌，等．Ω 环+C 形环复合密封高压换热器制造[J]．压力容器，2020，37（12）：71-75．

[14] 李文静．反应堆压力容器金属 C 形密封环数值模拟与实验研究[D]．浙江工业大学，2016．

[15] 杨超，惠虎，顾雪铭，等．新型超高压爆破片安全泄放装置的结构设计及密封性能研究[J]．压力容器，2020，37（9）：30-39，52．

[16] 林万洲，岳云喆，罗继雄，等．浅析原料气过滤分离器快开盲板唇形圈失效原因[J]．化工设备与管道，2021，58（1）：39-42，59．

[17] GB/T 151—2014 热交换器

[18] 石莹，陈平，周淑敏．高压大型天然气快开盲板用 C 形橡胶圈密封性能分析[J]．润滑与密封，2015，40（5）：89-93．

[19] 解欢，曾威．带台阶的 D 形橡胶密封圈密封特性分析[J]．润滑与密封，2017，42（11）：115-118．

[20] 何东升，代辉，谢小路，等．基于 Abaqus 的井下 U 形金属密封性能研究[J]．润滑与密封，2021，46（6）：26-30．

[21] 田懿，巨亚锋，蒲晓莉，等．油管悬挂器 K 形金属环密封特性模拟分析[J]．石油机械，2021，49（5）：81-88．DOI：10.16082/j.cnki.issn.1001-4578.2021.05.012．

[22] 何东升，任航，张林锋，等．井下 V 形金属密封环密封性能研究[J]．润滑与密封，2020，45（1）：81-86，128．

[23] 姜旸，索双富．W 形金属密封环工作状态下综合性能优化设计[J]．润滑与密封，2019，44（1）：76-80．

[24] 汤勤．高压法兰密封性能分析[J]．化工管理，2021，（6）：149-150．

[25] 王永志，薛林锋，金伦．一种锻制高压自紧式法兰[P]．江苏：CN207621126U，2018-07-17．

[26] 徐志，邓宏解．山字型高压自紧式法兰[P]．四川省：CN111322476A，2020-06-23．

[27] 张春东．CANDU 重水反应堆压力管 GRAYLOC 密封性能研究[D]．浙江工业大学，2012．

第 4 篇
热交换器密封的工程技术管理因素

技术和管理是企业行稳致远的两个轮子，管理使专业技术更加协调地发展，使技术研究更加直接地探明问题的本质，使技术成果更加容易理解和推广应用。

密封失效作为一种临界泄漏的潜在事故，直接原因在很大程度上可以只关联到某一个技术原理的一点上，但是总会直接或者间接地包括管理因素，这是必然的。图 1.23 两个关于缠绕垫被压垮挤出的案例，密封系统结构不完整了，从密封技术来说可以判断出现了失效，但是都没有发生介质泄漏，所以只是一种潜在事故。图 1.23（a）的案例是由于缠绕钢带外层焊接不牢固以及螺柱紧固超载，涉及工艺管理因素。图 1.23（b）的案例是由于椭圆人孔凸圆和人孔盖的椭圆尺寸精度不够，两者偏差的组合使装配间隙过大，凹凸台阶起不到保护缠绕垫片的作用，涉及质量管理因素。

无论是密封技术管理、工程建设管理还是设备储存维护，其实都是管理，而且是颇具技术内含的管理，也需要一定的管理技术。热交换器的工程技术管理是其密封可靠性中不可或缺的一个篇章，是工程建设规划中热交换器密封管理的必要知识，列为第 10 章的内容。工程建设投资受到概算总额的限制，一些放大设计或者个性突出的热交换器未能得到详细分析，仅凭历史档案和个人经验进行设计，可靠性不足，只有掌握真实的换热过程及其工艺参数，才能确定最佳的密封方案。因此第 11 章综述了换热器工况设计中参数优化及有关专题的技术手段，可以快速高效地弥补人工智能和工期的不足。第 12 章是关于工程建设完成后热交换器组装和维护的内容，来自一线的总结对于新企业、新的设备管理队伍无疑是有益的。

第 10 章
热交换器密封的技术基础与工程管理

密封技术的管理是与密封的技术管理不同的另一种概念。

针对极度有害介质的密封可以采取一次密封和二次密封的双重密封，例如管束的一端设计成双管板结构，可靠地防止管程介质和壳程介质的窜漏，这是密封技术的管理，重点在技术。

但是，有的情况下易燃易爆介质的密封只可以采取一次密封，并且要避免一次密封后的不完整二次重密封，例如室外明渠管线中只设计法兰一次密封是合理的；如果明渠上加设盖板改为暗沟，表面上是一种再密封，但是法兰泄漏的介质无法及时扩散，也难以被发现，当积聚或者沿着地沟流到人口密集区域、重要设备装置区时，是十分危险的。因此，从密封的安全目的来讨论其技术管理时，反密封的概念也是一种客观的视角，这是密封的技术管理，重点在管理。

10.1　设备结构的适应性

（1）热交换器选型对工况的适应性。热交换器是非标设备，又是特种设备，虽然其设计有相应的设计标准和规范，但标准和规范大多只是规定了某类热交换器的基本结构及其强度计算校核的指引，在满足工艺要求的前提下可选择的结构较多，而且对换热效果及工程经验等因素不便考虑，难以支持设备选型和创新设计。文献[1]通过查阅大量文献并提取出热交换器的特点，在保证数据的完整与正确的前提下应用 Visual Studio 2010 和 Excel 2010 软件开发了热交换器结构选择软件。软件可以根据用户所输入的工艺参数，自动从数据库中的 69 种换热器中选择适合的热交换器类型和整体结构，实现热交换器结构的合理快速设计。软件把所有热交换器分为三大类，即管式热交换器、板面式热交换器、其他热交换器。每大类热交换器类型再细分为第二层类型，例如管式热交换器还可分为套管式热交换器、蛇管式热交换器、管壳式热交换器、螺旋绕管式热交换器和热管式热交换器。第二层类型可再细分为第三层类型，例如管壳式热交换器还可分为固定管板式热交换器、浮头式热交换器、U 形管式热交换器等等。这些分类可在界面中体现出来。用户可以根据软件提示并结合自己的工程经验选择其中一大类热交换器。该研究是将知识工程应用于化工设备设计的初步尝试，所开发的软件还不完善，需要持续进行数据库的补充，以及开发热交换器的工艺计算、结构设计、经济评估、效能评价和结构创新等专题模块。但在信息量十分庞大的今天，如何利用现代信息技术合理地归纳和筛选已有知识，是一个工程意义很大的研究方向。

考虑热交换器选型对工况的适应性除了热交换器主体结构形式的选择，还包括实现同等功能时是设置一台大型热交换器还是两台小型热交换器的选择。新建装置为了控制概算费用、减少设备之间的连接接口和管线、缩小占地面积，往往倾向于设置一台大型热交换器，如果缺乏设计经验，很容易带来先天问题。有时候基于已有装置略为放大结构设计，就会使某些关键技术指标超出许可极限，造成一项不良的设计。又例如，理想上过分紧密的排管致使实际管板周边的管孔形位偏差难以与换热管装配，管接头无法焊接和胀接；细长的管束如果缺少增强刚性的辅件，就不便吊运和装配到壳体内。

近十年来，很多新型热交换器在石油化工和其他化工装置中推广应用，包括蒸馏装置的螺旋板热交换器，加氢装置的螺旋板热交换器、螺旋扁管（麻花扁管、扭曲管）热交换器，加氢裂化装置的缠绕管热交换器，催化装置的刺刀管式热交换器，重整装置的大面积板焊 PACKINOX 板壳式热交换器，高压聚乙烯装置的发夹式热交换器，硫黄回收装置的三管束合一壳冷却器及急冷的挠性薄管板式热交换器，表面烧结高通量管热交换器，节能的降膜冷凝器热交换器，精细的印制电路板热交换器以及文献[2]介绍的管内插 HiTRAN 绕丝花环热交换器，代替金属、玻璃及其他管材以耐腐蚀的碳化硅热交换器，变形翅片管螺旋冷凝蒸发器等。

重整芳烃联合装置包括石脑油加氢装置、重整装置、抽提装置、对二甲苯装置及歧化装置。这几套装置中涉及到反应进出料换热的有 4 个位置：石脑油加氢反应进出料换热、重整反应进出料换热、歧化反应进出料换热及异构化反应进出料换热。通过每套装置中反应进出料的换热对反应产物热量进行回收，能大幅降低装置能耗，减少操作费用。文献[3]介绍了目前已投产的大型化重整芳烃联合装置中缠绕管式换热器和 PACKINOX 焊接板式换热器选用情况，缠绕管式换热器适用于大型化重整芳烃联合装置各反应进出料换热，1 台即可满足各换热位置换热需求；PACKINOX 焊接板式换热器适用于重整、歧化、异构化反应进出料换热，对于 3.2Mt/a 及以上重整装置，可选用 PACKINOX 焊接板式换热器 2 台并联。文献[4]报道的石脑油进料热交换器设计优化可作为一个设备选型的典型案例，石脑油加氢反应在高温、高压工艺条件下进行，原料需经进料热交换器与反应产物换热至 300.0℃后再送进加热炉，这样可减轻加热炉的负荷。在整个换热过程中，原料与反应产物的温差较小，低温段的换热过程以反应产物冷凝、原料气化为主，高温段是两侧纯气相换热。为解决热交换器的温度交叉问题，某装置进料热交换器的设计与优化具有多种方案：①若采用传统的 E 型壳体的 U 形管型式热交换器需要至少 8 台设备串联，每台设备的换热温差较小，因此所需要的总换热面积较大。②若采用 F 型双壳程壳体实现纯逆流换热，可提高平均传热温差，显著减少所需换热面积，设备数量从 8 台减少到 5 台，设备总质量减少 31%，而且两相流流型稳定，在工程设计中得到越来越多的应用。③若采用双系列并联方案取代前面方案①和②的单系列方案，则可以减少单台设备的换热面积和设备直径，避免大直径壳体内的滞流，管程和壳程总计算压降比单系列方案降低了 33%，节能优势显著，同时也降低设备制造难度。双系列方案在工程应用中需考虑偏流引起的每个系列热负荷和操作温度的变化，以及温度变化对热交换器设计温度和注水点设计的影响。④石脑油进料热交换器采用扭曲管热交换器或缠绕管热交换器进行强化换热的技术也已有成功的应用案例。由此可见进料热交换器的选型是一项效益明显的重要工作。

（2）运行工艺对设备结构功能的反作用。不同类型的热交换器换热效率有明显的差异，可见结构功能对工艺运行效果的影响，但是很多人关于工艺运行对设备结构功能的反作用印象不深。设备和工艺作为石油化工生产的硬件和软件，在装置建设时基于高度的专业性针对工艺设备方案进行反复的专家讨论和设计论证具有无可置疑的权威性，本应达到高效适应和相互协调。在实际运行中因为原料的变化而要调整工艺，因为新产品开发的需要而改变工艺，因为操作工艺本身改善或装置管理水平提高而优化工艺，这些变化或许要涉及设备改造。实践证明，产品的质量、装置的效率和设备的安全等存在的问题中确有部分与设备和工艺之间的不相适应、无法协调有关。工程建设中工艺设计在前，设备及其结构设计在后；设备是为工艺服务的，通常是工艺对设备结构的适应性要求较多，设备反过来对工艺提出的协调要求较少，石油化工中常见的有原油处理中的"三脱一注"防腐、临氢反应器停车过程类似步冷曲线的脱氢工艺、装置开车过程的升温升压速率、装置停车过程的降温降压速率等。文献[5]通过 9 个具体事例和理论分析探讨了设备结构与操作工艺之间的相互适应性，而文献[6]通过 11 个具体事例分析探讨了操作工艺与设备结构之间的相互适应性，提出了工艺要有利于结构简化和防腐、设备维护以及充分利用物性等，提出了工艺结构设计的安全、环保、耐用、低能耗要求。工程实践中，有的热交换器因工艺设计不周、操作不当或者超负荷运行而间接地影响到热交换器的密封功能，热交换器的换热讲究冷热流介的热平衡，任何打破热平衡的行为都可能引起结构损伤。即便是弹性范围内的工况也有很多不是最佳的工况，即便是最佳工况也不一定是最有利于设备的工况，换热工况参数的优化设计是热交换器优化设计的前提。

（3）工艺设计潜在保守倾向。作为化工企业，无论是前期生产准备还是后期实际生产均需要投入诸多资金。如果化工设计环节上出现问题，不仅会给整个生产造成极大损失，其社会影响也是十分巨大的。正是由于以上因素的存在，设计人员在进行工艺设计时，大多采用保守设计理念或传统工艺设计模式，使得近些年来化工工艺设计的创新性下降，诸多先进技术与经验无法在该领域中得到应用[7]。

10.2 密封技术管理

法兰螺柱密封系统的可靠性首先涉及各个元件之间很多具有明显交互作用的因素，也涉及单个元件中各个结构尺寸之间微妙的相互影响；仅就垫片结构尺寸而言，宽度、直径和厚度三个基本因素对密封性能的影响是基本的。前人基于常用材料普通金属垫片的压缩回弹性能对这些基本因素，或者基于波纹垫、波齿垫和齿形垫对其波齿形状尺寸都有过一些专题研究，但是由于试验验证条件的限制，研究的垫片直径都不大，一般未超过 DN500。由于缺乏理论和试验研究，致使一些生产厂家盲目生产的产品性能达不到要求，并且性能也不够稳定，给用户的安全生产带来严重隐患。专业技术是维护的基础，密封专业应该从理论到试验、从试验室到装置现场，加大工程技术的研究。

（1）密封泄漏机理及关键因素。首先，传统观念认为典型的泄漏模型有圆管模型、平行平板模型、平行圆平板模型、三角沟槽模型、多孔介质模型等，其中常用的垫片泄漏模型为多孔介质泄漏模型，随着行业技术的创新发展，传统的模型是否能适应当前的实际和发展需要是值得关注的。有学者依据分形几何理论，结合不可压缩黏性流体层流流动理论，建立了基于分形参数的金属垫片泄漏模型，该模型揭示了泄漏率与密封表面形貌之间的关系。研究表明，密封表面分形维数 D 越大，螺柱-法兰-金属垫片密封系统越不易发生泄漏，这对于法兰和金属垫片密封表面的加工具有重要指导意义[8]。

其次，基于不同的密封泄漏机理，确定密封失效的判定准则及关键因素，密封泄漏不等于密封失效。在工程标准中，传统技术基于垫片预紧密封比压和垫片材料系数计算校核密封结构，发达国家则已经建立以泄漏率控制为目标值的密封技术体系。在第 7 章 7.1 节关于双层金属垫的七个潜在问题中，之所以把双层金属垫的张开功能与其密封条件之间的悖论这一问题修饰为"似乎存在"而不是肯定存在，是基于目前业内关于密封条件判断依据的非确定状态。在理论分析研究中，两个密封面之间的接触压（应）力与介质压力具有怎么样的关系才失效，垫片有效密封宽度的宽窄应该通过什么途径才能找到一个恰当的平衡等都处于不完善的状态，存在影响因素的缺失。文献[9]在研究油套管特殊螺纹连接强度和密封理论时，通过实例分析得出了密封面平均接触应力、有效接触长度和密封面粗糙度对气体泄漏率的影响规律，在此基础上建立的气体泄漏率理论模型为揭示特殊螺纹泄漏本质、定性评价密封性能、优化设计密封结构参数提供了理论依据；其密封接触能机理认为，阻止气体通过金属对金属密封结构的流动阻力可以由密封接触强度 f_s 表征，它定义为密封接触应力在有效密封长度上的积分值：

$$f_s = \int p_{sN}(L) \mathrm{d}L \tag{10-1}$$

式中　f_s——密封接触强度，MPa·mm；

　　L——有效密封长度，mm；

p_{sN}——密封接触应力，MPa。

(2) 典型的密封结构与典型的泄漏模型之间的对应关系。GB 150.3—2011[10]标准推荐了常用的垫片结构、材料及其特性参数，列出了常用的垫片压紧面形状。笔者认为，一方面，可以据此结合常见承压设备的密封系统进行分析论证，把典型的密封结构与典型的泄漏模型挂钩（两者之间也许不只一一对应的关系），以便业内普及认识；另一方面，对泄漏模型的选择是否需要结合两侧的法兰密封面或者密封线一起判断，像金属波齿石墨复合垫、金属缠绕石墨复合垫等复杂结构垫片的泄漏模型是否应重新认识，其中是否包含主要的基本模型和特别的辅助模型等。有学者综合考虑密封介质压力、垫片尺寸效应和预紧力等多因素的研究，对原有的泄漏模型进行了改进，改进后模型的预测结果得到了试验验证。

(3) 垫片泄漏率测试平台及其合理性。密封泄漏机理、试验测试平台及热交换器设备法兰、管板密封结构之间的差异是客观存在的，需要一定的修正。一般的试验平台主要由垫片加载系统、介质供给系统、测漏系统和试验法兰等组成，垫片加载系统不一定是螺柱螺母紧固形式，密封面也不一定是长颈法兰的法兰盘。

(4) 基于泄漏率控制的结构设计与基于力学的密封结构设计的关系。传统的法兰设计、分析方法已不下十余种，但就其所依据的理论基础概括地分为如下三类：基于材料力学的简单方法，例如巴赫法和苏联的 TY8100 法；以弹性分析为基础的方法，例如铁摩辛柯法、华特氏（Waters）法、默瑞-斯屈特法、龟田法；以塑性分析为基础的方法，例如德国的 DIN 2505 方法、AD 规范方法、英国的 BS 1500-58 方法及苏联的 PTM 42-62 方法。我国制定的 GB 150.3—2011 标准，其法兰设计采用的是华特氏（Waters）法。

螺柱安装载荷 F 的计算方法通常包括如下四种[11]：第一种是 ASME Ⅷ-1 中使用垫片特性参数 m、y 值来计算 W_{m1} 和 W_{m2}；第二种是 JIS B 2490 中根据垫片紧固应力计算垫片紧固力 W；第三种是根据螺柱应力来计算螺柱安装载荷；第四种是美国焊接研究学会（WRC）下属的压力容器研究委员会（Pressure Vessel Research Committee，PVRC）采用基于泄漏率准则的垫片紧密度等级参数来计算螺柱的安装载荷。

比较而言，基于泄漏率的控制目标和计算方法更直观一些，在工程手段上还是通过垫片压紧力来实现，似乎存在相通的设计技术。

(5) 规范密封结构系统安装工艺及其特殊性的必要性。规范是为了便于统一，但不是为了均匀，结构的特殊性反过来要求安装工艺科学合理的个性。

有的工程项目要求新制造的热交换器在耐高压试验后拆卸密封结构，排净设备内滞留的水并吹干水渍，更换上设备密封垫，不再进行耐压试验，常有人担心设备运行时拆卸过的密封结构会产生泄漏。其实，只要新的组装严格遵循耐压试验前的组装技术，密封必然是可靠的。更重要的一点是耐高压试验后拆卸密封结构可以对密封面和密封垫进行直观的检测，检查密封面是否出现图 10.1 所示的压痕等损伤，判断紧固螺柱时是否存在过载的现象。图 10.1 密封面上可见 6 条清晰的圆弧形压痕，而且内侧压痕和外侧压痕特别深，这种特征有待观察。

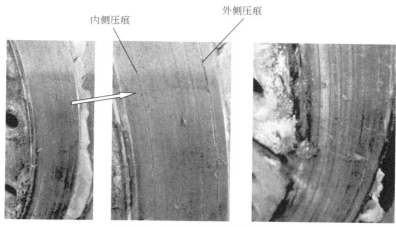

图 10.1　密封面上的波齿垫压痕

（6）垫片密封性能衰减规律及其防护技术。文献[12，13]指出，经有限元分析和试验后认为，可根据密封需要或法兰连接系统紧密性要求以及螺柱预紧力大小确定波齿复合垫片的具体结构，以实现密封度要求。笔者认为，这种个性化研究的垫片成本高，可能适用于特定个案，探讨垫片普遍存在的问题更具意义。

（7）法兰衬里结构的正确选用[14]。对于大直径长颈对焊衬环法兰（DN＞2000）密封面采用堆焊结构显然比衬环结构要好，这是因为衬环与法兰基材无法完全贴实，总会存在一定的间隙，法兰一旦产生偏转变形，垫片径向受到压缩不均匀，就会引起衬环密封面平面度出现微小变形，从而使密封性能下降，发生界面泄漏，堆焊结构可以很好地消除这一点。

（8）压力容器设计中螺栓（柱）和螺母的正确选用[15]。法兰螺柱密封系统的可靠性还涉及开停车非正常运行工况的动态作用。实践中，不同规格尺寸的多种波齿垫片失效案例为在工程视角对这些基本因素的研究提供了机遇，通过失效案例的宏观和表象分析，找出前人没有考虑到的客观因素和防治对策，既可弥补理论研究的不足，也可加深对垫片设计中相关结构概念的认识。

（9）密封面压应力的有效性及其许可门槛值。正如压力容器结构强度校核需要许用应力作为判断的指标，对结构承受内压时密封效果的校核也需要一个判断指标，业内通常是指密封面的压应力，有时也俗称压紧力，单位是 MPa。通过数值比较的方法来判断密封效果，当密封面压应力大于或等于其许可门槛值时，密封是有效性的；当密封面压应力小于其许可门槛值时，密封是无效性的。密封应力许可门槛值是一个关键参数，其具体的确定与密封结构、材料及载荷有一定的关系，尚有待研究。

目前，文献[16]中的表 4 明确提出垫片系数 m 与介质压力 P 的乘积作为操作工况满足密封要求的最小垫片压紧力，文献[17]暗示可以垫片系数值与计算压力 p_c 的乘积作为门槛值，文献

[18]则提出以两个需要实现相互密封的刚体直接接触的连续界面上，所产生的接触压应力 σ（应大于等于内压强）作为门槛值，即 $\sigma \geqslant P$。笔者认为，前两者的意见基本一致，与第三者相比则多了垫片系数 m，可以说多了一个安全裕度 m。因为第三者研究的密封结构以刚体代替垫片，所以其门槛值没有与垫片系数相联，或者可以理解其安全裕度为 1.0。由于垫片系数与操作强制密封条件相关，是垫片单位面积上的残余压紧力[19]，有关标准中只有推荐值，没有强制值。基于这些知识，可以认为密封面压应力的门槛值是以设计计算压力作为基础数值再与安全裕度的乘积。安全裕度的范围是 $[1.0, m]$，这个区间较宽，具体取值由设计者确定，因此值得研究。

10.3 工程及质量管理

工程管理不仅仅是工地现场的管理，往前延伸还包括项目技术论证、设备选型、投资概算等内容，毕竟是一分钱买一分货。有时储存维护就是重大建设工程较长工期管理中带有临时性的一部分内容，由于工地资源条件欠缺，这种临时性工作往往不够规范。更多的储存维护内容是装置建成后，伴随热交换器日常正常运行的一项工作。为了维护热交换器的功能而进行的检修改造更是一项含金量挺高的技术活。

（1）表现之一，设备工程设计完整性[20]。设备完整性包括物理上和功能上的完整。文献[21]定义设备完整性为：保证设备按规范标准正确地设计、制造及安装，在生命周期内正确地使用，是基于风险的过程安全管理要素之一。完整性设计包括：基于工艺功能和化工装置其他功能的设计，基于化工介质危害分析的设计，基于化工过程危害分析的设计，基于自然条件的危害分析，化工装置的适应性设计、防护设计或抵御自然灾害的设计。文献[22]为保证化工过程安全提出了设备安全设计准则。化工项目设备完整性设计应在危害分析和安全人机工程研究的基础上，遵从政府的监管要求，按照正确适用的安全规程和技术标准进行设计；许多设计者常忽略政府监管及强制性标准以外的危害分析和安全人机工程的设计要求，忽略关联专业的规程和规范标准对同一设备的设计要求，这些设计要素的缺失使许多新项目的运行方做出必要的整改才能达到安全和便于操作的状态[20]。

（2）表现之二，专业的配合。正如第 4 篇导言所提到的工程管理中各专业之间联系不紧密的问题，配管专业没有进一步分析介质主管分配给各支管的流量和流态是否均衡；仪表专业没有从设计上对每一台热交换器进出口流体参数监测；设备专业按几台设备总体平均的工艺参数设计每一台设备，按一套设计图纸制造一小批设备，既减少设计工作量，缩短设计工期，又可以避免区别不大的近似结构相互混淆；实际运行的工艺参数与设计值互为偏离，前面几台设备运行参数的累积偏差致使运行参数超出后一台设备的操作弹性，这些情况都对密封潜在不良影响。

近二十多年来，锅炉压力容器等承压设备强度设计和产品制造一体化业务已逐步发展到由建造企业承担，石油炼化各专业工程公司则继续承担着承压设备工艺设计和设备设计（强度、刚度、稳定性、疲劳）的业务；其中的设备强度设计是两类企业设备业务中具有共同性或者交叉较多的部分，实际上两类企业在处理这部分业务的具体能力和技术水平上既有一定的差距，也有各自的侧重。随着化工企业环保节能技术改造的需要，换热设备工艺设计、强度设计和产品制造三位一体化的业务需要逐渐出现；一体化可以深化项目管理、协调技改内容、优化技术路径，取得较好的综合效益。因此，换热设备工艺设计的基本知识和实施手段逐渐成为设备建造企业技术人员需要掌握的内容。

（3）表现之三，Ⅲ类容器的设计计算书。《固定式压力容器安全技术监察规程》规定Ⅲ类容器的设计单位应把Ⅲ类容器的设计计算书交给设备制造厂，由设备制造厂把该计算书与设备制造档案一起提交给制造厂所在地监督机构审查；工程建设管理也要求设备制造厂把这些资料与设备同步交给业主，以便提交给业主所在地监督机构审查。实际上，很多Ⅲ类热交换器的设计单位交出的设计计算资料十分简单，只是按常规标准公式的计算过程，没有特殊连接结构、密封设计或者热应力的计算，基本是一种应付的状态。出于节省人工的简单设计计算常成为设备失效的主要原因，首次制造的设备失效后，有另一制造厂按同一套施工图制造的设备出现了同样的失效，从而排除了设备制造厂的产品质量责任。

（4）表现之四，垫片管理。文献[23]建议重视大直径法兰的密封垫片选用及其质量管理；实行法兰的分级、数据管理；规范法兰紧固标准化作业过程管理，打造专业化的法兰紧固团队。参考 ASME PCC-1 附录 A 的要求，对施工单位的法兰紧固操作人员进行统一的培训和资质认证，规范理论知识和实践训练的培训内容，包括法兰密封面的检查处理、紧固件的检查及清洗润滑、法兰对中回装、垫片的检查安装、法兰紧固实施以及评定程序，考核合格后由专门（业）机构承担发证工作。在大修中也可以聘请专业的第三方机构对法兰接头的紧固过程实施监督检查，做到全过程法兰装配质量监控。

（5）表现之五，吊装过程对设备的保护。重要热交换器的吊装安全应参照其他重要设备做法。吊装属于危险性较大的分部分项工程，大型塔器的吊装方案筹划及确定最好由设计、采购运输和施工安装三方在工程项目初期共同确定才最切实合理[24]。大型塔器吊装、吊耳的设计由吊装单位负责完成，更加适应现代石化、炼化工程大型化的特点。吊装单位负责完成吊耳设计后，经设计单位审核确认各种细节，再交给制造厂连同设备本体一起进行制造，并做好后续吊耳的验收工作，能够更加全面地确保吊耳满足要求，安全可靠[25]。

10.4 沟通协调管理

制造厂向装备技术公司转型升级，设计院向工程公司转型升级，都需要提升管理能力，如项目管理能力、商务和法律能力、专业采购和分包管理能力、信息化建设和运用能力等，这都是摆在传统设计院面前的新课题。特别是项目管理能力的打造，是能否实现转型的关键，只有真正具备了较为完善的项目管理能力，企业才能以工程公司模式顺畅运作。

（1）研究事故分析业务的协调管理。研究院所承接装置现场事故分析时需要提升与各关联企业的沟通协调能力，必须到现场进行调查取证，对事故设备在装置中的安装方位、功能作用、连接结构以及设备所经历的过程应客观全面地了解。如果只凭委托方传来的资料、寄来的试样进行分析，由于缺乏独立的专业调研，往往会遗漏有关素材，就难以完整了解情况，有关结论有所偏离实际。特别是有的资料和试样甚至是由业主先交给委托方，再由委托方交给研究院所，只要经过了中间环节，即便有所沟通，也会因人而异存在信息传递的增减，甚至误传、误导、误解，就存在失真的可能。

事故可按某些相同的因素分类，但是没有两项事故不具有差异性，这是事故表面看起来重复，实际上受到差异性因素影响从而必然发生、无法杜绝的缘由。每一项事故分析都可以照原有的步骤和经验进行，但是不能完全依靠老观念来分析判断，毕竟现代行业技术和社会经济民生都处于不断的进步和变化之中。

（2）工程建设企业高质量发展的管理。炼化工程建设企业作为中国石油业务链的重要组成部分，是综合性一体化优势的突出体现。当前，在国内炼化工程建设企业发展过程中，还存在着诸如盈利能力整体偏低，财务状况尚未得到根本性改善；技术创新作为发展引擎的作用尚未得到充分的发挥；国际化发展还存在较大差距等与高质量发展不相适应的问题。总结国际一流工程公司实现国际一流的关键成功因素及发展经验，加快构建形成多轮驱动的高质量发展引擎，还需在发展途径、发展模式、市场格局、竞争策略、生产组织管理模式、内部管理等方面着力[26]。

前端工程设计（FEED）在当前国际石油化工工程设计中起着至关重要的作用，主要是依据业主对项目投资估算精度的需求及相应合同要求，提供满足静设备价格估算所需设计内容及深度要求的设计文件。视具体国际项目情况，有的 FEED 不一定达到国内项目管理中的基础设计深度[27]。热交换器作为石化装置中一类量大面广的静设备，其详细设计受到 FEED 规定的工艺技术、工程管理和投资概算等因素的影响，当任何一方发现前期技术深度欠缺、不确定性增加等问题时，各相关方不应出于对项目整体推进的担心而放弃对前期工作的适度更改，保证项目质量和效果。

10.5　技术专题研究

为了解我国近十年压力容器研究的发展现状和热点问题，文献[28]通过中国知网数据库检索 2008～2017 年关于压力容器研究者的文章，应用热点分析方法，借助文献可视化软件 Citespace 得到我国压力容器研究关键词发展趋势和知识图谱。我国压力容器研究经历了活跃成长和稳步增长两个时期；目前关于压力容器的研究热点分别是锅炉压力容器、反应堆压力容器、压力容器、压力面积法、固定式、焊接接头和有限元 7 个；压力容器设计从常规设计转向分析设计；压力容器研究组织和领军人物主要集中在相关研究院，研究机构较单一。

（1）热交换器研究专题。显然，业内也需要类似于近十年热交换器研究发展现状和热点问题这样的成果，而且最好是同一个机构团队就该课题持续进行。列管式热交换器有限元分析的复杂性和技术难度与其中数量诸多而关联密切的零部件结构、不均匀且动态变化的载荷有重要的关系；载荷的非静态和非均匀性是一种现象的两个关联的特性，具有交互性和相对性，非静态侧重于载荷随着运行过程的描述，非均匀性侧重于载荷沿结构空间的分布；在利用有限元应力分析模型直观漂亮的结构和感观多彩的结果云图的同时，应避免盲目崇拜、过分依赖商用软件的现象[29~31]。从国内热交换器有限元分析已有的研究看，涉及多个不同的专题，例如：

关于结构的动力响应方面，文献[32]分析了 U 形管式热交换器管板的动力响应，强调当温度载荷和压力载荷的变化趋势并不一致时，不能简单地确定某一时刻的应力为最大应力；此时必须对整个动态过程进行时程分析，才能确定出管板的最大应力。文献[33]利用有限体积法离散大涡模拟的流体控制方程及有限元方法离散结构动力学方程，结合动网格技术，建立了三维流体诱发弹性管束振动的数值模型，实现了计算结构动力学与计算流体力学之间的双向耦合，得到横流作用下单管的振动响应。文献[34]采用有限元分析方法，建立热交换器的流固耦合模型，施加有脉动流和无脉动流两种不同工况下的边界条件和荷载条件，从模态振型和动态响应等方面分析了两种工况下流体诱导振动对热交换器管的影响。无脉动流作用时，换热管中间位置易发生刚度失效，端部位置易发生强度失效；在有脉动流作用下，换热管中间位置的位移与端部应力随时间呈周期性变化，且中间位置的位移和端部应力值达到最大。

（2）热交换器密封垫片研究专题。

关于密封垫片的时滞效应方面。文献[35]考虑了垫片压缩回弹的非线性与时滞效应，发现无论是操作工况还是预紧工况，垫片的周向应力和径向应力都是不均匀的；文献[36]利用有限元法对热交换器壳体进行了 10^5h 的高温蠕变分析。

关于密封垫片的密封准则方面。既然 9.4 节讨论了 O 形圈密封的失效准则、有效准则和综合准则，那就是说其他结构类型的密封垫片也可能潜在类似的密封三准则，或者所有密封垫片是否能够基于统一的密封三准则应用，都是很有价值的研究课题。

关于密封垫片的特性参数方面。既然基于经验提出的垫片系数 m 值和比压力 y 值已应用将近 80 年都没有改动，对各种垫片特性参数进行测试的成本较高，而实际的螺柱紧固载荷又远大于按标准规范计算的载荷值，迫切需要解决垫片特性参数的偏差问题，因此采取逆向工程的技术方法来归纳总结垫片实际的特性参数不失为消除这一不良影响的有效办法。具体可通过专业学会和行业协会组织开展工程技术研究，联合有责任能力的压力容器设计单位和制造单位，在开口密封设计时明确提出螺柱的紧固载荷及其加载方法，在密封结构规范化组装时完整记录满足密封要求的紧固载荷的施加过程，比较实际载荷与设计计算载荷的差异，从不同的角度统计分析工程案例的载荷分布、载荷偏差的成因及影响因素，总结其规律性，提出对计算载荷的修正方案，包括载荷修正系数或者调整后的垫片特性参数。

（3）热交换器研究团队。研究人员应该依靠一个小组或者团队，应该对装置的工艺操作、运行控制及其交接班制度有所了解，对热交换器结构设计、应力分析、零部件制造、整体组装、产品检测试验、验收、运输、存放、吊运、安装、联运、试车、使用、维护、检修及改造等资讯基本了解，对试样的必要性、充分性、可靠性，对研究方法的适用性及其结果的准确性特别了解。不从足够长的纵向串联起研究对象所经历的前世今生，就难以在缺失环节的过程中剔出所有的影响因素，难以确定关键因素，难以提出有效的技术对策。

研究领域应该在一定时期内相对稳定，同一领域内的多个课题或子题应该有起码的逻辑关联，能形成一个相对明显的中心，避免课题的分散。很多研究院所给人一个很有能力的感觉，就是可以研究任何委托的课题，正如很多研究院人员给人一个很有本事的感觉，可以接受任何委托的内容。专题研究的课题可以专深，但是围绕该专题的研究必须全面。

从发展规律来说，热交换器的任何研究都可以、也应该具有工程背景。产品标准和技术规范是连接学术成果和工程需求的桥梁。一直以来，单一项的热交换器标准无法管辖各种形式的换热设备及其尺寸规格，也无法适用于一些特殊的换热工况，标准规范滞后于工程需要将在很长一段时期内都是常态。在鼓励政产学研合作以及大众创新、万众创业的氛围中，一些企业兴高采烈地联合研究院所成立了技术研究院，但是基于学生毕业所取得的研究成果脱离企业所需，到头来才意识到多年研究的只是一种纯粹的学术，而不是可用于产业的工程技术。

（4）关注热交换器的全过程管理。21世纪以来，国外石油石化企业的设备管理纷纷推行完整性管理，以风险理论为基础，着眼于系统内设备整体，贯穿设备生命周期全过程管理，综合考虑设备安全性、可靠性、维修性及经济性，采取工程技术和系统化管理方法相结合的方式来保证设备功能状态的完好性，用于预防和遏制重大安全事故的发生。目前，设备完整性管理是当前国际设备管理的发展趋势[37]。实践中发现热交换器有些先天性问题是非完整性设计引起的，例如有结构特殊的U形管热交换器壳体没有设计人孔，制造时难以保证壳程筒体合拢焊缝内壁复合层的焊接质量；有工艺特殊的热交换器壳程筒体没有按相对高压的管程压力设计，检修时难以在壳程筒体施加足够的压力进行管接头的耐压试验，难以保证检修质量。20世纪90年代初，全国高校化工过程机械专业年会倡议把化工（过程）机械本科专业改称为过程装备与控制专业，反映了理论学术界较早认识到面向化工工艺全过程拓展专业发展的必要性。基于对各个环节客观现象的理性反思，国内石油化工装备的生命周期全过程管理理念已在工程界萌发，但是不同的企业主体对全过程所涉内容的理解有明显差异，主要是各自基于本企业为主体的视角所致。

业主对设备全过程的理解很重要，主要职责就是设备管理，新装置的新业主、老业主，老装置的新业主、老业主，一般会把个体的相关经验教训轻重缓急地结合到全过程的管理工作中；全过程的前半段大多委托第三方管理，全过程的后半段则全身心投入管理。

制造厂对设备全过程的理解具有一定的弹性，不失拓展全过程业务的意愿，但难以涉及炼化工艺及工程图设计、安装施工、运行维护的过程段。制造厂对设备全过程的理解也有一丝责任方面的忧虑，只想限于项目合同规定内容的范畴，现实却往往不仅仅是合同规定的内容。

供应商对设备全过程的理解通常泛化于售前咨询、售中品质保证和售后服务三个粗略的阶段。

采购商则力推整个关联产业链网式的设备管理，既沿着全过程实现纵向延伸，也基于过程关键节点实现横向拓宽，是一种全域全过程管理，更接近完整性管理。中国石油化工集团有限公司物资装备部在会同炼油事业部、化工事业部组织的炼化企业标准化采购与设备国产化工作中率先迈出了实践的步伐，中国石化物资采购的一系列 Q/SHCG×××× —2021 技术标准中，普遍在标准管辖范围、规范性引用文件、标准总则、设计审查、材料要求、制造要求、检验与验收等传统内容的基础上，丰富了 PMI 检验、名牌和钢印、设计文件、卖方文件、涂敷与运输包装等方面的内容，增加了制造过程监造、到货验收、现场保管和安装、使用与维护等新的内容。

（5）关注热交换器的生态系统。长期以来，管理学术界对服务主导逻辑和价值共创思想的研究主要聚焦价值共创的积极方面，忽略了失败或错误的共创过程可能造成的潜在负面影响。针对这一现状，管理学者们开始将价值共毁的概念引入服务主导逻辑领域[38]。热交换器密封相关的价值共毁有多种表现形式，例如失败或错误的共创案例很少公开报道，而成功的案例则较多报道；管道等小规格结构上的成功应用在报道时误导为适用于各种承压设备的应用；个别工况上的成功应用在报道时误导为适用于各种高温高压动态工况的应用；未经论证的新结构原理作理想化的虚拟报道；虽然经过专业论证但故意延伸鉴定内容及意见的报道；在专业期刊上通过慷慨付费的广告代替严格审定的技术论文来报道等。笔者认为，质量技术问题需要合情合理的管理来解决，价值共毁的现象应引起热交换器关联企业的关注，当前共建生态系统的管理理念对于提升和维护关联企业的关系具有一定的积极意义。

文献[38]以价值共毁作为关键词，在中英文主流数据库中检索出 47 篇中英文文献，然后整理了价值共毁的提出背景、概念界定，从价值共毁的内在机制、不同互动情境下的价值共毁、技术应用引致的价值共毁等方面对已有研究进行归纳和总结。价值形成涉及供给者、需求者、利益相关者等多个主体，其所在的生态系统也发挥着作用。在简单的双边互动中，价值共毁是双方至少有一方福祉未达到最优的状态；而在复杂的生态系统中，价值共毁不仅涉及焦点行为者，其所在的网络也囊括在内，共毁和共创可能共存。从影响因素来看，在价值形成过程中，不同行为者及其所处的生态系统均发挥着作用。

第一，行为者本身特征影响价值共毁。行为者本身的技能、知识及角色意识、融入程度、资本、信息和能力、报复动机等会影响价值形成的过程，造成价值共毁。至于哪些因素发挥关键作用，这些因素是否会因互动情景的不同而不同，尚有待研究。

第二，行为者之间的关系特征影响价值共毁。已发现信任、协调和沟通、权力关系、所处的交换过程和关系阶段在价值形成过程中起着重要作用，即不良、不对等的关系往往造成价值共毁。

第三，生态系统特征影响价值共毁。技术在帮助行为者进行价值共创过程中扮演着不可或缺的角色，但也会带来价值共毁。关键在于如何使用技术以服务于价值共创。生产规范机制、市场特征等，也可能对行为者的实践产生影响。

生态系统是一个具有多稳态的动态系统，它在受到冲击或发生变化时仍能维持其功能、结构、反馈等不发生质变的能力也即系统的适应力，是系统对非预期或者不可预测干扰脆弱性的量度[39]。热交换器非常规工况包括较高温度的密封技术、开停车工况的影响、设计未预防的工况、非设计工况、介质杂物的影响和非计划停车工况等，这些动态参数对内外密封的影响并非全部预知的，具有生态系统功能的热交换器才能适应这些非标准的、非常规工况。

参考文献

[1] 王冰轮，钱才富．基于知识工程的换热器结构合理选择[J]．化工设备与管道，2014，51（4）：29-32．

[2] 曹纬．国外新型换热器介绍[J]．化学工程，2000，28（6）：50-56．

[3] 孙晓娟．大型化重整芳烃联合装置反应进出料换热器选型分析[J]．炼油技术与工程，2020，50（5）：26-29．

[4] 王天宇．石脑油加氢进料换热器的设计与优化[J]．石油化工设备技术，2022，43（1）：1-8．

[5] 陈孙艺．化工设备结构的工艺适应性设计[J]．机械，2006，33（增刊）：52-55．

[6] 陈孙艺．化工工艺的设备结构适应性设计[J]．化学工业与工程技术，2010，31（6）：58-60．

[7] 宋亚玲．化工工艺设计的现状及存在的问题探讨[J]．化工管理，2020（1）：167，168．

[8] 冯秀，顾伯勤．金属垫片泄漏模型理论研究[J]．润滑与密封，2006，31（8）：78-80．

[9] 许红林．油套管特殊螺纹连接强度和密封理论研究[D]．成都：西南石油大学，2015．

[10] GB 150.3—2011 压力容器 第3部分：设计

[11] 郑兴，应道宴，蔡暖姝．几种常用螺栓螺母组合下的螺母系数K的测定[J]．化工设备与管道，2018，55（5）：78-81．

[12] 陈庆，于洋，甘树坤，等．柔性石墨金属波齿复合垫片金属骨架结构及其力学性能研究[J]．润滑与密封，2008，33（11）：87-89．

[13] 陈庆，牛峻峰，刘兴德．柔性石墨波齿复合垫片结构性能试验研究[J]．润滑与密封，2009，34（6）：93-94，99．

[14] 吴林涛，邓自亮，席建立. 大直径衬环法兰的密封泄漏分析[J]. 压力容器，2017，34（10）：57-62.

[15] 牛小翠. 压力容器设计中螺栓（柱）和螺母的正确选用[J]. 化工机械，2019，46（6）：611-614，640.

[16] 郑小涛，王明伍，俞九阳，等. 高温法兰连接结构的有限元模拟及安全分析[J]. 化工设备与管道，2014，51（6）：6-9.

[17] 陈孙艺. 采用垫片安全系数的高压法兰螺栓密封设计[J]. 润滑与密封，2015，40（6）：122-126.

[18] 龚雪，谢禹军. 隔膜密封换热器中隔膜密封盘的应力分析计算[J]. 当代化工，2011，40（11）：1202-1204，1210.

[19] 张铁钢. 改善法兰接头密封性的对策[J]. 石油化工设备技术，2014，35（4）：52-56，61.

[20] 马继国，闫春雷，陈亮. 化工建设项目设备完整性设计[J]. 化工设备与管道，2019，56（4）：38-41，58.

[21] Center for Chemical Process Safety（CCPS）. 基于风险的过程安全[M]. 北京：中国石化出版社，2013.

[22] AQ/T 3033—2010 化工建设项目安全设计管理导则

[23] 曾科烽，张国信. 石化行业法兰紧固密封管理现状及对策分析[J]. 石油化工设备技术，2018，39（5）：48-52，62.

[24] 张驰群，叶日新. 大型塔器吊装设计应注意的工程问题[J]. 化工设备与管道，2011，48（5）：7-9.

[25] 孙洪峰. 关于大型设备吊装工程中设计分工的探讨[J]. 石油化工设备技术，2019，40（4）：13-15.

[26] 高晓明. 炼化工程建设企业高质量发展的思考[J]. 北京石油管理干部学院学报，2019，26（1）：11-14.

[27] 蒋小文，李小梅，刘博. 浅谈 FEED 阶段静设备专业的设计与管理[J]. 化工设备与管道，2016，53（50）：30-34.

[28] 吕亮国，蒙建国，谭心，等. 近十年我国压力容器研究热点分析——基于 Citespace 的知识图谱分析[J]. 科技管理研究，2019，39（6）：121-127.

[29] 陈孙艺. 压力容器有限元分析建模中值得关注的几个工程因素[J]. 压力容器，2015，32（5）：17，50-57.

[30] 陈孙艺. 换热器有限元分析中值得关注的非均匀性静载荷[J]. 压力容器，2016，33（2）：48-57.

[31] 陈孙艺. 换热器有限元分析中值得关注的非静态载荷[J]. 压力容器，2016，33（3）：45-50.

[32] 苏文献，睦宏梁，许斌，等. U 型管式换热器管板的动力响应分析[J]. 动力工程学报，2012，32（1）：36-41.

[33] 冯志鹏，臧峰刚，张毅雄. 双弹性管流固耦合振动的数值模拟[J]. 原子能科学技术，2014，48（8）：1428-1434.

[34] 郑贤中，於潜军，周宁波. 脉动流技术在管壳式换热器振动分析中的应用[J]. 武汉工程大学学报，2013，35（8）：68-73.

[35] 安维争，徐鸿，于洪杰，等. U 形管换热器中管板-法兰-垫片-螺栓连接系统的非线性有限元分析[J]. 石油化工设备技术，2005，26（4）：13-17.

[36] 王珂，刘遵超，刘彤. 管壳式换热器壳体的高温蠕变有限元分析[J]. 机械工程材料，2014，38（4）：87-90，95.

[37] 徐刚，刘小辉，许述剑，等. 炼化企业设备完整性管理体系基本知识问答[M]. 北京：中国石化出版社，2020.

[38] 关新华，谢礼珊. 价值共毁：内涵、研究议题与展望[J]. 南开管理评论，2019，22（6）：88-98.

[39] 赵珍，刘赫宇. 清代北京西山人工水系与生态恢复力[J]. 山东社会科学，2021（1）：164-170.

第 11 章
换热工况参数的优化设计

设备是实现工艺的载体，密封技术是设备结构完整性的一环，密封方案是工艺、设备、结构、材料和制造的一体化。热交换器是广泛应用于化工、石油化工、动力、医药、冶金、制冷、轻工等行业的一种通用设备，是节能减排的主要载体。广义的热交换器可包括加热炉、化工炉。热交换器的设计内容繁杂且多数关联，体现其高效节能可靠性的设计要反复迭代计算，工作量大，这就要有高效的设计方法。

智能软件技术在化工换热设备工艺设计中的应用包括工艺、传热、流体仿真、多场耦合等，热力性能计算是整个热交换器设计计算的核心，其性能指标是用户最为关心的。管壳式热交换器的节能研究方向侧重于管程或壳程的各种换热强化措施或防腐技术[1]，对计算机软件在热交换器节能设计中的应用，只有一些方案优化、改造对比、成本控制等方面的零散案例报道，尚未见成系统的专题研究分析。由于换热工艺设计智能化技术涉及化学工程、机械装备及计算机及软件等多个专业，为方便换热设备专业技术人员对该领域有所了解，这里对热交换器工艺设计中的基本常识及智能软件技术做一简介。

11.1　容器和机械专业常用软件

有学者在海川化工论坛上列出了共 100 种常用工业软件名称及其主要功能的简介，分为13 个专业类别，包括主流 CAX、泵行业、工艺系统专业（包括化学工程、工业炉、热工、安全专业）、配管专业（包括材料应力专业、水道专业）、容器专业和机械专业、电气专业、仪表专业、结构专业、分析化验专业与环境保护专业、建筑专业和暖通空调专业、储运专业、总图专业、给排水专业、估算专业、项目管理专业等，其中容器和机械专业的 15 个软件如表 11.1 所示。

表 11.1　容器和机械专业常用软件

序号	软件名称	主要功能
1	SW6 PV Desktop LANSYS	钢制压力容器设计计算（GB 150 标准）

序号	软件名称	主要功能
2	Aspen Teams	管壳式换热器设计计算（ASME、TEMA 标准）
3	Pvelite	压力容器整体及部件设计计算（ASME、UBC、BC、BS5500、TEMA、WRC107、ANSI 标准）
4	TANK	储罐设计、分析、评估软件（API650、API653 标准）
5	ANSYS	压力容器局部应力计算
6	ABAQUS	求解线性和非线性问题，包括结构的静态、动态、热和电反应等
7	FE Pipe	管道及压力容器有限元局部应力分析
8	CFX	流体力学模拟
9	CFX Tascflow	透平通道的全负荷分析
10	Solidedge	3D CAD 程序，具有零件、结构件、装配件、钣金件、焊接构件建模等功能
11	DyRoBes	转子轴承系统动力学模型分析软件
12	Agile Engineering Design System（AXIAL，AXCAD）	一维透平设计软件，能给出轴流压缩机、透平机械的预测性能，支持亚音速、超音速透平的设计，并支持多种工作介质。透平机械设计分析软件，能提供叶片的几何造型并为流场分析建立模型
13	Autodesk Inventor Professional（AIP）	机械二维、三维 CAD
14	Mathcad	CAD 工具
15	材料腐蚀数据库（金属/非金属）	材料腐蚀数据库（金属/非金属）

表 11.1 中没有列入具有静态荷载分析、动态荷载分析和模态分析功能的俄罗斯有限元仿真软件 Fidesys。瑞典林雪平理工学院（Linköping Institute of Technology）的 J.Mackerle 教授是一位持续跟踪报道承压设备专题分析状况及相关软件发展的热心学者，他在文献[2]的附录 B 也简介了 61 个有限元专题分析程序的开发商或经销商，包括企业国籍、企业名称及地址、程度处理对象和分析功能等，感兴趣的读者可深入参考。

我国的工业软件行业曾经历过蓬勃发展的时期，但受到软件技术水平、企业运作机制和市场营销策略等因素制约，尚在与国际强势产品的激烈竞争中坚守着。

11.2　工艺设计计算类型及基本方法

智能技术是解决工程问题的一种手段，工艺设计计算的类型及基本方法决定了软件技术的框架。

（1）工艺计算的两种过程。第一种是传热工艺计算。针对热交换器手工设计工作量大、设计周期长、不易保证设计质量等问题，不少学者设计了各种软件系统。例如，英国公司的 HTFS、美国公司的 HTRI 和 ASPEN PLUS B-JAC 等国际通用的工艺设计计算软件，还有 HeaTtPro 液体循环加热系统设计软件以及中国石化的 FRHEX2C 等。

GB/T 151—2014 标准与 GB 151—1999 标准相比，主要技术变化之一是增加了热交换器传热计算的基本要求。早在多年前，文献[3]就已经简介了按钢制压力容器标准 GB 150—1989、钢制管壳式换热器标准 GB 151—1989 及有关设计规范，采用 Turbo Pascal 语言编程进行热交换器的结构化设计。工艺计算包括传热工艺计算及冷凝工艺计算两部分，可进行非标准系列、标准系列设计。进行非标准系列设计时，校核传热面积及流体阻力所需基本参数由设计人员人工输入。进行标准系列设计时，针对采用弓形折流板的浮头式热交换器、卧式浮头式冷凝器及 U 形管式热交换器进行；计算时根据初算的传热面积、输入的公称压力、公称长度、管子直径及折流板间距，分别到上述类型热交换器的标准系列数据库中查取合适的标准型号，提出相应的基本参数进行校核计算，并将选出的型号送入绘图模块以自动绘制出该型号热交换器的成套装配图及零件图。

第二种是冷凝工艺计算。一般在进行冷凝器设计时，凝结侧的传热膜系数都按不分流型的平均传热膜系数计算。然而在实际冷凝过程中，随着凝结的不断进行，凝液的流动情况不同，处于不同的流型，而且壁温沿程也有较大的变化，这两方面的影响都使局部传热膜系数发生很大的变化。因此，只按一个平均的传热膜系数来设计冷凝器必然造成很大的误差。鉴于此，最好采用分段计算的方法来计算凝结换热过程。对于纯质，由于在冷凝过程中冷凝温度不变，因此对从饱和蒸汽到饱和液体的冷凝过程，可以采用均分干度的办法和各局部凝结传热膜系数来计算凝结过程。在不同的干度区域，凝液可处于不同流型，局部凝结传热膜系数的计算方法及计算公式也可能不相同[4]。

根据冷凝器中蒸汽的流向、传热管放置的方向、传热管的类型、蒸汽及冷凝器的流体动力状况、蒸汽组分是单一的还是混合的以及冷凝形态的不同，冷凝换热可以分为许多种不同的类别。它们的冷凝传热膜系数的计算方法是不相同的[4]。

(2) 传热计算的两种类型。第一种是给定生产要求的热负荷和工艺条件，确定其所需换热面积，进而设计或选用适宜的热交换器，称此类问题为设计型的传热计算，其计算通常采用平均温度差法（MTD）。由该方法计算得到的温度差校正系数值，可以看出所选热交换器的流动形式与逆流时的差距，便于选择适宜的流动形式，以提高换热效率[5]。但在计算对数平均温差时，必须已知冷、热流体的四个进出口温度。如果两流体是折流或错流流动，还要查温差校正系数图，查图中容易产生人为误差。有时，只知道两流体的流量和进口温度，则应用 MTD 法必须反复试算才能求出两流体的出口温度[6]。

第二种是给定热交换器的结构参数及冷、热两种流体进入热交换器的初始条件，通过计算确定其传热结果，以判定设备是否合适使用，或者预测某些参数的变化对热交换器传热能力的影响等，此类问题称为操作型的传热计算，一般采用传热单元数法（NTU）。计算简易、查图方便，不需计算对数平均温度差，在两流体的出口温度未知时，不必试算。对一组串联的热交换器，可以将传热单元数累计起来，其操作情况比常用的方法更易估计[7]。但是这种方法不能求得温差校正系数，不能评价所选热交换器流动形式的合理性[8]。

(3) 遵循常规原则。在管壳式热交换器的设计中，有一些常规问题需要考虑。比如在物流的安排上，一般应遵循以下原则[9]：不洁净或易于分解结垢的物料应流经易清洗的一侧；需要提高流速以增大对流传热系数的流体应当走管程；具有腐蚀性的物料走管程；压力高的物料走管程，以使外壳不承受高压；温度很高（或很低）的物料走管程，以减少热量（或冷量）的散失，如果为了更好地散热，则应让高温物料走壳程；蒸汽一般通入壳程，以便于排除冷凝液，而且蒸汽较清洁，其对流传热系数与流速关系较小；黏度大的流体（$\mu > 115 \times 10^{-3} Pa \cdot s$）一般走壳程，因为在设有挡板的壳程中流动时，流道截面和流向都在不断改变，在低 Re 数（$Re > 100$）下即可达到湍流，有利于提高壳程流体的对流传热系数。

（4）热力计算方法。热交换器热力计算方法有平均温度差（LMTD）法、热效率与传热单元数曲线图（ε-NTU）法、P-NTU$_t$ 法和 Ψ-P 法。前两种方法都可用于设计计算和校核计算，是目前用得较多的方法，对于设计计算来说，两种方法的计算工作量差不多，对于校核计算来说，两流体的出口温度是未知数，两种方法都必须使用先假设后试算的逐次逼近法。P-NTU$_t$ 法是基于 $(mc_p)_t$ 对 ε、NTU 重新定义后的改进，可避免 ε-NTU 法因基于 $(mc_p)_{min}$ 对 ε、NTU 定义所带来的计算表达式随着起主导作用的流体位于壳程或管程而存在的明显差异，P 称为温度热效率或热效率。Ψ-P 法则既综合了 LMTD 法和 ε-NTU 法中的全部变量，又没有这两种方法进行手算时所产生的麻烦，Ψ 为平均温度差与冷热流体进口温度的差值，是一个无量纲参数[4]。

传热工艺计算采用有效平均温差法及传热单元数法，冷凝工艺计算只针对饱和气体冷凝进行，对卧式管外冷凝及立式管内、管外冷凝采用努赛尔特法计算，卧式管内冷凝采用阿柯斯法计算，流体阻力采用 Bell 法计算。在一些计算项目中，开始计算时，某些参数不能预先确定，如传热系数、法兰厚度等，而缺少这些参数又无法进行计算。针对这样的问题，程序中采用假定初值反复迭代计算直到假设正确的方法进行处理[3]。

11.3　工艺计算智能化的智能问题

工艺计算智能化的表层功能是化繁为简，解放技术人员的劳动，深层目的是提高换热效率、节约能源。

（1）计算流体力学软件。热交换器是两种或多种流体介质的换热平台，流态对热效率有明显的影响；表 11.2 所列是用于模拟介质流态的计算流体力学软件，通过流态分析可直观剖析介质内部物性，使抽象的非均衡性显示出规律性，方便工程技术判断。

表 11.2　计算流体力学软件

软件名称	开发（或所有权）商
FLUENT	美国 Creare 公司，该软件后来被 ANASYS 公司收购
FLOW3D	Gosman 公司
EACH	
Phoenics	Spalding 公司

软件名称	开发（或所有权）商
CFX	英国 AEA Technology，Harwell，UK
Star2CD	日本公司
NUMECA（FINE）	布鲁塞尔大学和瑞典航空研究所
TEAM	中国公司
FACI	中国公司
DTFS	中国公司

（2）工艺优化方法。工艺优化包括单台热交换器的优化、热交换器群的工艺网络优化以及热交换器与加热炉等其他换热设备之间的平衡优化等。

夹点技术和伪夹点技术基于热力学原理，首先通过给定的热回收最小传热温差 HRAT 和热交换器匹配最小传热温差 EMAT 确定最小能耗的网络，然后，利用能量松弛减少单元数，降低总费用。一些常见的换热网络合成软件大都基于此技术。夹点技术既适用于新设计又适用于改造设计，改造应用的数量远高于新设计。文献[10]就介绍了结合工程设计，借助流程模拟软件 HYSYS（2.2 版），用夹点方法对某常减压蒸馏装置的换热网络进行分析和优化；同时采用 STX、ACX 软件中分区或分段小区间计算的概念，进行带汽化、冷凝及无相变的冷换设备选型和振动分析计算，避免振动引起冷换设备的损坏，避免了多数夹点分析软件不能严格计算带相变冷换设备而引起的计算偏差。

文献[11]针对目前大部分图形工具仅适用于以节能为目标的换热网络设计或者改造而不适用于能量回收量的问题进行了研究改进。能量回收量的增加往往伴随换热单元数的增多，而换热单元数对设备投资费有较大影响。采用换热器负荷图（HELD），提出了一种系统化的换热网络改造新方法。新方法也是基于夹点分析，但是在改造区间中选择匹配目标，重新构建改造用 HELD，从而简化问题；通过在水平方向上平移热流股曲线实现跨夹点负荷的重新分配，完成节能目标，并结合经验规则，尽可能减少改造后换热网络的换热器数目。该文以一个工业造纸厂为例，对其进行节能改造方案设计，相较于文献[12]报道的原始换热网络的结果，得到两个节能目标值相近且换热器改动数目更少的新方案，验证了新方法的有效性。

炼油及化工装置管式炉是另一类热交换器，所加热的工艺介质在经过后续设备完成蒸馏或其他加工之后，产品需要冷却到一定温度才能送出装置。因此，其热平衡设计或节能改造措施比一般的工业炉更灵活。常用的蒙特卡罗法（Monte Carlo Method）以对随机性问题进行仿真为其基本特征，又称统计模拟法，是为分析核反应堆里中子流而导出的。目前，已广泛应用于应用数学、计算物理、核工业、航空航天技术、能源工业等[13]。20 世纪 60 年代初，Howell 首先用这种方法对辐射热交换进行了分析，此后，相继有斯特瓦尔德（Steward）、谷口博等用蒙特卡罗法计算管式炉炉膛内的辐射传热过程。清华大学用蒙特卡罗法对锅炉炉膛传热进行了研究，中国石油大学用蒙特卡罗法对圆筒形原油加热炉辐射室进行了计算。其他研究单位，如哈尔滨工业大学、华中理工大学等都采用蒙特卡罗方法在辐射换热模拟研究工作中进行探索并取得了一定的成果。国外的相应研究工作也在不断展开。

蒙特卡罗法是将单位时间内从各小区辐射的能量分成若干个能束，把辐射传热过程看作是能束的随机直线运动。用概率统计中的随机抽样来决定每个区域各能束的发射方向、行程长度及能束到达表面时是被吸收还是被反射，从而知道能束落在哪一个区域上并被吸收。当能束被某个气体区或表面区吸收时，则此能束随机运动便告结束。然后再对第二个能束进行类似的模拟，直至所有区域的全部能束都发射完，就可用统计方法得出所有气体区及表面区对某指定表面区或气体区的辐射传热速率。

（3）软件的特别功能。

① 汽化计算的入口压力模拟法。

换热网络综合的软件较多，由于传热与多个变量有关，合成网络时计算工作量较大，为减少计算，通常规定多个简化假设，使其在合理的时间里得到可行解。由于简化，计算结果总存在某些不合人意处，例如换热网络综合软件一般将相变换热如塔顶油气换热与无相变换热作为两个子系统分别进行设计，由于换热网络的整体性，分别计算会带来计算偏差。

以最小年费用确定 HRAT 时，假设各台热交换器传热系数相同，而且热交换器材质和折旧年限相同。由于热交换器材质的价格和使用寿命相差很大，例如初馏塔和常压塔顶部油气热交换器，碳钢管束的一般使用寿命为 1～2 个周期，各种热交换器的传热系数相差很大，因此得到的 HRAT 不是最优[10]。

通常的网络合成程序以热容为基础，不能计算物流的相变，难以计算原油的部分汽化，导致冷流计算温度偏高，热交换器计算面积较实际偏大。对于常减压装置，初馏塔前原油在预热过程中会产生汽化现象，特别是加工轻质原油的装置，这种汽化现象比较明显。由于软件无法计算汽化，一般假设热交换器内无汽化，有汽化也在后面管道发生，这样的计算结果将与实际情况有一定的偏差。HYSYS 模拟时可采取提高原油入口压力的方法来模拟无汽化状态，以其中脱盐后原油换热某一换热回路原油换热的结果进行有、无汽化状态的换热结果对比[10,14]。

② 分流的非线性规划及其双层组合求解。

当换热网络中的物流有分流时，换热网络分析的数学模型为非线性规划问题。对换热网络非线性规划模型，优化各路分流的流量及换热单元进出口温度。经模型转化，用复合形法与线性规划法的双层组合求解，方法简单实用，可解决非线性规划问题。实例计算表明，对换热网络进行优化分析后所得的最佳参数可大大提高网络的热回收量[15]。

③ 单元重复度大及可维护性。

在过程系统中，整个工艺由大量的设备单元组成，它们相互连接构成复杂的工艺过程。如果对这类系统采用传统的软件开发技术，就会产生两方面问题：a. 重复度大。因为传统的技术，使用相同或相似的属性与过程，也须重复地开发；b. 可维护性差。当系统不具备需要的对象时，必须调整总体结构进行系统扩充。

基于面向对象的换热设备传热计算系统就是为克服以上两个问题提出的一种新开发技术，其核心体现在三个特性[16]：利用封装性把对象的属性和行为封装在一起；利用继承性减少重复开发；利用多态性进行对象行为重载。面向对象技术提供了一种独特的软件开发范式，把开发的系统分离成稳定与不稳定两部分，用稳定部分作为系统框架来构造可扩展的核心，而不稳定部分作为系统的扩充。

但是在大型软件中，存在众多领域对象类（例如过程系统中的设备和物质），并在维护阶段被不断扩充，如果让系统框架直接面向对象类，不但内容繁多而且结构复杂。所以选定相对稳定且数量少的抽象对象（Abstracting Object）和由抽象对象表达的组织方式构成体系结构。抽象对象是通过分类和归纳获得的领域对象家族的代表。如此构成的系统，当应用范围扩充时，改变的仅仅是新对象的派生。

④ 抵御不确定性的换热器网络结构。

换热器网络在化工生产过程中起着能量回收、节能降耗的重要作用。常规换热器网络综合方法以经济性为目标进行参数和结构优化，导致换热设备之间强烈耦合从而引起潜在的控制困难。此外，在实际生产中，无论是单个换热设备还是整个网络都不可避免地受到一些不确定性因素的干扰，故能够抵御这些扰动的可控性换热器网络是至关重要的。文献[17]通过考虑网络结构与可控性之间的相互作用，提出可控性换热器网络综合方法，并基于多工况优化探究了决策变量对网络结构的影响。然后以柔性指数衡量扰动存在情况下换热器网络操作可行性，进一步优化换热器网络结构以抵御不确定性因素的干扰。最后，通过算例分析验证了该方法的可行性与有效性。

⑤ 基础物性数据。

在工艺开发及流程模拟中，基础物性数据的准确与否对结果的好坏甚至对错都有着至关重要的影响。虽然 Aspen Plus 提供了一个有丰富内容的通用物性数据库，但这些数据库建立的文献来源有其局限性，造成一些特殊物性数据不全、部分物性数据使用局限性较大。虽然 Aspen Tech 公司为用户列出了一些商业性的数据库资源，但使用不便，同时其准确性也需要验证，因此在进行流程模拟之前，一定要对基础物性数据进行广泛的收集和比对验证，确保数据在应用中的适用性，为模拟工作奠定良好的基础。

11.4 工艺计算智能化的工艺问题

热交换器的工艺设计计算有两种类型，即设计计算和校核计算，包括计算换热面积和选型两个方面。设计计算的目的是根据给定的工作条件及热负荷，选择一种适当的热交换器类型，确定所需要的换热面积，进而确定热交换器的具体尺寸。校核计算的目的则是对已有的热交换器，校核它是否满足预定的换热要求，这是属于热交换器的性能计算问题。无论是设计计算还是校核计算，所需的数据都包括结构数据、工艺数据和物性数据三大类，其中结构数据的选择在热交换器的设计中最为重要[15]。

热交换器结构设计及其强化换热是换热工艺自身不断发展的需求方向，目的是提高换热效率、节约能源，这与工艺计算智能化的目的是一致的。

（1）热交换器结构设计的影响。热交换器的种类繁多，若按其传热面的形状和结构进行分类可分为管型、板型和其他形式的热交换器。管型热交换器可分为蛇管式热交换器、套管式热交换器、管壳式热交换器；板型热交换器可分为螺旋板式热交换器、板式热交换器、板翅式热交换器、板壳式热交换器。其他形式的热交换器是为了满足一种特殊要求而出现的热交换器，如回转式热交换器、热管热交换器。对于管壳式热交换器的设计包括壳体形式、管程数、管子类型、管长、管子排列、折流板形式、冷热流体流动通道等方面的选择。工艺数据包括冷热流体的流量、进出口温度、比热容、黏度、热导率、表面张力。当涉及两相流计算时，还需要流体的相平衡数据[4]。因此，热交换器的结构设计是否合理，直接影响热交换器的传热能力。主要有四个因素：热交换器的设计，管、壳程分程设计，折流板的结构设计，管、壳程的进、出口设计等[18]。

（2）提高管壳式热交换器传热能力的措施。管壳式热交换器的传热能力是由壳程换热系数、管程换热系数和热交换器冷、热介质的对数平均温差决定的，因此，提高管壳式热交换器传热能力的措施包括以下几点：提高管壳式热交换器冷、热介质的平均对数温差，合理确定管程和壳程介质，强化管壳式热交换器传热的结构措施[18]。

方翅圆管的效率。圆形翅片的翅片效率计算方法比较成熟，方翅片的翅片效率计算相对比较麻烦一些。文献[19]指出，圆管带正方形翅片或管束成顺排的整片翅片，即牵涉方翅片的翅片效率计算问题。通常采用的一种近似计算方法是，将方翅片按外径 $r_e=2L/\pi$ 的假想等厚环肋的公式或图表计算，用这种方法计算显然存在一定的误差。在对方翅圆管翅片效率进行理论分析的基础上，可采用有限差分方法计算方翅圆管的翅片效率，并与目前通常采用的近似计算方法进行了对比，结果表明当采用近似环肋的翅效率计算方翅片的翅片效率时，应注意应用范围。

波纹管的传热面积。在热交换器设计中，通常采用强化传热的措施来提高热交换器的传热能力。强化传热的常用措施有：采用高效能传热面、静电场强化传热、粗糙壁面、搅拌等。

强化传热管有很好的传热性，管壁本身沿轴向制成波纹状或螺旋凹肋等，这些传热面上各种形状的凸起物，既是无源扰动的促进体，又起断续阻断边界层发展的作用。通过对各种波纹管表面外形结构的分析，文献[20]采用积分计算的方法得出了横纹槽管、缩放形管、波鼓形管、螺旋槽管、梯形管、波节管等各种波纹换热管的传热面积计算公式，为各种波纹换热管的相关设计计算工作提供可靠的依据。文献[21]也推导了螺旋槽换热管传热面积的计算式，比较可知，该式与文献[20]的计算式略有区别。

11.5　工艺计算智能化的发展

热交换器工艺设计中影响智能技术的基本因素包括工程技术的类型属性、工艺设计智能化的智能技术和关联结构功能的工艺需求等三方面。实际上，热交换器工艺设计的智能化根本上是人脑智力的部分转化，其影响因素根本上还是人的因素。智能技术在化工承压设备中的应用已从理论经过实验和模拟进入实际工程，解决了不少现实问题，与此同时，热交换器工艺设计的智能技术也在解决很多工程新课题。

(1) 系统化的规划和体系化建设。不同专业或同一专业内不同环节需要平衡发展，相互之间的基础数据共享是分析计算的基础，系统内容可分为热交换器工艺设计分析、烟火加热的工艺设计分析、介质流态模拟及特性分析、设备强度设计计算及分析、零部件冷热加工及装配模拟、焊接及温度场模拟、运行腐蚀监检及控制、自动控制及智能操作、项目管理及安全评估和虚拟工程放大技术等十个专题，各专题之间设置共享信息接口。

(2) 热交换器工艺计算分为传热和冷凝两种工艺过程，传热计算又分为设计和校核两种类型；工艺计算不再限于设计和校核两种类型，通过两者的结合起到了优化工艺的功能。

(3) 智能技术在热交换器节能减排中的应用，应是从包括设备选型的工艺设计开始，经过结构设计和优化到智能化自动控制操作的一个系统，而不是设计这一个步骤所能完成的。

(4) 炼油及化工装置的管式加热炉是另一类热交换器，热交换器工艺设计优化除了单台热交换器的优化和热交换器群的工艺网络优化外，还可包括热交换器与加热炉等其他换热设备之间的平衡优化。

(5) 根据工艺设计的原则和热力学基本方法，现有热交换器工艺设计软件存在一些功能问题，就是缺少效能评估专题软件，这方面的功能软件可作为新模块嵌入老的通用软件中。

(6) 热交换器结构设计及其强化换热对传热能力有明显影响，在应用各种程序软件运算过程中，遇到提示和警告时可按分类指引，给予相应的关注。例如，工艺数据设置不当、软件计算技术数据设置不当等问题可以及时调整，以免对模拟结果的可靠性产生不良影响。

(7) 多目标混合整数非线性规划模型。文献[22]针对换热网络优化中不仅要考虑能量回收的"量"，还要考虑能量回收过程中"质"的耗散问题，在换热网络最大能量回收的前提下，基于不可逆传热过程中的耗散理论，以代表能量回收品质的效率最高为目标，建立了综合能量回收数量、品质并同时考虑换热网络经济性的多目标混合整数非线性规划模型；根据模型目标有主次之分的特点，基于 ε 约束法对模型进行分步优化并结合 BARON 软件进行精确求解，依次求解换热网络的最大能量回收量与最低年均总成本，再将所得结果乘以松弛系数作为缩小搜索区域的约束条件，获得能量与成本约束下效率的 Pareto 前沿；通过对经典 10SP1 案例进行计算求解，最终得到最大能量回收量下，费用松弛系数为 1.05 时费效比最小的优化方案，而且文献 [21] 的多目标约束优化方法能够更快求得综合的最优解；最后通过 T-Q 图中的换热网络组合曲线对比不同优化方案的效率，将换热网络划分为内部换热部分与剩余流股部分，多目标约束优化方法能够降低内部换热不可逆损失，提高剩余流股的温度。

11.6　换热工艺设计智能软件技术

当前，设计热交换器的技术人员主要毕业于过程装备控制或者化工机械专业，为了便于对工艺参数的来源及其工艺意义有一定深入的了解，这里共简介 6 个化工工艺设计及流程模拟通用软件和 2 个工艺专用软件、3 个多功能软件以及 1 个设备选型软件，并综述智能技术在化工热交换器工艺设计分析中应用的通用工艺软件、专用工艺软件、工艺和绘图一体化软件、工艺和强度一体化软件及热交换器选型软件等几方面情况。

但是，一方面由于炼油及各种化工工艺繁杂，高校里这方面的技术理论一般属于有机化工或化学工程专业的内容。发达国家高校化学工程专业课教学的新模式已用流程模拟软件讲授化工设计，要提高我国化学工程与工艺专业学生的计算能力和整体素质，必须将专业课程的教学平台由计算器转移到计算机上，并尽可能利用各类功能强大的软件[23]。另一方面，为了便于已在建造企业从事机械类专业的技术人员对此有所了解并跟进，这里侧重高校和企业共同关注的列管式热交换器平衡换热专题，分别对通用工艺软件、专用工艺软件、多功能一体化软件和热交换器选型软件等四部分进行简介。

11.6.1　国际通用工艺设计计算软件

初步选定热交换器形式后，就要通过工艺计算确定热交换器的几何参数。一般是先进行设计性计算，输入如热交换器形式、流体走向、卧立式、流体温度、压力、流量及物性数据等基础数据，运算得出比较合适的热交换器直径和换热管长；再进行校核型和模拟型计算，判断所选热交换器是否满足设计要求。国际通用工艺设计计算软件都具有三种计算模式：设计型在一定限制条件下按面积最小进行设计；校核型核算已知热交换器是否能满足换热要求，计算结果为实际面积/所需面积；模拟型模拟已知热交换器在给定的两侧流体入口条件下，物料的出口条件。

（1）HTFS 软件。HTFS（Heat Transfer and Fluid Flow Service）是英国传热及流体流动学会推出的两相流管壳式热交换器计算程序。HTFS 原是英国 AEA 工程咨询公司的一个子公司，

1997 年 AEA 公司和加拿大 Hyprotech 公司合并，Hyprotech 成为 AEA 的一个子公司，原 HTFS 公司由 Hyprotech 接管、合并。该系列软件创始于 1967 年，HTFS2006 即以前 Aspen 中的 BJAC 升级版，可做热交换器的模拟计算。相比以前的 BJAC，它可以给出热交换器的草图，可以直接导出 dwf 文件使用。

软件包括诸多模块，如错流热交换器的设计、模拟软件；板式热交换器设计及校核软件；两相流管壳式热交换器传热设计优化、校核、模拟和机械设计软件等，早在 20 世纪 80 年代初就已进入中国。原会员用户遍及化工及石化业，以计算准确性和工程实用性闻名。新一代的 TASC 功能更强，将所有管壳式热交换器集为一体，将传热和机械强度计算融为一体，可用于多组分、多相流冷凝器，罐式重沸器，降液膜蒸发器，多台热交换器组等，并提供管束排列图。又如，无相变管壳式热交换器设计及性能计算程序[24]；立式热虹吸再沸器的设计与核算。

总的来说，可以进行冷却器、冷凝器、加热器、再沸器或冷凝冷却器、过热器等不同作用的管壳式热交换器的计算，也可用于空冷器、板翅式热交换器、加热炉、板式热交换器、水加热器等换热设备的各种模拟计算。

HTFS 程序中壳体形式为 TEMA 标准的 E、I、J、G 和 K 型；管子有光管和翅片管两种，管程数为 1～16；折流板有单弓形、双弓形、无折流板和折流杆等多种。TEMA 标准中有三种级别的管壳式热交换器供选择。

在应用该软件进行热交换器设计时，一般先用设计型初步计算出合适的热交换器形式和规格；然后经过圆整，选择具体的热交换器几何尺寸，用校核型进行核算，计算结果中实际面积/所需面积一般为 1.1～1.2。经核算表明能完全满足工艺要求并具有良好传热性能的热交换器并不能保证操作中的安全性，因为在热交换器中流体流动可能会引起管子的振动，进而引起热交换器的机械故障。因此还需对所选热交换器进行振动计算，这就需要用到该程序的模拟型计算模式。如有明显的振动则需调整热交换器的某些几何参数甚至改变其结构形式，经过反复的性能核算和振动计算，直至传热性能和振动这一机械性能同时满足要求，热交换器工艺设计才算完成。

由于将流程模拟软件 HYSYS 中功能强大的流体物性计算系统引入 HTFS 系列软件，因此新一代的 HTFS 具有功能强大的物性计算系统。该系统有 1000 多种纯组分，可选择各种状态方程、活度系数法或其他 HYSYS 流程模拟软件具有的方法，计算时可根据物料组成的不同利用数据库中的物性数据，如数据库不足或数据不够准确，用户也可自己输入物性数据进行计算。

（2）HTRI 软件。HTRI（Heat Transfer Research, Inc.）是美国热传递研究公司推出的热交换器计算程序,软件包采用了标准的 Windows 用户界面。程序中热交换器壳体形式为 TEMA 标准的 E、F、G、H、J12、J21、X 和 K 型；换热管有光管、低翅片管、纵向翅片管和维兰德"GEWA-KS"管等多种形式，管程数为1～16；折流板形式有单弓形、双弓形、窗口不布管形、拉杆形、螺旋板形、双螺旋板形等多种形式。HTRI程序也有设计、校核、模拟三种计算模式，使用条件和方法与HTFS程序基本相同。HTRI的物性数据库比较丰富，它有一百余种常用单组分和混合物的物性数据，同时也使用用户自定义物性数据。计算模型采用完全增量法，使用设备各局部位置的物性进行该位置的热传递和压降计算。快速计算能够非常容易地完成单位换算和热交换器类型的选择。

软件包括诸多模块，如Xchanger Suite中的软件可以严格地规定热交换器的几何结构，充分利用HTRI专有的热传递计算和压降计算的各种经验公式进行热交换器的性能预测；包含的VMGThermo，是一个广泛和严格的流体物理性质计算软件，可进行任意类型的管壳式热交换器设计、核算和模拟计算，包括釜式、发夹式、热虹吸式、管侧回流冷凝器以及降液膜蒸发器；软件中的Xist模块支持包括所有的标准TEMA类型的计算，并且集成了流动导致的振动计算、管子排布工具等；还包括适用于有相变（冷凝/沸腾）的管壳式热交换器的模拟计算程序以及釜式重沸器、塔内置式重沸器管束和卧式热虹吸式重沸器的热力学性能和流体力学的计算程序[4]。

HTRI软件采用严格的有限元方法进行管壳式热交换器管子由于流动造成的振动计算。Xvib考虑了光管和U形管的流体激振和涡旋脱落机理。

中国石化兰州石油化工设计院曾翻译了HTFS和HTRI这两套程序的用户手册。

（3）ASPEN PLUS B-JAC软件。Aspen工程软件（Aspen Engineering Suite，AES）是美国能源部20世纪70年代后期在麻省理工学院（MIT）组织会战，开发出的新型第三代流程模拟软件。艾文斯（Larry Evans）博士在美国麻省理工学院期间主持美国能源部资助的"Advanced Systems for Process Engineering（ASPEN）"项目，称为"过程工程的先进系统"，于1981年底完成。1982年为了将其商品化，成立了Aspen Tech公司，并称之为Aspen Plus。

经过30多年的不断完善与发展，Aspen Tech如今所提供的工程方面的系列软件AES涵盖物理性质和化学性质、概念设计、流程模拟及优化、设备设计与校核以及生产操作优化等方面，提供了包括将近6000种纯组分的物性数据库和多种单元设备的模型库以及适用于不同场合应用的物性方法和计算方法。在国内，中国石化于2000年和Aspen Tech开展流程模拟技术合作，由中国石化总部统一引进有关软件，在主要的设计研究单位和生产企业推广应用，以提高石化生产过程设计、研究和管理水平。同时，中国石油、中海油及上海华谊集团等企业也与Aspen Tech开展了广泛的技术合作。

Aspen B-JAC是Aspen工程软件包的一部分，是一套用于工艺过程设计、模拟及分析的综合工具，用于列管式热交换器和空冷器等设备设计的严格计算程序。它包括Aspen Het-ran、Aspen Teams、Aspen Aerotran等3个组件，其中前后两个主要用于热交换器和空冷器等设备的热力学设计，能够模拟所有主要的TEMA管壳式热交换器的加热、冷凝及蒸发过程。Aspen

Aerotran 能够模拟矩形管束热交换器包括强制式或吸入式空冷器以及加热炉及烟气节能器的对流段。Aspen Teams 则主要用于设备的机械设计、造价估算以及生成设计简图等方面。

该程序可用来设计在成本和性能方面最有效的热交换器。程序提供详细的投资成本估算，包括材料及建筑成本。热交换器部件的设计与国际设计代码是一致的。设计计算结果和图形可以直接提供给制造者用于热交换器的制造。

(4) 计算流体力学 FULENT 软件。利用 FLUENT 软件进行流体的流动和传热计算的模拟计算流程一般是，首先利用 GAMBIT 进行流动区域几何形状的构建、定义边界类型和生成网格，然后将 GAMBIT 中的网格文件输出用于 FLUENT 求解器计算的格式，在 FLUENT 中读取输出的文件并设置条件对流动区域进行求解计算，最后对计算的结果进行后处理。

(5) 其他的专用工艺计算软件。液体循环加热系统设计软件 HeaTtPro 由国外公司编制，其应用不如前面几个软件广泛。根据工艺设计计算类型及基本方法，国内不少学者针对不同用途也编制了很多专用功能软件。例如，洛阳化工工程公司开发的折流杆热交换器及冷凝器计算程序[24]，中国石化北京设计院开发了适用于国内热交换器国家标准的无相变管壳式热交换器工艺计算与核算程序 FRHEX2C[24]，也有利用 VB6.0 作为编程语言开发其他工艺计算专用软件的报道[25]。

有的工程技术人员在 Microsoft Office Excel 上对照标准资料编制工艺计算公式，也可简便有效地进行换热计算和效核。

11.6.2　国内通用工艺设计计算软件

国内的换热软件产品为数不多，功能一般；国外同类软件价格昂贵。

(1) 换热器大师 (THEM)。西安维维计算机技术有限责任公司开发的换热器大师 (THEM)软件，是国产著名的热交换器工艺计算软件，也是专业化的列管式热交换器工艺计算软件 (不能直接用于非管壳列管式热交换器的计算)。2000 年 10 月，THEM Ver1.1 问世；从 V2010 起带上了物性数据库；最新版不断扩充内容，使得功能更上一层楼。简体中文界面，拥有正式的企业用户 30 多个，遍及石油、化工、轻工、能源等领域，特别是一些大的设计院、工程公司和制造企业。

功能特性包括自动计算、实时响应、输入灵活、智能纠错。利用 THEM 设计出来的热交换器自动套用到符合国家标准上，壳径、排管数等设备数据根本不需要修改。此外，有壳程壁温、保温层的计算，壳程热损失也是根据保温层材料、厚度、大气温度等自动计算的，这样更适合设备人员进行壳程膨胀节的确定。热交换器长度参数上也有灵活的选项。正式版本有接口能够和流程模拟系统 HYSYS 实现自动连接。

(2) 万航化工热交换器设计软件。杭州万航数据工程有限公司开发的万航工程计算平台Sailor CAM 2005 是一套完整的工艺计算和设备的设计与选型计算软件，它针对化工、制药和食品工业企业的工程项目，配置了化工流程计算编译器，可以满足多数情况的设计需要。

该软件依托万航工程设计平台，跨越了化工与计算机专业的鸿沟，也加深了软件的行业性，可谓是化工专业人士自己独立开发的首款化工专业软件。

计算参数包括热交换器结构参数、物性参数、工艺参数等。软件性能则支持用户方便改动，方便地设计出完美的报表；采用 Word 式参数输入界面；内置高速、可靠的数学计算引擎；自行添加报表功能，可以自行添加设备参数。

11.7　工艺和多功能软件

（1）工艺计算和工艺图一体化设计软件。化工工艺流程图是工艺设计的关键性和总结性文件，其二维图样展示了工艺过程的整体布局全貌，体现了过程中每个工序以至每个设备之间物流与能流的相互关系，决定整个工艺设计的内容，是实际生产过程的图解表示，能帮助设计人员条理清楚地进行有关计算和方案比较。

化工工艺辅助设计软件应具有三大模块功能[26]：化工工艺计算模块、化工工艺图模块、数据管理模块。其中计算模块由物料衡算、能量衡算、其他计算及优化设计四个子模块组成，经各子模块计算处理后的数据可作为参数传送至工艺图中进行参数化绘图。三大模块通过 CAD 集成环境有机地结合到一起，同步进行。

（2）工艺计算和设备图一体化设计软件。大连理工大学能源与动力学院曾自行开发一款普遍适用于通用换热器设计计算及基于 AutoCAD 的自动绘图软件。其中，管壳式换热器包括冷凝器、蒸发器、发生器、吸收器、溶液交换器、热交换器，该软件可以完成如上六种设计及绘图功能，已经被国内一些设计部门和生产单位采用并得到实践应用。

热交换器设计计算。用户只需确定换热器已知工艺参数和已知运行工况参数，软件可以自行完成热交换器的设计计算。热交换器类型：圆管翅片管式热交换器、椭圆管翅片管式热交换器、管壳式热交换器等。运行工况：常温常压工况、低温负压工况、凝露工况、结霜工况等。管外流体类型：干空气、湿空气、水等。管内流体类型：各种常用制冷剂、水等。热交换器结构材料：管内外流体均可以根据用户需要进行选择。

AutoCAD 自动绘图。软件可以在 CAD 环境下，根据设计计算结果自动绘制热交换器结构图，包括各个主视图以及用户要求的剖视图，并允许用户修改。

（3）工艺和强度设计一体化设计软件。管壳式热交换器设计涉及大量的数学计算、图表查询，步骤烦琐且准确率低，费时费力。有学者以 Windows 系统下的软件开发工具 VB6.0 作为编程语言开发的设计软件，可以进行工艺计算并实现结构、强度设计等。运行软件可查取和选用参数，并可通过多种方式输入参数，且以叙述、图形或表格阐明计算结果[27]。

前面介绍的 HTFS.TASC 通用软件也具有工艺和强度一体化的设计软件。

(4) 管壳式热交换器选型软件的开发。文献[28]介绍了由化工专业人士自己利用计算机专业知识独立开发的化工专业软件。该软件采用了业界公认的 Bell-Delaware 管壳式热交换器设计工艺流程，并与工业应用紧密相连，确保了设计的标准性和准确性。结合热交换器设计选型的特点，建立标准型号热交换器的 Access 数据库，利用 Excel 生成最终计算报表，利用 AutoLisp 语言实现管壳式热交换器标准图形的参数化设计，并生成最终工程图，实现了热交换器的选型。

11.8　设备工艺计算

文献[29]介绍了热交换器换热工艺设计通用智能技术软件。在以往的热力性能计算中，多是先预估传热系数，然后不断迭代，最后得到满足一定指标的方案。这样的做法有若干局限性[30]：①预估传热系数往往依靠经验，若预估不准确，则迭代次数显著增多，甚至陷入死循环，得不到最终方案；②得到的满足热力性能指标的方案可能较少或得不到最优方案。因此，换热工艺设计除了通用计算软件外，还应有化工换热各类专题设计技术及软件。下面简介软件技术在设备工艺计算 5 个案例、设备成本计算 2 个案例以及换热网络优化 3 个案例中的应用，具体内容包括设备扩能改造和投资成本、管束防振和经济流速、操作优化和年度成本优化、总有效能计算和换热网络优化等。

(1) 冷却器扩能改造计算。赵熠[31]采用实时数据，利用 Aspen 流程模拟软件对中国石化齐鲁分公司塑料厂高密度聚乙烯（HDPE）装置循环气冷却器换热效能进行了计算，为设备改造提供理论依据。乙烯在催化剂作用下反应生成 HDPE 树脂，聚合反应在流化床反应器中进行，反应热由循环气带出流化床层，循环气经冷却器冷却，与乙烯、氢气和共聚单体混合后返回反应器。原设计中列管式冷却器的列管为 1044 根，循环气走管程，冷却水走壳程。出料系统改造后，冷却器无法满足换热需要。于 2002 年将列管增至 1144 根，以改善换热效果。但流通面积增大后，冷却器经常堵塞，导致停车，从而造成巨大经济损失。为此，提出了将列管根数改回 1044 根、将冷却器加长 1～2m 的技改方案。用增加冷却器长度的办法来改善换热效果，使循环气流速增加，从而缓解冷却器堵塞的状况，延长运行周期。具体办法为：用 Aspen 流程模拟软件建模后，利用可信数据对不准确数据进行调整（调整模型参数），使模型符合实际工况；然后重新采集数据进行验证。验证目的是考察模型以及不准确数据的调整是否符合实际，验证方法是考察相关温度的模拟误差是否小于 5%。验证后的模型将用于计算换热面积、换热量及产能。

(2) 冷凝制冷工艺计算。王玉珏等[32]采用 VB6.0 语言编写程序，适用于多种制冷剂工质和常用换热管管形，冷却介质（淡水或海水）走管程，制冷剂在管外冷凝。该程序在输入必要参数后能根据系统具体需要进行管壳式冷凝器的换热、排管等计算，可较为准确地获得包括换热管数、换热面积、冷凝器筒体尺寸等在内的参数。文献[4]介绍了蒸汽完全冷凝的冷凝器计算机模拟程序，包括水冷、空冷、水-空气冷却（即蒸发式和淋水式）以及用其他介质进行冷却的冷凝器。

（3）装置局部改造。随着流程模拟技术在炼油化工生产中的不断推广应用，越来越多的装置已开始通过模拟的操作来进行优化，以提高企业的经济效益。据文献[33]介绍，大庆石化总厂辛醇装置缩合系统粗产物在进行油水层析分离之前需要降温，分出的精 EPA（辛烯醛）在进入加氢系统前还要用蒸汽重新加热，蒸汽的消耗使其他蒸汽用户负荷降低。为解决这个问题，优化热配置，考虑进行装置改造，加一台热交换器，用温度较低的精 EPA 去冷却层析器进料粗 EPA，既节约前面冷却水用量又节约后面蒸汽用量，从而达到装置节能降耗、挖潜增效的目的。为此，通过使用 HYSYS Process 稳态流程模拟软件平台，建立生产装置部分模型，进行换热结构调整；将模拟计算的层析分离结果与设计结果数据比较，油水相主要成分的组成误差很小，流率误差分别为 0.2%和 1.05%。以此模拟为基础，计算得到的其他物流性质参数（如热容）和最后算得的新增热交换器面积可作为装置改造应用的参照数据。

（4）总有效能计算。换热过程包括升降温过程，有时会有相变过程。HYSIM 软件内有关换热过程的单元功能块有 3 种[34]：热交换器（两侧流体皆为工艺流体）、冷却/加热器（一侧为工艺流体，另一侧为冷剂或加热介质）、冷箱（两侧各有多股换热物流的专用热交换器）。热交换器的设计：对换热系统进行有效能分析，对换热流进行多方案的组合，以使整个系统的总有效能损耗尽可能小；同时，通过热交换器的设备设计，尽可能降低有效能损耗和设备投资。多个热交换器即组成热交换器群，或称为热交换器网络，其个体之间的关系分为串联、并联和两者的混合 3 种。对其总有效能计算的目的是对已存在的热交换器群进行有效能分布计算、总有效能损耗计算或优化计算。但该程序不能进行最佳有效能效率的流程方案搜寻，这是因为没有对热交换器结构进行设计，无法对节能和投资效益进行比较。

（5）安全经济运行。包括以下几方面。

管束防振工艺计算。文献[35]对管壳式热交换器进行了振动分析，寻找预防振动的运行工艺，深化本质安全工艺。文献[36]结合工程设计，借助流程模拟软件 HYSYS（2.2 版），用夹点方法对某常减压蒸馏装置的换热网络进行了分析和优化；同时采用 STX、ACX 软件中分区或分段小区间计算的概念，进行带汽化、冷凝及无相变的冷换设备选型和振动分析计算，避免振动引起冷换设备的损坏，避免了多数夹点分析软件不能严格计算带相变冷换设备而引起的计算偏差。

经济流速工艺计算。文献[37]对基于经济流速的管壳式热交换器进行了优化设计。

操作优化。文献[38]采用 Aspen Plus 软件对大连石化公司 10Mt/a 常减压装置中常压塔的

2 种操作工况进行了工艺模拟计算，并采用高效塔盘和塔内构件对该塔进行优化设计，给出合适的工艺操作参数；同时针对常压塔设计中的常见问题，从工艺计算与设备选型设计上给出了解决方案。

11.9　设备成本计算

（1）年度成本优化。国内外热交换器设计标准所推荐的换热管内流速范围很宽，设计取定的流速往往不是最佳的，设计方案的经济性往往也不是最佳的。另外，出于提高换热系数、提高管束自振频率的考虑而把折流板间距取得偏小，这样不但增大了机械烟损，且不一定能有效解决流体诱导振动的问题。一般的热交换器设计优化大多是单一的，如减轻质量、改善热力学完善度、强化换热等，所以在工程决策时不仅要考虑热力学的合理性与完整性，还应考虑经济性，可以年度成本最低为目标函数来优化设计[39]。

（2）设备投资和操作费用优化。20 世纪 90 年代初，中国石化北京设计院和中国科学院计算所联合开发的换热流程优化及核算程序，以设备投资和操作费用为优化目标选取最佳流程组合，设计人员运行软件后经适当调整即可求得满意结果。但该程序也存在不足之处：①属单目标规划模型，优化目标函数只有综合费用一项。综合费用最低的方案冷流换热终温通常比实际偏低，须人工调试，故工程经验对优化结果的影响较重要。②对冷流不能进行多路优化。如果冷流需要多路径换热，就需要人为将热流分配至各路冷流，把各路优化结果组合到一起再进行核算调整。③未考虑相变，使计算的冷流换热终温可能高于实际操作值。此外，数据库中热交换器规格较少[40]。

11.10　多因素综合设计分析

文献[41]以 HTRI 模拟计算为例，分析了由于设计参数选择不同，模拟热交换器富余度差异很大的情况，还列举了对热交换器设计影响较大的 13 类工艺参数。文献[4]也介绍了热交换器设计中 4 方面几何尺寸及 6 方面介质参数的选取经验。对于生产企业，主要关心的还是整个热交换器的成本，热力性能指标只要在指定的范围内即可，并不一定要求最优。而且高效换热管结构最优，并不能保证整个热交换器的结构和成本最优。同时，不同的翅片管结构方案，热力性能指标可能相差不多，但由此引起的外部零部件的结构尺寸却千差万别，从而进一步影响整个热交换器的成本，因此企业往往需要有多种方案进行挑选。根据指定的换热元件的基本尺寸、管程数、介质流速、压降和换热面积裕度等多方面限制条件，极大压缩了计算量，并保证可计算出满足各项热力性能指标的全部方案。用户可在得到的方案中根据自己的要求挑选、排序，并进行下一步的结构、强度和成本计算[30]。

（1）装置换热网络整体优化。据文献[42]介绍，无论是炼油工业，还是其他石油化学工业都要用到换热流程，换热流程中热交换器、冷却器、混合器和分流器的组合便构成了换热网络。在实际生产中，经常遇到这样的问题，即不论什么方法合成的网络，在最初的阶段都是接近最优的，但这种状况不会持久，因为：①工艺路线或条件的局部变更是不可避免的，例如改为炼进口油等；②设备的改造或技术革新造成网络的工艺条件变更；③处理量的变动，其实际条件与初始网络设计条件不符。首先，通过流程模拟软件 HYSYS 对目前的装置全流程进行模拟，进行装置的物料平衡和热量平衡计算；最终得到的各相关物流基础物性及换热要求，为下一步换热网络优化提供基本的物性数据。其次，利用 HEXTRAN 软件的TARGETING，根据原有换热网络的标定数据进行操作型夹点计算，得到原有换热网络的过程组合曲线和总组合曲线。应用换热网络优化合成软件，在某夹点温差下合成一个初始换热网络。改进后的网络对原网络结构进行了调整，改变了某些换热物流间的匹配顺序。改进方案基本上遵循高温位热流与高温位冷流换热、中温位与中温位换热、低温位与低温位换热的匹配原则，夹点技术和伪夹点技术基于热力学原理，首先通过给定的热回收最小传热温差和热交换器匹配最小传热温差确定最小能耗的网络，然后利用能量松弛减少单元数，降低总费用。一些常见的换热网络合成软件大都基于此技术。夹点技术既适用于新设计又适用于改造设计，改造应用的数量远高于新设计。应用 HYSYS 流程模拟及热交换器选型软件，结合夹点分析，解决换热网络改造优化问题，可以计算物流的汽化和冷凝，并可进行振动分析。文献[43]介绍了采用结构融合策略优化换热网络的算法，首先是探究个体进化过程中的结构变化特性，分析后期结构优化的重心所在，提出结构融合策略，将两个个体结构融合到一起，形成新个体，放大原个体结构进化潜力；然后对新个体进行优化，通过其结构中所有换热单元互相竞争，引导结构进化潜力发挥作用，保留有益于结构进化的换热单元，淘汰阻碍结构进化的换热单元，生成部分新换热单元，促进个体进化形成更优换热网络结构。该算法可以解决强制进化随机游走算法优化换热网络至后期时存在的问题，特别是在后期其个体网络结构基本定型，很难再被破坏或改变，潜在进化能力难以发挥作用，无法求解出更优结构时能发挥巨大作用。

（2）换热网络的弹性化。在实际生产中，装置处理量的波动是影响换热网络的主要原因。一个网络要具有一定的操作弹性，才能适应不断变化的实际生产，为此要对改进后的换热网络进行弹性分析。采用的方法为[44]：分别以每种物流的上限和下限为基准，给出物流的入口温度，模拟出物流的出口温度和压力。

（3）多效蒸发系统预估软件。多效蒸发广泛用于润滑油精制溶剂回收、乙二醇生产、海水淡化、苛性钠浓缩及许多其他化工过程[45]。多效蒸发系统是一个偶合过程，包括相平衡、物料平衡、热平衡和传热方程。要同时求解这些方程不容易收敛，有时当传热系数和相平衡计算结果与实际相差较大时，会使计算结果不正确，甚至不可解。这一直是化工过程计算的典型难题。而生产车间则希望有一种能模拟现场操作并预测操作调整之后过程状态变化的软件，以便在现有条件下指导节能生产，为此可建立一种近似求解算法，并用 VB6.0 语言编写了预估计算软件。该软件将多效蒸发系统计算分解为蒸发器计算和换热网络计算，换热网络计算采用线性规划求解，以免由于相平衡和传热系数计算误差使问题不可解。

11.11　值得关注的新课题

智能软件技术可快速筛选各种流程方案，迅速确定物料及能量衡算；在生产中使用它可模拟诊断生产装置不正常运行工况并优化操作参数，节能降耗；在工程设计中应用软件也可以标定生产流程各部位的能力，找出"瓶颈"位置及增产方案；在新工艺开发上可以减少中试层次及实验次数，加速产品上市过程。当前应用的智能软件尚需要面向一些新的工程背景加以完善。例如：

（1）计算机智能技术在设计计算中实现了高效和准确，这要以正确认识和应用为前提。随着云计算和 3D 技术的发展，应强化新的智能技术在热交换器设计中的应用，同时，加强原有的各种特性分析技术是否适用及如何修正的研究。

（2）目前的热交换器工艺优化设计智能技术只是计算机的复杂运算技能，工程技术人员长期设计实践的宝贵经验如何通过编程成为可推广应用的专家系统，如何把这些类似思维判断的能力整合到软件中，原来的软件如何在跟上 GB/T 151—2014[46]标准的版本后结合工程实际需要起到超越发展和引领作用。这些问题都需要一一去解决。

随着计算机智能技术的不断发展特别是云计算技术的推广应用，该交叉科学构成的领域将出现很多新的热点课题。因此，该方向还有很多值得研究的专题。

（1）工程实际不断提出新要求促进了热交换器工艺设计分析软件的智能化发展，也取得了工程建设和工程改造的经济效益。随着能源产业的深度发展，该交叉科学构成的领域将出现很多新的热点课题。例如，泡沫金属等新型结构热交换器的开发应用。

（2）设备建造全过程多位一体化软件。由于该成果效益日渐显著，因此自然成熟地发展到承压设备工艺设计和工艺图编制、结构设计和强度设计的一体化，可以预见该课题下一步将向着和产品制造工艺技术多位一体化的方向探索，也是项目管理中业主和建造企业的合作过程。

（3）换热专业与设备大型化发展的融合。石化装置已向经济规模扩能发展，设备大型化标志着各种换热设备的主体公称尺寸显著增大；大尺度空间下介质的流态变化和热交换器的振动问题变得突出，目前换热网络设计一般缺乏热交换器振动计算数据。原有的各方面技术是否适用及如何修正的研究，在既强化智能技术在热交换器设计中应用的同时，也强化热交换器专业最新技术成果如何及时融合到智能软件中。

（4）软件优化设计的评估功能。已有的软件仍存在一些假设和功能不足的问题，需要有经验的技术人员反复调整才能优化，切不可盲目相信直接的计算结果，最好能通过不同的软件结果相互比较分析或向专家评估功能延伸。

（5）特殊新结构热交换器专用工艺软件开发。已有的工艺设计软件中侧重计算换热面积的多，关注热交换器选型的少。特殊结构和新结构热交换器[47~49]工艺专用软件有待开发，特殊场合微通量换热计算则可借鉴微电子或光物理元器件的散热设计。

要完全列出目前国内外在用的热交换器工艺设计分析所有软件是不现实的，该专业技术手段的智能化发展动态性强，本来是工艺设计自身复杂性要求的结果，目前取得了以各种软件为载体的不少成果，但是，符合换热设备国家标准体系的工艺设计计算规范标准的通用软件权威性不够，国外现有软件在语言、行业标准等诸多方面与我国换热设备国家标准体系之间存在一定的差异[50]，免不了会影响到换热设备的运行效果。

参考文献

[1] 陈增，李宝宏，李胜军. 管壳式换热器的研究进展与方向[J]. 内蒙古石油化工，2005（8）：85-87.

[2] Mackerle J. Finite elements in the analysis of pressure vessels and piping-a bibliography (1976-1996) [J]. Int. J. Pres. Ves. & Piping, 1996（69）：279-339.

[3] 孙春一. 管壳式换热器 CAD 软件系统的设计[J]. 抚顺石油学院学报，1998，18（1）：37-40.

[4] 钱颂文. 换热器设计手册[M]. 北京：化学工业出版社，2002：55，81，109.

[5] 姚玉英. 化工原理：上册[M]. 天津：天津科技出版社，2001：245.

[6]《化学工程手册》编辑委员会. 化学工程手册（第7篇）传热[S]. 北京：化学工业出版社，1989.

[7] 袁一，郑轩荣. 化工原理：上册 [M]. 大连：大连理工大学出版社，1998：279，289.

[8] 熊楚安，孙晓楠，赵艳红. 化工传热过程计算方法的分析[J]. 黑龙江科技学院学报，2001，12（2）：49-52.

[9] 李峥，王克立，李彩艳. 管壳式换热器的工艺设计[J]. 化工设计，2009，19（3）：18-20.

[10] 夏永慧. 一个基于流程模拟的换热网络优化方法[J]. 炼油技术与工程，2003，33（2）：19-23.

[11] 李保红，李继文. 采用换热器负荷图指导换热网络改造的新方法[J]. 化工学报，2020，71（3）：1288-1296.

[12] Lal N S, Walmsley T G, Walmsley M R W, et al. A novel heat exchanger network bridge retrofit method using the modified energy transfer diagram[J]. Energy, 2018, 155: 190-204.

[13] 陈彦泽，杨向平. 用蒙特卡罗法计算制氢转化炉辐射室温度分布[J]. 化学工业与工程技术，2003，24（1）：11-14.

[14] 李哲，康久常，佟韶辉. 常减压装置换热网络的优化设计[J]. 当代化工，2009，38（4）：380-385.

[15] 杨莹，高维平. 换热网络的分析[J]. 计算机与应用化学，2004，21（1）：135-140.

[16] 王永芬，陈爱萍，许跃敏. 基于面向对象的换热设备传热计算系统开发[J]. 机电工程，2005，22（7）：22-26.

[17] 李晨莹，刘琳琳，张磊，等. 不确定性下基于多工况优化的可控性换热器网络综合[J]. 化工学报，2020，71（3）：1154-1162.

[18] 王新，张湘凤. 管壳式换热器的设计计算[J]. 小氮肥设计技术，2006，27（2）：6-8.

[19] 张贤安. 方翅圆管翅片效率的理论分析及数值计算[J]. 化工设备与管道，2008，45（3）：29-34.

[20] 张国钊. 各种波纹换热管传热面积的计算[J]. 山东化工, 2007, 36 (10): 16-19.

[21] 肖国俊. 螺旋槽换热管传热面积计算[J]. 石油化工设备, 2006, 35 (3): 33-35.

[22] 王磊, 陈玉婷, 徐燕燕, 等. 综合考虑经济性与效率的换热网络多目标约束优化方法[J]. 化工学报, 2020, 71 (3): 1189-1201.

[23] 朱开宏. 化学工程与工艺专业学生计算能力培养刍议[J]. 化工高等教育, 2006 (5): 19-21.

[24] 昝河松. 管壳式换热器工艺设计[J]. 化工设计, 2007, 17 (5): 22-26, 33.

[25] Qin Zhenping, Wang Guanghui, Qiang Zhuanning, et al. Software design development for tube still heat exchanger with Visual Basic 6.0[J]. Journal of Yanan University (Natural Science Edition), 2003, 22 (2): 57-59.

[26] 刘林, 何启珍, 黄玲杰. 化工工艺计算机辅助设计[J]. 工程图学学报, 1996 (2): 70-74.

[27] 梁新, 李皓, 刘亚莉, 等. 管壳式换热器软件的开发[J]. 计算机与应用化学, 2008, 25 (5): 619-621.

[28] 吴兵, 行秋阁, 魏晓炬, 等. 管壳式换热器选型软件的开发[J]. 陕西理工学院学报 (自然科学版), 2007, 23 (4): 18-21.

[29] 陈孙艺, 陈斯红, 陈宇灏. 换热器换热工艺设计智能技术软件[J]. 化学工程, 2013, 41 (5): 69-73.

[30] 樊艮, 寇蔚, 王剑平. 一种新的设计优化策略及其在翅片管式换热器性能设计中的应用[J]. 舰船科学技术, 2011, 33 (2): 78-82.

[31] 赵熠. HDPE 循环气冷却器改造前后换热效能比较[J]. 齐鲁石油化工, 2009, 37 (3): 189-193.

[32] 王玉珏, 黎立新, 季建刚. 管壳式冷凝器的设计程序研究[J]. 制冷与空调, 2008, 8 (3): 75-78.

[33] 周明宇, 于长海, 刘龙. HYSYS 模拟在换热器计算中的应用[J]. 辽宁化工, 2006, 35 (8): 497-500.

[34] 王友安. HYSIM 软件与有效能计算程序[J]. 石油化工设计, 1996, 13 (4): 35-39.

[35] 许启红. HTFS 换热器计算程序与管壳式换热器振动分析[J]. 化工设计, 1999, 9 (2): 24-30.

[36] 夏永慧. 一个基于流程模拟的换热网络优化方法[J]. 炼油技术与工程, 2003, 33 (2): 19-23.

[37] 魏新利, 刘宏, 谢宜燕, 等. 基于经济流速的管壳式换热器优化设计[J]. 机械强度, 1998, 20 (3): 17-19, 34.

[38] 郭新连, 钱建兵, 叶丽萍. 大型常压塔的工艺模拟计算与设计优化[J]. 现代化工, 2010, 30 (增刊1): 27-31.

[39] 杨波涛, 戚冬红. 给定传热温差管壳式换热器的优化设计[J]. 化工设备设计, 1998, 35 (3): 33-35.

[40] 代宋宁. 换热流程优化程序在常减压装置设计中的应用[J]. 天然气与石油, 1995, 13 (1): 12-14.

[41] 姜进科, 潘云阳. 管壳式换热器优化设计[J]. 化学工程与装备, 2008 (5): 17-20.

[42] 李哲, 康久常, 佟韶辉. 常减压装置换热网络的优化设计[J]. 当代化工, 2009, 38 (4): 380-385.

[43] 韩正恒, 崔国民, 肖媛. 采用结构融合策略优化换热网络[J]. 化工学报, 2019, 70 (12): 4730-4740.

[44] 周理, 胡万里, 余国琮. 刚性换热网络的弹性化[J]. 化工学报, 1993, 44 (1): 96-101.

[45] 徐丁, 廖煜升, 胡志华, 等. 一种多效蒸发系统预估计算的软件[J]. 计算机与应用化学, 1998, 15 (1): 37-40, 46.

[46] GB/T 151—2014 热交换器

[47] 周玲, 刘雪东, 李岩, 等. 双套管双管板换热器流动及传热性能数值模拟[J]. 化学工程, 2011, 39 (12): 97-101.

[48] 刘萌, 王德武, 赵斌, 等. 双室双管程蒸发器的平均传热系数[J]. 化学工程, 2011, 39 (10): 50-53.

[49] 陈武滨, 江楠. 新型板壳式换热器壳程流动与换热的数值模拟[J]. 化学工程, 2012, 40 (1): 37-41.

[50] 朱冬生, 郭新超. 先进换热装备的制造及高效节能设计[C]//全国第四届全国换热器学术会议论文集. 合肥: 合肥工业大学出版社, 2011: 40.

第 12 章
热交换器的组装和维护对密封的影响

在石油化工工程建设中，热交换器的组装既包括新设备制造过程的组装，也包括在用设备拆检后的组装，与制造厂和检修公司的业务关联。热交换器的维护既包括新设备储存过程的维护，也包括在用设备的维护，与业主和保运公司的业务关联。这些业务与设计及零部件加工相比，涉及硬性的标准规范少一些，使用的管理方法及其执行弹性多一些，也难以及时监督。

12.1 热交换器组装技术

对热交换器泄漏失效的案例细分，可发现其中与组装因素有关的也不少。

12.1.1 安装载荷因素

文献[1]引用文献[2]实际经验表明 75%～80%的螺柱法兰接头泄漏失效不是出于垫片，更多的是与实际安装螺柱载荷不到位相关。某高压蒸汽加热器管程设计压力 4.8 MPa，设计温度 450℃，图 12.1（a）所示是其运行两年半后检修时管箱端盖上螺柱孔的承压面被螺母咬伤的形貌，显然，紧固螺柱的载荷有相当大的一部分损耗在螺母与端盖的摩擦上。

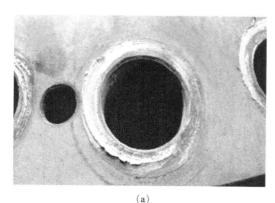
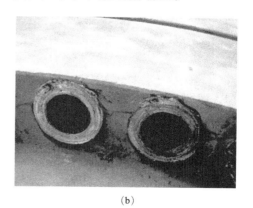

(a)   (b)

图 12.1 载荷消耗在螺母摩擦上

12.1.1.1　高压密封系统的上紧工装

设备制造中，企业应配置适当的螺柱上紧机具设施，使用专用装备时要了解其基本原理。

预紧力矩的控制方法有扭矩法和延伸法，可用力矩扳手法、螺母转角法、指示垫圈法、测定螺柱伸长法和螺柱预伸长法，传统认为后两种方法准确但使用不便[3]。扭矩法通常采用力矩扳手将螺帽拧紧，是预紧螺柱最通用的方法，由于它简单、方便、易用，使用非常广泛。但由于其摩擦系数不稳定，预紧力准确性较差，并且使连接螺柱受到额外的扭矩和弯矩作用。因此，延伸法在工业生产中得到了较多的应用。而且有限元仿真与实验对比表明，因为被连接件的接合面处有一个压紧过程，故采用延伸法预紧螺柱时，以螺柱头部的延伸量作为预紧的控制值误差较大，应以拉伸力作为预紧的控制值[4]。

（1）液压螺柱拉伸器。通过拉长螺柱后轻松地拧进螺母而达到紧固，分内、外螺纹式。从螺柱端部带螺纹圆孔旋进去来拉长螺柱的称外螺纹式拉伸器（已较少见）；旋在螺柱外螺纹来拉长的称外螺纹式拉伸器。内、外螺纹式拉伸器均需要在螺母外突出一段螺柱长度（图 12.2），由热交换器设计者在设计过程中设定。现在已有配合使用的超声波螺柱检测仪可以高效检测和记录螺柱拉长量、载荷大小。

使用液压拉伸器紧固螺柱时，螺母周边所需的空间与 GB 150.3—2011 标准表 7-3 中的空间要求可能有别，况且该表 7-3 中的螺柱公称直径最大只有 56mm。法兰颈部与螺柱孔之间应有足够的空间，以供安放支承拉伸器桥架的垫环之用，避免出现图 12.3 所示要把拉伸器垫环削成弓形缺口的情况。

图 12.2　三头液压螺柱拉伸器

图 12.3　拉伸器垫环需要安装空间

延伸法先通过某种外力使螺柱达到规定的伸长量，再拧紧螺母，待去除外力之后，即可使连接保证所需的预紧力。延伸法根据螺柱伸长的方式不同又可分为温度延伸法和液压延伸法两种。温度延伸法通过加热元件使螺柱加热以实现需要的伸长量。由于时间消耗长，且需要使用能容纳加热元件的专用螺柱，使其应用受到一定的限制。液压延伸法是使用液压张紧缸将螺柱拉伸到要求的长度后，通过张紧工具上的转轮拨动螺母使其与被连接件接触，然后释放张紧缸油压来达到预紧的方法。这是目前预紧高强度螺柱连接最好的方法，快捷经济。运用传统的计算方法难以准确地计算采用延伸法预紧后螺柱的实际预紧力。运用有限元技术对螺柱预紧的拉拔阶段和预紧阶段进行仿真，可准确可靠地计算出螺柱的实际预紧力[2]。

（2）液压扳手。也称液压力矩扳手或扭力扳手，见图 12.4。有的设有支撑扳手，以防止在转动螺母时螺柱跟着转动，有的不需要支撑扳手螺柱也不会跟转。有的设置浮动的活塞杆连接以免产生偏载。

（a）   （b）

图 12.4   双头液压力矩扳手

液压扳手说明书一般标明其产品有±3%的扭矩精度，有的说明书上面还提供液压扳手与液压螺柱拉伸器的载荷精度对比。螺柱载荷精度测试结果表明，在±10%的载荷精度水平下，液压扳手能使 96%的螺柱达到该水平，而液压拉伸器只能使 31%的螺柱达到该水平。

（3）扭矩拉伸法。文献[5]结合对扭矩法和拉伸法的优化改进以及紧固辅助工具的使用详细阐述了法兰紧固的新方法——扭矩拉伸法，提出了根据设备法兰密封风险高低选择紧固方法的要点。

（4）润滑在上紧过程的作用。热交换器的组装涉及诸多设备法兰之间的连接，大口径法兰所需螺柱安装载荷 F 较大，通常使用液压拉伸器或者油压扳手进行紧固，小口径法兰所需螺柱安装载荷小一些，一般使用扭矩扳手进行紧固，需要计算扭矩 T，其中涉及很多经验性因素。例如，计算扭矩的公式（4-1）是经验公式，其中的 K 是螺母系数，也称扭矩系数；由于影响因素多，扭矩系数不是一个特定的值，通常在摩擦系数的基础上加 0.04，普通的扭矩下扭矩系数约为 0.16~0.2。试验检测表明，即便是相同条件的螺柱螺母平垫圈组合，其也是一个数值范围；在螺柱上涂抹润滑剂不但能明显降低扭矩系数，缩小扭矩系数的范围，还能一定程度上预防锈蚀，是一项可操作性强的措施[6,7]。

业内通常以二硫化钼作为螺纹润滑剂，同时具有耐高温、抗腐蚀作用[8]。

文献[9]在介绍 ASME PCC-1—2013 的修订内容时，分析其修订的主要目的在于促进提高螺柱接头的安装质量，如新增数项螺柱接头组装记录内容用以督促组装人员提高其责任意识，于附录 A 中提出认证螺柱法兰装配人员操作资质的具体要求，用以规范化螺柱安装从业人员资质认证工作，将附录 J 中螺柱目标扭矩的计算公式进行简化，都是为了人们将更多的精力放在螺柱接头装配的工作上。特别是介绍了如下几种不同的目标扭矩计算公式，并通过算例对新旧扭矩计算公式的差异进行说明。大量的工程实践表明，目标扭矩能否准确施加很大程度上受接触面摩擦状态的影响[10]，而摩擦状态受制造公差、螺纹新旧程度、螺母尺寸以及接触面间润滑状态等因素影响难以确定，在施加过程中也会受到各种因素的影响[11]，文献[12]报道国内螺柱安装应力的误差甚至在 20%以上。因此，相较于精确计算目标扭矩，确保所施加的扭矩和目标载荷一致对螺柱接头的有效密封更重要。

当采用相同的计算公式时，不同取值的摩擦系数对计算结果的影响很大。对不同扭矩转换公式的计算结果进行比较表明，摩擦系数取值无论是 0.12 还是 0.16，其计算结果误差均在 15%以内，其中新版目标扭矩计算结果值均低于旧版 10%左右，相比扭矩施加过程所产生的误差（＞20%）完全在可接受范围内。由此可知，摩擦系数对计算结果的影响要比不同目标扭矩计算公式的选取对计算结果的影响更大，因此，在保障目标扭矩准确施加的前提下，选用形式简单的公式计算目标扭矩其计算结果在工程上是可接受的。在三种目标扭矩转换公式中，附录 K 所述螺母系数法形式最简单，计算量最小；旧版目标扭矩计算公式形式最复杂，计算量最大。因此，基于计算量与工程实践适用性考虑，附录 K 中的螺母系数法最为方便，这也是我国将螺母系数法作为目标扭矩计算首选方案的原因之一[9]。

12.1.1.2　高压密封系统上紧载荷的换算

（1）螺柱预紧力与螺柱输入扭矩的换算。图 12.5 是根据某品牌产品说明书推荐的公制螺柱预紧力和扭矩参考估算值数据表绘制的，表中数据基于摩擦系数（f=0.14）和达到螺柱屈服极限的 90%而得，图中的曲线分别对应 DIN/ISO 898 标准中的 8.8、10.9、12.9 等三种材料强度等级（对于德国工业标准，各等级相应的最小破断强度为 748MPa、941MPa、1176MPa，相应的材质为铬钼合金钢、镍铬钼合金钢、镍铬合金钢）；根据螺柱及螺母规格、螺柱材料强度等级，在表中可查得相应的载荷值。由曲线图知，螺纹尺寸小于 M80 的规格载荷曲线段近似直线。

要注意的是不同产品该表数值可能是根据某国工业标准的材料测定而得的，但是具体的材料牌号又不明确，不同产品提供的表中扭矩值在测定时各自所依据的载荷达到材料屈服强度的程度也不同，在 70%～90%不等。而实操的最大扭矩值一般还要将表中扭矩值乘一个比例作为安全系数，一般为 70%～80%。

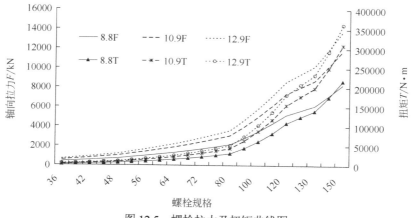

图12.5　螺栓拉力及扭矩曲线图

液压螺柱拉伸器和液压扳手均有三十多年的应用历史，现在已有一机两用即同时具有拉伸器和扭力机两种功能的产品，也有无反力臂扭矩的液压扳手[13]，具有很多优点，值得在高风险法兰紧固中推广应用。使用中最好同时使用多个作用头，以使周向均衡上紧。即便按编好的交叉顺序轮流对不同的螺柱螺母进行紧固，单头扳手使用效果也比不上同时使用两头或多头扳手对不同的螺柱螺母进行紧固的效果。

（2）螺柱预紧力与液压泵输出表压的换算。GB 150.1～150.4—2011[14]标准和 GB/T 151—2014[15]标准或相近标准中没有关于螺柱扭矩的概念，一般地，液压泵的压力值可通过力矩换算表盘直接转化为输出力矩值，操作前需要查使用说明书中相应型号扳手的压力扭矩对照表，按图12.6转换预紧力为液压泵的表压，可方便现场操作。使用者可据此正确理解和利用其压力与扭矩、拉力之间的换算关系，但共同问题是，压力泵把压力转化为扭矩这一计量准确性的校验及管理工作尚属空白。

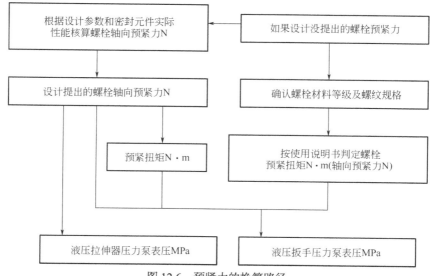

图12.6　预紧力的换算路径

文献[16]介绍了一种在拧紧螺纹的过程中可以直接测定并显示螺柱预紧力的电测扳手。

（3）对安装紧固载荷的正确认识。为了密封，需要不断提高预紧力，这涉及安全性。当各密封元件的力学性能实际值与理论值比有较大的提高时，设备制造厂最好依托原来的设计单位重新核准螺柱的预紧载荷。

存在两个预紧载荷差异。一种是轴向的，工装在上紧每件螺柱中所克服的阻力不同，载荷仪表显示的预紧力与螺柱实际受到的预紧力就不相等，因此不切实际过分强求周向各螺柱预紧载荷反映在仪表上的数值均匀性是无意义的，例如，外头盖上没隔板及进出口，组焊后的外头盖法兰刚度的周向均匀性就比管箱法兰好。由此而来的另一种预紧载荷差异就是这种周向不同螺柱之间的差异，这就与长期以来理论强调上紧技术重点应放在螺柱受力的周向均衡性上有矛盾；应该承认理论要求只是一种理想的结构和仅受内压的状况，工程实际上是有差异的，这些偏差要控制在多大范围，是值得继续研究的课题。

12.1.2　安装对中因素

密封系统元件的组装偏差常被忽视，对泄漏影响很大。读者容易因某些报道而误解泄漏主要是密封设计的问题，而安装没有问题；即便与垫片设计有关，也很容易推测是垫片的宽度太窄了，而缺乏关联安装的深入分析。

（1）保证设备法兰密封副的两个间隙。一是组装时设备垫片（无论平垫或八角垫）内外圆与两侧密封面止口圆的径向间隙要均匀，也就是要保证它们之间的同心度，这在卧式组装时要较立式组装时困难；二是在预紧载荷施加过程中两个法兰之间的间隙要均匀，该值可随时与设计的间接值相比较，其均匀性是螺柱预紧力均匀性的间接反映，是可靠的辅助检测手段。

（2）保证设备密封副两个法兰螺柱孔的对中。否则，一方面是螺柱轴线不一定平行于法兰的中心轴，螺母的压紧面也不一定垂直于螺柱的轴线，螺柱除了承受拉伸载荷外，还可能承受弯曲载荷；另一方面是全部螺柱力的作用中心不在同一圆周上，传递给垫片的作用力具有分散性，不均匀。总的会使起密封作用的有效载荷存在折扣。本来，管箱与壳体的配对法兰设计的一对带肩螺柱就具有限制管束相对于壳体转动的功能，但是带肩螺柱及其限位耳都是等待管束组装到壳体内之后才组装焊接到管板外圆上的，这项防扭功能起作用于管束组装之后。由于管箱隔板-管板隔板槽-管束三者存在内密封装配关系，这一关系又关联到管箱法兰-管板-管箱侧法兰的外密封关系，因此为了保证重要热交换器在组装管束到壳体过程中的周向方位是准确的，最终使管箱法兰和管箱侧法兰的螺柱孔对中，除了传统的管箱隔板与隔板槽定位、管板支耳与带肩螺柱定位外，可以另外设计专门的机构防止管束转动，详见图 12.7 中管板下部外圆上的挡块和图 12.8 中管板上部外圆上的挡块。

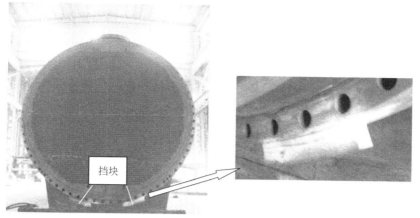

图 12.7 管束防转挡块

图 12.8 管束防转挡块

（3）垫片安装注意事项。安装复合波齿垫片时，垫片外径与止口直径之间的间隙要均匀，一方面保证垫片周边预留足够的弹性变形位移空间；另一方面垫片的一道道尖齿峰如果与法兰密封面的机械加工纹路齿合一致，则其密封效果是最佳的。

压力容器试压过程如果发现波齿垫不能密封，一旦渗漏即要停止升压；如果继续升压至渗漏变成喷射状，则高速射流会与石墨层发生动摩擦磨损，可能造成波齿垫损伤。

如果波齿垫有损伤，再粘贴石墨纸的密封作用不大。

复合波齿垫或复合齿形垫不宜循环重复使用。

12.1.3 密封系统的上紧操作

12.1.3.1 质量技术管理

（1）提高认识。除了加深对高压容器设计制造密封技术的认识外，还要提高密封操作工作重要性的认识。技术人员对美国机械工程师学会发布的 ASME PCC-1《压力边界螺栓法兰连接安装指南》[17]、国内即将正式发布实施的《法兰接头安装技术规定》以及相关的密封设计技术要有相当的认识，期刊论文、专著手册或者标准规范对压力容器常用密封结构[18]及其应用的报道各有侧重，要经常阅览，有相当的熟悉。

（2）加强管理。强化质量管理意识，国质检锅[2003]194《锅炉压力容器制造许可条件》要求从 2004 年 1 月 1 日起在压力容器制造质保体系中增设压力试验责任工程师，并且不允许由其他专业的责任工程师来兼任该岗位，企业最好配备该工序的质量检测人员。制造企业应该体会到，国家在加强该行业的突出问题管理时是具有针对性的，在完善质保体系时不要任命了一位压力试验责任工程师就完事，而是要有结合实际的专业内容。高压容器这类重大设备由于各种原因往往超过合同交货期才能完工，而压力试验又是末尾工序，受赶工的影响，其操作质量常打折扣。工艺技术人员和压力试验责任工程师应在将要组装试压前对操作工进行详尽的交底。

（3）理清不同的概念，认真核算。机械螺栓设计的预紧扭矩、压力容器螺柱设计的法兰预紧力矩、法兰操作力矩以及沿着螺柱轴向的预紧力是四个不同的概念。液压扳手压力泵的输出载荷与液压扳手的输出载荷也是两个不同的概念，前者是压力，后者是扭矩。制造者在调整液压扳手的输出载荷极限时，需要根据热交换器设计提供的载荷极限或者按液压扳手使用说明书列表提供的各种螺柱推荐的载荷数据进行。制造企业人员在转换各种数据时对各种载荷概念的区别必须认识清楚，所选用转换公式等依据必须可靠，以免产生误差。

目前的情况，当液压工具同时提供了中英文分开的两本说明书时，不要只看中文说明书，中文说明书往往是供应工具的中间商提供的，英文说明书才是工具制造厂的原版说明书，内容全面、准确、详细。

（4）深入分析，理清不当的概念。螺柱拉力的均匀性与预紧载荷的大小同样重要。由于模型简化，个别设计的最小预紧载荷可能不够，但如果预紧载荷超过最大预紧载荷，则肯定会使垫片失去回弹性能，并且很可能使带着密封面的法兰盘产生过大的翻转变形致使泄漏。因此，不断加大预紧载荷虽然有可能取得一次密封，但也有可能因元件塑性变形而无法密封，或拉断螺柱，并且还可能使法兰盘受力过大在其与过渡段的转弯角处引起应力集中而开裂。即便是一台中压热交换器，初次由液压拉伸器上紧的螺柱检修后改由人工上紧便发生泄漏[19]；反之则不然，初次由人工上紧的螺柱检修后改由液压拉伸器上紧的话通常会取得较好的效果。

业内普遍的一个不当的认识是强调螺柱拉力均匀性对密封的影响。正确的认识是垫片压紧应力的均匀性对保证密封质量才具有实际意义。螺柱拉力均匀性与垫片压紧应力均匀性是两个不同的概念，后者直接影响密封，前者需通过后者才间接影响密封，两者之间受到诸多因素的干扰，差异很大。

第一个因素是螺柱数量的影响，螺柱数量越多，垫片压紧应力越均匀。如果螺柱数量很少，各螺柱的拉应力完全相同，垫片的压紧应力也是非常不均匀的。螺柱旁边的垫片压紧应力较高，与相邻两根螺柱等距离处的垫片压紧应力较低。

第二个因素是关联结构的影响，管箱法兰旁边的隔板、接管对法兰有一定的加强作用，打破法兰结构的周向均匀性。法兰盘沿周向有的弧段抗偏转能力强，有的弧段抗偏转能力弱，基于这种强弱不均匀的结构施加均匀的螺柱拉力就不可能取得均匀的垫片压紧应力。

第三个因素是设备安装形式的影响，设备立置的法兰副较设备卧置的法兰副受力更均匀。类似的因素还有法兰副附近的进、出口接管或连接的管线段是弯管还是直管，以及来自管线的载荷类型及载荷大小。

第四个因素是螺柱紧固操作的方法误差。如果对同一法兰副上的所有螺柱同时施加同等的紧固载荷，可能取得相对均匀的垫片压紧应力。如果对同一法兰副上的诸多螺柱先后逐个进行同等载荷的紧固，则由于后来施入某一螺柱的载荷会作用到其他螺柱，就不可能取得相对均匀的垫片压紧应力。

遗憾的是，管壳式热交换器的设备法兰垫片压紧应力大多数都是不均匀的。文献[20]通过建立"U"形管热交换器中等效管板和法兰垫片螺柱连接系统的非线性三维有限元模型，并且考虑垫片的非线性和应力-应变时滞效应，着重分析了预紧和加压两种工况下垫片材料的时滞效应、不同的管壳程压差以及不同的螺柱预紧力和不同的螺柱尺寸等因素对法兰接头紧密性的影响；结果表明，垫片上的应力分布无论在周向和径向都是不均匀的，具体状态受各个元件的性质和工况条件影响。

12.1.3.2 操作过程管理

（1）紧固件质量检测。对法兰和螺柱、螺母的材料力学性能、化学成分、表面硬度等质量要求进行认真的检测，螺柱硬度检测应从其端面进行，螺纹根部 PT 检测应由相应经验的人员承担。除外形尺寸外，对于密封垫不便回厂检测的其他内容，可考察垫片厂的质量体系或现场监检。

（2）对螺柱编号标志。把螺柱编号移植到壳体上相应的位置，以免混淆，如图 12.4 所示。小步级抬升每一挡的预紧力升幅，各级预紧力第一根开始紧固的螺柱不要重复在同一个螺柱上。当达到约为最终载荷 25%的初级预紧力时，最好能 180°翻转卧置的设备再继续上紧操作，以使垫片与两个密封止口的周向间隙尽量均匀，提高同心度。当预紧力达到技术要求的最大值时，在该值下多循环上紧操作两遍，其中最后一遍与前面几遍沿法兰圆周的方向采用反方向，以提高螺柱预紧力的周向均匀性。最好是使用多个液压扳手或拉伸器同步操作，有的液压扳手说明书建议每隔 6～8 条螺柱放置一部工具。

（3）均匀性检测。垫片需要一定压紧度的场合，需用塞尺检查垫片是否压紧到合适程度。按使用情况，对高温和有冷热循环的使用场合，垫片在使用一段时间后需再紧一次[21]。非金属垫片必须储存于干燥凉爽的地方，不要直接暴露于阳光或有臭氧的地方；应该平放而不能挂在钩上；储存期超过 2 年须检查是否已经变质；储存垫片的箱盒必须标明垫片的材料、形式、尺寸、法兰的温度、压力等级等技术数据，以免用错[21]。

（4）耐压检测。升压过程中，如果只有一处泄漏，说明预紧力周向不均匀；如出现几处泄漏，说明预紧力不够。表12.1汇总了可能影响预紧载荷差异的操作因素，其中与预紧无关的温度和压力波动问题除结构设计时采取对策外，还可以通过带压热紧操作解决[22]。诸多因素与不同企业、不同产品、不同设计者交互作用在一起，由此引起的载荷差异大小不但不同，而且不大可能具有规律性，倒是很可能给人一种糊里糊涂的感觉。一般地说，前面的措施足够的话，预紧载荷不必达到设计提出的1倍数值就应该能起到应有密封作用。对于设备业主要求设计方把螺柱上紧工具列入供货范围的，设计方所提出的工具型号要有实际上足够的能力。

表12.1 试压预紧力不足的操作因素

序号	因素主要内容	操作状态
1	密封元件尺寸及表面光洁度与设计值之差	一般未考虑
2	密封元件材料力学性能的实际值与理论值之差	不便检测
3	金属垫骨架圆环是否存在对接焊缝	不便检测
4	密封垫挂在钩上存放或重物叠压变形	偶有疏忽大意
5	包裹密封垫表面的塑料保护薄膜是否剥去	一般未考虑
6	密封副贴合面硬度差达不到设计要求之差值	经常达不到，槽内硬度也不便检测
7	螺柱轴线与法兰密封面的垂直度	一般不检测
8	螺纹摩擦表面状态及润滑情况	一般不检测
9	螺母与被连接件支承面间的摩擦润滑情况	一般未规范化
10	管束直线度超差，与壳体间的装配摩擦力太大	一般未规范化，也不检测
11	管束中心轴线与管板密封面的垂直度，壳体中心轴线与法兰密封面的垂直度	一般在组焊前检测，组焊后不检测
12	密封系统各元件的正确组装：间隙等	缺乏经验、考虑不周
13	上紧工装及其差异	缺乏经验、考虑不周
14	上紧操作的正确性及经验	缺乏经验、考虑不周
15	管板钻孔后其厚壁锻坯内部、堆焊或复合耐腐蚀层的残余应力继续释放，圆周的密封面不在同一平面	一般不检测
16	管接头焊接或胀接完工后管板向外拱出变形，圆周的密封面不在同一平面	一般不检测
17	管接头焊接或胀接完工后管板向外拱出变形，隔板槽密封面与圆周的密封面不在同一平面	一般不检测
18	叠装热交换器上下两个管箱的接管法兰连接密封不好	组装过程没有二次调整
19	以螺柱头延伸量作为预紧的控制值误差较大	应以拉伸力为控制值
20	设备运行中温度与压力波动	缺乏经验，可能需要热紧

(5) 制造中按设计提出的预紧载荷无法满足试压密封的个别现象是不足为怪的，这种误差既有理论原理和设计方法的问题，也有密封系统各元件成品性能与标准的差异，还有上紧技术和机具设施的适当性问题，部分预紧载荷已经不是直接作用在压紧垫片上，而是消耗在克服超额阻力的无用功上。诸多因素与不同企业、不同产品、不同密封结构、不同设计者交互作用在一起，由此引起的载荷差异或大或小，不可能具有明显的规律性。

(6) 耐压试验后的重紧。法兰螺柱密封系统承受介质压力后，各紧固件和密封件经历了变形位移协调，甚至有的螺柱受到拉伸而伸长，法兰密封面有所分离，垫片压紧力有所下降；可按安装过程中最后一次紧固载荷和上紧顺序对所有螺柱重复紧固一遍，消除螺柱松动。

也有的工程项目管理要求热交换器在耐压试验合格后，卸下原来的密封垫片，吹干设备内部，装上新的产品垫片重新紧固交货。

（7）密封组装人员要熟练操作规程，专业基本功要扎实，针对各企业产品特点，总结各自的经验和教训。

12.2 热交换器的维护

（1）热交换器工地存放的维护。在工地存放时，场地周边应有排水沟渠；地面应铺设有钢板；立式热交换器应设置专用支座，支座支承在钢板上；加强巡检，防止地面因水淹而过度松软，导致支承地面下陷而使设备倾倒，如图 12.9 所示。热交换器配件箱除了防止雨淋外，还应有足够高的支脚，预防泥水排泄不畅，浸泡损坏配件。

（2）热交换器在线维护。已安装运行的热交换器，应加强全面检查，防止外表面的锈蚀损伤到密封面。图 12.10 所示热交换器设备法兰盘严重锈蚀，图 12.11 管板周边严重锈蚀，都对密封面和密封垫潜在不良影响。

图 12.9 热交换器倾倒

图 12.10 设备法兰盘严重锈蚀

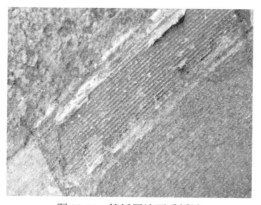

图 12.11 管板周边严重锈蚀

对此，石油化工工程项目建设及设备运行管理可提出严格的规范，要求管板周边、法兰盘端面及其螺柱孔都防腐涂敷，如图 12.12 所示。对于重要热交换器密封的螺柱，或者图 12.2～图 12.4 所示紧固后露出螺纹较长的螺柱，还可以专门设置图 4.51、图 4.52 和图 12.13 所示的螺柱头保护帽，防止螺纹被硬物碰伤或被雨水锈蚀，避免出现图 12.14 所示由于螺母与螺柱咬死而无法拆卸的情况。

图 12.12　法兰端面及螺柱孔防腐

图 12.13　螺柱头保护帽

(a)

螺柱被咬死

(b)

图 12.14　螺母与螺柱咬死

(3) 热交换器泄漏的维护。无论是内漏还是外漏，降负荷运行都是保证安全生产的首要措施。在安全可靠的条件下，可临时采用热紧或焊接堵塞的办法止漏，包括将法兰面焊死以阻止泄漏、将螺柱螺母焊死以阻止介质从螺柱与螺母间的间隙漏出、将法兰面注胶打卡堵漏等[23]。必要时应撤出设备或停下装置处理。

（4）外泄漏的带压堵漏。文献[24]简述了带压密封技术的基本原理、承压设备法兰夹具的 2 个基本作用和 8 项设计准则；以弯曲梁的有力矩理论为基础，建立了局部法兰夹具的厚度计算公式；论述了承压设备带压密封局部法兰夹具设计步骤：泄漏介质勘测；泄漏法兰的勘测；局部法兰夹具结构设计、增强密封结构设计、厚度设计及夹具材料选择。

（5）热交换器的改造。国内石油化工装置设备更新改造的机制缺少灵活性，个别热交换器或者管束的改造设计、制造工期太短，管束质量难以保证，无法达到更新改造的效果。

在密封维修中，当需要清理法兰密封面时，切忌沿径向打磨，而应沿周向打磨，以尽量保护法兰密封面初始加工的沿圆周同心圆刀痕。

（6）热交换器开停车的参数控制。一般地说，热交换器特别是固定管板式热交换器在开停过程中需控制好升温、降温速率，以免包括密封结构在内的构件承受过大的热应力，损坏连接效果。虽然热应力中的拉应力和压应力同时存在，但是承受的主体不同，尤其是在降温冷却过程中，承压结构件的收缩往往会产生拉应力，这与开车升温过程更多的压应力相比，具有更大的危害性[25]。因此，降温速率通常比升温速率要低，而且通常以℃/min 为单位，不以℃/h 为单位，以示细致严格的要求。

（7）热交换器开停车的介质控制。文献[26]关于加氢精制装置高压热交换器运行期间的两次内漏，笔者只是从工艺操作及设计条件方面分析其原因，也只提出这两方面的对策，包括装置注水时以除盐水代替脱硫净化水；改造水泵及起管线以便提高注水量；装置停工过程中增加水洗热交换器过程；停工后增加碱洗或者对热交换器进行充氮保护；对管束进行堵管以便提高管束内的流体线速度、预防结晶盐附着等[26]。这些优化操作以及停工后的处理并不涉及制造方面的措施，就可以保证热交换器长周期运行。

高含硫天然气净化装置每当停工吹硫时，二级硫冷器入口探针检测的腐蚀曲线就显示较大速率提升，说明吹硫对设备腐蚀有影响，需要改善方案[27]。

核电站中的蒸汽发生器也是一种列管式热交换器，是一回路和二回路的枢纽，其可靠性对核电站的安全、经济运行举足轻重，其管接头的密封设计制造技术、运行维护的措施[28]都值得石油化工、煤化工行业学习借鉴。核电蒸发器功率运行期间的水化学管理包括高 pH 值水质的控制、严格的杂质控制、摩尔比控制；停用期间的检查保养维护包括二次侧泥渣冲洗、传热管在役检查、外来异物检查、二次侧泥渣及积垢程度检查、泥渣分析、设备保养；还有分散剂的使用、隐藏物释放跟踪、结构完整性评估等。

（8）热交换器检修后试验压力的确定。文献[29]提出，压力容器使用单位在委托容器修理时，首先应全面熟悉容器的信息，准确完整地编制《压力容器修理委托书》，并提供容器的档案资料，以供容器修理单位编制修理施工方案时参考。其中在确定检修后的试验压力时，应按压力容器规程、标准规定，以首次定期检验为基准；首次定期检验前按竣工图确定，定期检验后的检验周期内则按《定期检验报告》确定。

参考文献

[1] 蔡暖姝，蔡仁良，应道宴. 螺栓法兰接头安全密封技术（五）——安装[J]. 化工设备与管道，2013，50（5）：1-7.

[2] ESA. Sealing Technology-BAT guidance notes[Z]. ESA, Tegfryn UK, 2005.

[3] 成大先. 机械设计手册：第2卷[M]. 4版. 北京：化学工业出版社，2002.

[4] 黄坤平. 高强度螺栓延伸法预紧的实际预紧力研究[J]. 冶金设备，2006，总155期（1）：6，46-49.

[5] 张绍良，王剑波. 优化法兰螺栓紧固方法促进挥发性有机物减排[J]. 石油化工设备，2019，48（3）：70-75.

[6] 梁文萍，方艳臣. 加氢精制装置高压换热器泄漏原因分析[J]. 炼油技术与工程，2019，49（1）：31-35.

[7] 郑兴，应道宴，蔡暖姝. 几种常用螺栓螺母组合下的螺母系数K的测定[J]. 化工设备与管道，2018，55（5）：78-81.

[8] 王凤超. 浅析密封与螺栓紧固顺序和紧固扭矩的关系[J]. 石油化工设备技术，2014，35（3）：50-52.

[9] 周建行，关凯书. ASME PCC-1—2013《压力边界螺栓法兰连接安装指南》的解析[J]. 压力容器，2019，36（10）：38-44.

[10] Hoernig T. Torque Vibrations In Automatized Screw Assembly — Reasons, Elimination And Virtual Testing [C]//Proceedings of the ASME 2013 International Mechanical Engineering Congress and Exposition. California, November, 2013.

[11] James R. Variables Affecting the Assembly Bolt Stress Developed During Manual Tightening [C]//Proceedings of the ASME 2011 Pressure Vessels and Piping Conference. Maryland, July, 2011.

[12] 张宏. 智能扭矩监管系统的研究及应用[J]. 上海铁道科技，2018（1）：57-60.

[13] 易轶虎，高伟. 无反力臂扭矩拉伸法在石化高风险法兰紧固中的应用[J]. 石油化工设备技术，2021，42（3）：59-61.

[14] GB 150.1～150.4—2011 压力容器[合订本]

[15] GB/T 151—2014 热交换器

[16] 温志明，温晋飞. 可直接测定螺栓预紧力的电测扳手[J]. 机械，2002，29（4）：25-26.

[17] ASME PCC-1—2013 Guidelines for Pressure Boundary Bolted Flange Joint Assembly

[18] 罗永志，李永红，赵庆滨，等. 压力容器密封结构介绍[J]. 化工机械，2018，45（1）：19-22.

[19] 李海三. 柴油加氢精制高压换热器法兰密封失效分析[J]. 压力容器，2005，22（9）：43-46.

[20] 安维争，徐鸿，于洪杰，等. U形管换热器中管板-法兰-垫片-螺栓连接系统的非线性有限元分析[J]. 石油化工设备技术，2005，26（4）：13-17.

[21] 张建让. 炼油厂法兰密封泄漏因素分析[J]. 润滑与密封，2004，51（1）：38.

[22] 侯德民. 第一废热锅炉顶法兰密封结构改进[J]. 大氮肥，2001，24（2）：101-104.

[23] 曾科烽，张国信. 石化行业法兰紧固密封管理现状及对策分析[J]. 石油化工设备技术，2018，39（5）：48-52，62.

[24] 黄建虾，杨杰，胡忆沩. 承压设备带压密封局部法兰夹具设计[J]. 压力容器，2012，29（2）：36-41.

[25] 陈孙艺. 壳壁热斑模型及其应力计算近似方法[J]. 压力容器，2019，51（9）：154-158.

[26] 梁文萍，方艳臣. 加氢精制装置高压换热器泄漏原因分析[J]. 炼油技术与工程，2019，49（1）：31-35.

[27] 王团亮. 高含硫天然气净化装置硫冷器失效分析及防护[J]. 失效分析，2019，36（6）：41-43，61.

[28] 李春光，陈罡，张光. 检修热交换器时液压试验压力的确定[J]. 石油化工设备技术，2019，40（6）：53-55.

[29] 高明华，韩玉刚，雷水雄，等. 核电厂蒸汽发生器运行维护的措施[J]. 压力容器，2019，36（4）：74-78.